Brigit Knüsel Adamec

Wert und Subjektivität

Welten Ostasiens / Worlds of East Asia / Mondes de l'Extrême Orient

Im Auftrag der Schweizerischen Asiengesellschaft –
On behalf of the Swiss Asia Society –
Au nom de la Société Suisse-Asie

Band 34

Brigit Knüsel Adamec

Wert und Subjektivität

Lao Sze-kwangs kulturtheoretische Schriften im transkulturellen Kontext

DE GRUYTER

Publiziert mit Unterstützung des Schweizerischen Nationalfonds zur Förderung der wissenschaftlichen Forschung.

Schweizerischer
Nationalfonds

ISBN 978-3-11-106325-6
e-ISBN (PDF) 978-3-11-106389-8
e-ISBN (EPUB) 978-3-11-106409-3
ISSN 1660-9131
DOI https://doi.org/10.1515/9783111063898

Library of Congress Control Number: 2023941359

Bibliografische Information der Deutschen Nationalbibliothek
Die Deutsche Nationalbibliothek verzeichnet diese Publikation in der Deutschen Nationalbibliografie; detaillierte bibliografische Daten sind im Internet über http://dnb.dnb.de abrufbar.

Einbandabbildung: © Brigit Knüsel Adamec
Satz: Integra Software Services Pvt. Ltd.
Druck und Bindung: CPI books GmbH, Leck

www.degruyter.com

Inhaltsverzeichnis

Danksagung — IX

Teil I: **Kulturtheoretische Aspekte**

1 **Eckdaten zu den kulturtheoretischen Schriften Lao Sze-kwangs — 3**
1.1 Kultur als Aufgabe des Menschen — **3**
1.2 Zur Semantik des Kulturbegriffs in chinesischen Debatten im frühen 20. Jahrhundert — **12**
1.2.1 Der normative Kulturbegriff — **24**
1.2.2 Der funktionale Kulturbegriff — **29**
1.3 Material, Forschungsstand und Methode — **33**
1.4 Übersetzungstheoretische Überlegungen — **37**
1.5 Biographisches: Lebensstationen im Überblick — **40**

2 **Autobiographische Aufzeichnungen: Exil, Kalter Krieg und Freies China als Bezugsgrössen — 46**
2.1 Perspektiven auf das Exil — **46**
2.2 Laos autobiographische Perspektive auf das Hongkonger Exil: Subjektpositionierung, Diversität und Kritik am Kolonialismus — **47**
2.3 Hongkong zwischen Kaltem Krieg und Freiem China — **57**
2.3.1 Das ideologische Spannungsfeld des Kalten Krieges als Kontext fluider Positionierungen — **58**
2.3.2 Konvergenzen zwischen Exil und Kaltem Krieg: Institutionelle Berührungspunkte zwischen der Freien Welt und dem Freien China — **61**
2.3.3 Liberale und kulturkonservative Standpunkte — **64**
2.3.3.1 Freies China und Liberalismus — **64**
2.3.3.2 Kulturkonservative Positionierungen — **67**
2.3.3.3 Positionierungen gestützt auf die Einheitsfront — **68**
2.3.3.4 Die Position Lao Sze-kwangs im intellektuellen Kontext Hongkongs — **69**

3 **Heterogene Aspekte im Kulturbegriff des Frühwerks — 74**
3.1 Reminiszenzen an den Kulturdiskurs der Vierte-Mai-Ära — **74**
3.2 Prolog zur Kultur: Anfänge und Differenzierung kultureller Entwicklung — **79**

3.3 Die Sinnstiftung von Kultur — 83
3.4 Werte als grundlegende Orientierung von Kultur — 92
3.5 Handlungsorientierung und Veräusserlichung von Werten als Geist einer Kultur — 97
3.5.1 Kultur und die Dimension des Geistes — 99
3.5.2 Lao Sze-kwangs Verständnis von Wert und Recht in Anlehnung an G. W. F. Hegel — 105
3.6 Freiheit und Vernunft als Bedingungen des Kulturbegriffs — 112
3.6.1 Evolutorische Ordnung und Kritik durch Vernunft — 114
3.6.2 Die Verbindung von Rationalität und sinnstiftenden Werten bei Ernst Cassirer — 119

Teil II: **Konfuzianismus, Rationalität und Weltkultur**

4 Konfuzianismus als Bestandteil der Weltkultur — 129
4.1 Die historische Betrachtung konfuzianischer Lehren — 129
4.1.1 Die Vorstellung des Selbst — 132
4.1.2 Selbst und Selbstbestimmung — 133
4.2 Zu den Ursprüngen konfuzianischer Lehren — 135
4.2.1 Der systematische Zusammenhang zwischen *li* 禮, *yi* 義 und *ren* 仁 als kulturbestimmendes Moment — 138
4.2.2 Lernen und die Ausrichtung des Wollens — 153
4.2.3 Logos und Wertrationalität — 155
4.2.4 Die Überlieferung von Wissen und Werten — 159
4.3 Konfuzianische Gelehrsamkeit bei Menzius und Wang Yangming — 161
4.3.1 Die Vorstellung des Wertebewusstseins im Werk „Menzius" — 162
4.3.2 Das Verwirklichen von kulturellen Werten bei Wang Yangming — 172
4.3.3 Die Lehre vom ursprünglichen Wissen — 176
4.3.4 Ursprüngliches Wissen und die Aufforderung zum kulturellen Handeln — 179
4.4 Immanuel Kant, die konfuzianische Kultur und die zukünftige Weltkultur — 185

5 Zusammenfassung: Krisenbewusstsein, subjektive kulturelle Praxis und Weltoffenheit — 195

Anhang

Glossar — 203

Bibliographie — 217

Register — 239

Danksagung

Im Bereich der historischen Geisteswissenschaften haben Studien zu Hongkong bis ins 21. Jahrhundert eine eher marginale Rolle gespielt. Angesichts grosser Konflikte und Kontroversen in der jüngsten Gegenwart ist es unter anderem ein Ziel der vorliegenden Arbeit, Teilaspekte von Hongkongs intellektuellem Leben der 1950er Jahre einer interessierten Öffentlichkeit näherzubringen. Die Suche nach Vorstellungen von Freiheit und die Auseinandersetzung mit kulturellen Schranken sowie struktureller Herrschaft hatten bereits in der Mitte des 20. Jahrhunderts Debattierende in Hongkong bewegt und zielten ins Zentrum der Dilemmata der Moderne.

Die vorliegende Untersuchung ist eine überarbeitete Version meiner im Jahr 2019 an der Universität Zürich angenommenen Dissertation. Beim Verfassen der Arbeit hatte ich das Glück, auf die Hilfe Vieler zählen zu dürfen. An erster Stelle gilt mein Dank Prof. Andrea Riemenschnitter und Prof. Wolfgang Behr für die Betreuung der Arbeit. Prof. Riemenschnitter danke ich besonders für die Freiheit, die sie mir gewährte, zugleich lieferte mir ihre fachliche Begleitung unentbehrliche Hinweise auf gegenwärtige theoretische Diskussionen und sich anbahnende Veränderungen im soziokulturellen Umfeld Hongkongs. Prof. Behr bin ich zu grossem Dank verpflichtet für die wertvollen Hinweise, die linguistische Fragen und das traditionelle China betreffen. Seine Unterstützung bei der Überarbeitung des Manuskripts im Hinblick auf die Publikation hat mich vor Unzulänglichkeiten bewahrt. Aus einem anonymen Gutachten flossen wichtige inhaltliche Kommentare in die Überarbeitung ein. Ausserdem wurde mir die Ehre und das Vergnügen zuteil, mit Prof. Leung Ping-kwan 梁秉鈞 (1949–2013) während seines Forschungsaufenthalts an der Universität Zürich das Büro zu teilen. Der akademische Austausch mit ihm und sein feines Gespür für die Nuancen der jüngeren Entwicklungen in Hongkong lieferten wichtige Impulse für mein Forschungsvorhaben. Er wurde nicht müde, mich mit dem Hinweis zu ermutigen, dass die Auseinandersetzung mit liberalen Autorinnen und Autoren in absehbarer Zeit nur noch ausserhalb Hongkongs uneingeschränkt betrieben werden könne: Die Tendenz, die liberale Lesart von Intellektuellen, die sich in Hongkong mit der konfuzianischen Tradition befassten, einer nationalistischen Vereinnahmung unterzuordnen, hatte er früh erkannt. Am Anfang meiner sinologischen Forschung stand die Unterstützung durch Prof. em. Robert H. Gassmann. Er war es, der mich für die Arbeit am Zusammenspiel von traditionellen Themenkomplexen aus der Ideengeschichte Chinas und deren Interpretation in der Gegenwart motivierte.

Das Asien-Orient-Institut der Universität Zürich ermöglichte die Organisation zahlreicher Konferenzen, in deren Umfeld ein fachlicher Austausch mit Personen entstand, der die vorliegende Arbeit nachhaltig prägte. Es waren dies

https://doi.org/10.1515/9783111063898-203

(in alphabetischer Ordnung): Prof. Chu Yiu-Wai 朱耀偉 (The University of Hong Kong), Prof. Thomas Fröhlich (Universität Hamburg), Dr. Malte Käding (University of Surrey), Prof. Agens Shuk-mei Ku 谷淑美 (The Hong Kong University of Science and Technology), Prof. Steve Tsang (SOAS University of London) sowie Prof. Lau Kwok-ying (The Chinese University of Hong Kong). Letzterem verdanke ich wertvolle Hinweise, die er mir als Vertrauter von Lao Sze-kwang geben konnte. Meinen Wegbegleitern und Wegbegleiterinnen am Asien-Orient-Institut der Universität Zürich gilt mein herzlicher Dank für die Zusammenarbeit bei Konferenzen und die wertvollen Denkanstösse bei Detailfragen. Christine Vitolić Waltisbühl bewahrte mich mit der sorgfältigen Durchsicht des Manuskripts vor sprachlichen Mängeln. Der Schweizerischen Asiengesellschaft und dem Schweizerischen Nationalfonds verdanke ich die grosszügige finanzielle Unterstützung für die Publikation, die bei Maxim Karagodin und dem Verlag De Gruyter in besten Händen lag. Meine Familie schenkte mir Aufmunterung, Zuversicht und die wunderbarste emotionale wie auch technologische Unterstützung, die man sich wünschen kann; ihr möchte ich diese Arbeit widmen.

Zürich, im Sommer 2023

Teil I: **Kulturtheoretische Aspekte**

1 Eckdaten zu den kulturtheoretischen Schriften Lao Sze-kwangs

1.1 Kultur als Aufgabe des Menschen

Die vorliegende Studie stellt den Philosophieprofessor Lao Sze-kwang 勞思光 (Lao Siguang 1927–2012) in jenen Schriften vor, die den Kulturbegriff zum zentralen Gegenstand seines Früh- und Mittelwerks machen.[1] Das anhaltende historische und philosophische Interesse am Thema „Kultur“ (*wenhua* 文化) um die Mitte des 20. Jahrhunderts wird häufig als Reaktion auf historische Umstände erklärt. Gentz beispielsweise spricht von umstrittenen Bedeutungen für den Ausdruck Kultur im Hinblick auf unterschiedliche Auffassungen von Modernisierung in China.[2] Jenco zeigt, wie Kultur als historischer Prozess von Aneignungen konzeptualisiert wurde, weil universell verstandene „Werte“ (*jiazhi* 價值) und Praktiken an Geltung verloren und daher erneut legitimiert oder angepasst werden mussten. Seit den 1910er Jahren entstanden auch Narrative zukünftiger Kultur(en).[3] Kuo verweist für die ersten drei Jahrzehnte des 20. Jahrhunderts auf eine Suche nach Antworten, um Herausforderungen begegnen zu können: Sie zeigt, wie Publikationen zur Kulturgeschichte genutzt wurden, um die Vergangenheit in einen Dialog mit der Gegenwart zu bringen.[4] Auch Chang thematisiert die Reaktion auf historische Umstände, und zwar als Prozess der Veränderung im Austausch mit fremden Kulturen:

> One noticeable phenomenon in the cultural history of twentieth-century China is the constant and continuous location and relocation of Chinese culture in connection with various efforts to advance society. Indeed, modern Chinese history – since the Opium War (1839–1842) – can be written in cultural terms, for not only do social changes often entail cultural changes but the notion of culture is also a direct result of the consciousness of an alien culture.[5]

---

1 Laos Frühwerk umfasst Essays, die zwischen 1950 und 1957 verfasst wurden. Die mittlere Phase dauert von 1956 bis 1988, vgl. Lao 2002: XI.

2 Gentz 2009: 37–39.

3 Jenco 2015: 4, 176.

4 Kuo 2014: 277–292.

5 Chang 2002: 6. Weitere Beispiele, die den Kulturbegriff einzelner Autoren behandeln: Liang Shuming 梁漱溟 (1893–1988) und dessen Ausführungen im frühen 20. Jahrhundert widmet sich Wesolowski 1997: 242. Zum Historiker Yu Yingshi 余英時 (1930–2021) siehe Miller 1995: 5–10. Für die kulturelle Selbstreflexion, die im sognannten „Kulturfieber“ (*wenhua re* 文化熱) der 1980er Jahre mündete, stellt Miller Grundorientierungen ins Zentrum, um dann eine wissenschaftstheoretische Einordnung Yu Yingshis vorzunehmen.

https://doi.org/10.1515/9783111063898-001

Kultur wird auch bei Lao als Interpretation einer komplex gewordenen Lebenswelt thematisiert. Dabei diagnostiziert er ein erhöhtes Bedürfnis nach Orientierung und betont die Wichtigkeit einer gesellschaftlichen Integration angesichts der als krisenhaft wahrgenommenen Entwicklung Chinas der 1940er und 1950er Jahre:

> Ich bin in einer orientierungslosen Zeit gross geworden, in der die traditionelle Kultur Chinas an Wirkung zu verlieren begann, eine moderne Kultur aber noch nicht als neue kulturelle Ordnung entstanden war. In einem derartigen historischen Umfeld war die Frage „Auf welchen Ort bewegt sich Chinas Kultur zu?" unvermeidbar. Die tiefgreifende Erörterung der Kulturfrage wurde sogar zu einer Art „historischen Auftrags".[6]

In diesen Zusammenhang gestellt übernimmt der Kulturbegriff besonders eine Funktion: Er soll ein konsensfähiges Verständnis der Kultur, der man angehört, vermitteln. Diese Absicht wird bestätigt, wenn man die damaligen Bemühungen von Seiten bildungsnaher Institutionen und spezifisch im Arbeitsumfeld Laos im Hongkonger Exil[7] näher beleuchtet. Die Tendenz zur Integration wird beispielsweise offensichtlich in der Gründung des „New Asia College" (*Xin Ya Shuyuan* 新亞書院) 1949, das zeitgleich als Herausgeberin zweier auch für Lao bedeutender Publikationsorgane, nämlich „Leben" (*Rensheng* 人生, engl. Titel: The Young Sun) und „Demokratie-Strömungen" (*Minzhu Chao* 民主潮), auftritt:

> The Youngsun [sic!] magazine was founded on January 16, 1951 with the major objectives of gathering overseas Chinese scholars with a view to distilling the quintessence from Chinese culture, probing the causes of China's century-old poverty and weakness, and working out practical courses for reconstructing a future new China.[8]

Der Ausdruck der ethnischen Kultur wird in dieser Proklamation als integrativer, Konsens stiftender Nenner ins Spiel gebracht und von den Herausgebern zum Programm der Zeitschrift gemacht. Das spezifische Interesse, das Intellektuelle ab den 1950er Jahren an der Thematik der Kultur zeigten, lässt sich jedoch nicht auf die beiden Aspekte der Integration und der Orientierung reduzieren. Gestellt

---

6 Lao 2002: XIII. 我生長在中國傳統文化開始失效,而現代文化並未實化爲新文化秩序的迷亂時代;在這樣的歷史環境中,面對「中國文化向何處去」的問題幾乎是不可避免的事。就此而論,對文化問題的探究成了一種「歷史的任務」。Alle Übersetzungen ins Deutsche stammen von der Autorin.

7 Lao verlässt Taiwan 1955 und geht nach Hongkong, vgl. Shen 2013: 215. Seine Einschätzungen zum Exil werden in Kapitel 2 ausgeführt. Eine biographische Notiz stellt im Abschnitt 1.5 seine wichtigsten Lebensstationen vor.

8 Wang Dao 1967: 1. Die englische Übersetzung des in derselben Nummer erschienenen Originaltextes besorgte Pan Muhe. Die Zeitschrift ist 1951 in Hongkong gegründet worden. Weitere Ausführungen zu den Publikationsorganen in Hongkong folgen in Kapitel 2.3.2.

wurde darüber hinaus auch die Frage, was dem Ausdruck an theoretischer Legitimation eingeschrieben werden kann. Die Kulturthematik in und ab der Mitte des 20. Jahrhunderts und ebenso Lao Sze-kwangs entsprechende Schriften beinhalten somit nicht ausschliesslich einen normativen Diskurs über oder einen deskriptiven Diskurs von Kultur, sondern auch einen Diskurs über die „Ideen" (*sixiang* 思想) und „den Begriff" (*gainian* 概念) oder die „Philosophie" (*zhexue* 哲學) der Kultur: Der ideengeschichtliche oder philosophische Diskurs über Kultur bringt dabei ein Selbstverständnis zum Ausdruck und setzt es zugleich in Kraft, wenn nämlich aus der gewonnenen Erkenntnis über Kultur auch die Legitimation für das jeweilige Selbstverständnis hergeleitet wird.

Die begriffliche oder philosphiegeschichtliche Bezugnahme auf Kultur baut inhaltlich immer auf bereits Bestehendem und zugleich auf inhaltlichen Voraussetzungen auf. Von weitreichender Bedeutung in den hier vorzustellenden Schriften Lao Sze-kwangs ist, wie zu zeigen sein wird, die Auffassung, dass der Kultur eine spezifische Art von „Vernunft" (*lixing* 理性) und Folgenhaftigkeit innewohne. Es ist diese kulturimmanente Vernunft, die Lao in seinen Texten einerseits rekonstruieren und als Orientierung zugänglich halten, andererseits aber auch begründen will und der in der Folge anhand seiner Texte nachgegangen werden soll. Gerade an seinen Texten soll aber auch gezeigt werden, wie unexpliziert sein Verständnis von Vernunft als Ausgangspunkt seiner kulturtheoretischen Ansichten bleiben kann. Damit sind spezifische Voraussetzungen angesprochen, die als nichthinterfragte Annahmen in Laos Argumentation einfliessen.

Kultur wird dabei als „Faktum" konzeptualisiert, dem eine rational begründbare Verbindlichkeit zu eigen ist. Diese Wahrnehmung, die nicht nur auf philosophischen Überlegungen, sondern ebenso auf umfangreichen Textanalysen beruht, die das empirische Quellenmaterial darstellen, ist von Anfang an gegeben: Kultur wird bereits in den frühsten Schriften Lao Sze-kwangs als individueller und kollektiver Rahmen für die Realisierung von Werten thematisiert, und diesem Prozess wird der zentrale Rationalitätsanspruch zugeschrieben. Nicht die Suche nach Essenzen, worin die Rationalität der Kultur bestehen könnte, sondern die Ansicht, dass Rationalität selbst in der Kultur begründet sei, liegt Laos Nachdenken über Kultur zugrunde. Laos Schriften beinhalten dabei immer beides, ein Ergründen der Kulturgeschichte Chinas und gleichzeitig des Westens[9] sowie

---

9 Auch in dieser Studie wird zuweilen auf die vereinfachende Terminologie, wie sie allgemein kennzeichnend für Texte der 1950er Jahre und weit darüber hinaus sein kann, zurückgegriffen. Bezeichnungen wie „Westen", „Asien", „China" kommt dabei jedoch weniger die Bedeutung festgesetzter Entitäten zu, sondern die entsprechenden Verwendungen sollen theoretische Fragestellungen, unterschiedliche Traditionen und Differenzen aufgreifen. Zusätzlich problematisch ist die Doppel- bzw. Mehrfachbedeutung von „China" als souveränem Staat und als essenzieller

ein Ergründen der für ihn problematisch gewordenen Legitimation kulturphilosophischer Orientierungen.[10]

Vernunft wird von Lao häufig in einer allgemeinen Bedeutung verwendet, die die Fähigkeit und den Massstab zu einem vernunftgemässen Erkennen und Handeln bezeichnet, nicht aber die angeborene Fähigkeit, das Wahre oder Absolute zu erkennen. Zusätzlich bringt Lao die Bedeutung von Vernunft an zahlreichen Stellen in der vormodernen Vorstellung eines „Prinzips" (*li* 理) in seine Argumentation ein. Mit *li* wählt Lao die einsilbige Terminologie, wie sie in der Schriftsprache des klassischen Chinesisch der kanonischen Schriften verbreitet war, weniger jedoch in der modernen Schriftsprache.[11] Die chinesische Schriftsprache wird dabei in ihrer Vielschichtigkeit genutzt, um auch klassische Bedeutungen zu implizieren. Eine besondere Schwierigkeit ergibt sich, weil Lao die Ausdrücke in seinen kulturtheoretischen Schriften zum einen nicht immer einheitlich verwendet, zum anderen spezifische vormoderne Bedeutungen auch nicht eindeutig zuordnet oder kommentiert. Ein ähnliches Phänomen gilt für intertextuelle Bezüge: Diese erfolgen zuweilen, ohne dass explizit auf Quellen oder Texte verwiesen wird. Bezüge werden dann nur aufgrund übereinstimmender Bedeutungen von Ausdrücken oder Zeichen offensichtlich. Vom Lesepublikum wird somit erwartet, die Terminologie, jeweils abweichende Bedeutungen und entsprechende Herleitungen auch über einzelne Texte hinaus zu überblicken.

Laos Verständnis von Vernunft wird anhand seiner Texte im Verlauf dieser Arbeit in vielfältiger Weise präzisiert. Da das Deutsche keine Pluralform von Vernunft kennt, werden die Ausdrücke der Rationalität oder der Rationalisierung verwendet, um auf jeweils spezifische, historische Merkmale einer jeweiligen

---

oder kultureller Einheit. Rey Chow hat mit Blick auf Hongkong die Frage nach der „chineseness" kritisch beleuchtet, vgl. Chow 1998: 1–24. Naoki Sakai zeigt, wie der „Westen" in geisteswissenschaftlichen Diskursen zwar einen geographischen Ort bezeichnet, der Name aber die Funktion indiziert, „besondere gesellschaftliche Verhältnisse räumlich darzustellen", vgl. Sakai 2015: 308.

10 Entgegen berechtigten und begründeten Vorbehalten hinsichtlich der theoretischen Verfassung sowie der darüber hinaus zugrundeliegenden Interessen und Motiven von Kulturtypologisierungen, die um die Mitte des 20. Jahrhunderts vor allem von Autoren ausserhalb der Volksrepublik China vorgelegt wurden, wird der Versuch unternommen, diese beiden Denkstränge des ausserphilosophischen Interesses und der theoretischen Begründung am Kulturbegriff von Lao Sze-kwang zu zeigen und zu fragen, wie diese zusammenhängen. Für entsprechende Vorbehalte sei beispielsweise auf Lehmann 2003: 348–359 und Zimmermann 2018: 93–96 verwiesen.

11 Für Ausführungen zu linguistisch-typologischen Merkmalen der „klassischen Schriftsprache" (*wenyanwen* 文言文) (Handel unterscheidet Old Chinese und post-Han Chinese), siehe Handel 2019: 28–61 und McDonald 2020: 7–39. McDonald vergleicht u. a. die grammatikalischen und linguistischen Strukturen im (verschrifteten) Griechischen, Latein und in der klassischen chinesischen Schriftsprache sowie den jeweils entsprechenden Prozess der Bedeutungszuschreibung.

Vorstellung von Vernunft hinzuweisen. Das Vorhaben, eine kulturimmanente Vernunft zu theoretisieren und offenzulegen, verlangt dabei für Lao nach einem Kulturbegriff, der beides, konsens- und vernunftbasiert, sein soll. Die Aufgabe, diesen Begriff zu erörtern, erfolgt im Frühwerk[12] vor allem in Studien, die unter dem europäisch geprägten Kulturbegriff historische Entwicklungen Chinas beleuchten sowie in der entsprechenden Rezeption kulturrelevanter Texte aus Europa und den Vereinigten Staaten. In den mittleren und späten Schriften widmet er sich der Philosophie, genauer der Philosophiegeschichte und der Kulturphilosophie. Laos unterschiedliche Argumentationsstrategien im Früh- und Mittelwerk verhelfen der vorliegenden Arbeit auch zu ihrer Struktur. Im ersten Teil kommen aus dem Frühwerk rezipierte theoretische Schriften zur Sprache, während im zweiten Teil die philosophiegeschichtliche Positionierung „konfuzianischer Gelehrsamkeit" (*ruxue* 儒學), die Laos Kulturkonzept sowohl theoretisch als auch inhaltlich erweitert, vorgestellt wird.

In Laos erster Schaffensphase stehen kulturelle Fragestellungen im Vordergrund, wobei seit den frühsten, noch in Taiwan verfassten Schriften ebenfalls die konfuzianischen Lehren zur Debatte stehen.[13] Zentrale Aspekte zur Herleitung

12 Lao unternimmt die Unterteilung in Früh-, Mittel- und Spätwerk in Lao 2002: XI. Die Essays des Frühwerks sind in einer sieben Bände umfassenden Sammlung zusammengestellt und wurden 1986 und 1987 in Taiwan unter dem Titel „Sze-kwangs gesammeltes Frühwerk" (*Siguang shaozuo ji* 思光少作集) von Sun Shanhao 孫善豪 ediert. Diese Essays erschienen ursprünglich in den Jahren 1950–1957. Eine zweite Sammlung umfasst Monographien und Essays, die seinem mittleren und wissenschaftlichen Werk zugeordnet werden: „Sze-kwangs wissenschaftliche Abhandlungen. Neu kompiliert" (*Siguang xueshu lunzhu xin bian* 思光學術論著新編). Die Sammlung umfasst 13 Bände mit Werken aus den Jahren 1956–1988. Als Herausgeber fungierte Lau Kwok-ying (Liu Guoying 劉國英) et al. In diese Zeitspanne fällt ebenfalls die Veröffentlichung seiner Philosophiegeschichte. Zuerst erschien eine vierbändige Ausgabe in Hongkong: „Geschichte der chinesischen Philosophie" (*Zhongguo zhexue shi* 中國哲學史), vgl. Lao 1968–1980. Eine Neuauflage erfolgte in Taiwan: „Geschichte der chinesischen Philosophie. Neu kompiliert" (*Xin bian Zhongguo zhexue shi* 新編中國哲學史), ebenfalls in 4 Bänden, vgl. Lao 1981–1997. Auf diese Ausgabe wird im weiteren Verlauf der Arbeit verwiesen. Das Spätwerk umfasst Schriften, die Lao ab 1989 verfasste. Zur Einteilung vgl. Chang Sang-Yiing (Zhang Shanying 張善穎) 2013: 50, 241–245; weitere Hinweise zum Werk folgen in Abschnitt 1.3.

13 Der Umstand, dass sich Lao auch später und trotz des Eingeständnisses von Unzulänglichkeiten dezidiert zu seinem Frühwerk bekennt, gewinnt im Hinblick auf seine „kritische Affirmation", die er an „traditionellen konfuzianischen Lehren" in frühen Schriften bereits zum Thema macht, eine zusätzliche Dimension. Es ist ihm ein explizites Anliegen, die Entwicklung seiner Gedankengänge nachvollziehbar und vor allem kritisierbar zu halten und im Frühwerk im Vergleich zu den späteren Schriften nicht eine ignorierbare Vorstufe eines höheren (moralischen) Wissensstandes zu sehen. Ein derartiges vorgeblich von Konfuzius geprägtes Verständnis eines normierten Gelehrtenlebens hatte noch um die Mitte des 20. Jahrhunderts in „Autobiographien verfasst im Alter von 50 Jahren" (*wushi zishu* 五十自述) zu Aufforderungen geführt, Frühwerke

unterschiedlicher Kulturkreise werden im Buch „Essays on Cultural Problems“[14] (*Wenhua wenti lunji* 文化問題論集) vermittelt.[15] In der Form eines Lehrbuches für das zweite universitäre Studienjahr hatte die Schrift „Essentials of Chinese Culture“ (*Zhongguo wenhua yaoyi* 中國文化要義) das Anliegen einer propädeutisch-deskriptiven Kulturauslegung für das Curriculum des 1964 an der „Chinese University of Hong Kong“ (*Xianggang Zhongwen daxue* 香港中文大學) gegründeten „Chung Chi College“ (*Chongji xueyuan* 崇基學院) zu erfüllen.[16] Diese Frühphase, die zeitlich in seine als Exil wahrgenommenen ersten Jahre in Hongkong fällt, beinhaltet ebenfalls eine umfassende und weitläufige Rezeption kulturtheoretischer und philosophischer Ansätze, vor allem europäischer und amerikanischer Autoren. Lao kennt die Entwicklungen der Philosophie und Wissenschaft seiner Zeit gut und verbindet dieses Wissen innerhalb seiner Kulturtheoretisierungen zu eigenen, kritischen Reflexionen.[17] Für die vorliegende Arbeit besonders wichtige Anknüpfungspunkte der Frühphase bilden einerseits das Kulturkonzept, das Lao in Anlehnung an Georg Wilhelm Friedrich Hegel (1770–1831) als „Veräusserlichung“ oder „Externalisierung“ (*waizaihua* 外在化) und unter dem Begriff des „Geistes“ (*jingshen* 精神) verfasst, und andererseits die ausführliche Rezeption von zeitgenössischen Philosophen wie August Friedrich von Hayek (1899–1992) oder Ernst Cassirer (1874–1945), an denen ein Kernelement der These der vorliegenden Arbeit gezeigt werden soll: Laos Lesart dieser Philosophen macht deutlich, wie er den Bereich der Werte mit dem Bereich von Tatsachen in Verbindung bringt. Dabei fällt auf, dass der wertsetzenden Vernunft eines Subjekts eine zentrale Rolle für die Erklärung des Kulturbegriffs zukommt. Lao geht dabei nie so weit, den Anspruch zu stellen, die legitimitätsstiftenden Momente von Kultur in einem eigenen System oder einer eigenen Theorie zu entfalten. Seine Vorstellung von Kultur ist auch die eines offenen Entwicklungs- und Problemlösungsverlaufs, wobei er in Anlehnung an Immanuel Kant (1721–1804) auch die Bedingungen einer zukünftigen Weltkultur erläutert.

---

zu ignorieren, bspw. bei Mou Zongsan 牟宗三 (1909–1995), vgl. Mou 1993: 129–130 und Lao 2000 [1956i]: XVIII.

14 Die Werke der Sammlung „Sze-kwangs wissenschaftliche Abhandlungen“ sind mit englischen Titeln erschienen, die in der vorliegenden Arbeit übernommen, allenfalls kommentiert werden. In der Bibliographie werden die chinesischen Titel mit der deutschen Übersetzung angegeben.

15 Lao 2000 [1956i]: 2–210.

16 Lao 1998 [1965]: 1–330.

17 Neben den zahlreichen Essays, die in der bereits erwähnten Ausgabe versammelt sind, zielt seine philosophiegeschichtliche Darstellung „Genealogy of Philosophical Problems“ (*Zhexue wenti yuanliu lun* 哲學問題源流論) auf eine Bestandsaufnahme, aber auch auf eine Kritik der zentralen philosophischen Fragestellungen innerhalb der chinesischen, indischen, europäischen und amerikanischen Tradition. Für die kulturtheoretische Fragestellung werden daraus Laos Aussagen zum „Postulat“ (*shezhun* 設準) zentral, vgl. Lao 2001 [1956–1957]: 2–13.

Die rezipierten Theorien stellen Lao somit in eine Kontinuität mit dem Diskurs der Aufklärung, zu dem er mit seinem Anspruch auf ein offenes, revidierbares Problematisieren und mit einer Infragestellung hegemonialer (kolonialer) Vormacht aber gleichzeitig auch Distanz gewinnt. Zudem wird zu klären sein, wie sich seine Vorstellung von Rationalität verorten lässt. Im Betonen kulturphilosophischer Bedeutsamkeit der konfuzianischen Lehren wird die aufklärerische Einsicht zusätzlich einer viel früher entstandenen Tradition zugedacht.[18] Im Zentrum steht dabei, so meine inhaltliche These, Laos Appell, dass gerade die Einsicht in eine spezifische Unbestimmtheit, Spontaneität und Offenheit vernünftiger Vorgänge ordnungsstiftende Wirkung entfalten kann.[19] Zudem verweist Lao mit seinen Kommentaren zur Ethik von Albert Schweitzer (1875–1965) auf eine Weiterführung der positiv konnotierten europäischen Konfuzianismusrezeption im 20. Jahrhundert und somit auf eine häufig übersehene Kontinuitätslinie. Lao zeigt, wie Schweitzer aussereuropäische Geistesströmungen wie den Konfuzianismus als Teil eines umfassenden Menschheitsdenkens verstand. Dabei thematisiert Lao insbesondere mögliche Grundlagen einer globalen ethischen Kultur der rationalen Lebens- und Weltbejahung, die er auch bei Schweitzer und bereits in dessen frühen Schriften bestätigt fand.[20]

18 Ab dem 17. Jahrhundert wurde der klassische Konfuzianismus zum Bestandteil des philosophischen Diskurses in Europa. Bei Christian Wolff (1679–1745) und Voltaire (François-Marie Arouet, 1694–1778) ist er im Umfeld der Aufklärung positiv konnotiert, da die Vorstellung betont wurde, im Konfuzianismus sei moralisches Handeln nicht im Umfeld einer Religion begründet worden, sondern vernunftgeleitet und von einem Subjekt abhängig gedacht worden, vgl. Roetz 2013: 89. Kritisch im Sinne eines „Orientalischen Despotismus" äusserte sich aber bereits Charles de Secondat Montesquieu (1689–1755). Zur Geschichte der Konfuzianismusrezeption zwischen 1513–1840 ausführlich siehe Lee 2003: 21–329; Osterhammel 1998: 15–31, 275–289; Spence 1998. Unter dem Begriff des „Occidentalismus" hat Chen Xiaomei gefragt, inwiefern diese (kritischen) Einschätzungen als subversive Diskurse im 20. Jahrhundert in der Volksrepublik China übernommen wurden, vgl. Chen 2002: 27–28.

19 Roetz hat aufgezeigt, wie die positive Konfuzianismusrezeption der Aufklärung bei Albert Schweitzer und Karl Jaspers im 20. Jahrhundert weiterentwickelt wurde. Beide Autoren stehen für Roetz exemplarisch gegen das Vergessen, das sich im 20. Jahrhundert über das Erbe der Konfuzianismusrezeption gelegt hat, vgl. Roetz 2013: 88–98.

20 Die umfangreichen Manuskripte zu Albert Schweitzers „Geschichte des chinesischen Denkens" stammen aus den Jahren 1937, 1939, 1940 und wurden in Lambarene verfasst. Zu seinen Lebzeiten kam jedoch keine Publikation zustande, vgl. Schweitzer 2002 [1937–40]: 23–330. In einem Nachwort kommentiert Roetz, wie Schweitzers Sympathie „in erster Linie der ‚ethischen Lebens- und Weltbejahung' des frühen Konfuzianismus" galt, vgl. Roetz 2002: 334–335. Zur Konfuzianismusrezeption im 20. Jahrhundert siehe Roetz 2002: 335. Lao kommentierte mehrfach Schweitzers frühe Schriften und sein Ethikverständnis, u. a. in Lao 2001 [1956]: 8–11.

Ursula Renz hat für die Kulturphilosophie im Europa des frühen 20. Jahrhunderts die Bezeichnung einer „reifen Haltung der Aufklärung" in die Diskussion eingebracht.[21] Mit einer reifen Haltung der Aufklärung begreift sie Ernst Cassirers (1874–1945) und Hermann Cohens (1842–1918) seit den 1920er Jahren gebrochenes, aber nicht abgebrochenes Verhältnis zur Aufklärung. Beide versuchten, den Vernunftanspruch der Aufklärung dadurch zu retten, dass sie die Einsicht in die Grenzen der Vernunft dazu fruchtbar machten, den Vernunftbegriff selbst zu revidieren. Lao Sze-kwang kann in eine solche Sichtweise zusätzliche Aspekte einbringen, nämlich dort, wo sowohl die Grenzen und Möglichkeiten des Vernunftanspruchs als auch die Selbstermächtigung des (kolonialisierten) Subjekts durch den Vernunftanspruch thematisiert werden.

Methodisch verschränkt sich die Absicht einer philologischen Aufarbeitung ausgewählter Texte mit dem Ziel, den theoretischen Diskurs über Kultur von zwei Seiten zu beleuchten. Einerseits soll die Erschliessung des Quellenmaterials Auskunft darüber geben, welche theoretischen Fragen in den Texten aufgeworfen, in welchen Kontext sie gestellt und wie sie behandelt werden. Die theoretische Ausgangslage gibt auch Aufschluss darüber, inwiefern Laos Kulturverständnis eine freiheitliche und pluralistische Sicht zugrunde liegt. Andererseits soll der Versuch unternommen werden, gerade auch diejenigen Stellen zu benennen, die für die Lesenden dieser Texte aus einer zeitlichen Distanz von mehr als einem halben Jahrhundert und durch die Prägung postkolonialer Diskurse problematisch scheinen. Damit ist angedeutet, dass die Texte einerseits einer Zeit und Verortung entstammen und mit Verbindlichkeiten arbeiten, die dem Nachdenken über Kultur aus heutiger Sicht nicht mehr vorbehaltlos zugestanden werden. Zudem scheinen sich die Texte Lao Sze-kwangs zur Kulturthematik auch einer genauen Zuordnung zu entziehen, indem Grenzen kulturphilosophischer, kulturpolitischer und begrifflicher Bestimmung ineinander übergehen. Andererseits ermöglichte aber gerade das intellektuelle und gesellschaftliche Umfeld in Hongkong seit den 1950er Jahren für einen Denker wie Lao, Konstellationen zu antizipieren, die nicht entlang vermeintlich ideeller Bruchlinien etwa zwischen Kommunismus und Liberalismus, Tradition und Moderne oder Kolonialismus und Postkolonialismus verliefen, sondern in

21 Renz 2002: 5, 12. Die Studie thematisiert die kulturphilosophischen Aspekte in den Werken von Hermann Cohen (1842–1918), Ernst Cassirer (1874–1945) und Paul Natorp (1854–1924), die trotz des neu erwachten Interesses an den Systematisierungen und Grundthemen der Kulturphilosophie eher vernachlässigt wurden und deren Zusammenhänge auch für die vorliegende Arbeit wesentliche Impulse lieferten.

jeweils ambivalenten Zwischenräumen anzusiedeln sind.[22] Von dieser konkreten Verortung handelt in den folgenden beiden Abschnitten eine erste einleitende Annäherung an theoretisch-begriffliches und kontextuelles Vorwissen, das für Verständnis und Interpretation der Texte als Ausgangslage dient.

Zuvor noch Hinweise zu Formalien: In dieser Arbeit wird die kantonesische Schreibweise von Personennamen in Hongkong beibehalten. Für die phonetische Verschriftlichung des Kantonesischen dienen die Vorgaben der „Linguistic Society of Hong Kong" als Standard.[23] Die Lautumschrift *Pinyin* 拼音 wird in Übereinstimmung mit der Rechtschreibung des „Xin Hua pinxie cidian" 新華拼寫詞典 wiedergegeben.[24] Einem konventionellen Gebrauch folgend wird die Bezeichnung „Konfuzianismus" verwendet, die sich auf verschiedene kanonische Texte bezieht, die zutreffender als „konfuzianische Gelehrsamkeit" (*ruxue* 儒學) bezeichnet wird.[25] Lao erörtert die Bezeichnung der *ru*-Gelehrten bezüglich ihrer gesellschaftlichen Rolle, sieht aber mit den Texten, die Konfuzius (Kong Zi 孔子, trad. 519–479 v. Chr.)[26] zugeschrieben werden, die ausschlaggebenden Ansätze einer systematischen Lehre entstehen. Gerade weil Lao den Konfuzius zugesagten Texten nachhaltigen Einfluss zugesteht, scheint die Beibehaltung der Bezeichnung Konfuzianismus gerechtfertigt.[27] Seiner Lesart liegt aber weder die Sicht einer monolithischen Lehre noch einer geschichtslosen Essenz zugrunde, und zusätzlich gilt es, das kulturformende Moment seiner Interpretation im Auge zu behalten.

---

22 Bhabha analysiert in seiner theoretischen Arbeit koloniale Situationen und Migrationsprozesse, um auf die ambivalenten Zwischenräume von Kultur hinzuweisen und gleichzeitig eine moralisierende, lineare Ideologiekritik zu vermeiden, vgl. Bhabha 1994: 212–235.

23 The Linguistic Society of Hong Kong: https://www.lshk.org/jyutping (20.10.2019).

24 Shangwu Yinshuguang 2002. Im Literaturverzeichnis wurden die Verlagsorte ebenfalls in der Lautumschrift *Pinyin* vermerkt und nicht in der Schreibweise nach Duden (bspw. Beijing statt Peking).

25 Zur Problematik dieser Bezeichnung vgl. Stumpfeldt 1990: 29–40. Zu Ursprung und Bedeutung der Bezeichnung *ru* sowie zur Übersetzung als Gelehrtentradition siehe Zufferey 2003: 15–161. Zufferey nimmt Bezug auf den einflussreichen Aufsatz von Hu Shi: 349–355. Zur Beziehung zwischen Konfuzius und den *ru* siehe Jensen 1997: 217, für Debatten im frühen 20. Jahrhundert siehe Csikszentmihalyi 2003: 59–99 und Eno 2003: 1–42.

26 Vgl. Kapitel 4 für weitere Ausführungen.

27 Lao 1998 [1965]: 13. Roetz hat für die Beibehaltung der Bezeichnung „Confucianism" argumentiert, vgl. Roetz 2016: 191.

1.2 Zur Semantik des Kulturbegriffs in chinesischen Debatten im frühen 20. Jahrhundert

Wenn in den vorangegangenen Seiten von einem Kulturbegriff gesprochen wurde, soll an dieser Stelle Laos Verständnis vom Zusammenhang zwischen „Begriff" (*gainian* 概念) und „Ausdruck" (*ciyu* 詞語) präzisiert werden. Denn in seinem Verständnis umfasst ein Begriff Ausdrücke, die ihn bestimmen. Ersterer ist für Lao nur insofern definierbar, als er Bedeutungen von unterschiedlichen Ausdrücken in sich vereint. Die Forderung nach einer umfassenden Definition kann in der Regel jedoch nicht erfüllt werden. Ein Begriff umfasst dabei einen Komplex von Merkmalen, die es erlauben, „Vorstellungen" (*guannian* 觀念) einem Begriff zuzuschreiben oder eben nicht.[28] Eine Definition oder die „Bedeutung" (*yiyi* 意義) eines Ausdrucks kann unter anderem konventionell geregelt sein, entscheidend ist für Lao, dass Unklarheiten, Differenzen oder „Ambivalenzen" (*hanhun* 含混) bezüglich einer Bedeutung oft aus historischer Perspektive erklärt werden müssen. Ein Ausdruck wird dabei zu einem Mittel, um sich zu orientieren und Richtung auf das zu nehmen, worauf es einem ankommt. Diesem „worauf es einem ankommt" liegt jeweils eine subjektive Wertentscheidung zugrunde.[29] Für den semantischen Wandel thematisiert Lao keine explizite Theorie. Eine Beziehung zwischen semantischer Veränderung und ausserdiskursiver Realität wird nie verneint, trotzdem bleibt der zentrale Faktor für die Veränderung von semantischer Bedeutung ein vom Subjekt erfahrener Wertewandel, der sich auf Kommunikationszusammenhänge und Handlungsvollzüge bezieht.[30] Damit ist auch angedeutet, dass Lao den Begriff nicht ausschliesslich

---

28 Lao 2002: XII.

29 Obwohl Laos Untersuchungen zur Kultur nicht hauptsächlich historischen Bedeutungen des Ausdrucks nachgehen, macht er hier wie auch an anderen Stellen auf die Gefahren ideologischer Vereinnahmung von Sprache aufmerksam. Für die Etablierung begriffsgeschichtlicher Forschung gingen diesbezüglich später von Jin Guantao 金觀濤 (1947–) und seiner Ehefrau Liu Qingfeng 劉青峰 (?), die wie Lao an der Chinese University of Hong Kong tätig waren, entscheidende Impulse aus. Sie wiesen darauf hin, dass in China die Auseinandersetzung über Inhalte zentraler Begriffe in der zweiten Hälfte des 20. Jahrhunderts erst nach dem Verblassen maoistischer Ideologie in Angriff genommen werden konnte und gerade diesbezüglich eine kritische Aufarbeitung begrifflicher Grundlagen lange behindert wurde, vgl. Jin 2008: 1–3. Vogelsang liefert dazu die theoretische Abgrenzung der Begriffsgeschichte von der Ideengeschichte und von der in China einflussreichen Lexikographie, die entscheidende Impulse für die Begriffsgeschichte liefert, vgl. Vogelsang 2012: 11–14: „It is precisely because conceptual history is so unsparing in its critical scrutiny of basic notions that it cannot be tolerated by ideologues who uncompromisingly protect their own tenets."

30 Der Zusammenhang zwischen Begriff und Handlungsvollzügen wird in Abschnitt 3.5.2 in Bezug auf Laos Rezeption von Hegel erneut aufgenommen. Willibald Steinmetz hat exemplarisch drei verschiedene Mechanismen historischer Semantik beschrieben: den Plausibilitätsverlust von Redeweisen, einen Wandel von Bedeutungen durch Zu- oder Abnahme des sogenannten

als gedankliche oder ideelle Einheit versteht: Insbesondere die Verankerung von Sinn und Bedeutung im menschlichen Handeln und in Erfahrungen hängt für Lao eng mit sprachlichen Äusserungen zusammen. In der jüngeren Gegenwart wurden aus linguistischer Perspektive diesbezüglich namentlich Phänomene wie Metaphern oder Metonymien als Universalien menschlicher Kognition untersucht. Die Grundannahme, dass Metaphern fundamental sind, um schwer verständliche (abstrakte) Begriffe auf eingängige, körperlich erfahrbare Vorstellungen abzubilden, motivierte in der Sinologie Edward Slingerlands vergleichende Studien zur Metaphorik und Begrifflichkeit in vor-Han-zeitlichen (漢 206 v. Chr.–220 n. Chr.) Texten. Für Lao steht jedoch nicht das metaphorische Element eines sprachlichen Ausdrucks zur Debatte, sondern einerseits die mögliche ideologische Verengung von Bedeutung,[31] andererseits geht Lao davon aus, dass der Zusammenhang zwischen (axiologischer) Sprache und Bedeutung als konzeptuell, nicht voraussetzungslos zu verstehen ist und nicht als essentiell oder ontologisch.[32]

Lao verweist an zahlreichen Stellen darauf, dass der Ausdruck Kultur im Laufe der Zeit mit unterschiedlichen Inhalten ausgestattet worden sei.[33] Unterschiedliche Bedeutungen sind dem Ausdruck im Sinne von Konventionen zugeschrieben worden. Sobald einem Wort unterschiedliche Bedeutungen zugeschrieben werden können, bedeutet das aber auch, dass spezifische Voraussetzungen die jeweiligen Bedeutungsinhalte bestimmen. Der jeweils bewusst gewählte theoretische, ideologische oder religiöse Standpunkt, legt dann diese Voraussetzungen fest:

> Man entscheidet sich für eine bestimmte Bedeutung, weil man grundsätzlich erwartet, dadurch eine Reihe von Problemen erörtern oder lösen zu können, die mit der gewählten Bedeutung in einem Zusammenhang stehen. Aus unterschiedlichen Perspektiven werden jeweils unterschiedliche Fragen betont, und daher werden unterschiedliche Bedeutungen gewählt.[34]

Gebrauchswerts für die Kommunikation und letztlich die Irritation oder Bereicherung einer Sprache durch Wortimporte aus einer anderen Sprache. Alle drei Momente werden auch von Lao thematisiert, ohne jedoch einer Systematik zu folgen, vgl. Steinmetz 2008: 188.

31 Slingerland 2011: 2–9; Slingerland 2004: 324–328.

32 Weiterführend vgl. Lowe 2017: 235–262.

33 Lao 1998 [1965]: 1; Lao 2002: XI–XIV. Zu einer Abgrenzung der Ausdrücke „Kultur“ (*wenhua* 文化) und „Wissenschaft“ (*kexue* 科學) siehe Zhang 2005: 706–716. Lao legt ein digitales Nachschlagewerk, das *Lexicon of Confucianism*, zu vormodernen konfuzianischen Ausdrücken, Werken und Autoren vor, vgl. Lexicon of Confucianism: https://humanum.arts.cuhk.edu.hk/ConfLex/ (20.10.2019).

34 Lao 1998 [1965]: 1. 人們所以會選某一意義,根本上是由於他們想解決或探究與此意義相關的一組問題。人所注意的問題不同,所選的意義即不同。In Abschnitt 3.3 folgen weitere Ausführungen zu Laos Rezeption des Logischen Empirismus.

Lao differenziert nicht, wie vielleicht zu erwarten wäre, den Ausdruck vom Begriff der Kultur,[35] sondern er streicht den Zusammenhang zwischen beiden heraus und stellt die Mehrdeutigkeit eines Begriffs unter die Bedingung einer subjektiven Wahl, die durch die jeweils angestrebte theoretische „Perspektive" (*guandian* 觀點) bestimmt wird. Damit zieht Lao in Bezug auf den Kulturbegriff theoretische den nationalen oder ethnischen Unterscheidungsmerkmalen vor. Er verweist damit aber auch auf das Fehlen einer abgeschlossenen Vorstellung der Bezeichnung oder des Gegenstandes von Kultur, was gerade auch die historische Semantik des Ausdrucks geprägt habe.[36] Die Arbeit einer semantischen Analyse, das sei hier ergänzend erwähnt, hat Zhang Dainian (張岱年 1909–2004) mit seiner Abhandlung „Die wichtigsten philosophischen Konzepte und Kategorien im antiken China" (*Zhongguo gudian zhexue gainian fanchou yaolun* 中國古典哲學概念範疇要論) über den Ursprung und die Entwicklung klassischer philosophischer Begriffe in China in Angriff genommen. Dabei schliesst er an die Verwendung von der „Bedeutung von Schriftzeichen" (*ziyi* 字義) an und verwendet dafür die moderne, aus Japan entlehnte Form von „gainian" 概念 für „Begriff".[37]

Belegt ist die Verwendung der Zeichenkombination für „Kultur" (*wenhua* 文化) bereits in klassischen Texten, beispielsweise im „Garten der Erzählungen" (*Shuo Yuan*

35 Zum Vergleich: Joachim Ritter spricht für die begriffsgeschichtliche Forschung in der Philosophie von einer Betrachtung geschichtlicher Vielschichtigkeit und der kritischen Reflexion darauf, die „einer ‚abstrakten' Festlegung des Begriffs entgegenwirkt", vgl. Ritter 1971–2007, Bd. 1: VII. Zur Metapher als „radikale Begrifflichkeit" siehe Ritter 1971–2007, Bd. 1: IX.

36 Auch Koselleck unterscheidet Begriff und Wort (passender wäre Ausdruck) dahingehend, dass der Begriff alle Ausdrücke, die in Bedeutung und nichtsprachlicher Anwendung auf den Begriff Bezug nehmen, in sich vereint, vgl. Koselleck 2006: 21–30. Obwohl erste Lehnworte schon für das vorklassische Chinesisch bekannt sind, stellt sich für das moderne China im Hinblick auf einzelne Ausdrücke, die einen Begriff annähernd prägen, eine zusätzliche Herausforderung: Mit der verstärkten Übernahme von Neologismen und Lehnwörtern aus europäischen Sprachen zu Beginn des 20. Jahrhunderts muss die Frage in Betracht gezogen werden, wann eine Zeichenkombination als *ein* Ausdruck verstanden wurde und wann die Lesart zweier Morpheme als erweiterter Bedeutungsumfang von Lexemen naheliegt. Zu frühesten Lehnwörtern vergleiche die Ausführungen von Marc Miyake im Eintrag „Loanwords, Pre-Qin", vgl. Sybesma 2017, Bd. 2: 650–653. Für den Ausdruck Kultur hat Ciaudo diese Problematik am Beispiel früher Schriften Chen Duxius 陳獨秀 (1879–1942) untersucht und spezifisch gefragt, ob und ab welchem Zeitpunkt die Zeichenkombination als Syntagma mit dem modernen Bedeutungsinhalt von Kultur nachgewiesen werden kann, vgl. Ciaudo 2015: 22–26. Er kommt zum Schluss, bei Chen sei nicht das europäisch geprägte Konzept von Kultur im Vordergrund gestanden, sondern eine gesellschaftliche und politische Kritik an konfuzianisch geprägten Institutionen der späten Qing-Dynastie (清 1644–1911/1912).

37 Von Edmund Ryden liegt eine Übersetzung vor, vgl. Zhang 2002: XIX–XX. Zusätzliche Ausführungen finden sich bei Gentz 2009: 20–22.

說苑).[38] Obwohl kein klassisches Äquivalent in chinesischer Sprache zum modernen Begriff von Kultur existiert, kann die Zeichenverbindung also nicht als reine Neuschöpfung oder Übersetzungsterminologie des frühen 20. Jahrhunderts verstanden werden. Lydia Liu führt die Zeichenkombination denn auch vielmehr als Neologismus auf, der sich zusätzlich durch eine klassische Verwendung in chinesischen Texten auszeichnet.[39] Zwei Bedeutungen werden häufig zitiert, in denen das Schriftzeichen für *wen* 文 (Muster, Schrift, Verfeinerung, Zivilisation und Kultiviertheit)[40] mit demjenigen für *hua* 化 (Verwandlung) kombiniert wird: In der klassischen Verwendung bedeutet die Zeichenkombination für die Einzelperson erstens den Vorgang und Zustand der Verfeinerung in Bezug auf Schrift und Bildung und zweitens, in Abgrenzung zu den „militärischen" (*wu* 武), die „ziviladministrativen" Fähigkeiten (*wenzhi* 文治).[41] In dieser klassischen Verwendung ist zwar die spätere binomische Form der Wissenschafts- und Umgangssprache vorweggenommen, keineswegs aber die der Bezeichnung zugeschriebenen modernen Bedeutungen.[42] In der modernen Verwendung und beeinflusst von europäischen Vorgaben, die über Japan das Begriffsinstrumentarium des Neologismus prägen, dabei aber die Ambivalenz des ausländischen Einflusses nicht kennzeichnen, beginnt die Verbreitung der Bezeichnung Kultur in China erst in den ersten beiden Jahrzehnten des 20. Jahrhunderts.[43] Es dürften sich mindestens drei bedeutende Merkmale in

38 Die Erzählungen und Geschichten des Werks wurden von Liu Xiang 劉向 (79–8 v. Chr.) gesammelt und zusammengestellt. Anleitungen an den Herrschenden und seine Beamten sind ein häufiger Topos, vgl. Loewe 1993: 443 und Cheng 2009: 398.

39 Liu 1995: 312–313.

40 Falkenhausen 1996: 1–22. Falkenhausen vertritt die These, es habe sich ursprünglich um einen Beinamen für Vorfahren gehandelt, wobei die konkrete Bedeutung unklar blieb. Er stützt sich u. a. auf Bronzeinschriften und auf Textstellen aus dem „Buch der Lieder" (*Shijing* 詩經). Loewe datiert die Entstehung der Lieder zwischen 1000 und 600 v. Chr, vgl. Loewe 1993: 415.

41 Angaben zu Wörterbüchern: *Hanyu da cidian bianweihui* 2006, Bd. 11: 1515; *Zhongwen da cidian bianzuan weiyuan* 1977: 13766: 65; *Cihai bianji weiyuanhui* 1979: 4022. Fang weist darauf hin, dass die klassische Verwendung häufig konfuzianisch geprägte Vorstellungen nahelegte. Das mag ein Grund dafür sein, dass gerade Reformer darum bemüht waren, begriffliche Differenzierungen im Sinne moderner Bedeutungen vorzunehmen. In zweisprachigen Wörterbüchern erscheint die Zeichenkombination mit modernen Bedeutungszuschreibungen vereinzelt bereits Ende des 19. Jahrhunderts, für eine Zusammenstellung siehe Fang 2013: 89–95.

42 Zarrow schlägt daher die Übersetzung der klassischen Bezeichnung mit „transformation by civilized patterns" vor, vgl. Zarrow 2005: 129.

43 Anagnost hat von einem „innovativen Klassizismus" gesprochen, der durch die japanische Übersetzungspraxis europäischer politischer Philosophie und gesellschaftswissenschaftlicher Theorien in dieser ambivalenten Form auf China rückwirkte. Durch die Zuhilfenahme klassischer Verwendungen wird suggeriert, dass die Ressourcen für die Aneignung der (begrifflichen) Moderne in klassischen Verwendungen angelegt sein konnten, vgl. Liu 1995: 239 und Anagnost 1997: 21.

Laos Verwendung von Kultur wiederfinden, die mit Bedeutungen, wie sie seit der Jahrhundertwende in China auftreten, zusammenfallen.[44] Fortan beginnt Kultur einen prominenten Platz im damaligen Begriffsinstrumentarium Gelehrter zu besetzen, wobei Liu darauf hinweist, dass die moderne Semantik zu Beginn des 20. Jahrhunderts massgeblich zwischen den beiden Positionen von Vertretern für eine sogenannte „Nationale Essenz" (*guocui* 國粹)[45] und für eine „Neue Kultur" (*xin wenhua* 新文化) ausgehandelt wurde. Lawrence A. Schneider hat mit Bezug zu den Vertretern einer Nationalen Essenz von einem modernen kulturellen Konservatismus gesprochen, der sich von früheren Reformversuchen unterscheidet. Als modern wird der Konservatismus darum bezeichnet, weil einerseits Elemente eines Elitismus in Anlehnung an Matthew Arnold (1822–1888) thematisiert wurden, andererseits die politische Revolution und die Beseitigung der Dynastie der Qing als wesentliche Bedingungen für die Bewahrung der traditionellen (Han-) Kultur angesehen wurden.[46] Die zahlreichen verlegerischen und bildungspolitischen Aktivitäten der Vertreter einer Nationalen Essenz standen gemäss Schneider unter dem Leitgedanken, dass eine Kultur eine verletzliche physische Seite (*guo* 國) in der Form des „Staates" hat sowie eine potentiell beständige, spirituelle Seite (*cui* 粹) als „Essenz", die eine Wiederbelebung der Kultur ermöglichen kann.[47] Ausgangspunkt der Auseinandersetzung um die Bewahrung einer Nationalen Essenz ist im ersten Jahrzehnt des 20. Jahrhunderts die Kritik an der Qing-Dynastie, die mit der Kritik am Konfuzianismus als Staatsorthodoxie, einhergeht. Als 1922 die Zeitschrift „Das Abwägen der Gelehrsamkeit"[48] (*Xueheng* 學衡, 1922–1933) als zentrales Organ für die Gelehrten der Nationalen Essenz die Publikationsfunktion übernimmt, vertritt die Autorengruppe jedoch das Ideal eines

---

44 Eine begriffsgeschichtliche Zusammenstellung vormoderner Bedeutungen liefert Fang 2019: 1–23.

45 Liu 1995: 240.

46 Schneider 1972: 80. Exemplarisch für eine derartige Wiederbelebung in jüngerer Zeit stand Japan. Die Idee des nationalen Wesens nahm 1904 feste Gestalt an, als eine kleine Gruppe von Gelehrten, die zumeist aus südlichen und südöstlichen Küstenprovinzen stammten, die „Gesellschaft zum Schutz der nationalen Bildung" (*Guoxue baocun hui* 國學保存會) gründete und im darauffolgenden Jahr mit der Veröffentlichung der „Zeitschrift für Nationale Essenz" (*Guocui xuebao* 國粹學報) hervortrat, siehe Schneider 1972: 121–124.

47 Schneider 1972: 123.

48 Schneider übersetzt den Titel der Zeitschrift mit „Kritische Rundschau", vgl. Schneider 1972: 138. Der Name spielt auf das Gelehrtenleben des Wang Chong 王充 (27–97? n. Chr.) und dessen Werk „Theorienabwägung" (*Lunheng* 論衡) an, vgl. Bauer 2001: 136. Crespigny verweist auf ansatzweise skeptische, rationale und tatsachenorientierte Betrachtungsweisen in Wangs umfangreichem essayistischen Schaffen, das im oben genannten Werk zusammengestellt wurde. Er behandelte dabei sowohl praktische als auch philosophische Fragen, vgl. Crespigny 2007: 806–807.

von Irving Babbitt (1865–1933) inspirierten Humanismus. Babbitts Essay „Humanistic Education in China and the West" wurde ins Chinesische übersetzt und erschien 1922 in der Märzausgabe der Zeitschrift „Das Abwägen der Gelehrsamkeit". Darin wirbt Babbitt für einen humanistischen Internationalismus, der sowohl die griechische als auch die konfuzianische Tradition in der Form wissenschaftlicher Neueinschätzung umfassen sollte.

> You will find that the two backgrounds confirm one another especially on the humanistic side, and constitute what one may term the wisdom of the ages. It seems to me regrettable that there are less than a dozen Chinese students in America today who are making a serious study of our occidental background in art and literature and philosophy. [...] My hope is that, if such a humanistic movement gets started in the West, it will have a response in a neo-Confucian movement in China.[49]

Mit dem Beginn der Bewegung für Neue Kultur entwickelte sich der Kulturkonservatismus (in den Worten von Schneider) dieser Gruppe jedoch vor einem neuen Hintergrund. Die gesellschaftlichen und intellektuellen Konventionen des Konfuzianismus wurden von den treibenden Kräften der Bewegung für Neue Kultur in Frage gestellt, was zur Reaktion auf die vorgeschlagenen Neuerungen führte. Eine Reihe von Aufsätzen thematisierten in der Zeitschrift „Das Abwägen der Gelehrsamkeit" daraufhin Bedenken gegenüber Kommunismus, Pragmatismus, historischem Relativismus aber auch gegenüber einer „neuen", ausschliesslich aus volkstümlichen Quellen hergeleiteten, „umgangssprachlichen Literatursprache" (*baihua* 白話) und Literatur.[50] Die Bewegung für Neue Kultur, die damit von einem Standpunkt universal gültiger Prinzipien hin zur Relativierung, Differenzierung und Fragmentierung führte, überträgt sich auch auf die Semantik des Kulturbegriffs. Zunehmend wird zwischen den Protagonisten einer Nationalen Essenz und denen der Bewegung für Neue Kultur die Authentizität von Kultur anhand der binären Rhetorik von „echt" (*zhen* 真) und „falsch" (*wei* 偽) verhandelt.[51] Es wäre jedoch verfehlt, die beiden Lager vorschnell ideologischen Strömungen zuzuordnen: Gerade die neuere

49 Babbitt 1921: 91. Diese Schrift wurde von Hu Xiansu 胡先驌 (1894–1968), einem einflussreichen Botaniker, 1922 übersetzt. Es handelt sich um einen bis heute in der Forschung eher vernachlässigten Text, vgl. Liu 1995: 432.

50 Sowohl Charlotte Furth als auch Schneider weisen in diesem Zusammenhang auf die ursprünglich literarisch-philologische Ausrichtung der Bewegung hin, die zunehmend dazu führte, dass Kultur als ein isoliert vom politischen System verstandenes Konzept aufgefasst wurde: Kultur sollte dabei – wie oben bereits ausgeführt – losgelöst von der politischen Realität beständig bleiben, vgl. Furth 1976: 31–32 und Schneider 1972: 59–61, 63–64. Zur umgangssprachlichen Literatursprache vergleiche das Lemma „*Baihua* 白話 (Vernacular written Chinese)" von Elisabeth Kaske in Sybesma 2017, Bd. 1: 266–269.

51 Liu 1995: 249.

Forschung fördert diejenigen Konstellationen zutage, die einer Zuschreibung der Befürworter einer Nationalen Essenz in ein „konservatives" Lager und der Vertreter für Neue Kultur in ein „progressives" oder ein „radikales" Lager entgegenlaufen.[52] Für die vorliegende Arbeit ist relevant, dass in diesem Umfeld der hermeneutische Raum geschaffen wurde, der die Lesart konfuzianischer Lehren als Humanismus der chinesischen Kultur zu vermitteln begann.[53] Das Hauptinteresse galt dabei der Aneignung derjenigen kulturellen, gesellschaftlichen und literarischen Werte, die einem global gültigen Humanismus zugeordnet werden konnten. Der Bereich des Politischen und politischer Institutionen konnte losgelöst davon einem Wandel unterworfen sein. Mit der Eröffnung dieser Lesart, die den Anschluss ähnlicher Kulturerscheinungen unabhängiger Kulturkreise in einer Form punktueller Konvergenz ermöglichte, sollte zudem ein oppositionelles, binäres Verständnis einer Ost-West-Dichotomie überwunden werden. Am Beispiel der Schriften Lao Sze-kwangs lässt sich in einer Fortführung zeigen, wie diese Bedeutung kultureller Konvergenz aufgegriffen wurde und welche Bedingungen und Strategien die theoretischen und diskursiven Anschlüsse in den 1950er Jahren bewerkstelligen sollten. Ambivalenz sollte dabei gerade dort entstehen, wo die Verschränkung einer Kritik an hegemonialen Einflüssen und Dominanz mit einer Ermächtigung subjektiver Positionierungen einherging. Das rückt Laos Strategien in die Nähe des von Gayatri Spivak eingebrachten Begriffs einer „strategischen Essentialisierung". Identitäten werden laut Spivak vorübergehend als eine strategische Notwendigkeit marginalisierter Gruppen anerkannt, um eine emanzipatorische Wirkung nicht zuletzt gegenüber Essentialisierungen selbst zu erreichen.[54] Bei Lao Sze-kwang steht strategisch jedoch nicht die Suche nach einer Essenz, sondern vielmehr die Legitimation eines (rationalen) Fundaments zur Herleitung von Werten zur Debatte, die ebenfalls einem „Humanismus" (*renwenzhuyi* 人文主義) zugedacht wurden. In diesem Prozess werden auch die konfuzianischen Lehren als symbolische Ressourcen für die Gegenwart thematisiert (Kapitel 4). Die von Lao gewählte Bezeichnung für Humanismus nimmt dabei Bezug auf ein (konfuzianisch vorgestelltes) Subjekt, das bewusst Werte konstituiert und

52 Für die Übernahme der Umgangssprache als Literatursprache in als „konservativ" geltenden Literaturgesellschaften wie beispielsweise der „Südlichen Gesellschaft" (*nanshe* 南社), siehe Chen 2008: 53. Für eine Einschätzung der Auseinandersetzung Wu Mis 吳宓 (1894–1978) mit dem New Humanism und insbesondere als Alternative zu John Deweys Pragmatismus siehe Hon 2008: 253–263. Kaske analysiert in ihrer umfangreichen Studie, wie umstritten die Sprach- und Bildungspolitik im Übergang von traditioneller Philologie zur modernen Linguistik unter den Vertretern für eine Nationale Essenz war, vgl. Kaske 2008: 323–389. Kuo zeigt auf, wo sich die Befürworter einer Nationalen Essenz und diejenigen einer Neuen Kultur sogar inhaltlich annäherten und wie ähnliche polemische Rhetoriken verwendet wurden, vgl. Kuo 2019: 188–189.

53 Liu 1995: 251.

54 Spivak 1985: 183–184.

somit als Ursprung von Werten verstanden wird. Eine derartige Bezugnahme auf konfuzianische Texte unterscheidet sich, wie zu zeigen sein wird, von religionsstiftenden Interpretationen konfuzianischer Traditionen für die Gegenwart. Im frühen 20. Jahrhundert wurde zudem die Vorstellung von Kontingenz historischer Ereignisse in die Diskussion eingebracht, um die prekäre Lage Chinas zu beschreiben.[55] Die Absicht, sogenannte „neue“ Werte im Rahmen einer Kulturbewegung zu vermitteln, stellt dabei die gemeinsame Grundlage einer Suche nach „neuen“ Ressourcen dar, die Liu als Merkmal des damaligen Kulturbegriffs sieht.[56]

Anagnost verweist für die erste Hälfte des 20. Jahrhunderts auf einen zweiten Zusammenhang, der für die Verwendung des Kulturbegriffs der folgenden Jahrzehnte prägend wurde und auch in Laos Verwendung mitschwingt. Ein erheblicher Bedeutungswandel hat sich für Kultur in Abgrenzung zu „Zivilisation“ (*wenming* 文明) etabliert:[57] Im ausgehenden 19. und zu Beginn des 20. Jahrhunderts war es zuerst der Begriff der Zivilisation, dem eine Forderung zur Aneignung des europäischen Vorbilds zugrunde lag. Die Forderung verschränkte sich aber mit der Feststellung, dass in China eine klassische Blütezeit der Zivilisation ebenfalls bereits existiert habe. Diese Einsicht hielt den Begriff der Zivilisation somit für den zeitgenössischen Westen, aber auch für das klassische China offen, wobei für das gegenwärtige China ein Defizit festgehalten wurde. Um die zivilisatorischen Mängel benennen zu können, fand gleichzeitig eine Aufteilung des *wenming*-Begriffs auf „geistige Zivilisation“ (*jingshen wenming* 精神文明) in Abgrenzung zu „materieller Zivilisation“ (*wuzhi wenming* 物質文明) statt. Diese Differenzierung behält die Bezeichnung auch in der späteren maoistischen Rhetorik für die Beziehung zwischen materieller Basis und geistiger Überbaustruktur bis in die Reformära der 1980er Jahre.[58] Anagnost geht davon aus, dass die geistigen Ressourcen des Zivilisationsbegriffs im frühen 20. Jahrhundert mobilisiert wurden, um einen nationalen Geist im Sinne einer nationalen Identität zu reklamieren, wobei

---

55 Beispielsweise zu Beginn der 1920er Jahre bei Liu Yizheng, vgl. Liu 1995: 52. Er nennt die Versäumnisse der Regierung, die Opiumkriege (Erster Opiumkrieg 1839–1842, Zweiter Opiumkrieg 1856–1860), Korruption und die Verfehlungen in der Gesellschaft als die wichtigsten Faktoren, die eben nicht essentiell dem Konfuzianismus inhärent seien.

56 Liu 1995: 251.

57 Fang 2013: 84.

58 Anagnost 1997: 84. Die Verwendung von Zivilisation von Reformanhängern konnte gerade in den 1980er Jahren als Zurückweisung der maoistischen *kultur*revolutionären Rhetorik mit einer Betonung von Ideologie, Wille und Überbau für Kampf und Wandel verstanden werden. Zu diesem Zeitpunkt trägt Zivilisation eine eher historiografische Bedeutung innerhalb der historischen Stadienentwicklung von Gesellschaftsformationen. Das Ziel einer geistigen, sozialistischen Zivilisation trägt dabei Züge einer alternativen Moderne, vgl. Anagnost 1997: 81–85.

mit dem Zivilisationsbegriff immer mehr auch eine moderne Wissenschaftssprache assoziiert wurde, die von marxistischen Standpunkten beeinflusst war.

Im europäischen Sprachgebrauch stand das Konzept der Zivilisation – im Gegensatz zu dieser frühen Verwendung in China – im Französischen und Englischen gleichwertig neben dem der Kultur. Es näherte sich semantisch sogar dem Kulturbegriff an, in dem alle Lebensbereiche, materielle wie geistige, erfasst wurden. Semantisch wurde darunter die Totalität menschlicher Praxis als Selbstveränderung, Selbsterziehung oder Selbstverwirklichung und zudem die die Gesellschaft und Natur verändernde Praxis und deren Resultate in verschiedenen Erscheinungsformen verstanden. Nicht so in der deutschen Sprache, wo Kultur zunehmend mit dem zu bewahrenden Geistigen gleichgesetzt wurde.[59]

Im Umfeld der Bewegung für Neue Kultur wird ab 1915 die Progressivität europäischer Kultur thematisiert und von den Protagonisten der Bewegung, wie Hu Shi 胡適 (1891–1962) und auch Chen Duxiu, ohne Rückgriff auf ein entsprechendes historisches Äquivalent in China anerkannt.[60] Damit unterscheidet sich die Rede von Kultur und Zivilisation insofern, als die Kritik an der Tradition und insbesondere an traditionellen konfuzianischen Werten einerseits vermehrt der Bezeichnung Kultur eingeschrieben wird. Ausgewählte reale Errungenschaften werden andererseits zu Leitideen in Anlehnung an eine europäische Führungsstellung in der Welt. Hu Shi spricht in seiner Kritik an der Gruppe zur Erhaltung einer Nationalen Essenz beispielsweise von der Notwendigkeit einer Kulturkritik in der Form einer „Neubewertung aller Werte“ (*chongxin guding yiqie jiazhi* 重新估定一切價值), die er im selben Text auch als gesellschaftliche Werte Chinas bezeichnet.[61] Kultur wird somit Trägerin von Werten und rückt zudem näher an den Begriff der

59 Für eine ausführliche Darstellung der begriffsgeschichtlichen Entwicklung in Deutschland, England und Frankreich und für die Zuspitzung des Gegensatzes zwischen Kultur und Zivilisation sei auf das „Philosophische Wörterbuch der Philosophie“, Ritter 1971–2007, Bd. 4: 1309–1324 sowie auf den Eintrag „Zivilisation und Kultur“ in „Geschichtliche Grundbegriffe“ verwiesen: Brunner 1972–1997, Bd. 9: 679–774. Die Engführung des Kulturbegriffs auf eine geistige Dimension, die auch für Überlegenheitsansprüche genutzt wurde, kommt in den Schriften des belgischen Komparatisten Hugo Dyserinck (1927–2020) zur Sprache. Laos Kulturverständnis zeigt keine entsprechende Engführung.

60 Ciaudo 2015: 27.

61 Hu 1919: 26–28. Spätere Texte thematisieren die Weltkultur, vgl. Hu 1936: 173–179. Dabei wird die „Richtung einer allmählichen Konvergenz [von Kulturen]“ (*jianjian chao hunhe tongyi de fangxiang* 漸漸朝混合統一的方向) im materiellen Bereich als „natürlich“ (*ziran* 自然) beschrieben. Auf der geistigen Ebene werden Ideale wie Wissenschaftlichkeit, Verbesserung der Lebensumstände, Emanzipation durch demokratische Institutionen wegweisend. Für die 1950er Jahre ist der Text „Der Trend der Weltkultur in den vergangenen 300 Jahren und die Richtung, die China einschlagen sollte“ (*San bai nian lai shijie wenhua de qushi yu Zhongguo ying caiqu de fangxiang* 三百年來世界文化的趨勢與中國應採取的方向) wegweisend, vgl. Hu 1953: 187.

Gesellschaft heran. Zhang Qing hat diese Annährung in der Terminologie von Kultur und Gesellschaft aufgenommen und bei Hu Shi zwei unterschiedliche Argumentationsstrategien identifiziert: Die innerchinesische Debatte ist dabei durch seine Forderung nach einer Transformation von Gesellschaftsordnung und Wertvorstellungen gekennzeichnet. Zunehmend tritt Hu in China für eine vom Utilitarismus geleitete Werteauswahl ein.[62] In seinen an ein ausländisches Publikum gerichteten Reden tritt jedoch die Verteidigung chinesischer Kultur in den Vordergrund.[63] Dies führte dazu, dass er im Ausland als ein kritischer Förderer nationaler Kultur wahrgenommen werden konnte.[64]

In diesem Umfeld beginnt sich die Kulturterminologie nun auch im allgemeinen Sprachgebrauch der 1920er und 1930er Jahre zu verbreiten. Lao schliesst mit seiner Verwendung des Kulturbegriffs insbesondere an diese kritische Auffassung von Kultur an, die durch die Zurückweisung kultureller Werte, deren Tradierung und der Frage nach deren Legitimierung innerhalb der Bewegung für Neue Kultur vorbereitet wurde, ohne jedoch – und dabei handelt es sich um ein entscheidendes Merkmal bei Lao – die materielle Sphäre von Kultur als minderbedeutend darzustellen.

Zudem werden in den 1920er Jahren, in Abgrenzung zu dieser kritischen Verwendung innerhalb der Bewegung für Neue Kultur, Typologien der grossen Kulturen entworfen, die diese kulturkritischen bzw. kulturpessimistischen Einschätzungen auch in Bezug auf Europa vermitteln. Anhaltenden Einfluss übten die entsprechenden Werke von Liang Qichao 梁啟超 (1873–1929) und Liang Shuming aus. Kultur weist vom Bedeutungsumfang dabei diejenige globale Referenz auf, die ihr von Liang Qichao bereits 1919 zugeschrieben wurde. Er unterscheidet Kultur und Zivilisation jedoch insofern idiosynkratisch, als er von China als einer Zivilisation im Zusammenhang mit Beziehungen zu anderen Nationen spricht und die Bezeichnung Kultur verwendet, um die internen Angelegenheiten eines Kulturkreises zu beschreiben. In der Begegnung mit dem Westen ist China eine Zivilisation und eine Kultur, wenn es um die Bewahrung eigener Traditionen geht.[65] Liang beschreibt auf seiner Reise das kriegszerstörte Europa als verarmt und „überaus

62 Zhang 2008: 305.

63 Hu Shi referierte in diesem Sinn 1933 in den Haskell Lectures über „Chinas kulturelle Neigungen“, vgl. Zhang 2008: 303.

64 Zhang 2008: 304–305. Irene Eber beschreibt, wie Hu 1956 in zehn öffentlich gehaltenen Vorträgen in Berkeley die Übernahme und Revitalisierung von Traditionen als notwendig erachtete und seine eigene Rolle in diesem Vermittlungsprozess erklärte, vgl. Eber 2013: 29–30.

65 Chang 1971: 116.

schlecht“ (*e hen hen de* 惡很很的),[66] was jeden Chinesen dazu veranlassen müsse, die eigene Kultur zu schützen. Was folgt, ist Liang Qichaos Aufruf an die Jugend aus dem Jahre 1920, eine „Kulturbewegung“ (*wenhua yundong* 文化運動) fortzuführen, die basierend auf westlichen (wissenschaftlichen) Methoden Elemente chinesischer Tradition bewahren und gleichzeitig weltweit zugänglich machen sollte.[67] Als eine Wechselwirkung und ein Zusammenspiel dieser Vorgaben an den Kulturbegriff aus dem frühen 20. Jahrhundert kann als drittes Merkmal Laos explizites Bemühen verstanden werden, Kulturanalysen jenseits ethnozentrischer Betrachtung und kritisch zu verorten:

> Zuvor haben Gelehrte aus Ost und West bei ihren Erörterungen zu allgemeinen Kulturfragen häufig die Geistes[haltung] nicht vermeiden können, das Eigene als Haupt[kriterium] zu setzen, was nicht weiter erstaunen soll. Ich habe es jedoch immer als eine notwendige Voraussetzung betrachtet, Kulturfragen mit einer weltoffenen Geisteshaltung zu analysieren.[68]

Die Absicht, Kulturfragen jenseits ausschliesslich ethnozentrischer Zuschreibungen anzugehen, wird mit dem Diktum „China in der Welt“ (*zai shijie zhong de Zhongguo* 在世界中的中國) zu positionieren, unterstrichen:

> Ursprünglich sorgten sich die Intellektuellen Chinas nur um die chinesische Kulturkrise, in der Gegenwart wird aber auch die moderne, originär aus Europa stammende Kulturordnung zunehmend zu einem Problem, und wir sehen uns heute konfrontiert mit einer Kulturkrise von weltumspannender Tragweite. Ungefähr seit 1950 wurde mir allmählich klarer, dass ein Ausweg aus der Kulturkrise für China aufs engste mit einer neuen weltweiten Entwicklung verknüpft sein musste. [...] Aus diesem Grund würde China bestimmt nicht alleine und isoliert von der Welt eine Kulturordnung aufbauen können. Diese Einsicht hat mich veranlasst, die Parole *China in the world*[69] als Ausgangsidee für die Erörterung der Kulturfrage in China aufzubringen.[70]

---

66 Liang 1936: 3. Auch Tang Xiaobing verweist in diesem Zusammenhang auf die Entstehung einer veränderten historischen Vorstellung, in der eine hierarchische Sicht auf höher stehende Kulturen zugunsten einer dynamischen Betrachtung kultureller Unterschiede gleichberechtigter Kulturen aufgegeben wird, vgl. Tang 1996: 3, 216–223.

67 Liang 2005 [1920], Bd. 2: 37–38.

68 Lao 2000 [1956i]: 143. 以往,東方學人和西方學人討論普遍意義的文化問題時,總不免有以己方爲主的精神,這自是不足怪的;但我總覺得,世界人的胸襟,對於文化問題的研究確是必要條件。

69 Lao 2003: 221. Dieser Standpunkt wird nicht immer frei von polemischen Zuspitzungen gegenüber anderen Positionen vorgetragen. Thomas Metzger nimmt das Diktum mit dem kritischen Hinweis zur Kenntnis, dass China damit eine führende Rolle innerhalb einer Weltkultur zugesprochen werden soll, vgl. Metzger 2008: 17.

70 Lao 2003: 221. 原先中國知識份子只爲中國的文化危機而憂慮,現在源自歐洲的現代文化秩序本身成爲問題,我們便得面對世界性的文化危機了。[...] 自一九五零年前後,我已漸漸明白, 中國文化危機的出路,與世界文化的新取向息息相關。[...] 中國決不能獨自建立文化秩序, 與世界絕緣。這一點認識使我後來提出「在世界中的中國」的口號,作爲研究中國文化問題的基本觀念。

Eine ähnliche Formulierung erscheint bereits bei Liang Qichao, der von China als einer Nation unter vielen, als „China in der Welt“ (*shijie zhi Zhongguo* 世界之中國) spricht. Liang hatte 1901 im „Vorwort zur Geschichte Chinas“ (*Zhongguoshi xulun* 中國史序論) die dynastische Geschichtsschreibung zugunsten einer dreiteiligen Einteilung von „antik“, „mittelalterlich“ und „modern“ vorgeschlagen. Die mittelalterliche Periode war dabei geprägt durch eine Geschichte von einem „China in Asien“ (*Ya Zhou zhi Zhongguo* 亚洲之中國) und die moderne Periode durch eine Geschichte von einem „China in der Welt“ (*shijie zhi Zhongguo* 世界之中國).[71] Mit seinem eigenen Diktum eröffnet sich für Lao eine Möglichkeit der Kulturanalyse, in der die Beschäftigung mit den Prinzipien des „Eigenen“ und des „Fremden“ als produktiver Dialog in einer gleichgestellten Beziehung als Prozess des fortlaufenden Wissensaustausches und einer vorläufigen Wissensproduktion verstanden werden kann. Der andauernde Prozess einer interpretatorischen Auseinandersetzung setzt somit auch Präsenz und Akzeptanz beider Parteien in einer Art Kopräsenz voraus, die in Analyse, Interpretation und Selbstreflexion einfliesst. Lao schlägt damit eine hermeneutische Annäherung vor, die sowohl die „eigene“ als auch die „fremde“ kulturelle Imagination und Realität zu verstehen versucht. Ziel einer solchen Annäherung ist es, durch die Auseinandersetzung mit jeweils unterschiedlichen Interpretationen einen geschärften Blick für Bedeutungen und Zuschreibungen zu erhalten. Kultur wird dabei zu einem semantischen Feld, in dem sich Bedeutungen verlagern oder verschieben und sich für Lao die Frage nach der Legitimation einzelner Bedeutungen und deren Tradierung aufdrängt.[72] Das Spannungsverhältnis von Eigenem und Fremdem, das die Prinzipien der Inklusion und Exklusion zur Debatte stellt, wird bei Lao jedoch zugunsten der theoretischen Differenzierung universaler und partikularer Kulturelemente aufgegeben, die in allen Kulturkreisen zur Anwendung kommen soll. Diese Unterscheidung wurde vor allem in der angelsächsischen Literatur in postkolonialen Narrativen zur „Nation“ verwendet, die in ehemals kolonialem Umfeld entstanden waren. Das Nationale, dem in erster Linie eine partikulare Dimension eingeschrieben ist, wird häufig kulturell bestimmt. Dabei steht jedoch nicht die Positionierung der Nation innerhalb einer Universalgeschichte im Vordergrund, sondern die selbstbestimmte Reflexion auf jeweils partikulare, aber prägende Kulturbestände. Diese Konstellation trifft im Grundsatz auch auf Lao zu. Er thematisiert die Kulturbestände jedoch nicht als zeitlose und somit übergeschichtliche Essenzen, in der Absicht Identifikationsfiguren

71 Liang 1994 [1901], Bd. 1: 1–12.

72 Auch in seinem Spätwerk bleibt dieses Diktum prominent präsent, bspw. in einer kritischen Betrachtung des Modernen Konfuzianismus, vgl. Lao 2006: 1–12. Metzger äussert Vorbehalte dahingehend, dass Lao in diesem Text und allgemein in seinem Werk eben gerade nicht von einer gleichberechtigten Beziehung zwischen „China“ und dem „Westen“ ausgehe, vgl. Metzger 2008: 17.

zu stiften, sondern er fragt, wie ein komplexer Austausch diese kulturellen Bestände und deren Interpretationen beeinflusst und wie diese immer wieder neu zu rekonstruieren sind.[73]

Wie eingangs bereits angedeutet, ist die Unterscheidung einer normativen von einer funktionalen Dimension wesentlicher Bestandteil von Laos Kulturbegriff. Im Folgenden soll aus diesem Grund die für diese Arbeit als theoretische Erweiterung verstandene Unterscheidung normativer und funktionaler Aspekte bei der Kulturanalyse eingeführt werden.

1.2.1 Der normative Kulturbegriff

Die Analyse des Kulturbegriffs der vorliegenden Arbeit geht aus von der Unterscheidung einer normativen und einer funktionalen Sphäre von Kultur. Die folgenden Herleitungen können als theoretische Matrix verstanden werden, die die Voraussetzungen dieser Einordnung aufzeigen soll. Kultur stellt in der normativen Bedeutung nichts Wertfreies, rein Deskriptives dar. Der Begriff eignet sich somit zur „Affirmation, aber auch zur Selbst- und Fremdkritik".[74] Wenn die historische Semantik des europäischen Kulturbegriffs mit der Aufklärung auf den für die Moderne zentralen Übergang von einer Pflege oder Kultivierung des Geistes (*cultura animi* oder *ingenii*) und somit einer Bewertung des Einzelnen zu einer Bewertung der Lebensweise des Kollektivs verweist, dürfte für China eine begriffsgeschichtliche Komponente des Übergangs in der Verwendung im späten 19. Jahrhundert ebenfalls von der „Bildung des Einzelnen" (*wenjiao* 文教) zu „Kultur" (*wenhua* 文化) gelegen haben, verstanden als Prozess für einen Kollektivsingular. In der modernen Verwendung kann Kultur somit einen normativ ausgezeichneten Prozess des Wandels einer sozialen Gemeinschaft charakterisieren. Dieser Prozess gilt als gestaltbar und, darüber hinaus, als in eine bestimmte Richtung gestaltbar. Darin liegt auch der Grund für die universalistische Ausrichtung des normativen Kulturbegriffs: Wenn eine Kultur als erstrebenswert angenommen wird, so gilt dies allgemein für ein Kollektiv. Obwohl der Begriff also für ein Kollektiv gedacht ist, sind nicht Kulturen im Plural sondern der Kollektivsingular von Kultur für den normativen Kulturbegriff von Bedeutung.[75]

73 Für die konfuzianische Ethik untersucht Wong mit Rückgriff auf den Universalismus-Begriff bei Zygmunt Bauman die Unterscheidung des Partikularen und Universellen, vgl. Wong 1998: 367.
74 Reckwitz 2000: 65–66.
75 Reckwitz 2000: 66.

Der Kulturbegriff erhält mit der Gegenüberstellung von Kultur und Zivilisation einen eigentlichen Gegenbegriff, der den Übergang von einem rein affirmativen zu einem kritischen Normativismus auszeichnet. Die Koppelung des Kulturbegriffs an eine Zivilisationskritik verleiht der normativen Kulturvorstellung eine kritische Schärfe, die bis weit ins 20. Jahrhundert wirkt und auch für Lao den Ausgangspunkt bei Kant findet.[76] Für Kant umfasst die Vorstellung von Kultur mehr als die Regeln des zivilisierten Zusammenlebens, vielmehr vermittelt Kultur zwischen der sinnlichen Natur und der Moralität des Menschen. Er argumentiert jedoch, dass die Berufung auf natürliche Tatsachen im Menschen unvereinbar mit der These der Willensfreiheit sei, denn der willensfreie Mensch könne seinen natürlichen Regungen folgen oder auch nicht. Er könne sich seiner sinnlichen Natur immer auch widersetzen und er trage darum eine Eigenverantwortung für sein Tun. Welche Autorität er anerkenne und welche Normen gelten sollen, liege in der Macht des freien Willens des Menschen.[77] Somit steht nicht die Fremdheit zwischen menschlicher Natur und Kultur im Zentrum der Aufmerksamkeit, sondern die Fremdheit des Menschen *in* der Kultur, ein Zustand, der Konflikte der Menschen untereinander und Distanz gegenüber eigenen kulturellen Normen umfasst. Indem Kant die Kultur an die Sittlichkeit bindet, präsentiert er *ein* Kriterium, um die Kultur normativ zu fundieren und den Begriff demjenigen der Zivilisation kritisch und dichotomisch entgegenhalten zu können. Im 20. Jahrhundert wenden sich auch anders begründete Versionen eines normativen Kulturverständnisses sowohl in der angelsächsischen als auch in der kontinentalen Kulturkritik gegen Bedrohungen der modernen Zivilisation oder Kultur.[78]

76 Kant argumentiert wie folgt: „Wir sind zivilisiert bis zum Überlästigen, zu allerlei gesellschaftlicher Artigkeit und Anständigkeit. Aber, uns schon moralisiert zu halten, daran fehlt noch sehr viel. Denn die Idee der Moralität gehört noch zur Kultur; der Gebrauch dieser Idee aber, welcher nur auf das Sittenähnliche in der Ehrliebe und der äusseren Anständigkeit hinausläuft, macht bloss Zivilisierung aus", siehe Kant 1968 [1784]: 44. Zu dieser Verbindung von Kultur und Sittlichkeit bei Kant gibt Bartuschat weitere Ausführungen, vgl. Bartuschat 1984: 66–93. Um hier den im Verhältnis zum 20. Jahrhundert gänzlich anderen historischen Kontext nicht aus den Augen zu verlieren, soll darauf hingewiesen werden, dass sich Kants Kritik am Zivilisierten inhaltlich noch in erster Linie auf die Verfeinerung einer höfischen Gesellschaft bezog.

77 Schnädelbach geht davon aus, dass Kant mit der Willensfreiheit die Emanzipation des Menschen von der Natur impliziere. Wo die Willensfreiheit zugrunde gelegt wird – und dafür spricht bei Kant die Moralität –, wird das Verhältnis von Kultur und Kulturkritik zu einer kulturinternen Angelegenheit, vgl. Schnädelbach 1996: 310.

78 Dazu ausführlich Reckwitz 2000: 68 und Schnädelbach 1996: 321–322. Exemplarisch sei die Biologisierung bei Oswald Spengler erwähnt, der Kultur als Blütezeit und Zivilisation als Verwelken kultureller Entitäten verstand. Schnädelbach sieht sogar die Unterscheidung von System und Lebenswelt bei Habermas als Nachklang auf dieses Modell von Kultur und Zivilisation.

Die Betrachtung eines normativen Kulturbegriffs kann aber nicht bei der Identifikation von Normen, Werten oder regulativen Ideen stehenbleiben, sondern es sollte jenes Hintergrundwissen kultureller Sinnmuster herausgearbeitet werden können, in deren Kontext Normen oder Werte als handlungsleitende Faktoren erst möglich werden. Diese Geltung und Anwendung von normativen Verpflichtungen, von handlungsleitenden Normen, setzt aus kulturtheoretischer Sicht voraus, dass die Handelnden über Regeln verfügen, die ihnen ein kognitives Modell der Wirklichkeit liefern, auf dem aufbauend es sinnvoll erscheint, den fraglichen Normen zu folgen.[79] Mit dieser Feststellung verschränkt sich auch eine holistische Sicht auf Kultur. Dabei verliert der Kulturbegriff eine universalistische Orientierung und wird historisiert. Eine Kultur gilt nicht länger als universell ausgezeichnete Lebensform, sondern wird zur spezifischen Lebensform eines Kollektivs in einer spezifischen historischen Epoche. Damit geht eine Kontextualisierung von Kultur einher, wobei es keinen übergreifenden Massstab mehr gibt, um die ausgezeichnete Kultur einer minderwertigen gegenüberzustellen. In diesem spezifischen Sinn wird Kultur als holistisches Konzept verwendet, das Unterschiede zwischen einer Vielzahl von Kulturen aufzeigt.[80] An diesem sowohl differenztheoretischen als auch holistischen Begriff von Kultur lässt sich die Bedeutung von Transkulturalität zeigen: Transkulturalität macht auf selbstverständlich angesehene Unterscheidungen aufmerksam, deren Bedeutung und Sinngebungen bei der Begegnung oder beim Austausch von Kulturen neu verhandelt werden. Transkulturalität zielt dabei nicht auf eine De-Essenzialisierung von Differenzen, sondern erfasst diese Bedeutungsunterschiede als Wechselbeziehung und Dynamik. Das Präfix „Trans“ verweist zudem auf die Historizität der Unterscheidungen, die jeweils neu artikuliert werden. Langenohl hat mit dem Ausdruck der „Differenzbearbeitung“ auf den damit verbundenen Prozess der Konzeptualisierung aufmerksam gemacht.[81] Auch Welsch bezeichnet in seinen umfangreichen Studien mit Transkulturalität eine veränderte Verfasstheit von Kultur, wobei die Vorstellung einer abgeschlossenen

79 Reckwitz 2000: 138. Dieser Frage wird Lao anhand einer Annäherung an den Liberalismus-Begriff bei Hayek nachgehen (Kapitel 3).

80 Wefelmeyer 1984: 99, 108–109. Der Autor macht deutlich, dass Johann Gottfried Herder (1744–1803) seine Kulturvergleiche dennoch nicht ohne normative Untertöne formuliert habe. Wogegen Herder vor allem streitet, ist die Festsetzung einer unter bestimmten historischen, klimatischen oder volksmässigen Bedingungen entstandenen Kulturform als Norm für andere Kulturen. Für Herder ist die Lebensgeschichte des Individuums zudem eng gekoppelt an die Entwicklung der Kultur, was einer Hierarchisierung von Entwicklungsstufen Vorschub leistet, vgl. Reckwitz 2000: 73. Er bringt die Unterscheidung des totalitätsorientierten und differenzierungstheoretischen Kulturbegriffs ein, auf die hier zurückgegriffen wird.

81 Langenohl 2015: 14.

oder einheitlichen Nationalkultur aufgegeben wird.[82] Für ihn konzeptualisiert Transkulturalität grenzüberschreitende Veränderungen, die jenseits der Vorstellung von Eigenkultur und Fremdkultur zu historisieren sind. Ein separatistischer Charakter von Kulturen wird dabei genauso überwunden wie eine unterstellte Homogenität. Ersteres Moment schreibt Welsch der Vorstellung von Interkulturalität zu, letzteres derjenigen von Multikulturalität. Die Transkulturalität umfasst für ihn Pluralisierung und Historisierung kultureller Veränderungen, die wiederum konzeptuelle und normative Formationen prägen.[83]

Ein holistisches Kulturverständnis findet auch Eingang in die angelsächsische Kulturanthropologie und vereint inhaltlich die beobachtbare Lebensweise und gleichzeitig die ideellen und normativen Voraussetzungen der entsprechenden Handlungen sowie die Artefakte und Institutionen, die dabei entstehen. Vor allem im angelsächsischen Sprachgebrauch werden in der Folge die Begriffe Kultur und Zivilisation immer weniger getrennt. Im holistischen Kulturkonzept treten auch die Begriffe Kultur und Gesellschaft in immer grössere Nähe – eine Tendenz, die sich auch bei Lao beobachten lässt.[84]

Während sich der holistische Kulturbegriff von einer rein normativen Konnotation zu lösen sucht, um sich auch deskriptiv auf menschliche Lebensweisen allgemein oder vergleichend beziehen zu können, nimmt der differenzierungstheoretische Kulturbegriff Eingrenzungen vor. Er wird von seinem Bezug auf Lebensweisen gelöst und spezifisch auf jene intellektuellen oder künstlerischen Handlungen bezogen, die als einer normativen Deutung noch zugänglich erachtet werden.[85] Die „kulturellen Wertsphären" sind dabei zu unterscheiden von der Lebens- oder Alltagswelt sozialer Gruppen, auf die sie aber einen Einfluss ausüben.[86] Ein einflussreiches Beispiel liefert Habermas innerhalb seiner „Theorie des kommunikativen Handelns". Die Expertenkulturen der „kulturellen Wertsphären", die für ihn Wissenschaft, Kunst und Recht umfassen, werden als der Lebenswelt assoziiert, aber nicht mit dieser identifiziert und damit gleichzeitig als den Systemen entgegengesetzt thematisiert.[87] Die Weltdeutungen der modernen Kultur sind dabei nicht das Produkt aller sozialen Gruppen gleichermassen, sondern werden

82 Welsch 2017: 10–14. Gegenwärtige Kulturen oder Gesellschaften fasst er als mehrfach differenziert im Inneren und als nach aussen nicht mehr strikt abgegrenzt, also vernetzt, auf.

83 In seiner jüngsten Publikation begründet Welsch den Begriff der Transkulturalität zuerst theoretisch und erörtert dann kulturhistorische Beispiele (wie das „Cloud Gate Dance Theatre" aus Taiwan), vgl. Welsch 2017: 50–52.

84 Kroeber/Parsons 1958: 582–583.

85 Reckwitz 2000: 79.

86 Reckwitz 2000: 80.

87 Habermas 1981a: 320–331; Habermas 1981b: 481–485; Reckwitz 2000: 80.

arbeitsteilig in Form von Bildungs- und Weltanschauungsangeboten kultureller „Experten" hervorgebracht. Mit dieser Differenzierung deutet sich auch die funktionale Komponente der Kultur an.

Cassirer wirft in seinem Essay „Zur Erkenntnistheorie der Kulturwissenschaften" die Frage auf, ob es nicht möglich oder gar notwendig sei, die Grundbegriffe einer Kulturwissenschaft als Wertbegriffe zu bestimmen.[88] Bei Rickert sind Wertbegriffe entscheidend, um die Abgrenzung von Kulturvorgängen gegen die Natur vorzunehmen. Zugleich wird hervorgehoben, dass Kulturwerte entweder allgemein, das heisst von allen gewertet, oder allen Mitgliedern der jeweiligen Kulturgemeinschaft als „gültig wenigstens zugemutet werden" können.[89] Auf der so bestimmten Allgemeinheit der Kulturwerte beruht ihre Objektivität. Cassirer betont jedoch in einem weiteren Schritt, dass es die Form- und Stilbegriffe zur Bestimmung der Kultur seien, die gegenüber naturwissenschaftlichen, historischen und eben auch gegenüber den Wertbegriffen eine selbständige Stellung einnähmen.[90] Diese Selbständigkeit wird allenfalls dadurch verdeckt, dass sich an alle Kulturbegriffe allzu leicht bestimmte Wertgefühle und Werturteile anknüpfen lassen. Selten wird von sprachlichen, künstlerischen oder religiösen Tatsachen gesprochen, ohne dass dazu in irgendeiner Weise Stellung bezogen wird, und das heisst, dass man sich für oder gegen sie entscheidet.

> Haben wir einmal die Form einer Sprache, eines Kunststils, einer Religion erfasst, so können wir daran ein bestimmtes Werturteil anknüpfen; wir sagen, welche von diesen Formen die niedere oder höhere, die vollkommene oder unvollkommene, die relativ fortgeschrittene oder die relativ zurückgebliebene ist. Aber um solche Wertvergleiche anzustellen, müssen wir erst die einzelnen Formen als das, was sie sind, ihrem reinen „Wesen" nach, *erfasst* haben.[91]

Die Wertfrage wird, so Cassirer, erst aufgeworfen, nachdem Typen, Stile oder Formen strukturell betrachtet und einzelne Differenzen festgehalten wurden. Die Aufweisung solcher Form- oder Strukturdifferenzen hat mit Wertentscheidungen nichts zu tun, sondern muss – Cassirer geht davon aus, dass dies möglich ist – ganz unabhängig von Wertentscheidungen erfolgen und hat dann einen rein deskriptiven, keinen qualifizierenden oder normierenden Charakter.[92] Mit dieser Beobachtung Cassirers wird die Nähe zwischen der Setzung von Werten und dem

88 Cassirer 2009 [1941]: 141–142.

89 Cassirer 2009 [1941]: 159.

90 Cassirer 2009 [1941]: 149–150: „Kulturbegriffe sind weder nomothetisch noch sind sie idiographisch."

91 Cassirer 2009 [1941]: 159.

92 Cassirer 2009 [1941]: 159–160.

Kulturbegriff verdeutlicht, aber auch aufgezeigt, wie sich die von ihm theoretisierten symbolischen Formen einer Kultur davon abgrenzen.

Kultur, so kann hier zusammenfassend zum normativen Kulturbegriff festgehalten werden, wird mit dem Übergang zur Moderne im 18. Jahrhundert zu einem jener Begriffe des historisch-sozialen Denkens, der zum Zwecke der Selbstthematisierung zur Anwendung kommt.[93] Dabei bringt Kultur zum Ausdruck, dass etwas bisher als selbstverständlich Vorausgesetztes problematisch geworden ist. Bei Lao Sze-kwang umfasst das unter Kultur Verstandene, basierend auf Werten, ebenfalls die Bedeutungen kollektiver, menschlicher Handlungen und die damit aufs Engste verbundene gesellschaftliche Ordnung. Werten kommt dabei die zentrale normative Bedeutung zu. Die Legitimation von Werten erfolgt jedoch häufig über ihre Funktion oder genauer gesagt, ihre Funktion im soziokulturellen Leben. Der folgende Abschnitt soll die theoretischen Eckdaten eines funktional verstandenen Kulturbegriffs aufzeigen.

1.2.2 Der funktionale Kulturbegriff

Bereits weiter oben wurde anhand des Beispiels von Habermas auf die funktionale Differenzierung soziokultureller Wertsphären hingewiesen. Der in dieser Arbeit funktional verstandene Kulturbegriff erfasst die Kultur ebenfalls nicht im Sinne eines Seinsbereichs neben anderen, Kultur wird auch nicht substanzialistisch, sondern funktional als ein dynamisches Zusammenspiel von Wechselwirkungen aufgefasst.[94] Diese Wechselwirkungen zeichnen sich durch eine Art und Weise, einen Modus aus, wie die der Kultur zugeschriebenen „Gegenstände" (bei Lao häufig *duixiang* 對象) in den Blick genommen und als Kulturgegenstände erkannt werden oder aber vermeintlich immer schon angenommen wurden. Die funktionalistisch verstandene Kultur manifestiert sich somit in jenen „Kulturtatsachen" (bei Lao häufig *wenhua shixiang* 文化事象), deren Sinn in jeder Gegenwart rekonstruiert werden muss, wenn sie problematisch werden. Diese wenigen Andeutungen genügen bereits, um mit dem funktionalen Kulturbegriff bestätigt zu finden, dass zahlreiche Teilgebiete der Wissenschaft jeweils auf ihn zurückwirken und ihn modifizieren. Die Kulturphilosophie, so kann Lao im Anschluss an eine funktionale Bestimmung von Kultur formulieren, ist eine Philosophie der „sich in der Wirklichkeit manifestierenden Kultur" (*xianshi de wenhua* 現實的文化), die die

93 Zur selbstreflexiven Bedeutung der Entstehung und Ausbreitung des Kulturbegriffs zu Beginn der Moderne siehe Luhmann 1995: 31–54.

94 Konersmann 2009: 7.

Bedeutung und Funktion kultureller Handlungen erforscht.[95] Ihr liegt keine fertige, auf beliebige Gegenstände anwendbare Methode zugrunde, sondern ein auf „Sinn“ (*yiyi* 意義) und „wechselseitige Durchdringung“ (*guantong* 貫通) von Kulturtatsachen gerichteter Blick.[96] Die dabei an Bedeutung gewinnenden Leitbegriffe agieren als Funktionsbegriffe, die aus Teilaspekten der Kultur abgeleitet werden.[97]

Die funktional bestimmte Kultur zeigt sich zudem als Möglichkeitshorizont: In ihm werden die Bedingungen thematisiert, die erfüllt sein müssen, um einerseits Werte oder Tatsachen bedeutsam werden zu lassen. Andererseits werden in diesem Möglichkeitshorizont aber auch normative Aussagen zu Wünschenswertem möglich. Ralf Konersmann weist auf einen Ausgangspunkt der Kulturphilosophie im 20. Jahrhundert hin, der auch von Lao thematisiert wird und der für die funktionale Bestimmung von Kultur wesentlich ist: Das historische Auftreten der Kulturphilosophie sei, so Konersmann, als Reaktion auf die von Hegel vorgetragene „Proklamation der verwirklichten Vernunft“ zu verstehen. Die daran kritisch anschliessende Kulturphilosophie rekurriere jedoch nicht mehr auf einen allumfassenden Grundbegriff, der noch „wie die Vernunft oder der Geist, die ganze Begrifflichkeit des Systems trägt“[98].

Auch Lao hält fest, dass sich die Kulturphilosophie als spezifische Reaktion und als Versuch der Absetzung auf das von Hegel als absolute Philosophie entworfene System gerichtet habe. Eine kritische Neugründung kann aber in Laos Sicht gerade nicht ohne Rückgriff auf Hegel bewerkstelligt werden. Diese Feststellung wird bei ihm in zweifacher Hinsicht bedeutungsvoll: Erstens ist Hegel dort anschlussfähig, wo er, und dies für Lao besonders in den „Grundlinien der Philosophie des Rechts“, relevante Zusammenhänge der modernen Zeit präsentiert.[99] Und zweitens kann Kultur nur auf dem Hintergrund von Traditionen und deren Bewegung oder eben Funktion verstanden werden. Der Tradition kommt dabei die Funktion sowohl der Veränderung und Bewegung als auch der Stabilisierung zu, wobei diese Stabilisierung mit Rückgriff auf Hegel und Hayek in einem theoretischen Sinn thematisiert wird. Diese vielleicht auf den ersten Blick paradoxe Formel betont die Vorstellung einer Reform auf dem Boden der theoretisch durchleuchteten Kultur in historischer Dimension.

---

95 Lao 1998 [1962c]: 44.

96 Lao 2000 [1956i]: XVIII. Dem Ausdruck der „wechselseitigen Durchdringung“ kommt sowohl eine theoretische als auch eine moralische Bedeutung zu, was im Abschnitt 4.4 ausgeführt wird.

97 Konersmann 2009: 9.

98 Konersmann 2009: 8–9. Mit Ausgangspunkt ist hier Georg Simmels (1858–1918) kritisches Plädoyer für einen Neuanfang in der Theorie und im Verstehen der Kultur gemeint.

99 Hegel 1970 [1820], Bd. 7: 233. Der vollständige Titel lautet „Grundlinien der Philosophie des Rechts oder Naturrecht und Staatswissenschaft im Grundrisse“; in der vorliegenden Arbeit wird in der Folge der abgekürzte Titel verwendet.

Für die funktionale Bestimmung von Kultur wird allgemein und insbesondere für Lao auch Ernst Cassirer von grosser Bedeutung: Erst im Rückblick lasse sich die Geschichte der Kultur als eine Geschichte des Menschen erfassen, der sich mit der kulturellen Welt zugleich selbst erschaffe.[100] Die Verselbständigung dieser Hervorbringungen, die Welt der Kultur, kann dem Menschen Heimat und Geborgenheit sein oder ihm Inspiration schenken, aber sie kann eben auch fremd und leidvoll werden.[101]

Dass Kultur dabei als Tatsache zu verstehen ist, deren Bedeutung zwischen dem Empirischen und Geistigen vermittelt, wird vor dem Hintergrund und Bedürfnis verständlich, die unterschiedlichen Ergebnisse einzelwissenschaftlicher Forschung durch die Betonung einer kulturspezifischen Perspektive aufeinander zu beziehen. Zu Beginn der 1950er Jahre sieht Lao kulturelles Wissen einerseits durch die neuen Tatsachen- und Erfahrungsbereiche herausgefordert, die der Positivismus freigesetzt hat und die durch eine Vielzahl autonomer Wissensbereiche in den Naturwissenschaften und ebenso in Wirtschaft, Gesellschaft und Politik aufkamen. Er spricht andererseits von einer deterministischen Sicht auf Kultur, die durch eine „Uniformität" oder „Homogenität" (*tongyixing* 統一性) gekennzeichnet ist, die dem Kausalitätsgesetz unterliegt und somit nicht als von (selbstbestimmten) Subjekten geschaffen bezeichnet werden kann.[102] Dem galt es eine Sicht heterogener Kultur entgegenzuhalten, die durch eine Vielzahl von Subjekten gestaltet wird: Diese ist immer beides, gemacht und von symbolischer Bedeutung, ideell und materiell, real und konstruiert. Die Interpretation ergänzt und vervollständigt somit die Analyse kultureller Handlungen.[103]

Die klassische Konzeptualisierung von *Kultur* als funktional differenziertem Teilsystem innerhalb der Gesamtgesellschaft, darauf sei abschliessend hingewiesen, geht auf Talcott Parsons zurück. Kultur kommt in seinem Strukturfunktionalismus einerseits als System von Wertorientierungen vor, andererseits erscheint sie aber innerhalb der Gesamtgesellschaft auch als ein sozialkulturelles System. Dieses wird neben Politik, Wirtschaft und „societal community" als eines der vier funktional notwendigen Teilsysteme der modernen Gesellschaft präsentiert. Die Doppelinstanz der Kultur als übergreifendes Wertesystem von Handelnden und als Teilfunktion einer sich ausdifferenzierenden Gesellschaft gilt es im Hinblick auf Laos

100 Diese Sicht legt Cassirer in seiner in Englisch verfassten Schrift „An Essay on Man vor". Es gilt heute als Schlüsselwerk nicht nur für seine Philosophie, sondern insbesondere auch für sein Hauptwerk „Philosophie der symbolischen Formen", vgl. Cassirer 1990 [1944]: 5.

101 Lao 1987 [1954d]: 88–89.

102 Lao 1986 [1952a]: 178.

103 Lao 1998 [1965]: 4–5. Zum Vergleich siehe Konersmann 2009: 17–18.

Kulturtheoretisierung besonders im Blick zu halten.[104] Parsons ordnet den Institutionen der ausdifferenzierten Teilsysteme jeweils die Funktion des Treuhänders zu, der für die Symbolisierungen, die innerhalb einer Gesellschaft produziert oder reproduziert werden, zuständig ist. Zu den Institutionen, die diese Funktion ausüben, gehören vor allem Bildungsinstitutionen, die Wissenschaft, die Religion, aber auch die Kunst.[105] In Anlehnung an diese beiden Bedeutungen bei Parsons – Kultur als Wertorientierung und Teilsystem der Gesellschaft – wird im Werk von Lao Sze-kwang deutlich, dass sich die normativ-wertorientierte und die funktionale Bedeutung von Kultur häufig verknüpfen und Fragen der Legitimierung aufwerfen. Können Wertorientierungen eines Teilsystems Anspruch auf ein übergreifendes Wertnarrativ in Anspruch nehmen?

Die sinologische Forschung der ersten Hälfte des 20. Jahrhunderts hat bezüglich der funktionalen Differenzierung der *Gesellschaft* mit Rückgriff auf Max Weber (1864–1920) ein Defizit für China im 19. Jahrhundert beobachtet. Exemplarisch dafür können die Arbeiten von John King Fairbank (1907–1991) betrachtet werden. Er schildert die durch spezifische kulturelle Traditionen determinierte „andere“ Entwicklung Chinas als eine, in der diese *gesellschaftlichen* Differenzierungsprozesse weitgehend ausblieben.[106] Wirtschaft, Recht und Diplomatie als Teilsysteme westlicher Gesellschaften stehen dabei einem Kulturalismus gegenüber, der als „modernisierungsbedürftig“ erscheint. Der Bezugsrahmen von China und dem Westen bleibt zwar auch bei Lao Sze-kwang bestehen. Es ist jedoch gerade nicht seine Absicht, die gesellschaftliche Funktionalisierung und das Tradition-Moderne-Schema aufzugreifen, um für China ein entsprechendes Defizit einer funktional differenzierten Moderne zu thematisieren. Vielmehr antizipiert Lao einen Umgang mit der Kulturthematik, der gleichzeitig beides, chinazentriert und anschlussfähig für einen transkulturellen Diskurs, sein soll.

Mit diesen einführenden Hinweisen ist der Aufriss der Arbeit vorgelegt. Das Ziel der Untersuchung ist es, die theoretische Ausgangslage Lao Sze-kwangs an der Kulturfrage aufzugreifen und zu zeigen, inwiefern es sich auf Laos hermeneutisch-historisches Interesse an Kultur bezieht. Dabei versteht sich die Studie als Annäherung an einen Teilaspekt innerhalb eines umfassenden Gesamtwerks, das bislang nur am Rande Gegenstand europäischer und amerikanischer Sinologie war.

104 Zu Parsons Verinnerlichungsprozess von Werten siehe Joas 1997: 32–33. Im Gegensatz zu Parsons, der Werte als analytische Konstrukte sieht, favorisiert Lao jedoch eine hermeneutisch-interpretative Annäherung an Werte.

105 Vgl. Parsons 1961: 30–79. Zur Stellung innerhalb der Kulturtheorien siehe Reckwitz 2000: 81.

106 Mühlhahn 1997: 635–336.

1.3 Material, Forschungsstand und Methode

Laos Texte waren bislang selten Gegenstand der nichtchinesischsprachigen Forschung. Eine Ausnahme bildet Thomas A. Metzger, der in seinen Schriften mit Blick auf den politisch-philosophischen Diskurs in Taiwan und Hongkong auch Laos Schriften analysiert. Metzger stellt unter anderem die These auf, es bestehe eine Inkompatibilität „westlicher“ und „chinesischer“ Vorstellungen über die Möglichkeiten und Bedingungen, einen sogenannten „rationalen“ Diskurs führen zu können. In der vorliegenden Arbeit wird der Vorbehalt insofern aufgenommen, als aufzuzeigen versucht wird, inwiefern Rationalität von Lao *innerhalb* des Kulturbereichs verortet, legitimiert und theoretisiert wird.[107] Nicht direkt mit den kulturphilosophischen Schriften Lao Sze-kwangs beschäftigt sich auch Lau Kwok-ying. Er wirft in seiner Studie exemplarisch die Frage auf, wie sich der Begriff einer sogenannten „chinesischen Philosophie“ rechtfertigen und für den kulturellen Dialog nutzen lasse.[108] Dabei untersucht er den von Lao vorgeschlagenen Begriff der „orientativen Philosophie“ (*yindaoxing zhexue* 引導性哲學), um eine hegemonische Verwendung eines Konzepts von Philosophie zu vermeiden. Angesprochen wird dabei auch die Frage, wie sich normatives Handeln im Sinne kultureller Werte als Folge von „reflective thinking“ philosophisch legitimieren lässt.[109] Mit dem Spätwerk Laos befasst sich Eva Kit Wah Man. Sie zieht einen Vergleich zwischen seinen Überlegungen zum Werteverlust und Werten im populären Konfuzianismus der Gegenwart und der Studie „The Sage and the People. The Confucian Revival in China“ von Sébastien Billioud und Joël Thoraval. Die beiden Autoren verbinden eine anthropologische Feldforschung (2005–2013) zum populären Konfuzianismus und praktizierten Ritualen mit der Analyse philosophischer, religiöser und staatlicher Wiederbelebungsversuche des Konfuzianismus in der Volksrepublik China, Taiwan und Hongkong.[110] Eva Man beschreibt aufgrund

107 Exemplarisch siehe Metzger 2005: 444–448 oder Metzger 2008: 17–19. John Makeham untersucht, inwiefern Laos Schriften dem Modernen Konfuzianismus zugeordnet werden können, vgl. Makeham 2003b: 40–45, 51. Er gibt keine eindeutige Stellungnahme ab, weist aber auf Ähnlichkeiten hin, die in Bezug auf Vorstellung einer „moralischen Subjektivität“ vorliegen; Lao habe diese Vorstellung jedoch im Gegensatz zu Positionen von Vertretern des Modernen Konfuzianismus auch scharf kritisiert.

108 Eine detaillierte Einführung zur jüngsten Forschung über die Legitimität einer „chinesischen Philosophie“ findet sich in den beiden Einleitungen und in mehreren Aufsätzen im Teil zu „China“ in der Publikation „Concepts of Philosophy in Asia and the Islamic World“, vgl. Steineck 2018: 1–50, 53–68 sowie zusammenfassend auch Lee 2015: 103–114.

109 Lau Kwok-ying 2016: 153 und Lau 2019: 134–136. Der These liegt Laos Text „Chinese Philosophy as Orientative Philosophy“ zugrunde, vgl. Lao 1989: 265–293.

110 Man 2020: 161–173; Billioud 2015.

eines Vergleichs der Forschungsresultate, wie beide Strömungen – der Antikonfuzianismus und die vielfältigen Anstrengungen zur Wiederbelebung des Konfuzianismus – den Wertewandel beeinflussen und zugleich erklären können. Ebenfalls mit dem Spätwerk befasst sich Lowe Chun-Yip, wobei der Zusammenhang zwischen Laos Vorstellung von Subjektivität und einer postmetaphysischen Sprache aufgearbeitet wird.[111]

Die chinesischsprachige Sekundärliteratur zum Werk Lao Sze-kwangs ist mittlerweile umfassend. Zahlreiche Konferenzen wurden in Hongkong und Taiwan zu seinen Ehren abgehalten und entsprechende Jubiläumspublikationen veröffentlicht.[112] Ein Zusammenhang zwischen Laos Kulturbegriff und seiner Rezeption von Friedrich A. von Hayek und Ernst Cassirer wurde jedoch nie aufgegriffen. Gerade im Hinblick auf die öffentliche Resonanz seines Werks interessieren in der vorliegenden Studie die theoretischen Ansätze seiner freiheitlichen Sicht auf Kultur. Die umfassendste Auseinandersetzung und Einführung in sein Gesamtwerk ist die Monographie von Chang San-Yiing, die sich in vier Kapiteln unterschiedlicher Aspekte des Schaffens annimmt: Ihre Arbeit umfasst Laos Analyse der Kulturkrise, seine grundlegenden Betrachtungen zur Philosophiegeschichte Chinas, seine Kritik an der Fragmentierung von Wissenschaft und Gesellschaft und sein lyrisches Werk.[113]

Lao beginnt seine Publikationstätigkeit in den frühen 1950er Jahren und setzt diese bis in die erste Dekade des 21. Jahrhunderts fort. Sein Werk liest sich somit dokumentarisch als Zeitzeugnis und gleichzeitig als Partizipation und direkte Intervention in zentrale Philosophie- und Kulturdebatten der zweiten Hälfte des 20. Jahrhunderts. Eine Einführung in das Gesamtwerk oder gar in das Denken im Sinne einer intellektuellen Biographie von Lao Sze-kwang wird diese Studie nicht leisten können. Ein derartiges Unterfangen könnte allenfalls das Resultat einer Studie darstellen, die sich nicht auf einen Einzelaspekt der Schriften beschränkt oder auf unterschiedliche Einzeluntersuchungen zurückgreifen könnte. Das Zweite, was diese Studie nicht leisten kann, ist eine umfassende Darstellung des kultur- und zeitgeschichtlichen Hintergrunds, auch wenn an zahlreichen Stellen auf Kon-

111 Lowe 2017: 235–262.

112 Die folgenden Publikationen lassen Rückschlüsse auf die fachphilosophische Auseinandersetzung mit Laos Werk zu: „Das Denken Lao Sze-kwangs und die chinesische Philosophie im globalen Kontext“ (*Lao Siguan sixiang yu Zhongguo zhexue shijiehua* 勞思光思想與中國哲學世界化): Huafan Daxue zhexuexi 2002. „A Festschrift for Lao Sze-kwang in Honour of His Eightieth Birthday“ (*Wanhu qianmen ren juanshu. Lao Siguang xiansheng ba shi huadan zhushou lunwenji* 萬户千門任卷舒勞思光先生 八十華誕祝壽論文集): Lau 2010. „Infinite Horizons: Professor Lao Sze-kwang as Scholar and Thinker“ (*Wuya lijing. Lao Siguang xiansheng de xuewen yu sixiang* 無涯理境勞思光先生的學問與思想): Lau 2003.

113 Chang Sang-Yiing (Zhang Shanying 張善穎) 2013: I–VI.

texte – und zwar häufig auf solche, die von Lao selbst thematisiert werden – Bezug genommen wird. Das Material, mit dem sich die vorliegende Studie befasst, sind daher die Texte, die Lao Sze-kwang zur Kulturthematik verfasst hat.[114] Wie weiter oben bereits ausgeführt wurde, handelt es sich beim Frühwerk einerseits um ein umfassendes essayistisches Werk und andererseits um Monographien, die Lao für Vorlesungen an der Chinese University of Hong Kong verfasst hat.[115] Der Kultur- und Geistesbegriff wird in den frühen Texten zu einem beachtlichen Teil aus dem Fundus traditioneller chinesischer Wissensbestände und zur Legitimation gegenwartsbezogener Orientierungen hergeleitet. Die Studie möchte diesem Sachverhalt Rechnung tragen, indem sie der Präsentation und Interpretation dieser Texte einen gesonderten Teil widmet. Damit wird zugleich bekräftigt, dass sich Laos Verständnis von Kultur nicht durch eine vornehmlich auf Aspekte der Rezeption westlicher Denker oder Theorien ausgerichtete Untersuchung erschliessen lässt.

Die zweite Schaffensphase (1956–1997) wird durch die intensive Auseinandersetzung mit der chinesischen Philosophie aus historischer und theoretischer Perspektive geprägt. Frucht dieser akademischen Auseinandersetzung ist das Hauptwerk aus Laos Schaffen, die bereits erwähnte „Geschichte der chinesischen Philosophie“.[116] Zur mittleren Schaffensphase gezählt werden zudem wissenschaftliche Essays, wobei die Schrift „Chinas Weg in die Zukunft“ (*Zhongguo zhi luxiang* 中國之路向)[117] eine Brücke zur dritten Schaffensphase schlägt. Diese beginnt mit den Schriften „Aufzeichnungen von Gedanken und Analysen“ (*Si bian lu* 思辯錄)[118] und *„Neue selbstkritische Untersuchung über Probleme zum Werk Chinas Weg in die Zukunft“* (*Zhongguo wenhua luxiang wenti de xin jiantao* 中國文化路向問題

114 Diese liegen, wie bereits erwähnt, in zwei umfassenden Aufsatzsammlungen aus den 1970er und 1980er Jahren vor. Zugänglich sind darin einerseits Aufsätze, die ursprünglich zu einem Grossteil in Hongkonger Publikationsorganen erschienen sind (ausführlich werden die institutionellen Aspekte in Kapitel 2 vorgestellt). Zum anderen sind darin auch Vorträge, Briefwechsel und Miszellen enthalten. Die Texte wurden einzig von Druckfehlern bereinigt, sind ansonsten von Lao in längeren Vorworten autorisiert und mit zusätzlichen Hinweisen auf theoretische Ausgangslagen ergänzt.

115 Vgl. Abschnitt 1.1.

116 Laos Philosophiegeschichte Chinas liegt sowohl in chinesischen Lang- und Kurzzeichen als auch in koreanischer Übersetzung vor. Die Publikation seiner Übertragung der beiden Texte „Die grosse Lehre“ (*Daxue* 大學) und „Mitte und Mass“ (*Zhongyong* 中庸) in die moderne Umgangssprache ist nicht nur ausführlich annotiert und interpretiert, sondern wird zusätzlich von den Herausgebern an denjenigen Stellen kommentiert, wo sich Laos Interpretation von Zhu Xis (朱熹 1130–1200) Kommentaren distanziert, vgl. Lao 2000 [1962e].

117 Lao 1981.

118 Lao 1996.

的新檢討).[119] Hier kommen die theoretischen Einflüsse Talcott Parsons zur Sprache, die zu einer Revision seines an Hegel orientierten Kulturbegriffs, nicht aber seiner Kulturtypologie führen. Lao weist ausdrücklich darauf hin, dass an diesen seit den 1980er Jahren verfassten Schriften nicht sein Spätwerk, sondern eine weitere Schaffensphase festzumachen sei. Vielmehr suche er noch nach einer Verbindung zwischen philosophischer Sprache und der Welt der Bedeutungen, also jener Welt, die sich auf kulturhistorische Tatsachen beziehe. Aus diesem Grund wende er sich mit seinen Schriften sowohl an das an Kulturfragen interessierte Publikum als auch an diejenigen Lesenden, die sich für die theoretischen Perspektiven dieser Fragen interessierten.[120]

Die in diese Studie integrierten Übersetzungen aus dem Textmaterial werden nicht als Ausgangspunkt oder Voraussetzung der Interpretation, sondern bereits als ein Resultat der philologischen Arbeit und somit als Interpretation verstanden. Als Interpretation auch deswegen, weil die bereits erwähnte theoretische Matrix funktionaler und normativer Aspekte unvermeidlich in die Übersetzung der Texte einfliesst. Aufgrund einer derartig kulturtheoretisch erweiterten Philologie kann jedoch problematisch ins Gewicht fallen, dass gerade diejenigen Texte und Textstellen ausgewählt werden, die für diese Auslegung zugänglich sind. Um hier einer Verengung bereits durch die bewerkstelligte Auswahl entgegenzuwirken, wurde an zahlreichen Stellen nicht nur der Vergleich mit zusätzlichen Texten innerhalb des Gesamtwerks angestrebt, sondern auch der Vergleich mit zeitgenössischen Stimmen aus dem intellektuellen Umfeld Laos in Hongkong.

Die Feststellung, dass übersetzte Texte bereits eine Interpretation darstellen, ist für die vorliegende Arbeit und insbesondere für das Frühwerk Lao Sze-kwangs aber noch in einer weiteren Hinsicht bedeutungsvoll. Auch Lao selbst übersetzt, und zwar wesentliche Bestände aus der modernen europäischen und amerikanischen Gegenwarts- und Kulturphilosophie sowie aus dem antikommunistischen Widerstand in die chinesische Sprache.[121] Zusätzlich stellt er sogenannte traditionell-chinesische Fragestellungen aus klassischen und vormodernen Texten in den theoretischen Kontext von Gegenwartsdebatten. Laos Vorschläge für eine anzustrebende Weltkultur können somit in einem spezifischen Sinn auch als Übersetzungen verstanden werden, wobei Lao für die Arbeit an den Texten der traditionellen chinesischen Begriffs- und Ideengeschichte den Ausdruck der „Rekonstruktion“

---

119 Lao 1993.

120 Die Einteilung wird übernommen aus Shen 2013: 215–217 und Chang 2013: 24–25, 50. Zur Selbsteinschätzung siehe Lao 2002: XI.

121 Die umfangreichste Übersetzung ist Lao (Übers.) 1962: „Gongchandang shi hen renzhende“ 共產黨是很認真的! [engl. Titel: You can trust the Communists (*to be Communists*)] von Doctor Fred Schwarz.

(*chongjian* 重建) verwendet. Als Merkmal der Rekonstruktionen traditioneller Konzepte soll an dieser Stelle einführend ein Oszillieren zwischen historischer Erfahrungswirklichkeit aufgrund von Texten und gegenwärtiger Sinnzuschreibung festgehalten werden, das häufig mit idiosynkratischen Ausdrücken gefasst wird.

Im Fall von Friedrich August von Hayek und Ernst Cassirer wird jedoch in einem eher konventionellen Sinn des Übersetzens ein zeitgenössischer kulturphilosophischer Text zum ersten Mal dem einheimischen Publikum in chinesischer Sprache zugänglich gemacht.[122] Auch in diesen Texten zeigt sich die Tendenz, Differenzen anhand der Sprache kenntlich zu machen, in einer Abkehr von fixen, essentialistischen Bedeutungen zugunsten eigenständiger Sprachschöpfungen. Auf eine dritte Textsorte, die dokumentarisch zu lesenden Miszellen, wird in Kapitel 2 noch näher eingegangen. Der Arbeit liegen in diesem Sinn Texte in mindestens drei unterschiedlichen Quellentypen vor, denen auch ihre je unterschiedlichen und spezifischen Kontexte, Ausgangslagen und Sprachregister zugrunde liegen. Einzelne Schwierigkeiten zu dieser Ausgangslage sollen der eigentlichen Präsentation, Interpretation und Argumentation des Quellenmaterials vorangestellt werden.

1.4 Übersetzungstheoretische Überlegungen

In jüngster Zeit wurde die Metapher des Übersetzens aus postkolonialer und migrationstheoretischer Perspektive auf den dynamischen Prozess des kulturellen Verstehens übertragen und das Resultat mit dem Begriff der Hybridität gefasst.[123] Hybridität entsteht in Anlehnung an Walter Benjamins Konzept der „Fremdartigkeit" für Bhabha im kulturellen Übersetzungsprozess dort, wo ein Diskurs von Migranten oder marginalisierten Bevölkerungsschichten in der Form einer „Newness" die Schwierigkeit der Übersetzbarkeit eines fremden Elements in sich trägt. Young führt aus, wie das Übersetzen von kulturellem Verständnis dabei immer eine „residuale Differenz" in der Sprache aufweist, die als „Fremdartigkeit" wahrgenommen wird. Sie markiert letztlich den „Zwischenraum" (*gap*), in dem Übersetzungen verhandelt werden, was gerade auch die Hybridität kennzeichnen kann und diese von einer blossen „Mélange", „Fusion" oder „Re-Solution" und somit auf der textlichen Ebene von einer Äquivalenz unterscheidet.[124] Sowohl durch die

122 Bauer 1982: 68, 269. Zu Cassirer publiziert später Yan Yan 言衍 und zu Hayek 1965 Yin Haiguang 殷海光 (1919–1969), vgl. Yin 1965.

123 Dem Prozess des kulturellen und linguistischen Übersetzens wird dabei wechselseitiger Einfluss zugesprochen, vgl. Bhabha 1994: 227 sowie Young 2012: 156.

124 Young 2012: 155–158.

historische Distanz unterschiedlicher Epochen, die geographische Distanz, die in unterschiedliche Formen der Migration einfliesst als auch durch die hegemoniale Distanz einer dominanten Kultur kann Hybridität entscheidend geprägt werden. Schriften, literarische Werke und kulturelle Produktionen, die in einem lokalen Umfeld Hybridität entstehen lassen, können entsprechend auf ihre jeweiligen Legitimierungen von Selbstpositionierung, Selbstermächtigung, Widerstand oder Dominanz abgefragt werden.

Young wirft weiter die Frage nach der Beziehung zwischen Kultur und Sprache auf und erörtert, welche Bedeutung dem Begriff der Übersetzung in einem Prozess asymmetrischer Machtstrukturen zukommt: Übersetzen (im kulturellen und linguistischen Sinn) wird dabei zum Mittel des Verhandelns von Unstimmigkeiten, basiert aber häufig auf der dominanten, rationalen Wissenschaftssprache der amerikanischen und europäischen Moderne.[125] Das Partikulare, das mit der weiter oben erwähnten Fremdartigkeit in engem Bezug steht, läuft dabei Gefahr, übergangen oder in der dominanten Sprache „domestiziert" zu werden.[126] Bei Bhabha und seinen Überlegungen zur Migration wird die Richtung des Übersetzens jedoch auch umgekehrt betrachtet, das „Einheimische" in der Form einer Kultur erfährt durch die Migration in einem neuen Kontext eine Aneignung. Obwohl es sich bei Bhabha nicht um die rein textliche Übersetzung handelt, können die Interventionen, die dabei entstehen, gerade auch an Texten nachvollzogen werden. Hinterfragt werden eigene Kulturbestände anhand wissenschaftlicher Konzeptionen, deren Grenzen im Gegenzug angepasst werden, um die „residualen Differenzen" beherbergen zu können. Übersetzen wird dann zu einer Transformation, wobei konzeptuelle Grenzen so verschoben werden, dass die residualen Differenzen respektiert und gleichzeitig verstanden werden können.[127] Das Fremde erhält in der neugewonnenen Form des Hybriden Repräsentation. Der sich vollziehende Prozess ist ein dynamischer, zeitlich gebundener. Kultur und Sprache befinden sich dabei in einem Übergang, vor allem aber verläuft der Prozess in zwei Richtungen: Sowohl die übersetzten Ideen als auch die verwendete Sprache unterliegen einer Transformation. In den Texten von Lao Sze-kwang wird dieser Pro-

125 Young 2012: 158. Beispielhaft dafür steht die Anthropologie, wie Geertz in „The World in a Text" gezeigt hat, vgl. Geertz 1988: 25–48.

126 Bei Benjamin ist es das Unfassbare und Geheimnisvolle, das, da es eine Verwandtschaft der Sprachen gibt, die Fremdheit der Sprachen erfahrbar macht, vgl. Benjamin 1972 [1923]: 9–21; hier: 13–15.

127 Auch dieses Anliegen wurde bezüglich des linguistischen Übersetzungsvorgangs von Benjamin thematisiert: „Übersetzung bedeutet Transformation der Zielsprache, aber nicht um das ‚Wesen' des Originals zu imitieren, sondern um das Gemeinte durchscheinen zu lassen", siehe Benjamin 1972 [1923]: 20.

zess erkennbar, es kommt jedoch eine weitere Ebene ins Spiel, nämlich dort, wo ihn seine Exilsituation in die Lage versetzt, seine Sprache und sein Werk in einem zweisprachigen und zudem kolonialen Umfeld zu positionieren, zumal er dies sogar als Gegenposition zur verbreiteten Alltagsprache des Kantonesischen tut.[128] Die Migration ist ihm Anstoss zu einer Selbstreflexion, die sich nicht nur auf die Erfahrung des Migranten bezieht, sondern auf die Ambivalenzen unterschiedlicher hegemonialer Diskurse.[129] Insbesondere mit Bezug zur Sprache soll dies im folgenden Kapitel unter dem Aspekt seines Gangs ins Exil ausgeleuchtet werden.

Das Anliegen, Differenzen zu erkennen und diese angemessen zum Ausdruck zu bringen, liegt auch dem Übersetzen der Schriften Lao Sze-kwangs zugrunde. Angestrebt wird dabei in Anlehnung an Kwame Anthony Appiah eine „dichte Übersetzung“[130]. Differenz lässt dabei gerade denjenigen Zwischenraum entstehen, wo die sprachlichen Schwierigkeiten häufig nur mit Paraphrasen einem Übersetzungsäquivalent nahekommen. An solchen Stellen ist es ein Anliegen, Subjektivität im Übersetzungsprozess möglichst um Alternativen zu erweitern. Bhabha hat in diesem Zusammenhang einen „nichtsouveränen Begriff des Selbst“ vorgeschlagen, der Ambivalenzen und Alternativen zulassen soll, die nicht immer in das Schema vorgefundener Begrifflichkeit passen.[131] Bachmann-Medick spricht von einem „Blick für neue Formationen“, die gewohnte kulturelle Unterteilungen, Dichotomien und Einheiten verschieben, überlagern und damit auch in Frage stellen.[132] Aus postkolonialer Perspektive ist somit die Notwendigkeit beleuchtet worden, angesichts machtungleicher Konstellationen die partikularen oder spezifischen Positionierungen in nichteuropäischen Texten für die Selbstbehauptung aussereuropäischer Gesellschaften freizulegen oder offenzuhalten. Dabei sollen neue Perspektiven für noch wenig thematisierte historische oder kulturelle

128 In der Mitte des 20. Jahrhunderts war „Kantonesisch“ (*Guangdonghua* 廣東話) nicht als offizielle Sprache in Hongkong anerkannt. Offiziell als Regionalsprache oder Dialekt geltend ist es eine Variante der *Yue*-Dialekte (*Yueyu* 粵語). Unter Artikel 9 des Honkonger Grundgesetzes, das 1997 in Kraft trat, werden Chinesisch und Englisch als offizielle Sprachen anerkannt.
Basic Law Full Text: http://www.basiclaw.gov.hk/en/basiclawtext/chapter_1.html (20/10/ 2019).

129 Cheah 1998: 21, 24, 29. Er untersucht, wie sich das Kosmopolitische zu unterschiedlichen Diskursen (national, transnational, postnational) verhält.

130 Appiah 2000: 417–429. Mit „dicht“ meint Appiah das nötige linguistische und kulturelle Zusatzwissen, das vermittelt werden muss. Ziel einer dichten Übersetzung ist der informierte Respekt der Differenz gegenüber. Die blosse Haltung von Toleranz oder Relativismus werden dabei überwunden.

131 Bhabha 1990: 211. Er beschreibt Hybridität als „third space“, der Neupositionierungen ermöglicht.

132 Bachmann-Medick 2004: 263.

Situationen gewonnen werden. In einem derartigen Übersetzungsprozess wird nicht nur der linguistisch-textliche Raum in den Blick genommen, sondern es handelt sich in weiterem Sinne auch um das Phänomen der Transkulturalität als wechselseitiger Abhängigkeit und neuartiger Vernetzung. Damit verbunden ist die Absicht, in der vorliegenden Arbeit festgesetzte Identitäten aufzubrechen, eine vorsichtige Kritik an Binaritätsprinzipien zugunsten hybrider Vermischungen und an geeigneten Stellen eine Umkartierung von Peripherie und Zentrum vorzuschlagen. Es sind gerade die Brechungen zwischen der globalen Zirkulation und den jeweiligen lokalen Rezeptionen, die zu partikularen Aneignungen werden, die Widerstände und Neukonstruktionen sowie die Entstehung von Kontaktzonen nachvollziehbar werden lassen. Da die Texte von Lao Sze-kwang in solche konfliktreiche Dynamiken verwickelt sind, soll in Kapitel 2 der prägende Kontext von Exil, Kolonialismus und Laos Zugehörigkeitsgefühl zum sogenannten „Freien China" skizziert werden. Als Abschluss von Kapitel 1 folgt zuvor eine kurze biographische Notiz zu den wichtigsten Lebensstationen von Lao Sze-kwang.

1.5 Biographisches: Lebensstationen im Überblick

Lao Sze-kwang (Geburtsname Lao Rongwei 勞榮瑋, Pseudonym Weizhai 衛齋), der 1927 inmitten der sich zuspitzenden Auseinandersetzung politischer Strömungen in der Provinzhauptstadt Changsha 長沙 als Nachkomme einer einflussreichen Beamten- und Revolutionärsfamilie in Hunan 湖南 geboren wurde, ist ein Inbild prekärer, von Kolonialismus und Kriegswirren geprägter Heimatzugehörigkeit.[133] Zu seinen Vorfahren gehörten sein Ur-Grossvater Lao Chongguang 勞崇光 (1802–1876), der in die Verhandlungen von 1860 mit Harry Smith Parkes (1828–1885) massgeblich involviert war und dabei in einer neuen Vertragskonstellation eine nur befristete Übergabe (*lease*) der Gebiete von Kowloon an die Krone Englands bewirken konnte.[134] Dieser Vorfahre galt als herausragender Beamter nicht nur, weil er als „erfolgreicher Prüfungskandidat auf Stufe der Hauptstadt" (*jinshi* 進士) die Examen mit Auszeichnung bestanden hatte, sondern auch weil er diese Verhandlungen mit

133 Shen 2013: 215. Er gibt als Geburtsort Xi'an 西安 an, in der übrigen Sekundärliteratur herrscht keine Einigkeit darüber. Lao hat Fragen nach seiner Biographie an zahlreichen Stellen mit dem Hinweis darauf überspielt, dass für das Verständnis seines Werks nicht die Biographie ausschlaggebend sei, vgl. Shen 2013: 215.

134 Kwong 2014: 14.

Weitsicht gelenkt und damit die Abtretung von weiteren Gebieten an England verhindern konnte. Laos Vater war Mitglied des Revolutionsbundes.[135] Im Familienumfeld erhielt Lao ersten Privatunterricht in klassischer Literatur und Kalligraphie.[136]

Während der japanischen Okkupation und den bürgerkriegerischen Auseinandersetzungen zwischen der „Nationalen Volkspartei Chinas" (*Zhongguo Guomindang* 中國國民黨) und der „Kommunistischen Partei Chinas" (*Zhongguo Gongchandang* 中國共產黨, KP China) trat er 1946 an der Universität Beijing das Philosophiestudium an, wo es zu inspirierenden Begegnungen der Studentenschaft mit Hu Shi und He Lin 賀麟 (1902–1992) kam.[137] 1949 folgte Lao seinen Eltern nach Taiwan, um zwei Jahre später sein Studium an der Universität Taiwan abzuschliessen. Weitere akademische Abschlüsse blieben ihm verwehrt. Er teilte dieses Schicksal mit der älteren Generation Intellektueller, wie beispielsweise Mou Zongsan, die, den Zeitumständen geschuldet, keine weitere akademische Ausbildung geniessen konnten.[138] Über seinen Aufenthalt in Taiwan und seine dortigen Aktivitäten ist wenig bekannt. Seine bis in die 1980er Jahre anhaltende Opposition zur Nationalen Volkspartei zwang ihn jedoch, die Insel Mitte der 1950er Jahre erneut zu verlassen und in Hongkong Zuflucht zu suchen.[139] Die Erfahrung seiner zweiten Emigration verarbeitete er in seinen Miszellen, die unter dem Titel „Gesammelte Erinnerungen aus meinem Aufenthalt in Hongkong" (*Liu Gang zaji* 留港雜記) versammelt wurden. Er fasste darin einen für seine Generation typischen Zustand der inneren Bedrängnis während Zeiten des gesellschaftlichen Umbruchs in Worte. Laut eigenen Angaben wollte er in Hongkong sein Schaffen an einem Ort

135 Internet Encyclopedia of Philosophy: https://www.iep.utm.edu/lao-s-k/, (20/10/2019).

136 Wu 1999: 1–2.

137 Wu 1999: 11–12. Hu Shi kehrte 1947 aus den Vereinigten Staaten von Amerika zurück und wurde in die Nationalversammlung gewählt, er widersetzte sich jedoch dem Aufruf, das Amt des Staatspräsidenten anzunehmen. Lao beschreibt in einem Gespräch mit Wu, das an dieser Stelle als „oral history" gelesen wird, die prägenden Zusammentreffen der Studierenden mit Hu Shi. Mitte 1948 floh Hu zuerst nach Shanghai und später weiter in die USA, vgl. Cua 2003: 297.

138 Zu Mou, der in Taiwan zu Laos Mentoren gehört haben dürfte und mit dem ihn trotz des Altersunterschieds eine enge Beziehung verband, führt Clower aus, dass die Zeit der instabilen Republik für die meisten Intellektuellen eine Zeit der „inneren Not und des äusseren Aufruhrs" (*neihuan wailuan* 内患外亂) bedeutete und die jeweiligen Biographien entscheidend prägte, siehe Clower 2014: 1–5.

139 Seine Schriften waren in Taiwan bis in die 1980er Jahre verboten, kursierten aber trotzdem vor allem unter Studierenden, vgl. Chang 2013: III. Zusätzlich hatte Lao zu Beginn der 1950er Jahre in Taiwan unter den Pseudonymen Yu Fuchu (俞復初), Bao Sang (苞桑), Hong Zhao (洪昭), Tu Yan (荼言) oder Gui Guzhi (歸固芝) Aufsätze in Zeitschriften publiziert, vgl. Sun 1986: 8. Seine in Hongkong veröffentlichten Schriften sind unter seinem vollen Namen erschienen, zuweilen auch nur mit Siguang 思光 gezeichnet. Zur Flucht nach Hongkong siehe auch Jin 2012: 156–157.

fortsetzen, wo eine freie Meinungsäusserung möglich war.[140] Lee Su-san spricht in diesem Zusammenhang von einem doppelten Gang ins Exil, der diejenigen betraf, die sich auch mit dem Regime in Taiwan nicht anfreunden konnten und letztlich als „bettelarme Flüchtlinge" nach Hongkong kamen, da sie ohne gutes Beziehungsnetz weder in Japan noch in Amerika oder Europa willkommen waren.[141]

Was der Begriff der Kultur nicht nur in der Theorie, sondern ebenso in der Praxis des gesellschaftlichen und universitären Lebens bedeuten konnte und für Lao zu bedeuten hatte, führt er mit seiner professionellen Biographie exemplarisch vor. Bereits kurz nach seiner Ankunft in Hongkong war es Lao möglich, eine Unterrichtstätigkeit am Hongkonger Chu Hai College anzunehmen und dort bis 1964 zu unterrichten. Sein langjähriges akademisches Engagement an der im Jahre 1963 gegründeten Chinese University of Hong Kong begann ab 1964 als Lektor an der Abteilung für Philosophie des Chung Chi College, einer der drei Gründungsinstitutionen der Universität.[142] Während seiner Lehrtätigkeit wurde er aufgrund seiner reichen Publikationstätigkeit im Bereich der Philosophiegeschichte Chinas schnell über die Grenzen Chinas und Taiwans hinaus bekannt. Er verblieb bis ins Jahr 1985 am Chung Chi College, zuletzt als Professor und Leiter der Abteilung für Philosophie. 1985 emeritierte er, blieb der Universität jedoch in den Jahren von 1985 bis 1989 am Institute for Chinese Studies sowie am Shaw College in Forschung und Lehre verbunden. Seine Lehr- und Forschungstätigkeiten an der Chinese University of Hong Kong wurden durch Gastaufenthalte an der Harvard University (1969–1970) und an der Princeton University (1975–1976) unterbrochen. Im Jahr 2004 wurde ihm von der Chinese University of Hong Kong der Ehrendoktortitel verliehen.[143]

In Taiwan hatte Lao ab den späten 1980er Jahren zahlreiche weitere Gastprofessuren inne, von 1989 bis 1992 an der „National Tsing Hua University 台灣 清華大學 (*Taiwan Qinghua Daxue*), von 1992 bis 1993 an der „National Chengchi University" 台灣國立政治大學 (*Taiwan Guoli Zhengzhi Daxue*), von 1999 bis 2000 an der „Soochow University" 台灣東吳大學 (*Taiwan Dongwu Daxue*). Von 2000 bis 2001 lehrte er an der Chinese University of Hong Kong, wo er von 2007 bis 2008 später auch die Tang Chun-I Gastprofessur ausübte.[144] Seit 1994 und bis zu seinem Tod besetzte er zudem einen Lehrstuhl für Philosophie an der „Huafan University" 台灣華梵大學

140 Lao 1993 [1962b]: 276; Lao 1987.

141 Lee 2013: 106.

142 Shen 2013: 215.

143 Professor Lao Sze-kwang: http://www.cuhk.edu.hk/ugallery/en/story/lao_sze_kwang.html (20/10/2019).

144 Tang Chun-I Visiting Professorship: www.phil.arts.cuhk.edu.hk/web/news_and_events/tcivp-intro/ (14/05/2018).

(*Taiwan Huafan Daxue)* in Taibei.[145] Im Jahr 1996 wurde er zum Mitglied des Konsultativrats des Forschungsinstituts für chinesische Literatur und Philosophie an der Academia Sinica, 2002 folgte die Wahl zu deren Mitglied.[146]

Sein Engagement reichte jedoch auch immer wieder weit über die akademische Tätigkeit hinaus in den Bereich der Öffentlichkeitsarbeit. Zahlreiche Preise bezeugen dieses Engagement, von denen nur einige der wichtigsten erwähnt werden sollen: Juli 2000: Academic Achievement Award from the Phi Tau Phi Scholastic Honour Society, Republic of China (*Zhonghua Minguo Fei Tao Fei Rongyu Xuehui 2000 niandu jiechu chengjiu jiang* 中華民國斐陶斐榮譽學會 2000 年度傑出成就獎); Januar 2002: Annual Academic Award of the Ministry of Education, Republic of China (*Zhonghua Mingguo Xingzhengyuan* 2002 *niandu wenhua jiang* 中華民國行政院 2002 年度文化獎); Juli 2002: Cultural Prize of the Executive Yuan, Taiwan (*Taiwan Zhongyang Yanjiuyuan yuanshi wenhua jiang* 台灣中央研究院院士文化獎); Dezember 2002: National-Endowed Chair Professorship of the Ministry of Education, Republic of China (*Zhonghua Minguo Zhengfu Jiaoyubu 2002 niandu guojia jiangzuo jiaoshu xueshu jiang* 中華民國政府教育部 2002 年度國家講坐教授學術將).[147]

Obwohl im Zentrum seiner Arbeit die Auseinandersetzung mit konfuzianischen Lehren stand, entzieht sich Lao einer Zuordnung in die gängigen Lager von „konservativ“, „traditionell“ oder „Modernen Konfuzianern“ (*xin rujia* 新儒家).[148] Für die Geschichte des intellektuellen Lebens in Hongkong und nach der Gründung der Volksrepublik China (1949) wurde Lao vielmehr zu einem urban-weltläufigen, problemorientierten Akademiker und Vermittler zwischen unterschiedlichen Positionen. Sich selbst bezeichnete er an unterschiedlichen Stellen als „Patriot“ (*aiguozhuyizhe* 愛國主義者), als „chinesischen Kultur-Patrioten“ (*aizhongguowenhuazhuyizhe* 愛中國文化主義者), als „Humanisten“ (*renwenzhuyizhe* 人文主義者) oder „Idealisten“ (*lixiangzhuyizhe* 理想主義者).[149] In seinen Selbstbezeichnungen tritt die Benennung des „Liberalen“ (*ziyouzhuyizhe* 自由主義者), die ihm häufig von

145 Die Huafan University gilt als erste Universität, die von der buddhistischen Gemeinschaft gegründet wurde und sich das Ideal einer chinesischen und buddhistischen Bildung zum Ziel setzte.
Huafan University: Introduction: http://eng.hfu.edu.tw/introduction.html (20/20/2019).

146 Pressrelease: Professor Lao Yung-wei (Lao Sze-kwang), BA: http://www.cuhk.edu.hk/cpr/pressrelease/041209Lao_e.htm (20/20/2019).

147 In Memory of Professor Lao Sze-Kwang: https://www.cpr.cuhk.edu.hk/en/press_detail.php?id=1418&t=in-memory-of-professor-lao-sze-kwang (20/20/2019).

148 Für eine Selbsteinschätzung Lao 1998 [1965]: XIII sowie Wu 1999: 13.

149 Konservative Positionierungen verneinte Lao in doppelter Hinsicht: „Ich sehe mich weder als einen ‚Befürworter des Zurück zu den alten Theorien‘ (*fugu lunzhe* 復古論者) noch als einen ‚Befürworter der Theorien über Nationale Essenz‘ (*guocui lunzhe* 國粹論者), vgl. Lao 1986 [1952b]: 133.

aussen zugetragen wird, meines Wissens nicht auf.[150] In der Sekundärliteratur ist auch die Zuschreibung des Antikommunisten zu finden.[151]

Die historische Erfahrung der Epoche der Warlords, des Bürgerkriegs, der japanischen Okkupation Chinas und letztlich des Heimatverlusts hatte ihn in der Meinung bekräftigt, dass ein gelingendes Gemeinwesen der Verantwortung der Eliten bedarf, ihrer kritischen und produktiven Begleitung. Diese Ansicht war nicht immer ohne Risiko. Sie brachte ihn in Konflikt mit den Machthabern in Taiwan, zeitigte turbulente Kontroversen in Hongkong, wo er als Exil-Intellektueller im Zentrum der Jugendunruhen der 1960er Jahre stand, und stellte ihn in Opposition zur kolonialen Administration im Vor- und Umfeld der beginnenden Diskussionen um die Rückgabe Hongkongs an die Volksrepublik China ab den 1970er Jahren, als er seine kritische Stimme erhob.[152] Doch Lao blieb stets zum Gespräch bereit. Er setzte auf den Dialog, auch als er im hitzigen Umfeld von Studentenprotesten in Hongkong persönlich beschimpft wurde. Er bewies gerade damit, dass der öffentliche Raum wesentlich vom Streitgespräch profitiert, sofern dieses mit Argumenten ausgefochten wird.[153]

Lao verbindet in seiner intellektuellen Biographie vor allem drei Rollen: Gelehrter, Lehrer und Administrator. Während er in hohe Positionen an Universitäten berufen wurde, ging es ihm immer auch darum, sein persönliches und akademisches Umfeld zu fördern. Lao nahm seine Rolle als Philosoph somit immer auch in einem institutionellen Sinn wahr und handelte entsprechend seiner Überzeugung, der Einzelne sei fähig, seine Umgebung entscheidend mitzuprägen, was sich zusätzlich dadurch auszeichne, dass der Einzelne sich gerade aus diesem Grund auch um seine Selbstverfassung sorgen müsse.[154] Zahlreiche Studierende kamen dank seines Engagements in den Genuss einer Ausbildung im Rahmen einer professionalisierten akademischen Philosophie jenseits ethnischer Grenzziehungen, die jedoch in chinesischer Sprache gelehrt und erlernt werden konnte. Auch dieses Engagement kann als weiterer Hinweis auf Laos Vorstellung einer Weltkultur und insbesondere

---

150 Als Liberaler wird er beispielsweise von Chang Sang-Yiing bezeichnet, vgl. Chang 2013: 239.

151 Law 2009: 159.

152 Lao 1983: 120–125. Lao war Gründungsmitglied der „Gesellschaft zur Erforschung von Zukunftsperspektiven für Hongkong“ (*Xianggang Qianjing Yanjiushe* 香港前景研究社), die als kritisches Organ im Vorfeld der Übergabe Hongkongs an die Volksrepublik China 1981 gegründet worden war, vgl. Jin 2012: 156.

153 Law beschreibt die persönlichen und heftigen Angriffe, denen Lao im Umfeld der Jugendunruhen während der Kulturrevolution in Hongkong ausgesetzt war, vgl. Law 2009: 159–161. Eine Replik auf die Unruhen gibt Lao in: Lao [1967] 2001: 51–62.

154 Lao 2010: VII–VIII. Als Gelehrter verfasste er auch, wie bereits erwähnt, ein lyrisches Werk in Form von klassischen Gedichten. Lao 1992. Eine chronologische und kommentierte Zusammenstellung der Gedichte liegt vor, vgl. Wang 2012.

der Verortung Chinas in der Welt gelesen werden. Über den wissenschaftlichen Dialog wollte er auch die Volksrepublik China nach der Niederschlagung der Proteste 1989 zumindest aus der wissenschaftlichen Isolation führen. Er setzte sich dafür ein, die erste Konferenz zu organisieren, die nach den Studentenprotesten und deren gewalttätiger Niederschlagung am 4. Juni 1989 stattfand und Wissenschaftler und Wissenschaftlerinnen aus der Volksrepublik China, Taiwan und Hongkong vereinen sollte.[155]

In seinem Privatleben beschäftigte sich Lao mit spekulativer Numerologie.[156] Er war mit der Psychologin Huang Daiyun 黃岱雲 verheiratet, zusammen zogen sie eine Tochter, Lao Yanyun 勞延韻, gross, die ihre Universitätsausbildung in den USA absolvierte.[157]

155 Lao war zu diesem Zeitpunkt Vorsitzender der „Oriental Humanist Studies Society" (*Dongfang Renwen Xuehui* 東方人文學會), die 1962 von Tang Junyi 唐君毅 (1909–1978) und Mou Zongsan gegründet worden war. Im Juli 1989 ermöglichte diese Gesellschaft die Abhaltung der „International Conference of Modernity and the Prospects of Chinese Culture" an der Chinese University of Hong Kong, vgl. Lao 1994: 153. Zum Verein siehe Chen 1993: 553.

156 In diesem Zusammenhang wird in Gesprächen auch sein Hang zum Glückspiel angedeutet.

157 Wu 1999: 2.

2 Autobiographische Aufzeichnungen: Exil, Kalter Krieg und Freies China als Bezugsgrössen

2.1 Perspektiven auf das Exil

Die Erfahrung des Fremdartigen, die Bhabha ausgehend von Migrationsprozessen theoretisiert, findet sich in gesteigerter Form in der Biographie des hier vorzustellenden Autors. Gesteigert deshalb, weil ein umfangreicher Teil seiner frühen Publikationen im Exil verfasst wurde und den Gang ins Exil in autobiographischen Aufzeichnungen zudem dokumentarisch begleitet. Bhabha bezieht in seinem Aufsatz „DissemiNation" die beiden Begriffe der Nation und des Exils aufeinander. Die Nation wird dabei zu einer Formulierung, die einerseits in einem spezifischen Sinn die Rolle einer Metapher übernimmt und andererseits Menschen in einer imaginierten Einheit zusammenbringen kann. Die Metapher, die in ihrem klassischen Sinn eine Bedeutung von einem Bereich in einen anderen überträgt, steht dabei wie der Begriff der Nation für eine Art der Verdoppelung: Es ist möglich, an einem Ort zu leben und sich gleichzeitig einer anderen Gemeinschaft, einer anderen Tradition oder Kultur zugehörig zu fühlen.[1] Die zeitliche Verdoppelung und nicht die räumliche Dimension steht bei dieser Überlegung zur Nation im Vordergrund. Es ist der Begriff des Exils, der ebenfalls die zeitliche Verdoppelung thematisiert, die jedoch zudem mit einer örtlichen Entwurzelung, Zerstreuung und Neuverortung einhergeht. Wenn in der klassischen Exilforschung der Bezug zum nationalkulturellen Kontext vorangegangen war, öffnet sich die jüngste Auseinandersetzung zunehmend für Fragen nach transnationalen und transhistorischen Perspektiven auf das Exil.[2] Dabei nehmen Akkulturationsprozesse zwar eine zentrale Stellung ein, die Erfahrung der „Entortung" bleibt aber ebenfalls prägend. Brüche und Diskontinuitäten mit Bezug zu einem legitimen kulturellen Erbe oder einer Tradition werden dabei lesbar. Die Fremdheit des Exils beschreibt sodann den Raum, der sich von dem der Geburt, der eigenen Familie oder der Nation und damit auch von prägenden Werten unterscheidet.[3]

1 Bhabha 1994: 139–170.

2 Bischoff 2013: 1–3. In der vorliegenden Arbeit werden Bezüge und Schnittstellen zum paradigmatischen jüdischen Exil und der Hintergrund des deutschen Faschismus, die damit verbundene Zensur, Ausgrenzung, Verfolgung nicht weiter untersucht. Einige Hinweise dazu sind aufgeführt in Knüsel und Fröhlich 2013: 7–9.

3 Die räumliche Dimension der Nation wird durch die lateinische Bedeutung der *natio*, Geburt, ausgedrückt und impliziert den Zusammenhang zwischen einer nationalen Zugehörigkeit und dem Geburtsort. Das gebräuchliche chinesische Zeichen für „Nation" *minzu* 民族

https://doi.org/10.1515/9783111063898-002

> I have lived that moment of scattering of the people that in other times and other places, in the nations of others, becomes a time of gathering. Gatherings of exiles and émigrés and refugees; gathering on the „edge“ of foreign cultures; gatherings at the frontiers; gatherings in the ghettos or cafés of city centres; gathering in the half-life, half-light of foreign tongues, or in the uncanny fluency of another's language; [...] gathering the memoires of underdevelopment, of other worlds lived retroactively; gathering the past in a ritual of revival; gathering the present.[4]

Das von Bhabha beschriebene Gefühl einer neuartigen Formation des Zusammenkommens wird konstruiert, um der zufälligen Zerstreuung von Menschen im Exil entgegenzuwirken. Es ist ein aufgezwungenes Sich-Zusammenfinden und hat ausser dem gemeinsamen Schicksal der Exilierung noch keine Grundlage für eine Gemeinschaft. Die Vorstellung von ortsverbundenen Ursprüngen oder Verwurzelung wird dabei ersetzt durch entstehende, fluidere Gesellschaftsformen, in denen sich Hybridität als nicht eindeutige Vermengung von ethnischer Herkunft, Kultur und Ideen oder Diskursen manifestiert.[5] Vor diesem Hintergrund erscheint der Exilbegriff anschliessbar an die aktuelle Forschung über Transkulturalität oder ein „ZwischenWeltenSchreiben“.[6] Das Gefühl, in Hongkong in der Fremde zu sein, ist jedoch mit der von Bhabha beschriebenen zufälligen Zerstreuung nicht zu vergleichen, aber der Zwang zur Fremde und die dafür kennzeichnende regionale, soziale und intellektuelle Diversität der Exilierten kommen auch bei Lao zur Sprache.

2.2 Laos autobiographische Perspektive auf das Hongkonger Exil: Subjektpositionierung, Diversität und Kritik am Kolonialismus

Bereits an anderer Stelle wurde darauf hingewiesen, dass Laos Hinwendung zur Thematik von Kultur und Kulturphilosophie vor dem Hintergrund des Heimatverlustes zu akzentuieren ist und die Auseinandersetzung mit der persönlichen und kollektiven Krise ein Bewusstsein für Problematisierungen der Moderne, die spezifisch

---

deutet unter anderem auf die (Gross-)Familien hin, die in ihren Genealogien die Nation ausmachen, vgl. Dikötter 2015: 37–60.

4 Bhabha 1994: 139–170, 139.

5 Reiter 2006: 36–51.

6 Ette 2005: 41. Was Ette für literarische Werke festhält, darf auch für autobiographische und ideengeschichtliche Texte, die sich mit dem Exil befassen oder auf dem Hintergrund einer Exilerfahrung entstanden sind, gelten: Diese Texte können (frühe) Potenziale aufzeigen, die Hybridität im Sinne einer Bereicherung thematisieren.

auch Hongkong betrafen, verschärfte.[7] Laos Texte zum Exil bezeugen jedoch zuallererst seine prekär gewordene „Heimatzugehörigkeit". Trotzdem herrscht in Bezug auf seine Herkunft kein pathetisch übersteigert nostalgischer, sondern ein nüchterner Ton. Als Exilierter blickt er kritisch auf die ihm gegenwärtig unzugängliche und als soziale Realität nicht mehr vorhandene Welt, aber er arbeitet an einer Perspektive für die Zukunft. Die Gedächtnistätigkeit wird nicht nur zur Aufbewahrungsarbeit, sondern zu einer Konstruktion von Alternativen in transformativen und performativen Akten. Hinsichtlich seiner autobiographischen Schriften soll Lao in diesem Kapitel sozusagen „vom Rande her" gelesen werden: Ausgangspunkt sind peripher-assoziative Miszellen,[8] in denen er die bedrohlichen Erfahrungen zum Heimatverlust verdichtet, dabei aber immer wieder thematische Akzente setzt, die auch auf den Bereich des Kulturellen verweisen und zudem andeuten, wie er sich ideologisch in der sich abzeichnenden Konstellation des Kalten Krieges[9] positioniert. Seine Interpretationen hält er auf Taiwan vorerst zurück und verzichtet somit auf eine breitere öffentliche Resonanz. Er hätte sich auf die innere Emigration zubewegen können, sieht sich schliesslich zu einem zweiten Umzug nach Hongkong genötigt, der ihm die Publikations- und Lehrtätigkeit ermöglicht. Zunehmend sucht er sich Gestaltungsfreiheit bietende Zwischenräume, die sich den Kulturschaffenden in pädagogischen und publizistischen Institutionen in Hongkong eröffneten. In seinen Miszellen deutet sich eine globale Zirkulation von Ideen und Denkweisen an, die mit der konfliktreichen Verschiebung der Lebenslage ins Exil aufs Engste verknüpft ist. Bachmann-Medick findet einen passenden Ausdruck für Texte, die sich in „Weltbeziehungen lokalisieren", weil in ihnen kulturelle Positionen reflektiert und ausgestaltet werden.[10]

Lao vermittelt seine frühen Erfahrungen in Hongkong als Einsicht in das Fremdartige im ambivalenten Spannungsfeld globaler und lokaler Wissenszirkulation,

7 Knüsel 2013: 83–103. Einzelne Aussagen des vorliegenden Kapitels sind in dieser Publikation bereits versammelt.

8 Als Merkmale gibt Lao für seine „Miszellen" (*zaji* 雜記) die Verbindung von dokumentarischen, emotionalen und kommentierenden Erinnerungen an, siehe Lao 1987 [1956e]: 275. Er betont mit seiner Zeichenkombination das Moment des Erinnerns, was der Grund sein könnte, warum er nicht den als Genre bekannteren Ausdruck „Essay" (*zawen* 雜文) wählt.

9 Tsang sieht die 1950er Jahre in Hongkong geprägt durch die Konstellation des Kalten Krieges. Nachdem die Regierung der Volksrepublik China 1949 bekannt gegeben hatte, für die Seite der Sowjetunion Partei zu ergreifen, liess die britische Regierung verlauten, sie sei entschlossen, aus der Kolonie – falls nötig – das „Berlin des Ostens" zu machen. Zusätzlich wurde Hongkong mit dem Konflikt zwischen der Nationalen Volkspartei und der Kommunistischen Partei Chinas konfrontiert, vgl. Tsang 1997: 294, 310. Weitere Ausführungen zum Einfluss des Kalten Krieges in Hongkong folgen in Kapitel 2.3.

10 Bachmann-Medick 2004: 273.

kolonialer Moderne, und als eine Entfernung gegenüber dem eigenen, bekannten Kulturkreis. Negative und positive Einschätzungen ergänzen sich, geben aber nie Anlass zu einer nihilistischen Sicht auf den neuen Aufenthaltsort, wie es unter anderem Said exemplarisch für Exilierte postuliert hatte:

> Exile is a jealous state, what you achieve is precisely what you have no wish to share, and it is in the drawing of lines around you and your compatriots that the least attractive aspects of being in exile emerge: an exaggerated sense of group solidarity, and a passionate hostility to outsiders, even those who may in fact be in the same predicament as you.[11]

Es gibt bislang in der Forschung keine Hinweise darauf, dass sich in Hongkong eine homogene Exilgemeinschaft entwickelt hätte, die sich von der lokalen Bevölkerung in Saids Sinn abzugrenzen suchte.[12] Lao hält jedoch bereits 1955 bedauernd fest, dass sich ausserhalb der Volksrepublik China noch kein geeinter tatkräftiger antikommunistischer Widerstand gebildet habe.[13] Bezüglich den Exileliten zeigt die Forschung am ehesten einen Konsens darüber, dass sie sich durch ihr Engagement in und für Bildungs- und Kulturinstitutionen wie Verlagshäuser, Bibliotheken und Studiengesellschaften als Gruppe qualifiziert haben.[14] Vielmehr ein kulturell-pädagogischer Widerstand und weniger die direkte politische Agitation prägte entsprechend die verschiedenen Tätigkeiten der Geflüchteten im Hongkonger Exil. An und durch diese Institutionen sollte gerade auch der kulturellen Entfremdung entgegengewirkt werden, die in Hongkong trotz der geographischen und teilweise auch kulturellen Nähe zum Festland ambivalent war. Die eigene Existenz wird dabei von Lao zuerst einmal mit Blick auf das Fremde dem Kolonialen gegenüber in Frage gestellt:

---

11 Said 1990: 360. Zu einer ähnlichen Einschätzung von Exildichtung als Rettungsversuch bestehender Identitäten kam auch Vordtriede: 1969: 574.

12 Lee weist auf drei Gruppierungen hin: Politische Anhänger und Anhängerinnen der Nationalen Volkspartei auf Taiwan, Liberale und Kulturkonservative, vgl. Lee 2013: 115; für die institutionelle Anbindung dieser Gruppierungen vgl. Lee 2013: 114. Yung erwähnt eine weitere Gruppierung, die er als „moderate socialists" bezeichnet, vgl. Yung 2015: 157–160. Abschnitt 2.3.2 enthält diesbezüglich weitere Ausführungen. Yung geht auch in der neusten Publikation davon aus, dass es sich um „émigré intellectuals" handelte, da sie nicht gezwungen waren, das Land zu verlassen, sondern dies aus eigenem Willen taten, vgl. Yung 2021: 1.

Law sieht als verbindendes Element der „refugee population" eine mit nationalistischen Tendenzen durchzogene antikommunistische Haltung, die sich in den 1960er Jahren zunehmend differenzierte. Dort, wo dieser Nationalismus zusätzlich eine moralische Dimension aufwies, spricht Law vom „Neo-Confucianism", vgl. Law 2009: 133, 137.

13 Lao 1986 [1955 f]: 220–221. Er bemängelt fehlende Kooperation und ein fehlendes, gemeinsam angestrebtes Ziel aufgrund von Machtkämpfen.

14 Knüsel und Fröhlich 2013: 9–10; Law 2009: 131–135.

> Ich bin noch nicht lange Bewohner von Hongkong; weil eine Kolonie letztlich jedoch eine Kolonie bleibt, werde ich auch kein alter Bewohner von Hongkong und auch nicht so lange bleiben, bis ich eines Tages bei einem Unfall ums Leben kommen werde, was die hiesigen Zeitungen mit einer Erklärung zu einem „Chinesen männlich“ abtun würden. Ich fühle mich als Gast in einem fremden Land, und dennoch „vertrete ich meinen Standpunkt“. Ein Satz aus der *Ode beim Besteigen eines Turms* fällt mir dazu ein: „Obwohl tatsächlich schön, ist das Land hier nicht meine Heimat, wie könnt ich auch nur kurz verweilen!“[15]

In Anlehnung an die berühmte „Rhapsodie beim Besteigen eines Turms“ (*Deng lou fu* 登樓賦) von Wang Can 王粲 (177–217) aus der Zeit der Östlichen Han-Dynastie (23/25–220) wird der verstörte Blick auf das Fremde zum Brennpunkt von räumlicher Distanz und Fremdsein:[16] Aufgerufen wird eine Gemüts- und Geistesverfassung des Aussenstehenden, der in der Gegenwart jedoch mit der hegemonialen Moderne kritisch assoziiert wird und weniger mit einer Engführung mit nostalgischen oder nationalistischen Vorstellungen:

> […] ‚Globale Fragen‘ haben mich immer mehr interessiert als das, was ‚Nationalisten‘ zu sagen haben. Das mag vielleicht nicht vollkommen korrekt sein, aber bereits seit jener Zeit [der Ankunft in Taiwan, B.K.] begann ich mich als Weltbürger zu verstehen. Daher kann man mir kaum Engstirnigkeit vorwerfen; wenn ich heute unter dem Wegzug aus meiner Heimat leide und mich das Chaos in China bestürzt, handelt es sich viel eher um mein Verantwortungsgefühl der Nation gegenüber.[17]

Auffallend ist an zahlreichen Stellen das Moment, als Abwesender für die Zukunft Chinas Verantwortung zu übernehmen und gerade dadurch auch handlungsfähig zu bleiben. Die liberale Forderung, als Subjekt „freiwillig“ Verantwortung zu akzeptieren, wird sich auch in den kulturtheoretischen Schriften mit Rückgriff auf den Liberalismus-Begriff in der Rezeption F. A. Hayeks prominent wiederfinden: Wer aus freier Entscheidung Verantwortung übernehmen will, schreibt dem Dasein des Menschen in der prozessualen Form des Handelns einen bevorzugten Wert zu im Vergleich zu einem Wesen oder einer Essenz, die deterministisch festgelegt wird.

Der Vorgang der Exilierung wird auch von Lao als existentieller Einschnitt und als Störerfahrung ersten Ranges erlebt. Das bleibende Problem war jedoch,

15 Lao 1987 [1956d]: 274. 我不是長住香港的人; 而且殖民地究境是殖民地,我也不能老住在這兒, 等到某一天遇到意外事故而送命,讓報紙上登一條關於「華人男子」的新聞。我是異鄉爲客, 還是「表明立場」爲是。這樣,我猛然想起登樓賦中的句子:「雖信美而非吾土兮,曾何足以 少留!」。

16 Miao 1982: 273. Wang ersehnte während eines Aufenthalts im Süden, in Jingzhou 荊州, seine Rückkehr, die ihm aufgrund politischer Unruhen nicht möglich war. Yu 1980: 19.

17 Lao 1987 [1955a]: 278. […] 我就常常想「世界問題」, 而不很看得起「民族主義者」。那也許不是完全正當的想法; 但我之以世界人自處,從那時候已經開始。因此,說我狹隘,我決不承認; 我今天所感到的去國之恨和我對中國的的(sic!)衰亂的惋傷,只是民族的責任感。

in der peripheren Fremde den eigenen Standpunkt zu vertreten und kommunizieren zu können. Es bedurfte einer bewussten Anstrengung Laos, dies nicht nur mittels Projektionen, Regressionen oder Vorstellungen illusionärer Art zu leisten. Es fehlt in Laos Schriften der damit korrespondierende Versuch, sich der alten Heimat unkritisch-nostalgisch oder utopisch zu versichern. Der Blick weitet sich auf die welthistorische Lage, die aktuell ausgeleuchtet wird.

> Eigentlich begleitet mich die Niedergeschlagenheit seit meiner Kindheit wie eine chronische Krankheit; auch die chronischen Krankheiten der Menschheit lassen sich nicht leicht ausmerzen. Wenn wir in diesen Tagen den Aufruhr in Afrika und die dortige Unterdrückung durch Frankreich betrachten, sehen wir den abstrusen Beweis dafür, dass das Übel der Kolonialisten noch nicht ausgemerzt ist. Was geschäftige, internationale Politiker in den letzten Monaten über ‚Frieden' und ‚Koexistenz' verlauten liessen, ist ein Anzeichen dafür, dass die chronische Krankheit des Tolerierens der Marschroute der Beschwichtigungspolitik noch nicht beseitigt ist. Und was geschieht mit unserem Land? [China] ist wie von einem Unwetter zerstört, das führt zu einem Verlust der Gesundheit des Volkes, und auch die chronischen Krankheiten sind keineswegs beseitigt. Dass mich meine Niedergeschlagenheit weiter begleitet, bleibt da wenig erstaunlich.[18]

Ort und Zeit sind die beiden Faktoren, die das Dasein zu einem Grossteil bestimmen. Das Leben von Yuan Zicai 袁子才 (1716–1797) dient Lao zu einem entsprechenden Vergleich. Diesem war es vergönnt, sich dreissigjährig aus dem Beamtendienst zurückzuziehen, um Poesie, literarische Texte und unter anderem sein Kochbuch „Speisezettel des Sui-Gartens" (*Suiyuan Shidan* 隨園食單) zu verfassen und zu verkaufen. Dadurch erreichte er letztlich den Status eines „herausragenden Gelehrten" (*daming shi* 大名士), den Lao dem modernen Intellektuellendasein gegenüberstellt. Nur wenigen Intellektuellen sei es noch möglich, sich einen Namen mit breit angelegter, literarischer Tätigkeit zu machen. In Zeiten des Friedens und an einem sicheren, prosperierenden Ort zu leben, diese Faktoren hätten es Yuan Zicai ermöglicht, sein Talent zu nutzen. Das „Hier und Jetzt" (*cishi cidi* 此時此地) stelle den Intellektuellen der Gegenwart jedoch vor so gravierende Herausforderungen, dass selbst ein ruhmvoller Status nichts an der prekären Lage zu ändern vermöge.

> Aber die wichtigsten Faktoren, [die ein Leben beeinflussen], sind Zeit und Ort. Yuan Zicai lebte seine mehr als 80 Jahre in einer Zeit des Friedens und der Prosperität glücklich inmitten eines berühmten Gartens in Jiangnan. Als Gelehrter von hohem Rang konnte er seine literarischen Werke verkaufen, Zeit und Ort waren ihm wohlgesinnt. Wenig erstaunlich, dass er bis zu seinem Tod zufrieden war. Das Hier und Jetzt ist da ganz anders. Unsereins

18 Lao 1987 [1955a]: 278. 本來,我從很小的時候,就有點感傷氣質。也可以算是老病了。人類的老病總是不容易根除的。這些日子,非洲的動亂和法國的鎮壓,是殖民主義者老病未除的徵證; 幾個月來,國際政客大喊的「和平」與「共存」,是姑息路線的老病未除的標誌,而我們的國家呢? 風雨摧殘,使民族失去健康,但並未除去老病。然則我的老病不除,也就無足怪了。

> leidet unter der Mühsal, es spielt aber keine Rolle, ob man berühmt ist oder nicht, alle sind ausser Atem.[19]

Hongkong wird bereits in seinen frühsten Essays als kolonial-merkantiler Ort thematisiert, der von utilitaristischem Handeln geprägt ist. Das Verlagswesen beschreibt Lao beispielsweise als in Teilen ideologisiert, instrumentalisiert oder vulgarisiert. Die Politik der Einheitsfront der KP China habe einer finanziellen Abhängigkeit bestimmter Verlage in Hongkong Vorschub geleistet, die dadurch in der Lage gewesen seien, viele verarmte Autoren höher als allgemein üblich zu entschädigen. Ideologisierung und Utilitarismus gingen dabei eine gefährliche Partnerschaft ein, die den Alltag durchziehe. Laos Betrachtung bleibt aber nicht ausschliesslich in dieser Negativsicht verhaftet, die sich auch in zahlreichen anderen Beschreibungen der Exilgeneration finden lässt:

> Andererseits streite ich nicht ab, dass Hongkonger Autoren die Fähigkeit besitzen, die gegenwärtigen Zustände regelmässig zu kritisieren; diese Kritik[fähigkeit] zeigt die vielversprechende Seite der hiesigen Schriftsteller.[20]

Im Hinblick auf eine utilitaristische Fokussierung auf Eigeninteressen entwirft Lao ebenfalls mehrmals Reminiszenzen an das spätkaiserliche Beamten- und Literatenleben. Bemängelt wird, dass in Hongkong das Verhalten seiner kantonesischen Freunde nicht mehr durch persönliche Ideale, sondern durch Nutzenabwägung geprägt sei.[21] Als Vorgänger des Intellektuellen sieht Lao sowohl den Beamten als auch den „Literaten" (*wenren* 文人), denen er beiden zugesteht, einen Ausgleich zwischen Nutzenabwägung und Idealen angestrebt zu haben. Er räumt jedoch ein, mit dieser Sicht auf verlorenem Posten zu stehen: Bereits Gu Yanwu 顧炎武 (1613–1682) habe auf die Literaten herabgeschaut und sie für weltfremdes und formalisiertes

19 Lao 1987 [1955b]: 284. 但更重要的是時與地的因素。袁子才一生八十幾年都是太平之世,在天下安樂之際,住在江南的名園中,以大名士身份賣文,時好地也好,難怪他到死還覺得很愜意。而「此時此地」則大不同。無名之士固然千辛萬苦,有名之士也是一樣喘不過氣 [...]。Yuan Zicais Volljährigkeitsname ist Yuan Mei 袁枚, vgl. Nienhauser 1986: 956. Seine herausragenden Erfolge in den Beamtenexamina führten ihn bereits im Alter von 23 Jahren in die Hauptstadt an die kaiserliche „Hanlin Akademie" (*Hanlinyuan* 翰林院). Nach einem missglückten Sprachexamen in Mandschurisch zog er sich als Privatgelehrter, Lehrer und Maler zurück und publizierte umfangreiche Schriften verschiedener Genres, auf die Lao anspielt. Eine ausführliche Biographie und Einordnung Yuan Meis literarischer Texte erfolgt in Schmidt 2003. Auf den Seiten 22–23 findet sich die Beschreibung Yuans zum Kauf des von Lao erwähnten Gartens (aus einem Monatsgehalt).

20 Lao 1987 [1955b]: 287. 但是另一方面我也不否認香港作家自已也常常對現況作批評,而由這種批評中也可以看出香港作家的光明面。

21 Lao 1987 [1956a]: 299–300.

Wissen kritisiert.[22] Auch der Begriff des „Reisens“ oder „Umherschweifens“ (*you* 游) gibt Lao Anlass zu einem Vergleich mit dem spätkaiserlichen Beamtendasein. Reisen und die damit verbundene Erfahrung, verschiedene Landschaften auf sich wirken zu lassen, sei damals angesehen gewesen, weil es den Horizont erweitert und der literarischen Ausdruckskraft Tiefe verliehen habe.[23] Seiner Generation sei dieses unbeschwerte Herumschweifen nie gegönnt gewesen, die persönliche und nationale Notlage habe jegliches Vergnügen überschattet.[24] Seine Ausflüge in Hongkong, das ja zuweilen zu Recht als Perle des Orients gelte, seien daher immer von einem monotonen Gefühl der Befremdung begleitet gewesen, so als befinde man sich am falschen Ort. Auffällig ist zudem die Präsenz der Vorstellung des möglichen Transits, die im Exil als bestimmend reflektiert wird. In ihr finden sich die Spuren autoritärer und kolonialer Formen der Inklusion oder Ausgrenzung: Lao erhielt in Hongkong zwar eine Aufenthaltsbewilligung, weil er einer Beschäftigung nachging, seine Bewegungsfreiheit erlebte er jedoch als eingeschränkt, was wiederum zu angstvollem Handeln führte.[25]

Die Thematisierung migrierender Existenzen und transitärer Räume wird so zum Ausgangspunkt vielfältiger Wechselbeziehungen zwischen Herkunfts- und Aufnahmeland. Exil als grundlegende Erfahrung einer Krise erfordert eine Neufiguration von Zugehörigkeit. Diese Neubestimmung von lokaler Gemeinschaft wird als zentrale Aufgabe in den Blick genommen und fordert dazu heraus, die dem Nationalstaat zugeschriebene „Dreieinigkeit von Staat-Volk-Territorium“ neu

22 Lao 1987 [1956g]: 301. Lao bezieht sich auf das Werk „Aufzeichnungen von Alltagswissen“ (*Rizhi lu* 日知錄), das als umfassende Sammlung von Aufzeichnungen zur Kultur Chinas gilt. Es enthält Kommentare zu den Klassikern, zu literarischen Schriften sowie zu politischem und wirtschaftlichem Wissen. Der weit abgesteckte Rahmen, Gus breites Interesse und die trotzdem detaillierte und sorgfältige Dokumentation der Quellen machten den Autor unter anderem mit diesem Werk zum Pionier der Bewegung der „Ungekünstelten Gelehrsamkeit“ (*puxue* 樸學), die die textbasierten Studien der Qing-Gelehrsamkeit mitbegründete, vgl. Nienhauser 1986: 505. Die Übersetzung des Titels folgt Cua 2003: 274. Das Werk *Rizhi lu* (und weitere Texte von Gu) wurden übersetzt von Johnston 2016. Lao teilt Gus Kritik teilweise, vor allem weil er im ideologisierten Wissen ein spätes Echo auf das formalisierte Wissen von Beamten und Gelehrten sieht. Zur *puxue* als textkritische Gelehrsamkeit bei Gu Yanwu liefert Wang weitere Ausführungen, vgl. Wang 2008: 497–498. Elman stellt die genaue Beobachtung und akkurate schriftliche Aufzeichnung von Gu Yanwu als exemplarisch noch für Gelehrte im frühen 20. Jahrhundert dar, vgl. Elman 1984: 174–176 sowie weiterführend Elman 2004: 43–65.

23 Lao 1987 [1956c]: 289.

24 Lao 1987 [1956c]: 293.

25 Lao 1987 [1956e]: 273–274.

und dynamischer zu fassen.[26] Damit verbunden sein kann ein weiteres Moment, das Elisabeth Bronfen thematisiert hat. Mit Bezug zu Freuds Begriff der „Schutzdichtung“ skizziert sie die zweifache Funktion von Exiltexten: Als Erinnerungstexte sind sie einerseits Heilung, andererseits bezeichnen sie aber gerade auch die Heimsuchung und halten somit die Erfahrung von Brüchen und deren Überwindung transgenerationell und in diesem Sinn transhistorisch zugänglich.[27]

Georg Simmel hat mit seinem Aufsatz „Die Grossstädte und das Geistesleben“ einen Grundlagentext der Stadtsoziologie verfasst, der in mancher Hinsicht dem Empfinden des Fremden, wie es Lao thematisiert, Ausdruck gegeben hat. Der Gemütszustand des Fremdseins, den bei Simmel die moderne Grossstadt, bei Lao der Gang ins koloniale Exil der Hafenstadt in ähnlicher Weise hervorrufen, kann bei beiden nur durch den intellektualistischen Versuch des Verstehens aufgefangen werden. Der Verstehensprozess hilft dabei, der Entwurzelung Ausdruck zu verleihen.[28] Die Freiheit, die die Stadt dem Migrierenden bietet, gibt aber auch Anlass, diese Erfahrung als Emanzipation aufzufassen. Bei Lao verbindet sich dieser Prozess mit einer Reflexion über den Verlust:

> [Flüchtlinge ...] haben an diesem Ort keine Wurzeln, ein Gefühl der Unsicherheit ist [daher] nicht zu vermeiden. Ersteres ist eine objektive, Letzteres eine psychische Bedingung, die in einer solch speziellen Umgebung erst entsteht. Diese beiden Bedingungen legen sich wie zwei Klingen zu einer Schere zusammen, die die Tradition der Überlegenheit von Intellektuellen mit einem Mal abschneidet.[29]

Im britisch administrierten Hongkong konnten sich die geflüchteten Eliten nicht wie in Taiwan der privilegierten regierenden Minorität zugehörig fühlen. Obwohl daher vertraute Privilegien fehlten, wird dem Subjekt die Möglichkeit zugesprochen, die eigene Rolle innerhalb der Gesellschaft selbst mitzugestalten. Verschränkt mit der Erfahrung, diesen Aufenthaltsort selbst gewählt zu haben, erträgt Lao die Heimatlosigkeit aufgrund dieser Wahl-Freiheit. Das Grossstädtische wird jedoch immer wieder durch das Merkantilistisch-Utilitaristische negativ beleuchtet.

---

26 Bischoff 2013: 14. Die Formulierung geht auf Hannah Arendt zurück. Ku 2004: 326–360 liefert dazu die soziohistorischen Hintergründe zur spezifischen Situation in Hongkong und zeigt, wie die Kolonialadministration mit ihren Massnahmen die Subsistenzsicherung und Integration der Exilierten in Angriff nahm, während auf der Seite der Bevölkerung das humanitäre und humanistische Engagement erbracht wurde.

27 Bronfen 2013: 381–395.

28 Simmel 2016 [1903]: 5.

29 Lao 1987 [1956b]: 298. [難民 ...] 在當地没有根子,不免有些不安全的感覺; 前者是事實條件,後者則是在這種特殊環境下產生的心理條件,這兩種條件好像兩把刀刃,合成一把剪刀,將知識份子的優越傳統一下剪斷。

Hongkonger weisen typischerweise „eine Lebenseinstellung auf, in der einzig das Streben nach persönlichen Vorteilen zähle“[30].

Auch Simmel identifiziert ein Merkmal der Entfremdung: Es ist der Widerstand des Subjekts gegen die Vereinnahmung in einen gesellschaftlich-technischen Mechanismus, der als Grundmotiv das Entfremden in der Grossstadt auszeichnet.[31] Dieser Widerstand wendet sich bei Simmel gegen die alles durchdringende Geldwirtschaft, die im städtischen Leben jeglichen qualitativen Unterschied quantitativ nivelliert. Auch bei Lao werden Momente einer Modernekritik deutlich, sie richten sich jedoch gegen Merkmale seines Umfelds in Hongkong. Lao, der zuvor an der Universität Beijing und im Umfeld von Hu Shi studiert hatte,[32] kann in einem spezifischen Sinn und aus der Perspektive Hongkongs als „Literat, der in den Süden kam“ (*nanlai wenren* 南來文人), bezeichnet werden.[33] Law Wing Sang hat für diese an die südliche Peripherie migrierenden Eliten aus dem Norden Chinas aufgezeigt, wie sie mit dem Superioritätsanspruch einer nationalistischen Kultur seit 1937 zuerst als Kriegsflüchtlinge vor der Besetzung Japans (1937–1945) und Ende der 1940er Jahre als Flüchtlinge aus dem Chinesischen Bürgerkrieg (1946–1949) gegenüber der regionalen Kultur und Gesellschaft Hongkongs auftraten. Die Superioritätsansprüche, die ihnen zugeschrieben werden, leiteten sich einerseits aus einem politischen Zentralismus und Einheitsgedanken ab, der von Sun Yat-sen 孙逸仙 (Sun Yixian 1866–1925) ausformuliert worden war und später, bereits nach Suns Tod, mit dem Nordfeldzug (1926–1927) umgesetzt werden konnte. Lokale oder regionale Versionen eines chinesischen Nationalismus, wie sie in den ersten Jahrzehnten des 20. Jahrhunderts in den südlichen Küstenprovinzen noch ansatzweise möglich gewesen waren, fielen Sun Yat-sens Vorstellung von einem geeinten Staat, der alle ethnischen Differenzen überbrücken und dessen Bevölkerung durch eine Partei in einer Regierung repräsentiert werden kann, zum Opfer.[34]

Andererseits spielte die „verschriftete Umgangssprache“ (*baihuawen* 白話文) in der Form einer „nationalen Landessprache“ (*guoyu* 國語) eine vereinheitlichende

30 Lao 1987 [1956a]: 298.

31 Simmel 2016 [1903]: 3.

32 Wu 1998: 10–11.

33 Law 2009: 111.

34 Fröhlich 2010: 189–191. Fröhlich spricht von einem Reform-Nationalismus, der unter anderem durch die Nationalstaatenbildung China vor der kolonialen Besetzung seines Territoriums und der Ausbeutung seiner Ressourcen schützen sollte. Dieser Bildung eines Nationalstaates standen jedoch bürokratische und militärische Widerstände, gesellschaftliche Gruppeninteressen, die Desintegration durch verschiedene Ethnien und letztlich auch die drohende Vergesellschaftung des Staates in urbane Zentren im Wege. Zudem warnte Sun vor der ungebrochenen Dominanz von Familien- und Clanstrukturen.

Rolle.[35] Gerade auf dem Hintergrund der als progressiv geltenden Institutionalisierung einer „modernen" Nationalsprache als Kohäsionsfaktor für die nationale Einheit konnten in Regionalsprachen verfasste Literatur- und Kulturprodukte als minderwertig, rückständig oder, wie bei Lao, als vom Kolonialen beeinflusst bezeichnet werden. In diesen Zusammenhang gestellt erhalten seine negativen Äusserungen zu dem von lokalen Ausdrücken beeinflussten Kantonesisch eine kolonialkritische, aber eben auch eine die nationale Einheit wahrende Nuance.[36] Bei Lao beschränkt sich diese Sicht jedoch auf die Sprache, einem übersteigerten Nationalismus steht er an zahlreichen anderen Stellen kritisch gegenüber und sieht diesen mindestens drei fragwürdige Formen annehmen: Erstens lehnt Lao die autoritäre Regierung der Nationalen Volkspartei auf Taiwan ab, zweitens die radikalen Nationalgefühle, die von der Kommunistischen Partei in der Volksrepublik geschürt werden, und drittens stellt er sich gegen einen Chauvinismus zwischen Nationen.[37]

Zu den positiven Errungenschaften Hongkongs zählt Lao die Zeitschriftenlandschaft. Dafür mangle es an Bibliotheken mit Beständen an literarischen, historischen oder philosophischen Werken. Weder könne sich die Bibliothek der Universität Hongkong mit Universitäten auf dem Festland messen, noch gebe es einflussreiche Privatsammlungen. Dies hänge vor allem damit zusammen, dass die meisten Intellektuellen Exilierte seien. Lao nennt sie aufgrund der Möglichkeit, in Hongkong in einer chinesischen Gesellschaft zu leben, „Halbexilierte" (*bannanmin* 半難民), die ohne Hab und Gut angekommen seien.[38] Dies präge Hongkongs Publikationslandschaft. Der Essay oder „kurze Aufsatz" (*wenzhang* 文章) sei das bevorzugte literarische Medium, da es dafür an Publikationsmöglichkeiten nicht mangle. Aber für wissenschaftliche Zeitschriften und die Publikation von Monographien fehle die finanzielle Unterstützung.

Bewundernd hält er zudem fest, Hongkong lasse unterschiedliche ideologische Positionen zu und gewähre Autoren aus Taiwan, Hongkong, Übersee und vom Festland Raum für kritische Berichterstattung und einen vielschichtigen Informationsaustausch.[39] Das Verdienst, Momente der Kritik und Pluralität zuzulassen, wertet Lao so hoch, dass Hongkong – trotz kolonialer Administration – in diesem spezifischen Sinn dem sogenannten „Freien China" (*ziyou Zhongguo* 自由中國) zugerechnet

35 Die Forderung nach einer einheitlichen Verschriftlichung der Umgangssprache wurde im Umfeld der Bewegung für Neue Kultur (1915) und später nach den Protesten des 4. Mai 1919 als progressives Ideal der Bewegung vom Vierten Mai in alle Regionen Chinas getragen, vgl. Kaske 2008: 420–456. Kritisch hinterfragt wird die Sprachpolitik der Republikzeit von Chen 2008: 51–67.

36 Lao 1987 [1956d]: 285–286.

37 Lao 1987 [1955a]: 265–267.

38 Lao 1987 [1956b]: 294.

39 Lao 1987 [1956b]: 295–296; Lao 1987 [1956a]: 297.

wird: eine Ambivalenz, die im Spannungsfeld des Kalten Krieges im folgenden Abschnitt im Detail ausgeleuchtet werden soll. Das Moment des Kalten Krieges ist ein weiterer Aspekt, der auf die Singularität der Exilsituation in Hongkong verweist und zeigt, wie Globales und Partikulares auf eine Weise zusammen gedacht werden mussten, die die Differenz als Grunderfahrung der Epoche in sich aufgenommen hat. Laos Miszellen über seine Lebenswelt des Exils drücken diesbezüglich zudem ein allgemeines Unbehagen gegenüber einer „verunsicherten Welt" aus. Dieses krisenhafte Unbehagen wird von Lao als einem Beobachter mit distanziertem Blick sowohl auf seine Herkunft als auch auf eine mögliche Zukunft zum Kriterium gemacht.[40]

In welchem Zusammenhang stehen diese Texte, die das Exil und die ideologischen Rahmenbedingungen erörtern, mit den Texten, die nicht ausschliesslich die persönlich-existentielle Krise, sondern die Krise der Kultur verhandeln? Kwame Anthony Appiah hat mit Bezug zur Migration im 20. Jahrhundert formuliert, wie die Erfahrung der Fremdheit das Ideal einer kritischen „Konversation" über kulturelle, nationale oder religiöse Differenzen in sich tragen kann.[41] In diesem von ihm als kosmopolitisch beschriebenen Kontext wird eine fruchtbare Kulturtheorie erst möglich. Kultur wird in diesem Prozess nicht als Vereinheitlichungstendenz verstanden, sondern es tritt die Absicht in den Vordergrund, heterogene Diskursräume freizulegen, die auf Differenzstrukturen aufmerksam machen. Bachmann-Medick zählt zu den konkreten Formen, die diese Diskursräume prägen, unter anderem „kulturinterne Gegendiskurse oder Diskursformen von Widerstandshandlungen"[42].

2.3 Hongkong zwischen Kaltem Krieg und Freiem China

Laos Texte zeichnen nicht nur ein Bild eines Zufluchtsortes, der Hongkong in den 1950er Jahren für mehrere Hunderttausend Flüchtlinge werden sollte, sondern sie verweisen auch auf das mehrdimensionale ideologische Spannungsfeld, in dem vor allem die Intellektuellen manövrieren mussten.[43]

40 Krohn nennt diesen Typ des Beobachters (ebenfalls in Anlehnung an Simmels Begriff des Fremden) den „skeptischen Typus", der durch die Erfahrung von Akkulturation und Hybridität etwas darüber Hinausgehendes entwickelt, vgl. Krohn 2013: 45.

41 Appiah 2006: XV.

42 Bachmann-Medick 2006: 249.

43 Zwischen 1937 und 1941 flüchteten rund 750.000 Menschen vor der japanischen Aggression nach Hongkong, was die Bevölkerung beinahe verdoppelte. Nach dem Sieg der Kommunistischen Partei Chinas stieg die Zahl der Bewohner auf zwei Millionen an, vgl. Skeldon 1994: 22–23.

2.3.1 Das ideologische Spannungsfeld des Kalten Krieges als Kontext fluider Positionierungen

Im Anschluss an den Zweiten Weltkrieg stellte eine für Hongkong kennzeichnende Konstellation des Kalten Krieges die Kolonialregierung vor die Herausforderung, eine angestrebte Balance zwischen den beiden chinesischen Bürgerkriegsparteien zu finden. Überlagert wurde diese prekäre Strategie zudem von einem Austarieren der Interessen der Vereinigten Staaten und der kommunistischen Regierung auf dem Festland.[44]

Das Eintreten der USA und später der Vereinten Nationen in den Korea-Krieg ab Ende Juni 1950 neutralisierte gewissermassen den unbeendeten Bürgerkrieg zwischen der Volksrepublik China und der Republik China auf Taiwan, indem die USA den Auseinandersetzungen in der Taiwanstrasse ein Ende bereiteten und den damaligen Status quo der Kriegsparteien einfror.[45] Die auf die jeweilige Gegenpartei gerichteten Untergrundaktivitäten sowohl der Nationalen Volkspartei Chinas als auch der KP Chinas wurden in der Folge zunehmend nach Hongkong verlagert, wo beide Parteien ihre Präsenz auf engstem Raum aufrechterhalten konnten.[46] Für die Kolonialregierung wurde das Austarieren zwischen den beiden verfeindeten Regierungen zur strategischen Aufgabe. Die Nationale Volkspartei nutzte Hongkong als Ausgangspunkt zahlreicher geheimdienstlicher Aktivitäten. Für die KP China stand der Aufbau einer Einheitsfront mit den Zielen der Isolation und Schwächung der Republik China einerseits und dem Aufbau einer engeren Zusammenarbeit mit der lokalen Bevölkerung Hongkongs andererseits im Vordergrund.[47] Mao Zedong 毛澤東 (1893–1976) hatte in diesem Zusammenhang die Nationale Volkspartei zwar als einen „Rennenden Hund mit dem Imperialismus" bezeichnet,[48] die Stellungnahmen gegenüber Hongkong waren jedoch differenzierter.[49] Lao wird diese ambivalente

44 Tsang 2006: XVI, 6, 18–24. Tsang spricht von einer prägenden Gefahr, einer Bedrohung als „perceived threat of worldwide communist expansionism" durch den Kalten Krieg. Tsang 2006: XVI.

45 Tsang 1997: 297.

46 Tsang 1997: 294–317.

47 Loh 2010: 79–98.

48 Mao 1957: 406. Mao verwendet den Ausdruck der „amerikanische Imperialismus mit seinem rennenden Hund" (*Mei diguozhuyi he ta de zougou* 美帝國主義和他的走狗) 1957 in seiner Rede „Über die richtige Behandlung von Widersprüchen im Volk" (*Guanyu zhengque de chuli renmin neibu maodun de wenti* 關於正確處理人民內部矛盾的問題). In englischen Übersetzungen erscheint „running dogs" bei Kau 1986: 311. Helmut Martin übersetzt im übertragenen Sinn mit „Lakaien", siehe Martin 1979: 128.

49 Kau 1986: 98.

Haltung der volksrepublikanischen Führung Hongkong gegenüber später folgendermassen beschreiben:

> Die KP China vertritt hinsichtlich der Ungleichen Verträge zwar eine allgemeine Haltung der Nichtanerkennung; in Bezug auf Hongkong wird jedoch ein anderer Standard in dieser Frage offensichtlich: Die KP China betont zwar, Hongkong sei „Territorium von China", trotzdem wurden keine eindeutigen Massnahmen ergriffen, um Hongkong zu übernehmen. [...] Obwohl sie [die Kommunistische Regierung Chinas, B.K.] die Abtretung von Hongkong also nicht anerkennt, wurde erwirkt, dass die Vereinten Nationen „Hongkong" von der „Liste der Kolonien" streichen [...].[50]

Für die Volksrepublik China galt es in Bezug auf das koloniale Hongkong Optionen offenzuhalten und einen möglichen militärischen Konflikt zu vermeiden.[51] Zhou Enlai 周恩來 (1898–1976) konnte seiner Politik, „einen engstirnigen Souveränitätsbegriff zu vermeiden„ (*bu neng yong xia'ai de lingtu zhuquan yuanze* 不能用狹隘的領土主權原則), Nachdruck verleihen, was zu einer stillschweigenden Beibehaltung des Status als Kolonie für Hongkong führte, ohne einer Dekolonisierung Vorschub zu leisten.[52] Gleichzeitig wurde der Aufbau einer Einheitsfront mit der Hongkonger Bevölkerung durch die „*Xinhua*-Nachrichtenagentur" (*Xinhua Xinwenshe* 新華新聞社) vorangetrieben. Diese Nachrichtenagentur kam der Vertretung der Kommunistischen Partei gleich, da die Volksrepublik nicht einwilligte, eine diplomatische Vertretung in Hongkong einzurichten, weil dies einer offiziellen Anerkennung der Kolonialregierung nahegekommen wäre. Die Kolonialadministration verbot im Gegenzug die Gründung politischer Parteien ohne die ausdrückliche Zustimmung des Gouverneurs und erliess ein Gesetz, nach dem alle Vereinigungen wie die *Xinhua*-Nachrichtenagentur durch die Regierung registriert werden mussten.[53] Die britische Kolonialregierung der 1950er und 1960er Jahre blieb zudem durch autoritäre Strukturen geprägt, die eine strenge polizeiliche Überwachung der Bevölkerung möglich machten und die politische Partizipation, bis auf wenige

50 Lao 2001 [1981]: 179. 中共否認一切不平等條約,只是他們的一般態度; 對於香港來講,顯然 另持一種標準來看這個問題。[...] 他們雖然强調香港是「中國領土」但並未採取確定行動來接收香港, [...]。中國共產黨政府既然根本對香港的割讓也不承認,因而要求聯合國將「香港」自「殖民地名單」中除去,[...]。

51 Es ist bezeichnend für die wechselhafte Geschichte Hongkongs, dass im Korea-Krieg die ersten britischen Truppen, die ins Kampfgeschehen eingriffen, aus Hongkong stammten, wohingegen einer der ersten Generäle der „Freiwilligen Verbände" der Volksrepublik China in Korea zuvor die 15. Armee an der Grenze zu Hongkong befehligt hatte. Das Faktum, dass sich britische und chinesische Truppen dort feindlich gegenüberstanden, wurde von den beiden Regierungen in Gesprächen über die Zukunft Hongkongs nach der Gründung der Volksrepublik China 1949 absichtlich ignoriert, vgl. Tsang 2004: 154–165.

52 Loh 2010: 80, 279.

53 Tsang 1997: 303.

beratende Funktionen für eine ausgewählte chinesische Elite, grundsätzlich ausschlossen. Trotz der Entschlossenheit Hongkongs zur „Neutralität" gegenüber beiden chinesischen Regierungen wurde im Konfliktfall der Vorzug nach 1949 unmissverständlich der Volksrepublik China eingeräumt, um keine Auseinandersetzungen heraufzubeschwören.[54] Damit ist ein Merkmal des Hongkonger ideologischen Umfelds angedeutet: Die Haltung der britischen Kolonialadministration im Hinblick auf die Aufrechterhaltung möglichst guter Beziehungen mit der VR China verlief nie entlang der herkömmlichen ideologischen Bruchlinie des Kalten Krieges, wie sie von der britischen Regierung in Europa vertreten wurde. Regelmässig wurden beispielsweise Mitglieder der Nationalen Volkspartei nach Taiwan ausgewiesen, nachdem sie in Hongkong subversiver Tätigkeiten gegen die VR China beschuldigt worden waren. Im Gegenzug beharrte die Kolonialregierung aber auch auf der Registrierung aller volksrepublikanischen Vereinigungen, die in Hongkong tätig waren. Diese offiziell vertretene, als „neutral" geltende Positionierung eröffnete gerade Intellektuellen wie Lao in Hongkong einen Spielraum, der die kritische Auseinandersetzung mit beiden politischen Einheiten und unter der Voraussetzung einer Meinungsäusserungsfreiheit ermöglichte. Zudem erscheint es nachvollziehbar, warum eine kritische Distanz zur Kolonialregierung selten offen, sondern im besten Fall indirekt zum Ausdruck gebracht wurde, was ein zusätzlicher Grund dafür sein dürfte, dass Hongkong in den 1950er Jahren nie mit einer ernsthaften Dekolonisierungsbewegung konfrontiert war.[55] Auch bei Lao erfolgt die Kritik am Kolonialismus häufig indirekt, d. h. als Missbilligung eines utilitaristischen Kapitalismus.

Am institutionellen Engagement lässt sich zudem nachvollziehen, dass für Autoren und Autorinnen im Hongkonger Exil eine Einteilung in die beiden ideologischen Lager einer pro- oder contraamerikanischen Haltung ebenfalls zu kurz greifen würde: Zu vielschichtig, durchlässig und zuweilen ambivalent waren beispielsweise die intellektuellen Positionen, die an Institutionen gebunden waren, die durch amerikanische Regierungsgelder finanziert wurden.

54 Tsang 2004: 158–160.

55 Die Vereinten Nationen hatten Hongkong nach dem Zweiten Weltkrieg ihre Hilfe für eine Dekolonisierung zugesagt. Weder die britische Regierung noch die Republik China auf Taiwan und schon gar nicht die Volksrepublik China zeigten Verständnis für ein derartiges Unterfangen. Die Impulse, die von der lokalen Bevölkerung ausgingen, waren zu schwach, um als treibende Kraft wahrgenommen zu werden. Das fehlende Dekolonisierungsbestreben wird ebenfalls mit dem Bevorzugen von politischer Stabilität und wirtschaftlicher Prosperität in Zusammenhang gebracht, vgl. Tsang 2004: 153, 157–158, 183. Lao erörtert diese historischen Hintergründe in Lao 1981 [2001]: 178–179. Für eine frühe Kritik am Kolonialismus: Lao 1986 [1955e]: 142.

2.3.2 Konvergenzen zwischen Exil und Kaltem Krieg: Institutionelle Berührungspunkte zwischen der Freien Welt und dem Freien China

Um Laos Texte im Horizont der 1950er und 1960er Jahre zu verorten, soll auch der institutionelle Aspekt der Textproduktion kritisch durchleuchtet werden. Der Kalte Krieg, der in Hongkong die ambivalente Situation einer „neutralen Nähe" der kolonial-autoritären Administration zur KP China bei gleichzeitiger Zugehörigkeit zur Freien Welt hervorbrachte, ergänzt und erweitert diesbezüglich Laos Lebenssituation des Exils.

Retrospektiv wurden die 1950er und 1960er Jahre in Hongkong auch mit dem Vorherrschen einer sogenannten „Flüchtlingsmentalität" (*refugee mentality*) theoretisiert. Diese Einschätzung ist auf die einflussreichen Arbeiten des Hongkonger Soziologen Lau Siu-kai 劉兆佳 (Liu Zhaojia 1947–) zurückzuführen, der damit die Haltung eben derjenigen Migranten beschrieben hat, die nach 1949 im Anschluss an den Bürgerkrieg in Hongkong Zuflucht suchten und durch einen bescheidenen Lebensstil, hartes Arbeiten, vor allem aber durch ihr sogenanntes „apolitisches" Verhalten der Kolonie zu vorteilhafter politischer Stabilität und Prosperität verholfen haben sollen.[56] Essentielles kulturelles Merkmal für den Erfolg Hongkongs wird laut Lau Siu-kai das Konzept des „utilitaristischen Familiensinns" (*utilitarianistic familism*), wonach der Fokus der Exilgeneration introvertiert sei und auf dem ökonomischen Wohlergehen der eigenen Kernfamilie (also der modernen, urbanen Kleinfamilie und nicht mehr der Abstammungslinie oder des Clans) liege und dies, ohne gleichzeitig politische Mitsprache oder individuelle Rechte einzufordern.[57]

---

56 Für die folgenden Ausführungen exemplarisch Lau 1981: 195–216, für die Flüchtlingsmentalität insbesondere 215–216. In diesem Artikel entwirft Lau das für ihn in Hongkong die Gesellschaft prägende Prinzip eines „utilitaristischen Familismus", das sich als koloniale und modern-urbane Form aus dem „traditionellen Familismus" des bäuerlich geprägten Chinas entwickelt hat. Es sind die Migranten-Familien, die seit dem frühen und dem mittleren 20. Jahrhundert vom Festland nach Hongkong kamen, die für diese Haltung stehen, die der Kolonie durch ökonomisches Gewinnstreben und politisches Desinteresse zu Prosperität und vor allem politischer Stabilität verholfen haben sollen. Ausführlicher sind die Zusammenhänge in der prominenten und bis heute umstrittenen Publikation „The Ethos of the Hong Kong Chinese" dargelegt, vgl. Lau 1988: 33–40.

57 Die politische Absicht dieser Argumentationslinie hat Law kritisiert: Die Depolitisierung, die der Hongkonger Bevölkerung zugeschrieben wird, dient gleichzeitig als Argument, Forderungen nach einer politischen Mitsprache im Namen der Prosperität und Stabilität Hongkongs auch in der Gegenwart zurückzuweisen. Lau wird ab den späten 1980er Jahren von der chinesischen Regierung kooptiert und sitzt in wichtigen Gremien ein, die die Rückgabe Hongkongs im Jahre 1997 vorbereiten, ab 2002 berät er die Regierung der Sonderverwaltungszone Hongkong, vgl. Law 2009: 161–164.

Auch Skeldon übernimmt die Bezeichnung und weist darauf hin, dass Hongkong zwischen 1940 und 1960 zu einem Zufluchts- und Exilort an der kolonialen Peripherie Chinas geworden sei, der beides ermöglichte: Eine emotional-kulturelle Nähe zum Mutterland bei gleichzeitiger kritischer Distanz zur kommunistischen oder taiwanischen Regierung.[58] Hongkong vereinte somit mehrere mögliche Zukunftsperspektiven für die Eingewanderten, unter anderem diejenige des Zufluchtorts, diejenige einer fluiden Positionierung zwischen den Ideologien des Kalten Krieges und diejenige, kulturpolitische Alternativen erarbeiten zu können. Das Offenhalten dieser multiplen Möglichkeiten liess das britische Kolonialregime in den 1950er Jahren in einem spezifischen Sinn als „wohlwollend" erscheinen und gab im Umfeld der Exilintellektuellen den Ausschlag, Hongkong trotz eines zu diesem Zeitpunkt autoritären Kolonialregimes als dem „Freien China" nahestehend wahrzunehmen.[59] Auch Duara weist auf diese Ambivalenz hin, die es Hongkong ermöglicht habe, einen kolonial-autoritären Kapitalismus zu gestalten, ohne Interventionen der „Freien Welt" erwarten zu müssen.[60] Die Etablierung liberaler Momente in der sozioökonomischen Sphäre und die Aufrechterhaltung einer autoritären Kolonialadministration über die lokale Bevölkerung versteht Duara als kennzeichnende Modalität des Imperialismus, wie sie sich nach den 1930er Jahren in Hongkong entwickeln konnte. Das Ergebnis des Transformationsprozesses war eine hochentwickelte Marktwirtschaft, wobei die soziopolitischen Strukturen Anlass gaben, die Administration, die für Teile der professionalisierten und anglisierten chinesischen Bevölkerung zugänglich wurde, als quasidemokratisch und in sozialen Belangen als „wohlwollend" wahrzunehmen, wofür Duara die Bezeichnung des „New Imperialism" vorgeschlagen hat.[61] Die Voraussetzungen für diese Form des neuen Imperialismus wurden massgeblich im Umfeld der Einflussnahme Japans in Ostasien gelegt. Unter der japanischen Besatzung (für Hongkong sind es die Jahre 1941–1945) war es nach anfänglich harschen Repressionen auch in Hongkong gelungen, Teile der Bevölkerung für einen asiatischen Pan-Nationalismus und gegen den britischen Imperialismus zu mobilisieren. Dazu wurde die japanische Administration

58 Skeldon 1994: 8. Skeldon spricht von 750.000 Flüchtenden in den Jahren des Zweiten Sino-Japanischen Krieges (1937–1945) und von 1.250.000 Flüchtlingen, die nach der Gründung der VR China nach Hongkong kamen, vgl. Skeldon 1994: 22–23.

59 Ziel der Hongkonger Administration ab den 1950er Jahren war es, „to administer the territory in the interests of the inhabitants, including those numbering nearly a million who have come from China in recent years and to prevent it being used as a base for hostile activities against China", vgl. Governor Robert Black zit. nach Tsang 2004: 159.

60 Duara 2012: 197–211, insbesondere 207–211.

61 Ökonomische Indices weisen für die zweite Hälfte des 20. Jahrhunderts auf eine vielzitierte, erfolgreichere Wirtschaftsentwicklung hin, als dies England im selben Zeitraum vorweisen konnte, vgl. Duara 2012: 197.

in Hongkong für die zur Zusammenarbeit willigen Eliten geöffnet und gleichzeitig ein Ausbau der Infrastruktur initiiert. Es waren diese Elemente – Öffnung der Administration für die Beschäftigung der lokalen Bevölkerung, die Aufhebung diskriminierender Restriktionen zum Landerwerb an Orten, die zuvor ausgewählten Ausländern und Ausländerinnen vorbehalten waren und ein längst fälliger Aufbau von Wohlfahrtsinstitutionen –, zu denen sich die Briten im Bruch mit kolonialen Traditionen der Vorkriegszeit ab den 1950er Jahren ebenfalls genötigt sahen. Mit diesen integrativen Massnahmen konnten in den 1950er und frühen 1960er Jahren Unabhängigkeitsbestrebungen und Unruhen minimiert und die Legitimation der Bevölkerung für ihre Administration auf ein solideres Fundament gestellt werden.[62]

Die Attraktivität eines Pan-Asianismus, auch nachdem die Rolle Japans nach dem Zweiten Weltkrieg diskreditiert war, darf innerhalb des von Duara beschriebenen neuen Imperialismus nicht unterschätzt werden. Für Duara stellt der Kalte Krieg idealtypisch die Kulmination des neuen Imperialismus dar, indem zwei Supermächte in Form ökonomischer Blöcke um die Loyalität souveräner Territorien oder Staaten wetteifern. Ostasien schien denn auch entlang der ideologischen Linien geteilt. In der Realität lässt ein Blick auf Rivalitäten innerhalb der einzelnen Lager aber auch Differenzen oder ideologische Abweichungen in den Vordergrund treten: Es sind dabei häufig nationalistische Bestrebungen, die in Hongkong sowohl dem „Asiatischen“ als auch dem „Chinesischen“ eingeschrieben wurden und die Frontenstellungen verwischen konnten, weil das „Chinesische“ nicht nur nationalistisch, sondern je nach Standpunkt kulturell, traditionell oder modern gefasst werden konnte und dabei pauschale ideologische Positionen oder den nationalstaatlichen Rahmen überstieg. In den Schriften Lao Sze-kwangs finden sich kaum Bezüge zu einem (Pan-)Asianismus. An einzelnen Stellen wird eine mögliche Kooperation asiatischer Staaten gegen den Kommunismus thematisiert.[63] Panasiatische Vorstellungen, wie sie beispielsweise von den Gründungsmitgliedern des New Asia

62 Duara 2012: 202–204; Tsang 2004: 141–149. Tsang verwendet den Begriff der „Constructive Partnership“ in der Form einer „Diarchy“, um die für die positive Wahrnehmung des Kolonialregimes verantwortlichen Veränderungen zu fassen. Auch Tsang spricht in diesem Zusammenhang vom Beginn einer neuen Ära des Kolonialismus. Die Kontrolle über die Finanz- und Sicherheitspolitik blieb bei der Kolonialregierung, somit war eine Selbstverwaltung ausgeschlossen. Auch die politische Partizipation sollte in der Folge stark eingeschränkt bleiben und sich für die chinesische Bevölkerung auf beratende Funktionen beschränken. Zudem darf nicht unerwähnt bleiben, dass der Ausbau der Wohlfahrt finanziell von den lokalen chinesischen Eliten getragen wurde, die dadurch ihren Status legitimiert sahen.

63 Lao 1987 [1955f]: 220. In diesem Zusammenhang kommt auch die jüngste Geschichte Japans zur Sprache. Lao sieht in Japan einen Verbündeten gegen den Kommunismus, verweist aber auf das schwierige Verhältnis zum japanischen Nationalismus, vgl. Lao: 1954 [1986]: 175–177. Rebecca Karl thematisierte frühere Narrative zu Asien, die die beiden Aspekte des Antiimperialismus und

College bereits in der Namensgebung angedeutet wurden, verbanden sich häufiger mit dem erklärten Ziel, eine Internationalisierung anzustreben, die über Asien hinausreichen sollte. Dahinter stand die von den Gründern und von Nichtregierungsorganisationen getragene Absicht, eine nachhaltige intellektuelle Freiheit in den Dienst einer umfassenden chinesischen Bildung zur Bewahrung von Traditionen ausserhalb Chinas zu stellen.[64] Auch amerikanische Nichtregierungsorganisationen liessen ihr breit angelegtes Engagement in eher nationalen Kontexten konkret werden, zielten jedoch auf den gesamten asiatischen Raum. Die Asia Foundation beispielsweise brachte ihr Ziel auf die folgende Formel: „to help find ways to maintain and expand private U. S. contact and communication with the peoples of Asia following the establishment of Communist regimes in China and North Korea".[65]

Ohne hier Pauschalisierungen Vorschub leisten zu wollen, sollen bezüglich der institutionellen Anbindung im Folgenden grob drei Gruppierungen unterschieden werden, die sich seit den frühen 1950er Jahren massgeblich am Kulturdiskurs Hongkongs beteiligten: eine liberale, eine kulturkonservative und eine der Einheitsfront zugewandte Gruppe von jeweiligen Autoren und wenigen Autorinnen.

2.3.3 Liberale und kulturkonservative Standpunkte

2.3.3.1 Freies China und Liberalismus

Den Begriff „Freies China" assoziiert Lao nicht ausschliesslich in einem militärisch-politischen Sinn mit Taiwan, das sich unter der Nationalen Volkspartei trotz Einparteienregierung in Anlehnung an das Diktum der „Freien Welt" so nannte. Die regierungskontrollierte „Nachrichtenagentur" (*xinwen ju* 新聞局), aber auch die regierungsnahe Kulturindustrie halfen dabei, dieses Bild des „Freien China" durch die englischsprachigen Zeitschriften „Free China Review", „Sinorama" und „The Free China Journal" international in die Welt zu transportieren.[66] Die Bezeichnung bezieht sich für Lao und zahlreiche seiner Weggefährten jedoch in einem intellektualistischen Sinn auf die gleichnamige Zeitschrift „Freies China" (*Ziyou Zhongguo* 自由中國), die von Hu Shi und Lei Zhen 雷震 (1897–1979) 1949 in Taiwan gegründet wurde, um an liberale Positionen und Werte aus der Tradition

der Stärkung der Nation vereinten. Lao öffnet dieses Narrativ des Asianismus für lokale, regionale und globale Aspekte, vgl. Karl 1998: 1096–1098.

64 Chou 2012: 200.

65 Chou 2012: 67.

66 Chun 1996: 144. Der Begriff diente der Regierung, um sich vom kommunistischen „Red China" abzugrenzen. Die Bezeichnung wird jedoch auch für die nichtbesetzten Gebiete während des Zweiten Sino-Japanischen Krieges (1937–1945) verwendet, vgl. Ride 1981: 31–81.

des Vierten Mai kritisch anzuschliessen und gegen die Unterdrückung von Freiheiten durch den Kommunismus zu argumentieren.[67] Die Autoren dieser Zeitschrift richteten ihre Artikel nach 1957 jedoch zunehmend gegen die taiwanische Regierungspartei, die sie als Befürworterin eines ausschliesslich ökonomischen Liberalismus verstanden, der als Hauptmerkmal des „Freien China" propagiert wurde. Die leninistisch organisierte Partei binde die *Guomindang*-Eliten nicht nur politisch-autoritär, sondern auch ökonomisch an die Parteilinie und verspreche durch eine Landreform und eine liberale, aber staatlich geschützte Investitionspolitik wirtschaftliche Vorteile, lautete die Kritik.[68] Die Zeitschrift erschien bis 1960 zweimal monatlich. Da sie massgeblich durch die Nationale Volkspartei Chinas finanziert wurde, führte die Kritik an der Regierung letztlich zur Einstellung der Publikation.

Neben der finanziellen Unterstützung der Nationalen Volkspartei flossen private und regierungsnahe Gelder aus den USA in die von den emigrierten Intellektuellen initiierten Institutionen. Lao publizierte zahlreiche seiner Artikel in der Zeitschrift „Wochenspiegel Chinas" (*Zuguo Zhoukan* 祖國週刊, engl. Titel: The China Weekly), die vom „Publikationshaus Union" (*Youlian chubanshe* 友聯出版社) finanziert wurde. Das Publikationshaus Union war eine in Hongkong ansässige Verlagsgruppe und gleichzeitig ein Kulturunternehmen, das von einer Gruppe von Intellektuellen, der sogenannten „Dritten Kraft" (*disan shili* 第三勢力), ins Leben gerufen worden war. Die Absicht der Intellektuellen war es, ideologisch möglichst unabhängige Positionen zu vertreten und zudem theoretische Schriften aus dem europäischen und amerikanischen Raum vorzustellen.[69] Die finanzielle Abhängigkeit zahlreicher lokaler Institutionen von amerikanischen regierungsnahen Organisationen und Geldgebern zeigt jedoch die Ambivalenzen der Abhängigkeit, die von den Autoren nur selten thematisiert oder hinterfragt wurde und in engem Zusammenhang mit der amerikanischen Propaganda- und Flüchtlingspolitik der 1950er Jahre steht. Mark hat in einer Untersuchung gezeigt, wie die US-Regierung den umfangreichen Wegzug von Flüchtlingen aus dem kommunistischen China zu propagandistischen Zwecken nutzte, aber an einer eigenen Aufnahme von Hilfesuchenden in die Vereinigten Staaten

67 Hu Shi 1949: 2.

68 Lee Su-San 1998: 236, 241–247; Yin 1957: 2–3.

69 „Union" war eines der drei Publikationshäuser, welche durch die dem CIA nahestehende Asia Foundation finanziell unterstützt wurden. „Heutige Welt" (*Jinri Shijie* 今日世界, engl. Titel: Today's World) und „Asia Press" waren die beiden anderen, vgl. Law 2009: 133. Die Regierung in Hongkong versuchte, propagandistische Einflussnahme möglichst streng zu kontrollieren, dazu gehörte auch die amerikanische Institution USIS (United States Information Services), vgl. Mark 2004: 197–202.

nicht interessiert war. Finanzielle Hilfe vor Ort sollte zu diesem Zweck einerseits Institutionen unterstützen, die den Migranten und Migrantinnen in Hongkong zu einer Zukunftsperspektive verhalfen. Andererseits ging dieses Engagement von der mit der britischen Regierung geteilten Überzeugung aus, dass antikommunistische Stellungnahmen von der lokalen Bevölkerung in ihrer eigenen Sprache in Umlauf gebracht werden mussten, um nicht ihre Überzeugungskraft zu verlieren.[70] In den Genuss finanzieller Unterstützung kamen daher häufig Verlage und Bildungsinstitutionen. Das Publikationshaus Union war dementsprechend nicht ausschliesslich ein Verlagshaus, sondern unterhielt auch ein Forschungsinstitut und verknüpfte die Publikations- und Bildungstätigkeit, indem Schulbücher für chinesische Privatschulen im gesamten südostasiatischen Raum publiziert wurden. Dadurch wurde nicht nur eine antikommunistische Tendenz gestärkt, ohne der lokalen Bevölkerung deren wahren Ursprung zu eröffnen, die Lehr- und Forschungstätigkeit führte zudem zu einem Austausch unter den Kulturschaffenden im südostasiatischen Raum, wobei das Engagement der Intellektuellen häufig lokalspezifische Institutionen hervorbrachte. Leung Ping-kwan hat auf die zunehmend fliessenden Grenzen ideologischer Positionen hingewiesen, die seit den 1950er Jahren den lokalen Diskurs über Kultur und Bildung in Hongkong prägten, da auf engstem Raum agiert wurde und entsprechend Kompromisse ausgehandelt werden mussten.[71] Lao sah in einem offenen Austausch ebenfalls die Möglichkeit für neue Perspektiven, verwies jedoch kritisch auf die passive Haltung, die das intellektuelle Klima im Freien China prägte. Er forderte zu dem Versuch auf, sich aus der Abhängigkeit der „Schutzmacht“ Amerika zu begeben und selbst eine aktivere, dynamische Rolle in der Gesellschaft zu spielen.[72]

Exemplarisch für dieses Changieren zwischen kolonialem britischem Umfeld, Kaltem Krieg und amerikanischer institutioneller Unterstützung für die Exilierten in Hongkong ist auch die Gründung der Chinese University of Hong Kong im Jahre 1963, die Lao Sze-kwang zur akademischen Heimat werden sollte. Im Vorfeld der Gründung hatte die US-finanzierte Organisation „Aid Refugee Chinese Intellectuals“ der Kolonialadministration vorgeschlagen, dringend benötigte sekundäre und tertiäre Bildungsinstitutionen für geflüchtete Jugendliche und junge Erwachsene aus der Volksrepublik China zur Verfügung zu stellen. Die Mitfinanzierungspläne gingen so weit, dass die „Aid Refugee Chinese Intellectuals“ die Errichtung einer zweiten Universität, der Free China University, vorschlug.[73] Die Administration scheute jedoch zu diesem Zeitpunkt die finanzielle Belastung und versuchte parallele

70 Mark 2004: 194–197.
71 Leung 2009: 25–30.
72 Lao 1986 [1955f]: 219.
73 Oyen 2014: 199.

Bildungsinstitutionen zu den kolonialen, allen voran zur Universität Hongkong, zu verhindern. Erst als die von namhaften Pädagogen und Professoren gegründeten, privaten „refugee colleges" eine Alternative zum kolonialen Bildungssystem darzustellen begannen, stieg der Druck auf die Regierung, und das Projekt zur Gründung einer zweiten lokalen Universität, die als Medium nicht die englische, sondern die chinesische Sprache verwenden sollte, begann seinen zähen Verhandlungsprozess.[74] Die Absicht, die Hoheit über die chinesischsprachige Bildung nicht an teilweise US-finanzierte, private Bildungsinstitutionen zu verlieren, verband sich zudem mit dem Ziel, die junge chinesische Bevölkerung von einer Identifizierung mit beiden politisch-ideologischen Regierungen fernzuhalten, sowohl der taiwanischen als auch der volksrepublikanischen. Wong nennt diese Bildungs- und Kulturpolitik der Kolonialadministration ab den 1950er Jahren eine „denationalization through cultural incorporation"; in deren Zuge seien die öffentlichen Bildungsinstitutionen dazu angehalten worden, eigene Curricula und Lehrmittel zu chinabezogenen Fächern zu institutionalisieren, wodurch gerade auch der Prozess einer lokalen Identitätsbildung initiiert werden sollte.[75]

2.3.3.2 Kulturkonservative Positionierungen

Eine zweite Gruppierung von sogenannten Kulturkonservativen etablierte sich um die von Xu Fuguan 徐復觀 (1904–1982) gegründete Zeitschrift „Demokratischer Kommentar" (*Minzhu Pinglun* 民主評論, engl. Titel: The Democratic Review). Xu hatte für die Aufrechterhaltung des Publikationsorgans Gelder der taiwanischen Regierungspartei, der er zu Beginn nahestand, in Anspruch nehmen können. Da jedoch vermehrt Kritik an den autoritären Tendenzen der Partei- und Gesellschaftspolitik unverhohlen zum Ausdruck gebracht wurde, sah sich die Gruppe später wegen Kürzungen der Unterstützung mit Geldnöten konfrontiert. Neben der politischen Kritik am Taiwan-Regime lieferten die Autoren im Zusammenhang mit einem ihrer Kernanliegen, der Neuinterpretation „konfuzianischer *li*-Lehren aus der Song- und Mingzeit" (*Song Ming lixue* 宋明理學), spezifisch auch diejenigen Interpretationen, die heute als „Moderner Konfuzianismus" oder „Neu-Konfuzianismus" bezeichnet werden. Institutionelles Zentrum dieser Gruppe von Intellektuellen wird einerseits das 1949 von Tang Junyi, Qian Mu 錢穆 (1895–1990) und anderen für jugendliche Flüchtlinge gegründete bereits erwähnte New Asia College.[76] Die ab 1951 17 Jahre lang erscheinende Zeitschrift „Leben" (*Rensheng* 人生) gilt andererseits als richtungs-

74 Law 2009: 152.

75 Wong 2002: 204.

76 Chou 2012: 15–51.

weisendes Publikationsorgan dieser Gedankenströmung.[77] Dem 1958 verfassten Manifest „Die chinesische Kultur und die Welt“ (*Zhongguo wenhua yu shijie* 中國文化與世界) wird in der gegenwärtigen Forschungsliteratur zu dieser Gruppe von Autoren häufig eine programmatische Absicht zugeschrieben.[78]

Innerhalb der kulturkonservativen Gruppierung formierte der Mitunterzeichner des erwähnten Manifests „Die chinesische Kultur und die Welt“, Zhang Junmai, in Hongkong die „Chinesische Kampfliga für Freiheit und Demokratie“ (*Zhongguo ziyou minzhu zhandou tongmeng* 中國自由民主戰鬥同盟).[79] Ursprüngliche Absicht der Liga war der Aufbau von Truppen mit der Unterstützung des US-amerikanischen Militärs, ein Unterfangen, das jedoch schnell aufgegeben wurde. Weiterhin wurden in Hongkong und Taiwan von Vertretern dieser Gruppierung Ideen eines „moderaten“ Sozialismus, der eine Landwirtschafts-, Sozial- und Wohlfahrtspolitik umfassen sollte, popularisiert.[80] Am New Asia College tätige Ökonomen trugen diesbezüglich zur Verbreitung entsprechender Ideen der ökonomischen Gleichheit bei.[81]

2.3.3.3 Positionierungen gestützt auf die Einheitsfront

Eine in der Forschung wenig untersuchte dritte Gruppe von Intellektuellen und Engagierten bildeten in Hongkong die Befürworterinnen und Befürworter der Aktivitäten, die im Umfeld einer engen Zusammenarbeit mit der sogenannten „Patriotischen Einheitsfront“ (*Aiguo tongyi zhanxian* 愛國統一戰線) entstanden waren.[82] Vor dem Zweiten Weltkrieg zählten Gewerkschaften und Wohltätigkeitsorganisationen zu den wichtigsten Institutionen dieser Kooperation. Nach 1945 zielte das verstärkte Engagement in Bildungs- und Verlagsinstitutionen auf die Eindämmung des Einflusses der Nationalen Volkspartei und der indirekten Einflussnahme von US-basierten Organisationen.[83] Unter der Exilgeneration der nach 1949 Geflüchteten fanden sich wenige, die sich Vereinigungen zuwandten, die der Volksrepublik China und der KP

77 Fröhlich 2004: 867–869.

78 Makeham spricht bspw. von einer retrospektiv konstruierten Programmatik, vgl. Makeham 2003c: 157. Das Manifest wurde von Tang Junyi verfasst, in Zusammenarbeit mit Mou Zongsan, Zhang Junmai 張君勱 (1886–1969) und Xu Fuguan fertiggestellt und 1958 veröffentlicht, vgl. Zhang 1958: 2–21. Eine englische Version erscheint 1960, vgl. Zhang 1960: 1–71.

79 Die Kampfliga wurde bereits 1952 gegründet, vgl. Yung 2015: 157.

80 Yung 2015: 157; Yung 2021: 56.

81 Chou 2012: 40–41; Yung 2015: 159. Fung hat in seiner Studie aufgezeigt, wie sich die drei Strömungen des Kulturkonservatismus, Liberalismus und eine moderate Variante des Sozialismus bereits vor 1949 auf dem Festland gegenseitig beeinflussten, vgl. Fung 2010: 2–15.

82 Loh 2010: 79–94. Obwohl bereits vor dem Zweiten Weltkrieg in Hongkong aktiv, begann die gezielte und finanziell offenbar attraktive Zusammenarbeit mit Kulturschaffenden, Verlagen, Kultur- und Bildungsinstitutionen nach der Gründung der Volksrepublik China.

83 Zhou 2002: 8–33.

China nahestanden. Aus diesem Grund fliessen Positionen dieser Gruppierung nur am Rande in die vorliegende Arbeit ein.[84]

2.3.3.4 Die Position Lao Sze-kwangs im intellektuellen Kontext Hongkongs

Sowohl den liberalen als auch den kulturkonservativen Intellektuellen war innerhalb der Exilgemeinschaft in Hongkong gemeinsam, dass sie die beiden chinesischen Regierungen und die damit verbundenen Gesellschaftssysteme beidseits der Taiwanstrasse kritisch betrachteten. Diese Feststellung trifft insbesondere auch auf Lao zu. Für ihn bestand zudem in zurückhaltendem Mass Anlass, die Kolonialadministration und deren autoritäre Strukturen öffentlich zu kritisieren.[85] Sein kolonialkritisches Engagement wird ab den 1960er Jahren vor allem in seinen Aktivitäten an der Chinese University of Hong Kong gebündelt. In seinen Schriften erlaubt ihm der Rückgriff auf einen normativen Kulturbegriff, Werte in den Fokus zu stellen und zu kritisieren, die sich sowohl auf kapitalistische als auch auf koloniale Formen der Einflussnahme bezogen. Damit sind seine Schriften auch Zeitzeugnisse dafür, dass Intellektuelle im Hongkonger Exil nach 1949 nicht leichtfertig durch Verwendung des Begriffs „refugee-mentality" als apolitisch aufgefasst werden sollten, der die Merkmale einer unkritischen Zusammenarbeit mit der Kolonialadministration oder gar Subordination ihr gegenüber impliziert. Eine radikale Destabilisierung imperialistischer Hegemonie stand zwar bei den Exileliten in den 1950er und 1960er Jahren nie zur Debatte.[86] Die Akzeptanz autoritärer Gesellschaftsstrukturen, die Lau diesen Akteuren thesenartig unterstellt, wird von Law Wing Sang jedoch ebenfalls kritisch hinterfragt. Er bezweifelt, dass das der Exilgeneration zugeschriebene apolitische Verhalten die Integration kolonialer Strukturen begünstigt und zudem den Modernisierungsprozess in den 1970er Jahren effizient gestaltet haben soll.[87]

---

84 Loh 2010: 79–99. Dabei wird vor allem auf diejenigen Stimmen Bezug genommen, die im Vorfeld der Studentenunruhen von 1967 zu einer „Rückkehr" zu den Festlandwurzeln aufgerufen hatten und die damit den nach 1949 Geflüchteten den Vorwurf des Verrats an der Heimat machten, vgl. Law 2009: 158–160.

85 Lao äussert sich bspw. kritisch über die koloniale Bildungs- und Gesellschaftspolitik, vgl. Lao 1967 [2001a]: 53. An anderer Stelle kritisiert er das vorherrschende „Kolonialbewusstsein" (*zhimindi yishi* 殖民地意識); dieses habe zum Verlust von Kampfgeist und Idealismus geführt, vgl. Lao 1969 [2001]: 158.

86 Knüsel 2018: 12–14.

87 Law 2009: 163–176. Lau Siu-kai äussert sich folgendermassen: „Chinese society [in Hong Kong] can be considered as an inward-looking, self-contained and atomistic society with apolitical orientations and low potential for political mobilization. Such a society is a perfect *complement* to the ‚secluded' bureaucratic polity, and their coexistence as well as mutual avoidance provides a clue to the explanation of political stability in Hong Kong", Lau 1981: 195–216. Law weist andererseits auf Kontinuitäten hin, die zwischen dem Nationalismus der Exilgeneration (*diasporic nationalism*)

Eine weitere gewichtige Hongkonger Stimme der Gegenwart, Lui Tai Lok (Lü Dale 呂大樂), hat in seiner vielbeachteten kultursoziologischen Schrift „Vier Generationen von Hongkong [Bewohner]" (*Xianggang si dai ren* 香港四代人) eine andere Beobachtung über die Exilgeneration festgehalten. Er spricht von einer ersten Generation der Hongkonger Bevölkerung, die in den 1920er und 1930er Jahren geboren wurde und sich zum ersten Mal als „Hongkonger" verstanden hätte. Dies gelte auch für diejenigen Geflüchteten, die nicht in Hongkong zur Welt gekommen, sondern erst später dorthin migriert seien. Lui attestiert dieser Generation eine Weitsicht und Offenheit, die späteren Generationen gefehlt habe:

> Früher ging ich davon aus, die Generation meiner Eltern sei immer so beschäftigt gewesen, dass sie überhaupt keine Zeit für uns Kinder hatte. Ganz ähnlich dachte ich über uns [die Generation der in den 1950er Jahren Geborenen, B.K.], die wir in freier häuslicher Umgebung und in froher Ungezwungenheit aufwuchsen, wir hätten diese Freiheit der Nachlässigkeit unserer Eltern zu verdanken. Nie wäre es mir in den Sinn gekommen, dass das Verhalten meiner Eltern aufgrund ihrer Offenheit zustande gekommen und wohlüberlegt war. […] Sie hatten den Krieg erlebt und zudem die Erfahrung politischer Kampagnen gemacht, daher wusste diese Generation besser als jede spätere, was es bedeutet, wenn äussere Einflüsse das persönliche Leben und die Wendung des eigenen Schicksals dominieren.[88]

Chu Yiu-wai verweist im Zusammenhang mit Luis Ausführungen auf die strukturellen Veränderungen im gesellschaftlichen und kulturellen Hongkong, die vermehrt seit den 1980er Jahren, und somit von den folgenden Generationen initiiert, kritisch begleitet und hinterfragt wurden.[89] Zur Debatte stand dabei zunehmend die Frage nach der Verortung einer eigenen lokalen Identität. Chu sieht in den Texten aus dem Umfeld der Exileliten der 1950er und 1960er Jahre Zeugnisse einer kulturpluralistischen Perspektive, die aber gerade in der Gegenwart und im Umfeld von kritischen gesellschaftspolitischen Forderungen häufig auf eine eindimensional nationalistische oder kulturkonservative Lesart reduziert werden.[90]

Lao thematisierte das Spannungsfeld von Kolonialismus, Exilsituation und ideologischer Vereinnahmung bereits kurz nach seiner Ankunft in Hongkong mit Blick auf ein Dilemma:

---

und den soziologischen Modernisierungsdiskussionen der 1970er Jahre bestanden haben. Die Sicht auf diese Kontinuitäten habe den Blick für das Politische verschleiert; siehe dazu auch Chiu 1997: 307.

88 Lui 2007: 20, 22. 我曾經以爲自已父母的那一代人都只不過因爲終日爲口奔馳而没有時間看得我們很緊。我以爲我們那些在屋邨裡自由快活地長大的一代,之所以自由是因爲父母管不到,而不是 他們開明,通情達理。[…] 經歷過戰亂,政治運動的他們,比往後任何一代人更明白外在的環境 可以怎樣支配個人的人生,際遇。

89 Chu 2013: 15.

90 Gespräch anlässlich der Konferenz: „Many Different Shores: Hong Kong Connections across the South-/East Asian Sinosphere", Universität Zürich, 16.–17. September 2016.

> Zusammenfassend lässt sich sagen, Asiaten stehen den Westlern[91] grundsätzlich feindselig gegenüber, während Westler ohne ersichtlichen Grund den Asiaten immer mit einer Art von Überlegenheitsgefühl gegenübertreten. An einem Ort wie Hongkong müssen die Westler derzeit einen Kalten Krieg gegen die KP China führen; aber realistisch betrachtet, sind die Westler auf die Chinesen angewiesen. Zu einem beachtlichen Teil handelt es sich bei den antikommunistischen Chinesen hier jedoch um Flüchtlinge, und zwar um mittellose Flüchtlinge, die sich selbst kaum versorgen können. Wenn es darum geht [mit einer antikommunistischen Bewegung, B.K.] loszulegen, ist erst recht kein Geld vorhanden. Dafür ist man auf die Hilfe aus dem Westen angewiesen. Beide Seiten [Asiaten einerseits, Westler andererseits, B.K.] unterliegen einer manifesten Beschränkung, kommen aber nicht umhin, eine Beziehung zueinander aufzubauen. Während das grundsätzliche Gefühl der Entfremdung nicht überwunden ist, das Aufbauen von Beziehungen zueinander jedoch unvermeidbar bleibt, manifestiert sich das Überlegenheitsgefühl der Westler und die Feindseligkeit der Asiaten als Modus einer Deformation. Die Form ändert sich, aber die Merkmale bleiben die gleichen und zwischen Westlern und Asiaten kann auch weiterhin keine echte Kooperation entstehen.[92]

Innerhalb der liberalen und kulturkonservativen Gruppierung, die Lao häufig vereinheitlicht und als entstehende antikommunistische Bewegung bezeichnet, taten sich jeweils erhebliche Meinungsunterschiede auf.[93] Die Bezeichnung des „Liberalen" und im Zusammenhang damit insbesondere der Begriff der „Freiheit" wird denn auch in der in Taiwan ansässigen liberalen Gruppe um Hu Shi und Yin Haiguang theoretisch anders verortet als in der in Hongkong ansässigen Gruppe sowie Lao Sze-kwang. Diese theoretische Auseinandersetzung wird in Kapitel 3 aufgearbeitet. Es gibt jedoch Hinweise darauf, dass Lao für seine neutralen und vermittelnden Positionen in Meinungsverschiedenheiten geschätzt wurde. Ein bestehender Dissens zwischen Tang Junyi und Xu Fuguan über die Beziehung zwischen demokratischer Politik als formaler Prozedur und humanistischer (und insbesondere

91 Auf die Dichotomisierung von Ost und West, die in diesem Zitat auf die Bevölkerung übertragen wird, ist bereits hingewiesen worden, vgl. Kapitel 1.1. *Dongfang ren* müsste wörtlich mit der „Mensch des Ostens", *xifang ren* mit „Mensch des Westens" übersetzt werden. Die gewählte Übersetzung mit „Asiaten" für *dongfang ren* und mit „Westler" für *xifang ren* nimmt auf die damalige Bevölkerungssituation in Hongkong Bezug; mit der gewählten Übersetzung werden unzutreffende Pauschalisierungen transportiert, was an dieser Stelle unvermeidbar bleibt, vgl. Hong Kong Statistics 1947–1967: https://www.statistics.gov.hk/pub/hist/1961_1970/B10100031967AN67E0100.pdf (20/10/2020).

92 Lao 1987 [1955e]: 142. 合而言之,東方人根本上對西方人有敵意,西方人根本上在面對東方人時,總有某種無理由的優越感,而在目前香港一類的地方,西方人需要對中共作冷戰,事實上非借中國人之力不可; 而此間反共的中國人大半是難民,自家經濟力不足自給,一談到辦事,更是沒錢。於是便得乞助於西方人。雙方都有一個現實條件的限制,不得不建立關係,可是根本上心情的隔閡未除,在不得不建立關係時,西方人的優越感,東方人的敵意,都以一種變形的姿態出現。形雖變而質不變,東西方人仍不能眞合作。

93 Lee 1998: 192–198.

konfuzianischer) Gelehrsamkeit hatte beispielsweise zu einer kritischen Auseinandersetzung geführt, in der Lao zu einer klärenden Stellungnahme aufgefordert wurde. Tang Junyi ging davon aus, dass Politik und Gelehrsamkeit zu zwei unterschiedlichen Bereichen gehörten, wobei die Gelehrsamkeit den Bereich der Politik umfasse und beeinflusse.[94] Für ihn war die Gedankenfreiheit die Voraussetzung für die Suche nach „Wahrheit" (*zhenli* 真理). Aufgrund dieser Freiheit werde ein endloser Prozess von Analysen und Synthesen zu immer höherstehendem Wissen möglich, das sich konkretisieren müsse.[95] Die Wahrheitssuche werde von einer im Idealfall toleranten, erkenntnisfähigen und bescheidenen Person initiiert und führe zur Erfahrung einer permanenten Selbsthinterfragung und darauffolgenden Selbstverbesserung. Eine derartige Synthese des „Guten" bildet in Tangs Vorstellung das Fundament, auf dem politisches Denken gedeihen kann. Xu Fuguan stellte diesen Ansatz in Frage. Er strich, Lao zufolge, die jeweilige „Unabhängigkeit der Bereiche" (*jiejing zhi dulixing* 界境之獨立性) hervor, die ihre je eigenen Werte vertreten.[96] Lao wurde um seine Einschätzung gebeten. Er konzipierte den politischen Bereich sowohl als unabhängig als auch als einen Bereich, der in enger Relation mit den selbstbewussten und normativen Aktivitäten des Einzelnen stehe.[97] Damit deutet er an, dass die Etablierung eines demokratischen Systems immer auch von kulturellen oder philosophischen Kenntnissen getragen sein müsse. Er stimmt mit Tang darin überein, dass in diesem spezifischen Sinn „kulturelle Werte die Position des höchsten Ursprungs" (*wenhua jiazhi zhi daben diwei* 文化價值之大本地位) einnehmen, die auch für andere Bereiche Geltung haben. Im Gegensatz zu Xu sieht er jedoch zudem beide Bereiche – den politischen und den wissenschaftlichen – von „qualitativen" (*zhi* 質) und „quantitativen" (*liang* 量) Mechanismen beeinflusst. Xu hatte argumentiert, der politische Bereich beruhe vor allem auf quantitativen Mechanismen, wie beispielsweise Wahlen.[98] Abschliessend weist Lao darauf hin, dass die beiden Autoren von unterschiedlichen Fragen ausgegangen seien und daher die jeweiligen Argumentationen nicht in einem binären Richtig-oder-falsch-Schema beurteilt werden sollten.

Laos Einschätzungen zeigen an, wie kontrovers Begriffe und Bereiche des Kulturellen zu diesem Zeitpunkt verhandelt wurden. Kultur steht für Lao jedoch in engem Zusammenhang mit den Voraussetzungen, auf denen insbesondere eine freiheitliche Gesellschaft beruhen muss, die aber nur der Einzelne durch seine

94 Lao 1986 [1953]: 153, 159.

95 Tang 1991 [1953], Bd. 10: 230–232; Lee 1998: 192–193.

96 Lao 1986 [1953]: 154.

97 Lao 1953 [1986]: 155.

98 Lao 1953 [1986]: 160–163; Lee 1998: 198–201 erörtert die Debatte ebenfalls.

Verantwortung, seinen Gemeinsinn und seine Selbstbeschränkung „freiwillig" beisteuern kann.[99] Es sind diese im Kulturellen verorteten Voraussetzungen, die Lao insbesondere in seinen kulturtheoretischen Schriften näher bestimmen, theoretisieren und zugänglich machen will. Zudem ist das erwähnte Beispiel aufschlussreich bezüglich Laos Positionierung als Vermittler: Liberale Gedankenfreiheit und normatives Wissen finden in einem hybriden Konstrukt zusammen. Im folgenden Kapitel wird der Versuch unternommen, diese im Umfeld der Exilgeneration und des Kalten Krieges als „neutral" wahrgenommene kulturtheoretische und kulturphilosophische Position Laos im Detail vorzustellen.

99 Lao 1953 [1986]: 163–164.

3 Heterogene Aspekte im Kulturbegriff des Frühwerks

3.1 Reminiszenzen an den Kulturdiskurs der Vierte-Mai-Ära

Es ist die Sorge um die Zukunft der Kultur Chinas als Bestandteil einer Weltkultur, die Laos Denken der 1950er Jahre durchdringt und die sowohl in sein essayistisches als auch monographisches Werk einfliesst. In seiner Wahrnehmung der Gefahren für Chinas Fortbestand als Kultur erfolgen vor allem mit Blick auf die Ereignisse der Kulturrevolution ab den 1960er Jahren Perspektivenwechsel, und die Arbeit an seiner Philosophiegeschichte tritt in den Vordergrund. Aber die Sorge um eine sich verschärfende geistige Desorientierung, eine Isolation sowie eine einseitige ideologische Vereinnahmung der Bevölkerung durch den Kommunismus bleibt bestehen.[1] Damit sind auch zentrale Kontexte umrissen, die in Laos theoretische Überlegungen einfliessen und mit Bezug zur Kulturthematik mit den Oberbegriffen einer zu gewinnenden, allgemein anerkannten Werteorientierung, einer sowohl auf Taiwan als auch auf dem Festland drohenden Nationalisierung, einer anzustrebenden Entideologisierung (auch gegenüber einem Traditionalismus in Form einer „orthodoxen Überlieferung“ *daotong* 道統) und einer zu gewinnenden Liberalisierung bezeichnet werden können.[2]

Kulturhistorische Analysen, die vergleichend verschiedene Kulturen beleuchten, bilden einen Grundstein für die Behandlung der Kulturproblematik. Lao nimmt damit sowohl die Darstellungsweise als auch eine Thematik auf, die im Umfeld des Vierten-Mai-Diskurses und mit Liang Shuming und seiner Schrift „Die Kulturen des Ostens und des Westens und ihre Philosophien“ (*Dong Xi wenhua ji qi zhexue* 東西文化及其哲學) bereits einen Höhepunkt erreicht hatte. Von einem Höhepunkt kann gesprochen werden, weil sich die Auseinandersetzungen um Liangs Schrift einerseits institutionell in der „Ländlichen Aufbaubewegung“ (*xiangcun jiansheyundong* 鄉村建設運動) niederschlugen[3] und andererseits ab Februar 1923

1 Eine Sammlung von Feuilletons gibt Auskunft über seine Einschätzungen zu gesellschaftspolitischen Tagesthemen, vgl. Lao 2001a: 1–9. Zur Ideologisierung mit Blick auf das Mao-Zedong-Denken siehe Lao 2001a: 4–8. Zum Nationalismus als Instrumentalisierung eines Überlegenheitsdiskurses siehe Lao 2001a: 56–60.

2 Der Ausdruck der „Nationalen Demütigung“ (*guochi* 國恥) wird auch bei Lao aufgerufen, um das Nationalgefühl nach den Niederlagen in den Opiumkriegen zu vermitteln, den Imperialismus für seinen ethnozentrischen Überlegenheitsanspruch zu kritisieren und gleichzeitig von den damaligen Nationalisierungstendenzen abzugrenzen, vgl. Lao 1993 [1962b]: 272.

3 Heilmann weist in Bezug auf die Aufbaubewegung und die damit verbundene, breitangelegte Rezeption John Deweys (1859–1952) in China hin und betont den langfristigen, bis in die Gegen-

https://doi.org/10.1515/9783111063898-003

in der Debatte über „Wissenschaft und Lebensanschauung“ (*kexue yu renshengguan* 科學與人生觀) kulminierten.[4] Liang schrieb im oben erwähnten Werk die Entstehung eines positivistischen Wissenschaftsverständnisses der westlichen Kultur zu und der chinesischen Kultur als Hauptmerkmal die Bildung einer inneren geistigen Kultur mit praktischer Orientierungsleistung.[5] Kulturell unterschiedliche Typen waren bei ihm Resultat differenter Orientierungen des „Willens“ (*yiyu* 意欲), die als Ausdruck des „Lebens“ (*shenghuo* 生活) verstanden wurden.[6] Liang schloss jedoch eine Verbindung von fundamental unterschiedlichen geistigen Kulturen dezidiert aus: „Really, how can one fundamental spirit be combined with the fundamental spirit of another culture?“[7] Es ist nicht zuletzt diese These der Unvereinbarkeit unterschiedlicher geistiger Hintergründe von Kulturen, die Lao mit seinen Schriften widerlegen und eine mögliche Konvergenz – auch in theoretischer Hinsicht – in Aussicht stellen will.[8] Wie Liang Shuming geht jedoch auch Lao von abgrenzbaren Kulturkreisen aus, die sich durch ihre je eigenen Orientierungen auszeichnen, wobei die zur Anwendung kommende Terminologie und sogar die gewählten Buchtitel die Nähe zu Liang im Frühwerk zusätzlich hervorheben.[9] Eine weitere Ähnlichkeit

---

wart anhaltenden Einfluss der experimentellen Methode, die in der Ländlichen Aufbaubewegung initiiert wurde, vgl. Heilmann 2009: 17–19. Die Bezeichnung der Bewegung folgt der Übersetzung von Heilmann. Zu alternativen Übersetzungen vgl. Merkel-Hess 2016: 14–16.

4 Isay 2013: 6, 69–73; Wu 1998: 145–150. Wu weist darauf hin, dass Liang Shuming die Eigenheiten verschiedener Kulturen den unterschiedlichen Lebenshaltungen zuschrieb und somit die Auseinandersetzung zwischen unterschiedlichen Lebensphilosophien entscheidend beeinflusste, vgl. Wu 1998: 158–160.

5 Liang 1999 [1921]: 29, 34–42. Lao verwendet für diese Unterscheidung geistiger Kulturen die Ausdrücke von „zwingend gültigem Wissen“ (*qiangpoxing zhishi* 强迫性知識) für das naturwissenschaftlich geprägte Denken und „affirmativen Positionierungen“ (*kending zhuzhang* 肯定主張), wie sie mit den Begriffen der höchsten oder moralischen Freiheit in Zusammenhang gebracht werden, für das praktisch orientierte Denken, vgl. Lao 2001 [1979]: 83–84.

6 Liang 1999 [1921]: 32–33. Liang verwendet *shenghuo* 生活 und *sheng* 生 für die Art und Weise des (Alltags-) „Lebens“ eines Volkes. Diese Lebensform wird durch die Ausrichtung des „Willens“ (*yiyu* 意欲, Liang gibt die englische Übersetzung „will“ an) bestimmt, die vorwärtsstrebend, rückwärtsstrebend oder vermittelnd sein kann. Der Wille wird zu einem höchsten ontologischen Prinzip, vgl. Liang 1999 [1921]: 49–50. Die Idee eines unerschöpflichen Strebens des Menschen als Triebfeder des individuellen Lebens bestimmt auch seinen Kulturbegriff, vgl. Wesolowski 1997: 116–130.

7 Alitto 1979: 86; Liang 1999 [1921]: 201.

8 In einer seiner frühesten Kulturanalysen aus dem Jahr 1952 spricht er von einer Konvergenz in Form einer „weltumspannenden, grossen Synthese“ (*yi ge shijiexin de da zonghe* 一個世界性的大綜合), vgl. Lao 1986 [1952a]: 134.

9 Liang Shumings „Die Hauptbedeutung der chinesischen Kultur“ (*Zhongguo wenhua yaoyi* 中國文化要義) erscheint 1949, Laos Monographie, die denselben Titel trägt, erscheint 1958. Nicht nur die Buchtitel sind identisch, auch Liangs Gliederung dürfte Lao für seine eigene

betrifft seinen metaphysischen Ausgangspunkt im Begriff des „Werdens": Derjenige Wandel, der im menschlichen Bewusstsein vorgeht, wird zum bestimmenden Merkmal eines gestaltenden Ablaufs.[10]

Liang Shuming wurde bereits früh Opfer einer von der KP China ins Leben gerufenen Kritikkampagne, an der unter anderen Feng Youlan 馮友蘭 (1895–1990) und He Lin mit schriftlichen Beiträgen teilnahmen. Lao erwähnt die aus dem Jahre 1954 stammende Sammlung früher erschienener Aufsätze, „Kritik am Denken Liang Shumings" (*Liang Shuming sixiang pipan* 梁漱溟思想批判),[11] die er in Hongkong einsehen kann. Er wertet die Aufsätze zunächst als Hinweis auf die zunehmende Ideologisierung und Instrumentalisierung von Intellektuellen in der Volksrepublik China. Weiter führt er aus, wie die marxistisch inspirierte Klasseneinteilung genutzt wurde, um Liang Shumings Begriff des Dorfes als eine organisch gewachsene bäuerliche „Einheit" (*zhengge* 整個) zu verunglimpfen.[12]

Die Kulturvergleiche Laos verzichten aber darauf, unantastbare Eigenheiten und starr abgegrenzte Kulturräume vorauszusetzen, um nationale Fixierungen zu verstärken oder eine Hierarchisierung vorzunehmen.[13] Der Vergleich unterschiedlicher Kulturkreise soll gerade Differenzen und somit das Potenzial kultureller Vielfalt der Analyse zugänglich machen. Zudem legt Lao Wert auf die Suche nach Anschlüssen zwischen Kulturen, wozu semantische Berührungspunkte und mögliche Interferenzen, aber eben auch Differenzen aufgezeigt werden sollen.[14] Die Kulturvergleiche vereinen in sich zwei Perspektiven des Kulturbegriffs, die als die deskriptive und normative Dimension von Kultur bereits gefasst wurden. Lao unterlässt es jedoch,

---

Schrift inspiriert haben, vgl. Lao 1987 [1956f]: 150–162. In einem Nachruf auf Liang Shuming aus dem Jahr 1988 formuliert Lao allerdings wenig milde und kritisiert die Kulturvergleiche Liangs als wissenschaftlich nicht stringent und theoretisch unhaltbar. Entgegen der Meinung einiger (womit Alitto gemeint sein dürfte) seien Liangs Studien nicht repräsentativ für die Analyse konfuzianischer Lehren, vgl. Lao 1996 [1988b]: 181.

10 Wu 1998: 160–164.

11 Lao 1987 [1956f]: 151, 160.

12 Lao 1987 [1956f]: 155–156.

13 In einer Einführung weist er darauf hin, dass die Bezeichnung „Kultur des Ostens" (*dongfang wenhua* 東方文化) in der einschlägigen Literatur zwar häufig verwendet werde, aber der Klärung bedürfe und weder rein geographisch noch essenzialistisch zu verstehen sei. Die kulturhistorische Entwicklung und daraus hergeleitete systematische Aspekte seien für ihn kennzeichnend für die Unterscheidung einer Kultur des Ostens und einer Kultur des Westens, vgl. Lao 1986 [1952a]: 80.

14 Lao 2000 [1956]: XVII. Es handelt sich um ein Vorwort zur Aufsatzsammlung „Gesammelte Essays zu kulturellen Fragen" *Wenhua wenti lunji* 文化問題論集. Darin weist Lao auf die unterschiedliche Stellung und Bedeutung von Moral und Religion in unterschiedlichen Kulturen hin, die für ein „authentisches" (*zhenxiang* 真相) Verständnis oder eine Annäherung an jeweilige Kulturen zentral seien. Zudem erfolgt der Hinweis, dass unterschiedliche Ansichten über Rationalität eine Annäherung erschweren und daher erörtert werden müssten.

eine Unterscheidung, beispielsweise in Form von Zivilisation und Kultur, einzuführen, die Kontraste oder Ergänzungen aufzeigen könnte. Beide Dimensionen – des Deskriptiven und des Normativen – erscheinen in einem als kulturelle Gesamtheit verstandenen Inbegriff historisch entstandener Lebensform, die als der jeweilige Zustand einer kulturgeschichtlichen Entwicklung beschrieben werden kann. Die normative Dimension von Kultur liegt in diesem Prozess im weitgefassten Begriff der von einem Subjekt ausgehenden „bewussten Handlungen" (*zijue huodong* 自覺活動).[15] Er versteht seine Kulturtheoretisierungen entsprechend als Impulse für eine andauernde und in die Zukunft hineingreifende Kultur*bewegung*:

> Obwohl ich heute eine Reihe eigener Gesichtspunkte und Schlussfolgerungen zur Kulturproblematik in China vorlege, gibt es für mich keinen Grund, sie als endgültige Resultate zu verstehen. Ganz gleich, wie viele Fehler früheren Teilnehmenden [an Kulturdebatten, B.K.] unterlaufen sind, ihre Bemühungen und Resultate waren für mich in vielerlei Hinsicht hilfreich, weil ich das Gefühl hatte, dass sie mit mir zusammenarbeiten [...]. Der Prozess der Bemühungen erstreckt sich von der Vergangenheit bis in die Gegenwart; wann ein Ziel erreicht sein wird, ist jedoch eine ganz andere Frage. Solange dieser Prozess im Gang ist, müssen wir unsere Fähigkeiten ausschöpfen, um die eigene Berufung zu erfüllen.[16]

Laos Verständnis einer Kulturbewegung liegt keine sozialwissenschaftliche Bestimmung zugrunde. Es stehen weder Organisations- noch Mobilisierungsstrategien zur Debatte, die die Kulturbewegung beschleunigen oder verhindern könnten.[17] Die Mitglieder dieser Bewegung sind in diesem Sinn keine Aktivisten und Aktivistinnen, sondern Teilnehmende an einer Interpretationsgemeinschaft, die äusserlich keine organisatorische Struktur aufweist. Relevanz bezieht diese Bewegung aus der kontinuierlichen Beisteuerung von Interpretationen, die gerade dadurch weiterwirken. Ein Beweggrund wird mit Verweis auf eine gegenwärtige Krisenlage zwar angedeutet, es obliegt jedoch der Einzelperson, innerhalb der Interpretationsgemeinschaft eine Aufgabe zu erfüllen, deren Resultate wiederum nur als provisorisch und daher als neuerliche Ausgangslage verstanden werden können. Der Prozess als solcher ist offen; er dient der Krisenbewältigung, unterliegt aber keinem konkret geäusserten Ziel.

15 Lao 2000 [1956i]: XVII–XVIII.

16 Lao 2000 [1956i]: XVII-XVIII. 我今日雖對中國文化問題提出我自己的一組觀點和一些結論, 我亦深知我無理由以此為最後成果。不論已往的人有多少錯誤, 我從他們的努力成果中曾得到許多 助力, 原因是我覺得他們都在和我共同工作。[...] 從過去到現在, 是一努力的進程, 何時抵達目的地是另一問題。但至少在此進程中, 我們必須盡自己的能力, 完成自己的使命。Im weiteren Verlauf des Textes erfolgt auch die Einschätzung, die Form des Essays eigne sich besonders, um jeweils einzelne Aspekte der Kulturproblematik zu beleuchten, da es nicht seine Absicht sei, eine systematische Kulturtheorie zu entwerfen.

17 Mittag 2014: 10–17. Er fasst die Merkmale sozialer Bewegungen in Demokratien zusammen.

An anderer Stelle nimmt Lao eine Abgrenzung zu früheren Versuchen von Kulturbewegungen vor, die mit der Formel „chinesische Lehren [bestehen] als Essenz, westliche Lehren [übernehmen wir] zum Gebrauch“ (*zhong ti xi yong* 中體西用) umrissen wurden und häufig eine selektive Übernahme ausgewählter Kulturbestandteile vorschlugen.[18] Lao nimmt mit dem Begriffspaar von *ti* und *yong* eine Zeichenverbindung auf, die in der traditionellen konfuzianischen Bedeutung auf Han Yu 韓愈 (768–824) zurückgeht: Für ihn umfasste das höchste Prinzip, das er als „Weg“ (*dao* 道) fasste, drei Aspekte: *ti* ist dabei die „unveränderliche, moralische Ordnung“, *yong* bedeutet die „Verwirklichung dieser Moral“ und *wen* 文 den „literarischen Ausdruck“ in Form der konfuzianischen klassischen Schriften.[19] Cua weist für die spätere Bedeutung bei Zhu Xi 朱熹 (1130–1200) darauf hin, dass *ti* und *yong* kontextabhängig als Komplemente einer Einheit verstanden wurden und dabei *ti yong* hervorbrachte, was eine Übersetzung von *ti* mit „Körper“ oder „Substanz“ und von *yong* als „Funktion“ oder „Umsetzung“ nahelege. Die Beziehung habe jedoch kontextunabhängig Geltung gehabt. Die Bedeutung von *ti* erhielt eine metaphorische Erweiterung bei Wang Yangming 王陽明 (1472–1529); er verstand *ti* als „ethisches Ideal“ (in der Form von *dao* 道 oder *ren* 仁), das durch die Funktionen, die der Körper in die Tat umsetzt, realisiert wurde.[20] Lao weist in einem späteren Werk darauf hin, dass das ursprünglich als Einheit verstandene Begriffspaar seit der Verwendung im späten 19. Jahrhundert um konkrete Aspekte erweitert, dichotomisch und zugleich hierarchisch thematisiert wurde, was dem originären Sinn jedoch nicht entspräche und zur Widersprüchlichkeit der Formel geführt habe. Er nimmt die Bedeutung von Zhu Xi auf, wenn er erklärt, jedem *ti* entspräche ein *yong*, und aufgrund dieser Herleitung sei es nicht möglich, eklektisch einen „fremden“ Nutzen einer Substanz zuzuordnen, die zusätzlich auch noch hierarchisch höhergestellt werde.[21] Kultureller Wandel muss für Lao anders ausgelöst werden:

> Wenn man den Geist einer Kultur transformieren und die jeweiligen Schwächen wettmachen will, muss man die Schwächen transformieren, und dazu müssen diese Schwächen und deren Ursprung in der Kultur verstanden werden. Die Transformation muss dann aus der Kultur selbst heraus erfolgen.[22]

18 Lao 2000 [1956i]: 199–200; Lao 1981: 17–22; siehe auch Wei 1991: 813–816.

19 Ching 1974: 374.

20 Cua 2003: 720–722; Cua 2003: 723–726.

21 Lao 1981: 17–22.

22 Lao 2000 [1956i]: 199–200. 要改造文化精神補上自己的缺陷，是要明白此種缺陷在文化精神內部的根源。改造也須從內部作起。

Stellen wie diese verdeutlichen, wie sich Laos theoretisches Interesse an Kultur mit der Absicht verbindet, der als krisenhaft wahrgenommenen Gegenwartskultur durch ein theoretisches Fundament eine Transformation zu ermöglichen. Frühere Versuche werden als gescheitert betrachtet, da sie zu keiner langfristigen Konvergenz geführt haben. Rekonstruktion und Transformation der Binnenstruktur der Kultur Chinas erhalten somit die kritische Funktion, kulturimmanente Defizite und Instabilitäten abzubauen. Eine Konvergenz bei der Adaption von Kulturelementen ist für Lao dann möglich, wenn die jeweiligen Elemente durch einen Lern- und Aktualisierungsprozess aus der Binnenstruktur der jeweiligen Kultur heraus selbst realisiert werden können:

> Die Stärken einer fremden Kultur müssen von uns erfasst und in ihrer genealogischen Entwicklung verstanden werden, um danach in der eigenen Kultur die geistigen Voraussetzungen zu gestalten; durch die Transformation wird – wie beim Abrieb einer Inschrift – ein neues Element reproduziert, das eine „Konvergenz" mit der eigentlich fremden Kulturerrungenschaft ermöglicht. Dabei handelt es sich gerade nicht um eine eklektische Übernahme.[23]

Die Binnenstruktur einer Kultur enthält somit die geistigen Voraussetzungen, die den Transformationsprozess tragen und die der Anpassung bedürfen – aber nicht nur das, denn diese geistigen Voraussetzungen werden auch zu prägenden Merkmalen von Kulturen. In einem Prolog legt Lao sein diesbezügliches Verständnis dar.

3.2 Prolog zur Kultur: Anfänge und Differenzierung kultureller Entwicklung

Die Voraussetzungen und Grundgedanken seines Kulturverständnisses präzisiert Lao in einer Einleitung zu einer historischen Betrachtung unterschiedlicher Kulturräume. Ein erstes, „uranfängliches" (*yuanshi* 原始) Moment von Kultur erkennt er in der Auseinandersetzung von in ursprünglichen Gemeinschaften lebenden Menschen mit dem eine „unabwendbare Situation" (*biran de shiji* 必然的事機) darstellenden Tod. Konfrontiert mit dem Tod ereignet sich im gemeinschaftlich lebenden

23 Lao 2000 [1956i]: 200. 我們把握異質文化之長, 明白其本來源流, 然後在自己的文化精神中作根源的改造, 則改造後所拓充的新的部分, 可以與異質文化本有之成果「相應」, 但不是截取得來。 Diese Vorstellung des Kulturtransfers wird in späteren Texten erweitert: Das Subjekt hat auch die Möglichkeit der Imitation oder der Aneignung durch Internalisierung als spezifische Art der Innovation. Die Interpretation basiert auf den Schriften von Max Weber und Talcott Parsons. Lao 1993: 190–193; Lowe 2017: 249–250.

Menschen (Lao nennt ihn an dieser Stelle Gefährte) ein für Kultur konstitutives Moment des Gewahrwerdens:

> In einem uranfänglichen Gewahrwerden empfinden die Gefährten zuerst nur Furcht und danach Verwundern; sie wundern sich darüber, wohin jener „Mensch“, der lachen konnte, der rufen konnte, der kämpfen konnte, wohl gegangen sein mag.[24]

Uranfänglich ist für Lao jenes unableitbare Gewahrwerden, das für die Grenzen des Wissbaren und die Wahrnehmung davon selbst konstitutiv ist. Ein solches Gewahrwerden kann, wenn sich an ihm ein Bewusstsein dieser Grenzen selbst einstellt, einerseits Furcht auslösen, andererseits wird es durch seinen Grenzcharakter auch zum Ausgangspunkt für alle. Lao geht es dabei um die Frage, wie aus einer bestimmten Auffassung über das Menschsein ein verstehendes Verhältnis zur Welt und der eigenen Person begründet werden kann.[25] Ein ursprünglicher Umgang mit dem Tod dient als Ausgangspunkt, um diese universelle Erfahrung und das Bewusstsein darüber zu durchleuchten. Zuerst muss die Wahrnehmung der Furcht vor dem Tod das überwiegende Motiv gewesen sein. Als nächster Schritt einer kulturellen Entwicklung wird die Furcht vor dem Tod durch andere Vorstellungen überwunden. Für ein kulturelles Bewusstsein sind offenbar andere Belange bedeutsamer als die Furcht vor dem Tod.

> Sie begannen ihr uranfängliches Gewahrwerden von Autorität und von der Kraft der Natur sowie dem unerklärbar Mysteriösen im ursprünglichen Selbstbewusstsein ihres Geistes miteinander zu vereinigen und erhielten sodann ein Resultat, namentlich die Hervorbringung eines „Gottes“. Gott! Was ist dieser? Er ist Autorität, er ist Mysterium, in ihm sind zudem gleichzeitig Werte verortet. Jedes Volk hat Götter. Was alle diese Götter an Gemeinsamkeit verbindet, ist, dass sie einerseits [die Vorstellung, B.K.] des Naturalistischen enthalten, andererseits die der höchsten Autorität, und am wichtigsten die des Standards von Gut und Böse![26]

Aus seiner Interpretation zieht Lao im Folgenden mehrere Schlüsse, die die sogenannte Ausrichtung oder Orientierung des Kulturbegriffs bestimmen. Erstens ist es erlaubt, aus diesem Entwicklungsschritt eine bestimmte Über- und Unterordnung

---

24 Lao 2000 [1956i]: 3. 同伴們原始心靈除了感到恐怖以後, 還懷疑, 懷疑那個 會笑會叫會打架的「人」究境到那裹去了。Cassirer sieht in einem ähnlichen Beispiel in der Überwindung der Todesfurcht eine Objektivierung sozialer Erfahrung: In Mythen wirkt sie durch die Interpretationen dieser Furcht als Realität auf die geistige Entwicklung der Menschheit ein, vgl. Parkhomenko 2005: 127; Cassirer 1994 [1923–1929], Bd. 2: 49–50.

25 Lao 2000 [1956i]: 3.

26 Lao 2000 [1956i]: 4. 他們把自然權威力量和不可解的神秘, 在他們的原始心靈的自覺意識中統一起來, 於是得了一個結果, 這就是「神」的產生。神!是什麼?是權威, 是神秘, 同時又是「價值」所在。每一個民族都有神, 他們的神的通性是一方面容於自然, 一方面是最高權威, 而此外更重要的是「神」是善惡的標準!

abzuleiten und entsprechend in Vorstellungen vom Göttlichen, in Kulten oder Ritualen, die im Zusammenhang mit dem Tod stehen, etwas kulturell weiter Entwickeltes[27] zu sehen als in der ursprünglichen selbstbezogenen Furcht vor dem Tod. Zweitens tritt mit der Rücksicht auf den Schutz oder das Fortleben der Toten eine in allen Kulturkreisen der Erde bedeutende Norm der Totenehre auf, die einerseits universell die rein selbstbezogene Furcht vor dem Tod überwindet, sich jedoch andererseits in vielfältiger Weise konkretisieren kann. Und drittens lässt sich das Bewusstsein, das diese Rücksicht zulässt, genauer bestimmen: Es verbindet in der Vorstellung vom Göttlichen die drei Aspekte von einer höheren Autorität, von Wissen und den Grenzen des Wissens (im Zitat in der Form des Nichtwissens, des Mysteriösen, thematisiert) und von Werten.[28] Der Mensch ist in dieser Hinsicht mit einer gestaltenden Wahrnehmungsfähigkeit ausgestattet, die es ihm erlaubt, sinnliche Erfahrungen durch verschiedene Stufen von Gewahrwerden und Bewusstsein zu einer einheitlichen Sicht von Welt zu integrieren. Damit ist für Lao eine Urbezogenheit des Menschen auf die Welt gegeben. In der Auseinandersetzung des Menschen mit dem Tod legt Lao zudem einen Übergang vom Denken der Naturerfahrung zum Denken über Werte fest, den er für den Kulturprozess als bestimmend betrachtet, jedoch nicht im Sinne einer Essenz oder Substanz von Kultur:

> Ich möchte nicht falsch verstanden werden, ich bin kein Theist.[29] Ich stelle die Frage nach Göttern nur ins Zentrum, weil sie eines der ersten kruden Ergebnisse einer selbstbewussten Werteaktivität darstellt. Kultur ist grundsätzlich das Resultat einer Werteaktivität, und deren Ursprung liegt in der Selbstbestimmung [des Menschen, B.K.]. Aber kenntnisarme Reaktionen in nebulösen Zuständen enthalten noch keine sogenannte Selbstbestimmung. [Die Möglichkeit

27 Lao spricht von mit zunehmender Entwicklung komplexer werdenden Sachverhalten und will damit eine normative Hierarchisierung innerhalb einer Entwicklung ausschliessen.

28 Damit deutet Lao implizit an, dass in einer Kulturentwicklung universelle Kräfte am Werk sind, dank derer die Todesangst überwunden werden kann. Dabei steht nicht der Seinsbegriff des Menschen oder der Welt zur Debatte, sondern der Sinn, der durch menschliches Verhalten in der Auseinandersetzung mit Wahrnehmung entsteht; vgl. dazu auch Renz 2002: 295.

29 Der Theist geht (in Abgrenzung zum Deisten, die Terminologie wird in Anlehnung an Kant in der männlichen Form verwendet) von der Annahme aus, die Vernunft sei imstande, Gott nach der Analogie mit der Natur als Wesen zu bestimmen, das durch Verstand und Freiheit den Urgrund aller Dinge in sich enthalte. Der „Deist" (*ziranshenlunzhe* 自然神論者) geht davon aus, dass dieses Wesen nicht näher bestimmt werden kann. Diese Unterscheidung geht auf Kant zurück, der weiter ausführt: „Der Deist glaube Gott, der Theist aber einen lebendigen Gott", siehe Kant [1781] A 633 zit. nach Timmermann 1998: 701. Lao übernimmt in der Folge auch die Terminologie, die Kant im Anschluss an dieses Zitat ausführt. Lao unterscheidet zwischen der theoretischen Erkenntnis, wodurch erkannt wird, „was da ist" (*shiran* 實然), und der praktischen Erkenntnis, wodurch erkannt wird, „was da sein soll" (*yingran* 應然), vgl. Lao 2000 [1956i]: 37; Lao 1986 [1952a]: 165–166.

> zur, B.K.] Selbstbestimmung basiert daher auf einer [Vorstellung von, B.K.] Überwindbarkeit, und dergestalt ist „Gott“ eine ursprüngliche Repräsentation dieser Überwindbarkeit.[30]

Die Differenz von Naturerfahrung und Wertebewusstsein beeinflusst den Kulturbegriff sowohl inhaltlich als auch den methodischen Umgang damit. An der Frage nach dem Umgang mit der Sterblichkeit kann deutlich gemacht werden, dass in der Kulturentwicklung einerseits universelle geistig-mentale Kräfte am Werk sind und andererseits diese Kräfte es dem Menschen ermöglichen, weitere Entwicklungsstufen zu erreichen. Als Beispiel dafür gilt die Überwindung der Todesfurcht. Vorstellungen vom Göttlichen werden aber nicht ausschliesslich als Ausdruck von Furcht und deren bewusster Überwindung verstanden, sondern als Wertaktivitäten repräsentieren sie durch jeweilige Akzentuierungen in erster Linie das Vorhandensein einer Vielzahl und Mannigfaltigkeit von möglichen Gestaltungsformen und unterschiedlichen Sinnzuschreibungen. Die verschiedenen Sinnzuschreibungen und Akzentuierungen der Vorstellung vom Göttlichen in Form von Autorität, von Werten und von Erkenntnis in Kulten, Ritualen oder Religionen liefern ein Argument für die beginnende Differenzierung und Pluralisierung von kulturellen Entwicklungen und somit für die Entstehung von unterschiedlichen Kulturkreisen. Während diese Kulturkreise geographischen Gebieten zugeordnet werden können, sind sie in der Moderne häufig nicht zwingend an die Nation oder den Nationalstaat gebunden.[31] Sich unterscheidende Auffassungen von Kulturen, von Wissen und vom Erkenntnisprozess, von politischen Ideologien, aber auch von moralischen Standards und konventionellen Bräuchen, stehen dann am vorläufigen Ende eines vielfältigen

---

30 Lao 2000 [1956i]: 4. 别以為我是有神論者。我重視神的問題，只因為它是自覺的價值活動的一個 最粗糙的成品。文化根本只是一價值活動的成果，而價值活動主要的基源是自主性。但在迷濛的 反應環紐中是無所謂自主性的，因此，自主性又依恃超越性。現在「神」是超越性的原始代表。

Chaoyuexing wird an dieser Stelle mit „Überwindung“ übersetzt, da die Bedeutung einer willentlichen Überwindung im Vordergrund steht. „Transzendent“ wird von Lao häufig als *chaolide* 超離的 in Anlehnung an Kant verwendet, um denjenigen Bereich zu beschreiben, der die empirischen Erfahrungsmöglichkeiten übersteigt, vgl. Lao 2001 [1957d]: 46, 49–50.

31 Lao verwendet unter anderem den Ausdruck „Kultur des Ostens“ (*Dongfang wenhua* 東方文化), wobei er die Ausgangslage für die Entwicklung der chinesischen Kultur mit der durch „Etikette“ (*li* 禮) stabilisierten gesellschaftlichen Ordnung der Zhou 周 (1046–256 v. Chr.) erklärt (ausführlich vgl. Kapitel 4.1 und 4.2). Die Kultur des Ostens umfasst aber auch Entwicklungen des „indischen Kulturgeistes“ (*Yindu wenhua jingshen* 印度文化精神), wobei mit dieser Terminologie angezeigt wird, dass die damit angesprochenen buddhistischen Lehren nicht rein philosophisch oder theologisch gelesen werden, sondern (kulturelle) Wertvorstellungen und -aktivitäten auf Konvergenzen abgefragt werden, vgl. Lao 2000 [1956i]: 46–56.

Entwicklungsverlaufs, der als historisch-genealogischer Prozess im Sinne einer Geschichte des Menschen erzählt und in seinen Grundzügen vermittelt werden kann.[32]

Kultur in ihren Ursprüngen wird somit von Lao als geistiger anthropologischer Universalismus thematisiert, der Partikularität integriert und dadurch Differenz entstehen lässt, die erstens vom Menschen gestaltet wird und zweitens in ihrer je unterschiedlichen Orientierung nicht hierarchisch gelesen werden sollte.[33] Damit schreibt er nicht nur gegen ein festgeschriebenes Machtgefälle zwischen sogenannter westlicher und nichtwestlicher Kultur an, sondern gesteht dem Kulturprozess ein historisches, ein gestalterisches und zudem ein legitimierendes Element zu. Im Folgenden sollen die Aspekte des Sinns, des Wertes und des Geistes einer Kultur zueinander in Beziehung gesetzt werden.

3.3 Die Sinnstiftung von Kultur

Lao steht in den 1950er Jahren inmitten einer Zeit, in der in sozial- und geisteswissenschaftlichen Theorien eine konzeptuelle Wende zur Kultur vollzogen wird, wobei mechanistische Beschreibungen des Verhaltens und empiristische Konzepte der Sozialwissenschaften zunehmend hinterfragt werden.[34] Die Frage nach Sinn, sprachlicher Bedeutung und Symbolik bestimmt den Kultur-Diskurs zunehmend, was einer Rezeption entsprechender Theorien aus der Philosophie und den Geisteswissenschaften Vorschub leistet.[35] Die ideelle Dimension der sozialen und kulturellen Welt erscheint entsprechend auch bei Lao nicht als ein zu vernachlässigendes (Überbau-)Phänomen, sondern als Sinngrundlage für Handlungen und Praktiken, die aufgrund eines Strebens in eine gewählte Richtung gelenkt

32 Die zukünftige Entwicklung des Freien China wird beispielsweise als solcher, vom Subjekt bewerkstelligter Prozess innerhalb einer Kulturbewegung beschrieben, vgl. Lao 1986 [1957a]: 247–248. Mit Bezug zu Hongkong vgl. bspw. Lao 2001 [1967b]: 92–96.

33 Lao 2000 [1956i]: 4–5.

34 Für China hält Lao jedoch einen gegenläufigen Trend fest: Vor allem Teile des Logischen Positivismus seien nach wie vor einflussreich, ebenso eine materialistische Sicht auf Geschichte; bei beiden Gedankenströmungen bleibe die vom Subjekt abhängige Wertvorstellung jedoch zu wenig oder gar nicht beachtet, vgl. Lao 1987 [1955d]: 124.

35 Reckwitz 2000: 15–16. Er spricht vom „cultural turn" (auch „interpretative turn") in den Gesellschaftswissenschaften, wobei die theoretischen Ansätze hin zu dem Leitgedanken „einer symbolischen und sinnhaften Konstitution der sozialen Welt" tendiert haben. In einem für die gesamten Humanwissenschaften geltenden Sinn verwendet Bender den Begriff des „cultural turn", vgl. Bender 1997: 1–38, insbesondere 25. Als Vorläufer eines „cultural turns" wird Max Weber genannt, der mit seinem Programm einer verstehenden Soziologie im Umkreis des Neukantianismus nach kulturtheoretischen Handlungserklärungen suchte, vgl. Reckwitz 2000: 19.

und erst dadurch möglich werden. Der Begriff des „Strebens“ (*zhuizhu* 追逐) rückt dabei zwar in die Nähe des Begriffs des Interesses, wie er beispielsweise von Max Weber ebenfalls im Sinne einer Orientierungsgrundlage verwendet wurde. Mit seiner Wortwahl setzt Lao den Akzent jedoch auf ein selbstbewusstes Wollen, das ein eigennütziges, unreflektiertes Verlangen nach Vorteilen in die Schranken weisen kann. Er vermeidet damit den Begriff des Interesses im Sinne eines „Vorteils“ (*liyi* 利益), der für ihn die negative Komponente einer Übervorteilung mittransportieren kann.[36]

Die Sinngebung wird durch ein „Subjekt“ (*zhuti* 主體) aufgrund eines „Selbstbewusstseins“ (*zijuexin* 自覺心) in Vorstellungen, Wissen und Werturteilen erbracht.[37] Wer eine Kultur verstehen will, muss die unterschiedlich geprägten, grundlegenden „Richtungen“ (*fangxiang* 方向), auf denen kulturelles Handeln basiert, erkennen.[38] Die Richtung kultureller Handlungen – und dabei handelt es sich um einen Brennpunkt in Laos Argumentation – erfolgt durch ein bewusstes Bevorzugen einer jener drei Aspekte, die im Prolog zur Kultur hergeleitet wurden: Die bevorzugte Wahl einer erkenntnisbasierten, religionsbasierten oder wertbasierten Handlungsalternative zieht eine bestimmte Differenzierung und Nivellierung selbstbewusster Aktivitäten nach sich, in der das eine oder andere Moment favorisiert wird, danach prinzipiell überwiegt und somit die entscheidende Priorität in einer Kultur setzt.[39] Die Resultate selbstbewusst gestalteter Handlungen bezeichnet Lao als „eine Reihe empirischer Sachverhalte“ (*yi zu jingyan shixiang* 一组經驗事象), die sich in der realen Welt manifestieren müssen, um als Ausdruck oder Sinn einer Handlung verstanden werden zu können.[40] In diesem Moment ist der Weg eröffnet für eine Kulturanalyse, die der Kultur in

---

36 Bezeichnend ist, dass Lao sowohl Vorteile einer einzelnen Person als auch nationale Interessen im Sinn einer Übervorteilung ablehnt. Er fasst seine diesbezügliche Kritik in einem Aufsatz zusammen, der gegen den Utilitarismus gerichtet ist. Falls die Inanspruchnahme eines Vorteils der Gemeinschaft, die davon betroffen ist, nicht schadet, kann von legitimen Interessen gesprochen werden. Wird ein Vorteil genutzt, ohne diesen anhand eines allgemeingültigen Wertes überprüft zu haben, besteht jedoch die Gefahr einer nicht gerechtfertigten Privilegierung. Zudem wirft Lao utilitaristischen Standpunkten vor, das Argument gemeinschaftlicher Interessen zu instrumentalisieren. Das Fehlen geteilter Werte könne zu Konflikten, im schlimmsten Fall sogar zum Kampf aufgrund von Klasseninteressen führen, vgl. Lao 2001 [1959]: 143–149.

37 Zum Vergleich: Weber hielt fest: „Interessen […], nicht: Ideen, beherrschen unmittelbar das Handeln der Menschen. Aber: die ‚Weltbilder‘, welche durch ‚Ideen‘ geschaffen wurden, haben sehr oft als Weichensteller die Bahnen bestimmt, in denen die Dynamik der Interessen das Handeln fortbewegte“, siehe Weber 1988 [1920]: 252.

38 Lao 1998 [1965]: 5 sowie Lao 2000 [1956i]: XVIII.

39 Lao 2000 [1956i]: XVIII.

40 Lao 2000 [1956i]: 5–6.

Form von Sinn auch eine entsprechend geprägte Rationalität zuschreiben kann und in der Analyse kultureller Tatsachen diese aufzuweisen sucht. Ralf Konersmann sieht die dabei eingenommene Perspektive in Anlehnung an Kant als eine Unterscheidung zwischen einer *theoretischen* Bestimmung des Gegenstandes von Kultur „im Hinblick darauf, was er an sich ist, und der relationalen, der *praktischen* Bestimmung des Gegenstandes, was die Idee von ihm für uns und den zweckmässigen Gebrauch derselben werden soll."[41] Lao verfolgt in ähnlicher Weise die praktische Bestimmung kultureller Sachverhalte und stellt einzelne Resultate in Form einer „verstehenden" (*liaojie* 了解) und „interpretativen" (*jieshi* 解釋) Kulturanalyse zur Debatte, die auf eine Erklärung von Handeln und die Rekonstruktion entsprechender subjektiver und kollektiver Sinnzusammenhänge abzielt.[42]

Kulturelle Bedeutungen leiten sich unter anderem aus kollektiven Wissens- und Wertebeständen ab, die als Bezugspunkte unbestritten oder hinreichend bekannt und akzeptiert sind, um für Kollektive als verbindlich zu gelten.[43] Spezifische Sinnzuschreibungen sind somit ein entscheidendes Merkmal, das Lao mit der Vielfalt von Kulturen in Zusammenhang bringt. Für ihn ist mit Bedeutung oder Sinn entsprechend nichts essentiell Abrufbares, Feststehendes und nur unter bestimmten Umständen Zeitloses gemeint. Die Subjekte, die mit den Sinnzuschreibungen umgehen, bewegen sich zudem in einem offenen Horizont. Diese Dynamik der Bedeutungen von Kultur hat auch für das Verstehen Konsequenzen, denn eine endgültige Bedeutung oder letzte Bestimmtheit bleibt unerreicht. Gerade weil die absolute Bestimmtheit nicht erreichbar ist, bedarf es immer wieder der Klärung von Kontexten, in denen kultureller Sinn und Handlungen der Aneignung, der Erinnerung oder der Tradierung in Form kultureller Sachverhalte verwirklicht werden.[44]

Lao geht davon aus, dass die jeweilige Entscheidung für einen „subjektiven Gesichtspunkt" (*yi ge guandian* 一個觀點) als Voraussetzung über eine Bedeutung

---

41 Konersmann 2003: 9.

42 In der zeitgenössischen Terminologie heissen die kollektiven Sinnsysteme, die dem Handeln zugrunde liegen, „Weltbilder" oder „Weltanschauungen", wobei Lao häufig von „Ideen" (*guannian* 觀念) spricht (vgl. dazu auch die Ausführungen zur „Idee" im Zusammenhang mit Hegel in Abschnitt 3.5.2). In den Sozialwissenschaften wird dafür der Begriff „interpretive turn" verwendet, wohingegen die englischsprachige Philosophie den Begriff des „linguistic turn" einführt, um ein weiteres Umschlagen des wissenschaftlichen Feldes zu kennzeichnen, vgl. Reckwitz 2000: 17.

43 Im Frühwerk vgl. bspw. Lao 1986 [1952a]: 82. Im Spätwerk erfolgt eine Hinwendung zu sprachphilosophischen Untersuchungen, deren Ergebnisse Vincent Shen als postume Publikation mit dem Titel „Interpretations of Tradition, Rational Norms and Intercultural Communication" (*Chuantong quanshi lixing guifan yu wenhua goutong* 傳統詮釋理性規範與文化溝通) in Aussicht gestellt hatte, vgl. Shen 2014: 268. Diese Publikation liegt bislang jedoch nicht vor.

44 Lao 1998 [1956h]: 43.

oder den Sinn eines Sachverhalts entscheidet. Damit legt er für seine Kulturinterpretationen fest, dass eine verstehende Theorie nie eine unabhängige, an sich vorfindbare Bedeutung der Welt registriert, sondern diese eben gerade erst produziert. Das bedeutet, dass es sich dabei um konventionelle Ordnungen handelt, die stets „subjektive" Interpretationen der Sinnproduktion sind. Die jeweils entstehenden Ergebnisse werden somit relativ zum Prozess der Wissenserzeugung verstanden.

> Aus dem Blickwinkel der reinen Logik betrachtet, sind Ausdrücke Symbole, und die Bedeutung dieser Symbole kann rein konventionell *(conventional)* sein. Aber sobald Menschen dasselbe Symbol benutzen, ihm aber unterschiedliche Bedeutungen zuschreiben, gibt es einen weiteren Faktor, der diese Bedeutung bestimmt. Einfach ausgedrückt: Jede Verwendung einer Bedeutung enthält notwendigerweise einen subjektiven Gesichtspunkt und dieser bestimmt die Wahl der Bedeutung.[45]

Um einer subjektiven Bedeutung Legitimation zu verschaffen, wird eine „Evidenz" (*lunzheng* 論證) aufgrund einer „qualifizierten Theorie" (*hege de lilun* 合格的理論) eingefordert.[46] Lao geht in einem weiteren Schritt davon aus, dass die sinnhaft strukturierte Kulturwelt daher anders ausgerichtete Methoden erfordert und von anderen „Vorannahmen" (*xianzai jiading* 先在假定, presupposition – i. O., B.K.) ausgeht, als sie die empirisch ausgerichteten Wissenschaften verwenden können. Er stellt die Frage, wie eine angemessene Interpretation der kulturellen Ordnung anzugeben sei, in der sich kulturelle Sinnmuster permanent re-produzieren.[47] Dafür legt er die Unterscheidung zweier verschiedener „Bereiche" (*lingyu* 領域 oder *jingjie* 境界)[48] fest, einen Bereich des geistigen und einen des natürlich-

45 Lao 1998 [1965]: 1. 從純邏輯立場看，詞語只是一個符號，而符號的意義可以完全是約定的 (conventional)。但當人們使用同一符號，而予以不同的意義時，卻另有其決定條件。簡單地說，每一意義的採用，必涵有某一個觀點，觀點決定意義的選擇。

46 Lao 1998 [1965]: 1.

47 Lao 1998 [1965]: 4.

48 Der von Lao häufig verwendete Ausdruck *jingjie* 境界 für „Bereich" oder auch für „Welt" (in Anlehnung an Kant) besitzt aus begriffsgeschichtlicher Perspektive eine buddhistische Komponente. Thomas Metzger hält die in neokonfuzianischen Schriften verwendete Unterscheidung in einen Bereich der Erfahrungswelt und einen geistig-spirituellen Bereich für eine Anleihe aus der buddhistischen Philosophie, vgl. Metzger 1977: 254–255. Bei Lao kommt der Ausdruck „Bereich" *lingyu* 領域 mehrheitlich in seiner eher populärwissenschaftlichen Essayistik und zudem für die Beschreibung des Subjekts, das als höchste Freiheit den Bereich der Wertentscheidungen anerkennt, zum Tragen. Im Zusammenhang mit dem „Bereich" (*jing* 境) höchster Freiheit in buddhistischen Lehren verwendet Lao jedoch ebendiese Bezeichnung und spricht vom „Bereich der Erlösung und Befreiung" (*jietuo zhi jing* 解脫之境). Dabei entfällt *„jie"*, also diejenige Komponente, die für das Ein- und Begrenzen steht, vgl. Lao 1986 [1952b]: 169. Auf diesen Zusammenhang, dass der Ausdruck *jingjie* einen Bereich bezeichnet, der sowohl die Begrenzung als auch die Ermächtigung eines Subjekts aufzeigt, weist auch Wu Jiang im Aufsatz „What is Jingjie? Defining Confucian Spirituality in the Modern Chinese

materiellen Daseins. Der Bereich des natürlich-materiellen Daseins wird als „Bereich der empirischen Fakten" (*jingyan shishi de lingyu* 經驗事實的領域), der durch „Kausalität" (*yinguoxing* 因果性) bestimmt ist, bezeichnet. An anderer Stelle kommt dafür die Bezeichnung Bereich „innerhalb der [Subjekt-Objekt-] Relationen" (*guanxi zhi zhong* 關係之中) zur Anwendung. Im Unterschied dazu steht der geistige Bereich, dem der „freie Wille" (*ziyou yizhi* 自由意志) als Annahme zugrunde liegt. Es handelt sich um den Bereich, der „über die Relationen hinausweist" (*guanxi zhi shang* 關係之上).[49]

Weder kann der natürliche Bereich als Emanation aus dem geistigen noch der geistige als Evolution aus dem natürlichen verstanden werden. Gleichwohl sind sie nicht voneinander zu trennen. Die geistige Welt steht in einem selbstbestimmten Verhältnis zur materiellen Welt, bleibt aber durch die Sinngebung stets auf diese bezogen.[50] Die Objektivität des Sinns liegt für Lao in diesem Verhältnis der geistigen zur natürlich-materiellen Welt begründet. Sie lässt sich somit nicht auf natürliche oder soziale Sachverhalte reduzieren. An der Objektivität des Sinnes und der Möglichkeit der Selbstbestimmung des Geistes festzuhalten, bedeutet für Lao eine zentrale Ausgangslage seiner kulturphilosophischen Überlegungen. Dem Prozess des Werdens im Bereich des Natürlichen wird dabei der Kausalbegriff zugeordnet, während dem geistigen Bereich Wertentscheidungen und der Rationalitätsbegriff zugeschrieben wird.[51] Die Naturwissenschaften und empirischen Wissenschaften stehen somit für eine kausale Welterklärung. Die mathematischen Naturwissenschaften stehen für eine kausale und rationale Welterklärung. Seit Beginn des 20. Jahrhunderts zeigt sich jedoch eine Zunahme des Form- bzw. Methodenproblems. Ebenso muss sich die Kulturanalyse an der Problematik der Methode orientieren, und zwar indem einerseits die Kausalfrage an der richtigen Stelle angesetzt und andererseits die Frage nach jeweils eigenen Rationalitätsformen aufgeworfen wird.[52]

Um sich diesen Rationalitätsformen theoretisch und inhaltlich anzunähern, führt Lao eine heuristische Unterscheidung ein, die sein gesamtes Werk prägt: Die Priorisierung wertbasierter bewusster Handlungen prägte im Grundsatz Chinas

---

Intellectual Context" hin, vgl. Wu 2002: 441–462. Zur Bedeutung im Buddhismus vgl. Buswell 2013: 981. Im Gegensatz zum Buddhismus sucht der Konfuzianismus für Lao nicht in den Bereich der Erlösung zu gelangen. Durch die Vermittlung des geistigen und natürlichen Bereichs aufgrund eines bewussten Ausgleichs von Lust und Rationalität steht in konfuzianischen Schriften der Bereich höchster Freiheit zur Debatte, vgl. Lao 1986 [1952b]: 121.

49 Lao 1986 [1952a]: 169.

50 Lao 1986 [1952a]: 166–167, 178–179.

51 Lao 1998 [1962d]: 95.

52 In einem frühen Text spricht Lao diesbezüglich von Wissen, das zu Stande kommt, indem selbstbestimmte Menschen bezüglich Aufgaben, die über den persönlichen Bereich hinausgehen, eine „öffentliche Meinung" (*gong yi* 公意) in den Entscheidungsprozess einfliessen lassen, vgl. Lao 1998 [1956h]: 101.

Kulturentwicklung, was mit dem Ausdruck eines „auf die Moral gerichteten Geistes“ (*zhong de jingshen* 重德精神) beschrieben wird, während die Priorisierung erkenntnisbasierter bewusster Handlungen im Grundsatz die amerikanische und europäische Kulturentwicklung in Form eines „auf das Wissen gerichteten Geistes“ (*zhong zhi jingshen* 重智精神) geprägt hat. Die Herleitung dieser Einschätzung der jeweiligen „Ausgangsbedeutung einer Kultur“ (*wenhua benyi* 文化本義) basiert auf umfangreichen philosophiegeschichtlichen Untersuchungen. Inhaltlich sieht Lao die Besonderheit der (konfuzianisch geprägten) Kulturentwicklung Chinas gegenüber der westlichen darin, dass sie den Ort und die Möglichkeit der höchsten Moralität im Fällen des Werturteils im selbstbewussten Subjekt belassen habe und somit wertbasiert sei.[53] Im Gegensatz dazu haben die abendländischen Traditionen diesen Ort in eine äussere, dem Menschen nur annähernd zugängliche Ebene der Religiosität oder des Göttlichen versetzt und zudem die Vorstellung Gottes objektiviert, was neben der Anbetung einer wissenschaftlichen Auseinandersetzung mit den Gegenständen Gott und Religion Vorschub geleistet habe.[54] Die abendländische Geistesgeschichte habe zudem durch die Art der Philosophien Platons und Aristoteles' eine erkenntnisbasierte Priorität und durch den Umgang mit der christlichen Religion autoritätsbasierte Prioritäten gesetzt. Diese zweifachen Prioritäten hätten somit die Ausgangsbedeutung der westlichen Kulturen entscheidend geprägt, wobei wertbasierte Tätigkeiten tendenziell eher in den Hintergrund gedrängt, aber selbstverständlich nie ganz unterdrückt worden seien; dasselbe gelte für die chinesische Kultur bezüglich der erkenntnistheoretischen Tätigkeiten.

Lao reduziert die Sicht bewusst auf diese beiden Kulturkreise, weil China in seiner jüngsten Geschichte seit den Opiumkriegen (also seit 1839 mit dem Ausbruch des Ersten Opiumkrieges) in eine Konfliktsituation mit der amerikanischen und europäischen Kultur geraten sei, die neben der militärisch-geographischen Expansion als moderne Kultur zugleich eine inhaltlich-praktische Herausforderung dargestellt habe.[55] Der sogenannte Geist einer Kultur bezieht sich entsprechend auf die vielfältigen Realisierungen von Sachverhalten, die als Kulturgeschichte erfahr- und erkennbar in die Gegenwart einfliessen. Geprägt werden diese Realisierungen aber immer durch die Ausgangsbedeutung, die die Richtung der Handlungen bestimmt und von den Akteuren entweder in einer positiven Bejahung oder aber in einer negativen Ablehnung verwirklicht wird. Die Bedeutung von Kultur kann also sowohl auf einer Metaebene theoretisch als auch auf einer Ebene der empirisch erfahrbaren Realität als Geschichte erlebt und analysiert werden.

53 Lao 2000 [1956i]: 47.
54 Lao 2000 [1956i]: 15–20.
55 Lao 1993 [1962b]: 27–40.

Unabhängig von der jeweiligen Ausgangsbedeutung unterscheidet Lao vier Ebenen von Kultur, die in einer hierarchischen Beziehung stehen. Die erste und oberste Ebene ist die der *Vorstellungen* und kann Doktrinen, einen Glauben, insbesondere aber Wertvorstellungen umfassen. Ideen und Wertvorstellungen entfalten auf einer zweiten Ebene des *Lebensstils* ihre Funktionen und nehmen Einfluss auf die Erfahrungswelt der einzelnen Person. Auf einer dritten Ebene entfalten *Institutionen* kulturelle Wirkung, die die Handlungsaktivitäten einer Gemeinschaft verkörpern. Auch sie basieren Lao gemäss auf Wertvorstellungen. Auf einer vierten und untersten Ebene verkörpern zusätzlich *Bräuche* die prägenden Wertvorstellungen, den Lebensstil und Institutionen. Brauchtum wird jedoch unbewusst tradiert oder übernommen, was Bräuche von einer bewussten Wahl des Lebensstils unterscheidet.[56] Das Zusammenspiel aller vier Ebenen wird auch als Geist einer Kultur bezeichnet, weil sich kulturelle Merkmale auf allen Ebenen in Handlungen widerspiegeln und tradieren.

Die kulturellen, kollektiven Sinnsysteme enthalten somit immer auch eine historische Dimension. Lao hält damit an der Annahme eines überpersönlichen Sinnes fest. Für ihn ist die Geschichtlichkeit des Daseins ein Schlüsselmoment in der Entstehung von Kultur, und doch lässt sich die Kultur nicht auf dieses Schlüsselmoment reduzieren.[57] Er vertritt eine Auffassung von Geschichte als Kulturgeschichte bzw. Sinn-Geschichte, betont aber zugleich, dass diese Geschichte in einer ausschliesslich materiellen Analyse der Geschichtlichkeit nicht erschlossen werden kann. Die Entstehung von Sinn lässt sich daher nicht ausschliesslich kausal, sondern als Sachverhalt im Übergang vom natürlichen zum kulturellen und geistigen Bereich nachweisen. Auch in diesem Zusammenhang kommt Laos Verständnis von Kultur als Erzeugnis einer Wirklichkeit durch objektivierende Tätigkeit theoretischer oder praktischer Art zum Tragen.[58] Innerhalb dieser Betrachtung kultureller Bedeutungen kann es zudem möglich werden, für die Gegenwart Orientierungen oder Ziele vorzuschlagen. Aus diesem Grund wird Sinn in den von Subjekten verwirklichten Handlungen, Wertvorstellungen und zudem in Zielen oder Zwecken angesiedelt.[59] Zwecke dürfen dabei nicht ausschliesslich utilitaristisch, im Sinne eines rein subjektiven Vorteils, verstanden werden, sondern sollten vermittelt sein, um in einem Kollektiv Gültigkeit beanspruchen zu können und Sinn zu stiften. Die

56 Lao 1998 [1965]: 6–7.

57 Lao 1998 [1962b]: 42–43.

58 Nicht nur nutzenorientierte Handlungen bewertet Lao kritisch, auch die Bestimmung von „Zielen" (*mudi* 目的) sollte aufgrund von Werten hinterfragt werden, vgl. Lao 1998 [1962b]: 21–25.

59 Lao verweist darauf, dass die philosophische Auseinandersetzung über kulturelle Handlungen in der Gegenwartsphilosophie des Westens in den Hintergrund gedrängt worden sei, weil die Wertfrage nicht im Zentrum der Aufmerksamkeit stehe, vgl. Lao 1998 [1962b]: 44.

Kulturphilosophie hat dabei unter anderem die Aufgabe, ein Bewusstsein dafür zu entwickeln, wo kausale und wo teleologische, auf Ziele gerichtete Fragen, adäquat gestellt werden. Mit Kant wird Lao die Möglichkeit einer Weltkultur insofern antizipieren, als Vernunft im Setzen von Zwecken zum Ausdruck kommt, die Allgemeingültigkeit beanspruchen können (vgl. Kapitel 4.4).

Im Hinblick auf linguistische Fragestellungen bezieht sich Lao im Frühwerk unter anderem auf den Logischen Empirismus, insbesondere auf Moritz Schlick (1882–1936), dessen Schüler Herbert Feigl (1902–1988) sowie Rudolf Carnap (1891–1970). Lao befasst sich unter anderem mit der metaphysikkritischen Frage nach dem erklärenden Potenzial von wissenschaftlicher Sprache, um Bedeutungen aufzuweisen.[60] Vorstellungen, die das selbstbestimmte Subjekt betreffen, müssen Lao gemäss in einer Sprache ausgedrückt werden, die auf ein höchstes oder ultimatives Leitprinzip mit Letztbegründung verzichtet. Ein derartiges linguistisches Register ist Voraussetzung, um der Subjektivität einen Bereich der Autonomie oder selbstbestimmten Gestaltungskraft zuzusprechen, denn ein Subjekt besitzt immer die Möglichkeit, ein höchstes Prinzip zu missachten, zurückzuweisen und somit einer entsprechenden Determinierung zu entgehen. Carnap ging davon aus, dass es aufgrund der Methoden des Logischen Empirismus möglich sei, sinnlich erfahrbare Prozesse mit der Sprache der Naturwissenschaften zu erfassen. Jedes sinnlich erfahrbare Objekt sollte anhand einer physikalistischen und somit logisch stringenten Sprache begriffen werden. Diese Sicht steht auf den ersten Blick im Widerspruch mit Laos Argumentation, in der Kultur die Rationalität einer vernunftbegabten, wertsetzenden Subjektivität zu verorten. Carnaps Beitrag zur Überwindung der Methoden und Ziele der traditionellen Metaphysik darf Lao gemäss aber nicht unterschätzt werden, und diese Überlegung ist für seine ausführliche Rezeption des Logischen Empirismus entscheidend. Carnap bemängelte, dass der traditionellen Metaphysik die Erklärungsmöglichkeiten der empirischen Wissenschaftssprache fehlten. Die von ihm analysierten wissenschaftlichen Erklärungen von Bedeutungen basierten auf grundlegenden empirischen (innerpersönlichen) Erfahrungen oder empirischen Beobachtungen, die in einer aufsteigenden Hierarchie von Erklärungsebenen dazu verwendet werden können, komplexe Begriffe zu formulieren. Eine derartig analytische Wissenschaftssprache stellt auch für die Lebenswelt theoretisch fundierte Aussagen zur Analyse sozio-kultureller Phänomene zur Verfügung, deren Erklärungspotenzial der traditionellen (metaphysischen) Philosophie überlegen ist. Sprache versteht Carnap Lao gemäss als eine Systematik von Symbolen, die für die empirischen Bestandteile der Wirklichkeit und die Beziehungen zwischen diesen Bestandteilen stehen. Bedeutungen sind jeweils nicht determiniert, sondern werden als Konventionen ver-

60 Lao 1987 [1957b]: 230–260.

standen, die mit dem verfolgten subjektiven Zweck der jeweiligen Argumentation in enger Verbindung stehen.[61] Damit ist auch eine Reflexion auf die zu wählende Sprache für das vernunftbegabte Subjekt angesprochen. Die Schlüssigkeit, die Zweckmässigkeit und die Erklärungskraft einer Aussage beeinflussen daher die subjektive Wahl von unterschiedlichen linguistischen Möglichkeiten und zu wählenden Bedeutungen. Bei Moritz Schlick wird die mögliche Verifikation und nicht die Bestimmung des Absoluten oder der Wahrheit zur Methode, um Bedeutungen zu legitimieren.[62]

Laos umfangreiche Schriften zum Logischen Empirismus und zur Sprachphilosophie von Alfred North Whitehead (1861–1947) stehen im Frühwerk daher insofern in Beziehung zur Kulturfrage, als für Lao insbesondere auch die Rekonstruktion traditioneller chinesischer Vorstellungen in einer modernen Wissenschaftssprache vermittelt werden sollte, die möglichst ohne metaphysische Bezüge die Bedeutung einer rational handelnden, wertsetzenden Subjektivität aufweisen kann. Der Logische Empirismus dreht sich diesbezüglich um die Kernfrage von „Bedeutung" (*yiyi* 意義) und die Frage nach der Methode, wie Aussagen oder Sätze und ihre Bedeutungen legitimiert werden können.[63] Umstritten bleibt für Lao, ob und wie Werturteile mit dem Logischen Empirismus in Einklang gebracht werden können.[64] Diese Überlegungen zur Sprache bereiten die Ausgangslage vor, um axiologische und liberale Aussagen einer modernen Subjektivität zu thematisieren, was im Hinblick auf Laos Rezeption von Friedrich August von Hayek und Ernst Cassirer in Abschnitt 3.6 aufgezeigt werden soll.

---

61 Vgl. dazu auch die Ausführungen in Abschnitt 1.2.

62 Für eine Zusammenfassung siehe Lao 1993: 134–141.

63 Lao 1987 [1957b]: 232–235.

64 Lao 1987 [1957b]: 202.

3.4 Werte als grundlegende Orientierung von Kultur

Die Frage, welche Rolle den konfuzianischen Lehren im 20. Jahrhundert zukommt, wird von Lao dahingehend gestellt, ob das geistige Erbe aus spezifischen Lehren allgemeine humanistische Werte enthalte, die auch losgelöst von einer politisch-institutionellen Einbindung eine sinn- und kontinuitätsstiftende Bedeutung für Kultur und Gesellschaft beibehalten können.[65] Sein Verständnis von Werten und damit verbunden der Begriff des Subjekts bilden dafür argumentativ zwei zentrale Ausdrücke, die ebenfalls aus dem Begriffsinstrumentarium der europäischen Philosophie zu Beginn des 20. Jahrhunderts in China übernommen wurden und allmählich Verbreitung fanden.[66] Wichtiger Bezugspunkt für die Bedeutung des Ausdrucks *jiazhi* ist die von Karl Marx (1818–1883) entwickelte Werttheorie; in Japan wurde innerhalb deren Rezeption für die Übersetzung von „Preis“ *jiazhi* verwendet. Obwohl die lexikalische Einheit in China bereits im 19. Jahrhundert für „Preis“ oder „Wert“ kursierte, wurde sie erst durch die Entlehnung aus Japan zu einem sozio-ökonomischen Fachterminus, um zu Beginn des 20. Jahrhunderts und vermehrt ab den 1920er Jahren Vorstellungen der politischen Ökonomie zu verbreiten.[67] Dieser Prägung des Ausdrucks hält Lao eine von Subjekten bestimmte Bedeutung des Werts entgegen.

Heterogene Theorieansätze prägten seit dem 18. Jahrhundert auch in Europa die philosophische und soziologische Auseinandersetzung mit dem Begriff des Wertes.[68] Ausschlaggebend für die Verbreitung des Wertediskurses war einerseits Friedrich Nietzsche (1844–1900), der einen Werterelativismus begründete, der in postmodernen Rezeptionen bei Foucault, Derrida und Lacan bis in die Gegenwart nachwirken sollte.[69]

65 Lao 2006: 1.

66 Beim „Wert“ in der Übersetzung von *jiazhi* 價值 handelt es sich um einen Neologismus, ebenso beim Begriff des „Subjekts“ (*zhuti* 主體) in seiner modernen Bedeutung. *Zhuti* wurde jedoch bereits in klassischen Texten als Kombination verwendet, wie Liu aufzeigt, vgl. Liu 1995: 338. Lao vermeidet den Neologismus *geren* 個人 für „Individuum“, der im Rahmen der Bewegung vom Vierten Mai Bedeutung gewann, emanzipatorische Züge trug und laut Liu vermittelt durch Hu Shi den Diskurs der Moderne in China in einem ansatzweise „individualistischen Sinn“ prägte sowie entsprechende Interpretationen generierte, vgl. Liu 1995: 77–80. Für Lao steht das Subjekt immer in Relation zu etwas oder jemandem, und die jeweilige Relation wirkt prägend auf das Subjekt zurück.

67 Lippert 1979: 284–289.

68 Zuvor wurde von Wert in ökonomischen und mathematischen Zusammenhängen gesprochen, über die Wirtschaftswissenschaften des 18. Jahrhunderts fand der Begriff Eingang in die Philosophie des 19. Jahrhunderts, vgl. Joas 1997: 37.

69 Boudon 2013: 2–3.

Nietzsche zielte nicht nur auf eine philosophische Erklärung der Entstehung von Werten,[70] vielmehr wollte er mit dieser Frage den Weg für die Infragestellung von Werten selbst eröffnen.[71] Er sprach – zugespitzt formuliert bei Boudon – von Werten als einer Illusion, die der Begründung entbehren und durch eine Umwertung auf eine neue Basis gestellt werden sollten.[72] Gerade die Kritik an der Relativierung von Werten zeichnet im Gegensatz dazu Laos Verständnis von Werten aus. Andererseits stellt sich Lao aber auch gegen diejenigen Perspektiven, die eine Debatte um Werte ausblenden, weil dem menschlichen Handeln und der damit verbundenen Wertorientierung kaum Einfluss auf den Prozess kultureller und historischer Entwicklung zugesprochen wird, wie es radikal-materialistische Ansätze und teilweise funktionalistische Theorien tun.[73] Auch Marx wird mit seiner Aussage in Frage gestellt, normative Glaubenssätze seien Ausdruck eines falschen Bewusstseins aufgrund von Klasseninteressen.[74]

Für Lao bleibt der Begriff des Wertes ein Schlüsselbegriff des kulturellen Selbstverständnisses, insbesondere in historischen Situationen, in denen die Sinngebung umstritten, labil oder im Umschwung begriffen ist.[75] Gerade dann kann nicht mehr davon ausgegangen werden, dass Werte allseits verstanden und akzeptiert werden. Der Zwang, sich zwischen konkurrierenden Erklärungen hin und her zu bewegen, kann zu einer Durchlässigkeit und zur Notwendigkeit einer Rekonstruktion von Bedeutungen führen. Bewusste Versuche, Begriffe durch die Interpretation philosophisch-soziologischer Texte zu klären, sowie die Absicht einer empirischen Charakterisierung der kulturellen Lage werden dann miteinander verknüpft.[76] Werte finden für Lao ihren primären Ausdruck häufig in religiösen, mythischen oder philosophischen Vorstellungen. Die Kriterien, nach denen diese Vorstellungen beurteilt werden, versteht Lao als Wertvorstellungen. Diese sind subjektiv, da ihnen immer der Bezug zum Subjekt des Wertens anhaftet:

> Um den Wert von Dingen ermitteln zu können, brauchen wir ein Kriterium der Beurteilung; dieses Kriterium ist wiederum Ausdruck einer Wertvorstellung derjenigen Person, die eine

70 Joas zeichnet begriffsgeschichtlich nach, dass für die Lebensphilosophie und die öffentliche Diskussion über Werte Friedrich Nietzsche als wichtiger Bezugspunkt steht, vgl. Joas 1997: 38. Nietzsche habe als erster die Subjektivität und Kontingenz des Wertens durchdacht, vgl. Joas 1997: 40–41.

71 Nietzsche spricht von einer „Kritik der moralischen Werthe [sic]“, siehe Nietzsche 2004 [1887]: 24.

72 Boudon 2013: 3. Ausführlicher und mit Bezug zu Nietzsches Vorschlag der Umwertung aller Werte siehe Joas 1997: 37–57.

73 Joas 1997: 16.

74 Boudon 2013: 36.

75 Lao 1998 [1962c]: 43.

76 Lao 1998 [1962c]: 44.

> Beurteilung vornimmt. Wer die Kultur Chinas oder die Kultur des Westens beurteilt, muss ein übergeordnetes Kulturideal als Standard setzen.[77]

Mit Werten wird demzufolge ein Standard in die Diskussion eingebracht, der sich sowohl auf eigene Präferenzen und Wünsche reflexiv bewertend bezieht, als auch vergleichend ein Ideal auf einer höheren Ebene begründen kann. Die Entstehung von Werten ist somit eine reflexive Tätigkeit, und die Frage nach der Entstehung der Werte setzt die Hinwendung zum Subjekt voraus.[78] Lao nennt dabei drei Ursprünge von Werten:

> [...] Werte können auf drei mögliche Ursprünge zurückgeführt werden: erstens auf das absolute Subjekt (absolute subject), was einfacher mit „Herzgeist"[79] ausgedrückt werden kann; zweitens auf eine metaphysische Bedeutung von Natur (metaphysical nature), was einfacher mit „Himmel"[80] ausgedrückt werden kann; und drittens auf die empirische Be-

77 Lao 1998 [1962c]: 9–10. 要評估任何東西的價值, 我們必須有一個評估的標準; 這個標準即顯示評估者自己的價值觀念。當我們評估中國文化或西方文化時, 我們的評估標準必是一個較高的文化理念。Zum Vergleich siehe Joas 1997: 30. Er gibt in Anlehnung an Hechter eine ähnliche Definition von Werten: „[Hechter] definiert Werte als ‚relativ generelle und dauerhafte Bewertungskriterien' und unterscheidet sie von Präferenzen, von denen es heisst, sie seien eher labil als dauerhaft und eher partikular als generell." Werte und Präferenzen sind aber nicht nur im Sinne einer Differenz zwischen kurzfristigen und langfristigen Zielen zu verstehen, sondern Werte bewerten eben auch unsere Präferenzen. In der Dimension der Werte nimmt man auch Stellung zu sich selbst. Eine entsprechende Definition lieferten in den 1950er Jahren Clyde Kluckhohn und Talcott Parsons, wobei es sich beim Wert um einen Schlüsselbegriff handelte: „A value is not just a preference but is a preference which is felt and/or considered to be justified", siehe Kluckhohn 1951: 396.

78 Die Wendung zum Subjektiven der Werte führt bei Lao nicht zur Frage nach der historischen Kontingenz von Werten. Im Gegenteil zielen seine Überlegungen darauf ab, der Kontingenz oder einer Relativierung von Werten mit den Mitteln kulturphilosophischer Untersuchungen entgegenzutreten.

79 Der Ausdruck *xin* 心 erhält seinen Sinn bei Lao aus dem Verständnis traditioneller konfuzianischer Quellen und seinem Verständnis vom Bewusstsein des Menschen. Mit „Herz" wird dabei dem Aspekt des Konkreten Ausdruck verliehen, mit „Geist" wird zusätzlich auf die metaphysische Ebene eines moralischen Bewusstseins verwiesen. In einem seiner wenigen in Englisch verfassten Texte übersetzt Lao mit Rückgriff auf das Werk *Menzius* mit „mind", was die metaphysische Komponente in den Vordergrund rückt, vgl. Lao 1991: 285.

80 Der Ausdruck „Himmel" (*tian* 天) nimmt an dieser Stelle Bezug auf Laos Interpretation der frühkonfuzianischen Bedeutung einer metaphysischen Vorstellung vom Himmel; das Wissen um diese Bedeutung setzt er beim Lesepublikum voraus. Ausführlicher wird Laos inhaltliches Verständnis vom Himmel im folgenden Kapitel 4 erläutert. An dieser Stelle sei zunächst auf die Verwendung vormoderner, häufig aus einem einzelnen Zeichen bestehender Ausdrücke hingewiesen, die auf klassische Bedeutungen verweisen. Offenbar wurden diese vormodernen Bedeutungen noch in den 1950er Jahren von Lao als bekannter vorausgesetzt als die von Neologismen geprägte moderne philosophische Fachsprache. Erklärende Hinweise zu der genannten metaphysischen Bedeutung des Himmels gibt er an dieser Stelle für das Lesepublikum nicht.

> deutung des Selbst (physical self), was einfacher mit „Physis“[81] ausgedrückt werden kann.[82]

Falls der Ursprung von Werten im subjektiven Bewusstsein liegt, wird vorausgesetzt, dass bewusstes und vernünftiges Handeln möglich ist. Ist der Ursprung von Werten metaphysischer Natur, wird die Vernunft ausserhalb des Subjekts verortet, deren Aneignung eine Wendung des Bewusstseins nach aussen erfordert. Im letzten Fall wird die Vernunft an partikulare, physische Empfindungen gekoppelt.[83] Diese Einteilung zu den Ursprüngen von Werten wird von Lao jedoch ausdrücklich als „Postulat“ (*shezhun* 設準) eingeführt. Sie sei der „Standard“ (*biaozhun* 標準), den er seiner Argumentation zugrunde gelegt habe und an dem er festhalte, als ob er wahr wäre, obwohl der Beweis dafür ausbleiben müsse. Handlungsorientierung ergibt sich für das Subjekt in Übereinstimmung mit dieser Ausgangslage einerseits aus der Festlegung und andererseits aus der Verinnerlichung von Werten. Die jeweiligen Ursprünge von Werten beeinflussen jedoch die entsprechenden Wertvorstellungen.[84] Mit Bezug zu einer neu zu gewinnenden Wertorientierung darf aber auch der Praxisbezug in Form einer Handlung nicht verloren gehen. Als Kernaspekt einer Kultur umfasst der Praxisbezug somit immer auch einen hohen Grad an Aktualität und Konkretheit. Lao bereitet mit diesen Annahmen die Ausgangslage vor, um der im Exil generell bedeutsam gewordenen Frage nach kulturellen Werten und deren Objektivität nachgehen zu können.

Zwei zentrale Anliegen will Lao seinem Publikum mit diesen Betrachtungen vermitteln: Erstens braucht es in der Auseinandersetzung mit Werten (und somit auch im weiteren Sinne mit Kultur) Annahmen, die im Sinne eines Fundaments eine verständliche Bedeutung erst ermöglichen. Wertegewissheit oder die Begrün-

---

81 Den Ausdruck *xingqu* 形軀 für „Physis“ greift Lao in Anlehnung an das Werk „Zhuangzi“ 莊子 auf. Der menschliche Körper, auch Physis genannt, ist dem „Prozess des physikalischen Lebens“ (*wulixing zhi shengming licheng* 物理性之生命歷程) unterworfen. Lao weist auf den im Werk „Zhuangzi“ aufgeworfenen Gedanken hin, dass in der Physis die Zufälligkeit des Geborenwerdens und die Notwendigkeit des Sterbens vereint seien. Das bestimmende Moment des physischen Selbst sei somit die Transformation in Bezug auf andere Lebewesen oder Dinge, vgl. Lao 1981–1997, Bd. 3.2: 256–260. Daneben werde im „Zhuangzi“ ein Raum subjektiver Freiheit thematisiert, der sich durch das „freie Schweifen des Geistes“ (*you xin* 游心) auszeichne, dabei werde im Gegensatz zum Freiheitsbegriff in konfuzianischen Schriften kein direktes Hervorbringen konkreter Resultate in der empirischen Welt angestrebt. Diesen subjektiven Freiheitsbegriff versteht Lao als transzendent, vgl. Lao 1997, Bd. 3.2: 261. Weitere Ausführungen zum Freiheitsbegriff folgen in den Abschnitten 3.6, 3.6.1 und Kapitel 4.

82 Lao 2001 [1956–1957]: 6. [...] 價值根源之歸宿有三可能:(一)歸於絕對主體 (absolute subject); 可簡稱之為歸宿於「心」。(二)歸於形上意義的自然 (metaphysical nature);可簡稱之為歸宿於「天」。(三)歸於經驗意義之形軀我 (physical self);可簡稱為歸宿於「形軀」。

83 Lao 2001 [1956–1957]: 6.

84 Lao 2001 [1956–1957]: 7.

dung von Werten entsteht nicht, weil es eine oberste oder wahre Bedeutung von Werten gibt, sondern weil im Hintergrund eine allgemein akzeptierte Terminologie Einigkeit über die Geltung von Grundwerten vermitteln kann. Das können beispielsweise göttlich offenbarte Gebote sein, eine säkularisierte Verständigung über allgemeingültige Moralgesetze oder aus der Körperlichkeit abgeleitete Prinzipien.[85] Wenn aber im Hintergrund einer Auseinandersetzung über Werte keine einigkeitsstiftende Sprache abgerufen werden kann, führt das zwangsläufig zu Dissens, Krisen und letztlich zu bestenfalls idiosynkratischen, komplizierten Einzeldarstellungen, die gedanklich die Allgemeinheit überfordern und Ausdruck eines Mangels an einem geteilten Selbstverständnis sein können.[86]

Zweitens liegen für China diese allgemeingültigen Vorannahmen in der Ausgangsbedeutung der Kultur, die Lao als konfuzianische Kultur bezeichnet und die wertbasiert geprägt wurde, also die Priorität nicht in eine Religion und nicht in den theoretisch-wissenschaftlichen Erkenntniserwerb gesetzt hat. Die vom Subjekt festgelegten und von einem Kollektiv als verbindlich betrachteten Werte transportieren in diesem Kulturtypus zentrale Bedeutungen und Sinn von Kultur. Laos Einschätzungen zu Werten und zur Tradition schliessen dennoch nur entfernt an den bereits erwähnten kulturkonservativen Diskurs der Gruppe zur Verteidigung einer Nationalen Essenz im Umfeld der Bewegung vom Vierten Mai an. Bei der Wertfrage wurde eine Unterscheidung von Irving Babbitt übernommen: Er führte eine Dichotomie von klassischen Werten, die es zu verteidigen galt, und romantischen Werten ein, die eine potentielle Bedrohung darstellen können. Eine solche Unterscheidung ist dem traditionellen konfuzianischen Narrativ so nicht zu entnehmen.[87] Lao nimmt keine entsprechende Differenzierung von Werten vor, sondern hält an seiner Theoretisierung der Ausgangsbedeutung einer wertbasierten Kultur fest, wie sie konfuzianische Lehren der „Gespräche", des „Menzius" und des „Song-zeitlichen Konfuzianismus" (*Songru* 宋儒) theoretisiert haben.[88] Dabei wird das Subjekt durch ein Selbstbewusstsein ausgezeichnet, das es ihm ermöglicht, willentliche Wertentscheidungen zu fällen. Für die Erklärung dieser selbstbestimmt gefällten Wertentscheidungen findet Lao in den Ausführungen von F. A. von Hayek und Ernst

85 Lao 2001 [1956–1957]: 6–8.

86 Diese Grundlage für die Gewissheit von Werten stimmt mit den Beobachtungen von Robert Bellah überein, wie er sie in seiner Untersuchung „Gewohnheiten des Herzens. Individualismus und Gemeinsinn in der amerikanischen Gesellschaft" vorgelegt hat. Metzger hat diese Überlegung bereits früh in die Sinologie und den normativen Diskurs über Werte in Taiwan und Hongkong eingebracht, vgl. Metzger 1990: 274–284.

87 Schneider 1976: 81.

88 Lao 2001 [1956–1957]: 7. Zur Übersetzung von *ru* als „Gelehrten" finden sich weitere Hinweise in Abschnitt 4.2 und zu den erwähnten Texten in Abschnitten 4.2.1 und 4.3.1.

Cassirer Anschlüsse, die in seine theoretischen Erklärungen einfliessen. Bevor der Einfluss dieser beiden Autoren in den Abschnitten 3.6.1 und 3.6.2 vorgestellt wird, sollen im folgenden Abschnitt die Bezeichnung des Geistes einer Kultur und deren Beziehung zur Sinnhaftigkeit von Kultur und von kulturellen Werten erörtert werden.

3.5 Handlungsorientierung und Veräusserlichung von Werten als Geist einer Kultur

Worin besteht Laos theoretisches Interesse an den in einem Prozess bewussten Handelns vermittelten Werten, und was bedeutet diese Ausgangslage für die Bestimmung des Kulturbegriffs? Es soll im Folgenden gezeigt werden, dass Lao die gesellschaftlich-kulturelle Funktion eines gestaltenden Bewusstseins im Blick hat und diese Funktion als geistige Tätigkeit theoretisch in Anlehnung an Hegel präzisiert.

In seiner Schrift „Hauptbedeutung der chinesischen Kultur" bestimmt Lao seinen Gegenstand normativer Kultur abermals näher als „Bewusstsein" (*zijuexing* 自覺性) und „bewusstes Streben" (*zijue yaoqiu* 自覺要求), das einem „Wertebewusstsein" (*jiazhi yishi* 價值意識) gleichkomme.[89] Es geht ihm bei der Bestimmung dieses Bewusstseins nicht um eine präzise Bestimmung der psychologischen Voraussetzungen von Bewusstsein, die in jeden Wahrnehmungsvorgang einfliessen. Er präzisiert auch nicht die gedanklichen Kategorien oder Standpunkte, die zur Wahrnehmung hinzutreten müssen. Vielmehr vermittelt Lao ein Drittes, das er als „Geist der Kultur" (*wenhua jingshen* 文化精神) bezeichnet.[90] Dieser Geist einer Kultur verbindet die Werthaltungen des Einzelnen mit der empirischen Materie zu einer gestalteten Kultur, die dann über den Einzelnen hinausreicht. Zudem äussert sich Lao dazu, wo und unter welchen Prämissen diese geistigen Kräfte zu suchen sind. Mit dem Geist der Kultur sind im weitesten Sinne diejenigen Entwicklungen angesprochen, die Lao als Funktionen jener Gewahr- und Bewusstseinsformen bereits in den Blick genommen und als Prolog an den Anfang einer kulturellen Entwicklung gestellt hat: Bewusstseinsformen, die die Furcht vor dem Tod transzendieren und den Beginn von Entwicklungslinien hinterlassen haben, die am Anfang einer sowohl geistigen wie auch materiellen Kultur der Menschheit ste-

89 Lao 1998 [1965]: 4.
90 Lao 1998 [1965]: 5–6.

hen. Dazu zählt Lao in einem heuristischen Sinn die drei bereits erwähnten Bewusstseinsaspekte, nämlich das Bewusstsein für eine höchste Autorität, für das Streben nach Erkenntnis und für Werte. Diese grundlegenden Kulturmomente haben auch in den vor-Qin-zeitlichen (vor der Gründung der Dynastie Qin 秦 im Jahr 221 v. Chr.) Lehren von Konfuzius und Menzius den „Haupttrend" oder „Mainstream" (*zhuliu* 主流) der konfuzianischen Tradition bestimmt;[91] sie lassen sich jedoch auch für die griechische Kultur sowie die jüdisch und christlich geprägten Kulturen erkennen. Allmählich wird eine geistige Kultur sodann begrifflich ausformuliert, sie ist jedoch bereits vor ihrer sprachlichen Erfassung wirksam.

> Die Erklärung zu den drei selbstbewussten Handlungsformen möchte ich an dieser Stelle noch weiter präzisieren: Ich habe das Wertebewusstsein, das Autoritätsbewusstsein und die Erkenntnisaktivitäten nebeneinander gestellt und als drei Dimensionen des handelnden Subjekts kontrastiert, weil ich den Akzent auf den Unterschied zwischen moralischem und religiösem Bewusstsein setzen möchte. Diese Akzentuierung gleicht nun weder der Dreiheit von „Sein, Einsicht und Begehren" bei Augustinus, noch gleicht sie Kants Dreiteilung des handelnden Subjekts in „reine Vernunft, praktische Vernunft, Urteilskraft"; durch diese Betonung beabsichtige ich jedoch, die grundlegenden Merkmale der chinesischen Kultur ein wenig zu erhellen.[92]

Idealtypisch wird in dieser Aussage Augustinus als Vertreter eines religiösen bzw. autoritätsgläubigen und Kant als Vertreter des erkenntnistheoretischen Bewusstseins aufgerufen, um im Folgenden die Differenzen zur konfuzianischen Entwicklung in China thematisieren zu können. Lao will an dieser Stelle historische Entwicklungslinien voneinander abgrenzen und geht davon aus, dass dieser historischen Abfolge eine Stetigkeit oder Struktur unterliegt, die als Ganzes nicht rein zufällig ist. Er macht jedoch erneut deutlich, dass es sich um eine Voraussetzung handelt, ohne die kein Anfang für eine Untersuchung gegeben ist.[93] In seinem Frühwerk benennt Lao diese allgemeine geschichtliche Dimension der Kultur als Geschichte des „Kultur-Geistes".[94] In einem Essay aus dem Jahre 1952 findet sich gleichsam ein Minimalpro-

---

91 Lao 1986 [1952a]: 170. Zu den „Gesprächen" und „Menzius" vgl. Abschnitte 4.2.1 und 4.3.1.

92 Lao 2000 [1956i]: XVIII. 關於自覺心的三面活動, 我想在這裏還可以再加一點解釋, 就是, 我將價值意識, 權威意識與認知活動並列, 而不像奧古斯丁(St. Augustine) 那樣以「存有, 認知, 意願」為三單元, 也不像康德 (Immanuel Kant) 那樣以「純粹理性, 實踐理性, 鑑賞力」作主體活動之三分, 原因是我比較强調「道德心」與「宗教心」之不同; 所以如此强調, 又因為我想使中國文化之本性能透顯得更明朗一點。

93 Lao 2000 [1956i]: XVIII.

94 Herder hatte als Erster dem Kulturbegriff diese geschichtliche Dimension zugefügt, er fasste jedoch die Entwicklung der Kultur als eher naturgeschichtlichen Prozess auf. Damit nimmt der Begriff der Kultur bei Herder die Bedeutung einer eigenen Lebensform an, die sich in einer Vielfalt präsentiert, die jede ihr eigenes Entwicklungsgesetz in sich trägt, vgl. Eagleton 2001: 21. Mit

gramm zu dieser historischen Kulturauffassung als einer Kultur des Geistes und der Positionierung des Subjekts im Kulturprozess.

3.5.1 Kultur und die Dimension des Geistes

Der Geist einer Kultur wird durch die vom Subjekt selbstbewusst getätigten Handlungen realisiert. Ausgangspunkt der Kultur sind für Lao somit nicht die sogenannten „Kulturphänomene“ (*wenhua xianxiang* 文化現象), sondern die selbstbewusst getätigten Handlungen von Subjekten, die sich in der „Wirklichkeit“ (*shiran* 實然) realisieren und dabei diese Phänomene erst hervorbringen.[95] Werte können sich, wie Lao in seiner Einführung darlegt, in den zwei bereits erwähnten unterschiedlichen Bereichen realisieren, zum einen im Bereich der Relationen und zum anderen im Bereich, der darüber hinausweist. Der Bereich des Relationalen bezieht sich einerseits auf den empirischen, durch die Subjekt-Objekt-Relation konstituierten Bereich des Erfahrungs- oder Kausalwissens. Lao schafft mit der Begrifflichkeit aber andererseits auch eine Nähe zum Ausdruck der zwischenmenschlichen Beziehungen, insbesondere schwingt die Assoziation zur Tradition der „Fünf menschlichen Beziehungen“ (*wulun* 五倫) mit.[96] In diesem Bereich der Beziehungen kann eine vom handelnden Subjekt „getrennt [wahrgenommene] Realität“ (*fenli de shiti* 分立的實體)[97] bestimmt oder festgelegt werden, und ihr kann der Status eines „höchsten Ursprungs“ (*daben* 大本) von Werten zugesprochen werden. Die sich realisierenden Handlungen des Subjekts betreffen für Lao immer diesen, häufig durch Ursache und

seiner Hegel-Rezeption integriert Lao eine geschichtsphilosophische Komponente in die kulturtheoretischen Fragen, vgl. Lao 1998 [1962c]: 44.

95 Lao 1986 [1952a]: 169.

96 Wei 1991: 204. Es sind die verwandtschaftliche Beziehung zwischen Vater und Sohn, die auf der Rechtlichkeit basierende Beziehung zwischen Fürst und Untertan, die Trennung der Bereiche zwischen Ehemann und Ehefrau, die rechte Reihenfolge zwischen älterem und jüngerem Bruder und die Glaubwürdigkeit zwischen Freund und Freund. Diese Beziehungen stehen für Lao in einem allgemeinen Sinn für das unabdingbare Gebundensein des Subjekts in einen sozialen Zusammenhang seit der Geburt. Die Bezeichnung der „Fünf menschlichen Beziehungen“ wird zuerst im Werk „Menzius“ 3A4 verwendet, vgl. Li 1999b: 146, in der Übersetzung von Gassmann 2016, Bd. 1: 249. Die Fünf Beziehungen waren in ihrem hierarchischen Sinn Hauptkritikpunkt im 20. Jahrhundert, vgl. Van Ess 2003: 33.

97 Lao 1986 [1952a]: 169. *Shiti* verbindet zwei zentrale Ausdrücke der neokonfuzianischen Philosophie – *shi* „real“ und *ti* „Verkörperung“ (die geistig oder physisch sein kann) – zu einem Wortfeld, das mit „Realität“ oder „Wirklichkeit“ nur annähernd übersetzt wird. Zu vermeiden ist der

Wirkung gekennzeichneten Bereich, in dem das Subjekt auch objektiviert werden kann.[98]

Das Subjekt realisiert mit seinen Handlungen jedoch Werte, die es aus sich selbst hervorbringen kann, und dieser kreative Prozess läuft in einem anderen Bereich ab: In diesem Bereich wird das Subjekt selbst zum höchsten Ursprung von Werten. Bei der Realisierung eines Wertes strebt das Subjekt in einem ersten Schritt aus eigener Anstrengung einen „Aufschwung" (*shengjin* 昇進) an und durchläuft „eine Transformation" (*gaizao* 改造). In dieser Phase des Prozesses wird noch nichts nach aussen getragen. Lao nennt diesen Vorgang ein „vollkommenes Schaffen" (*wanquan de chuangzao* 完全的創造), weil sich dieser Prozess nicht nur im Bereich des Relationalen abspielt, kein Objekt dominiert wird und die Veränderung daher anderen Voraussetzungen als den rein kausalen unterliegt. In Anlehnung an Bergsons Verständnis des schöpferischen Prozesses und an einen Song-zeitlichen (960–1279) Ausdruck von Zhang Zai 張載 (Beiname: Hengqu 橫渠 1020–1077) wird der sich vollziehende Wandel beschrieben. Von Zhang Zai wird ein Lernprozess aus dem Werk „Rechtes Auflichten" (*zheng meng* 正蒙),[99] „Kapitel, die Mitte und das Rechte" (*zhong zheng pian* 中正篇),[100] angedeutet, der auf die „Transformation des eigenen psychischen Zustandes" (*bianhua qizhi* 變化氣質) anspielt.[101] Die menschliche Natur kann nach Zhang Zai in zwei Bestand-

Begriff der „Substanz", der *ti* aufgrund der bereits erwähnten *tiyong*-Formel vorschnell zugeschrieben werden könnte.

98 Lao 1986 [1952a]: 169.

99 Das Werk wurde zwischen 1070 und 1076 verfasst. Für die Überlieferung des Textes wird die Aufnahme in die neokonfuzianische Anthologie von Zhu Xi 朱熹 (1130–1200) und Lü Zuqian 呂祖謙 (1137–1181) „Aufzeichnungen vom Nachsinnen über Naheliegendes" (*Jin si lu* 近思錄) bedeutsam (1179 herausgegeben). Es handelt sich um kommentierende Äusserungen zu Passagen aus den kanonischen Schriften sowie um eigens für das Werk verfasste Abschnitte. Die Ausführungen folgen der kommentierten Übersetzung von Friedrich, Lackner und Reimann, vgl. Friedrich 1996: LX–LXV.

100 Kapitel 8 schildert das Lernen, wie es das Streben nach dem „Weg" (*dao* 道) zur Vervollkommnung der eigenen Person kennzeichnet. Zhang Zai nennt in diesem Kapitel drei Stufen auf diesem Weg. Die Wandlungen, die vollzogen werden, hängen zu einem grossen Teil vom eigenen Bemühen, von der eigenen Ausdauer und Willenskraft ab. Den drei Stadien des Anfängers, des Fortgeschrittenen und des Vollkommenen entsprechen drei historische Persönlichkeiten, wobei die dritte Stufe Konfuzius exemplifiziert, vgl. Friedrich 1996: 189–190; Zhang 2011: 74–92.

101 Lao 1986 [1952a]: 171. Auch in seiner Philosophiegeschichte interpretiert Lao diese Stelle. *Qi* (Friedrich 1996: LVIII übersetzt mit Luft, Odem, Lebenskraft oder Energie) gewinnt darin eine allumfassende Bedeutung und wird zur Quelle aller Dinge, ihrer Veränderung und ihres Vergehens. Als „Form" (*youxing* 有形) kann *qi* dabei Transformationen durchlaufen. In der Formlosigkeit wird es als die „Höchste Leere" (*tai xu* 太虛) bezeichnet, vgl. Lao 1981–1997, Bd. 3.1: 175–176. Das Umschlagen und die Veränderung der Zustände stimmen mit „Regeln" oder „Gesetzmässigkeiten" (*li* 理) überein, die wiederum in enger Verbindung mit dem formhaften *qi* stehen, vgl. Zhang 2011: 391–392. Die Zeichenfolge findet sich unter anderem prominent zu Beginn des

teile aufgeteilt werden: die „kosmische Natur“ (*tiandixing* 天地性) und die „psychische Natur“ (*qizhixing* 氣質性).[102] Diese zweite Natur des Menschen ist diejenige, die sich transformieren lässt, während die erste notwendig den Naturgesetzen gehorchen muss. Bei dieser zweiten Natur setzt für Zhang Zai das Moment der Transformation in Form eines Lernprozesses an.[103] Lernen wird als unermüdlicher Fortgang aufgrund eines Strebens beschrieben, das zirkulär zu verstehen ist. Die Mitte und das Rechte sind dabei Voraussetzungen für das angestrebte Tugendhafte. Tugend beinhaltet in dieser von Lao angedeuteten Vorstellung das Ideal der Selbsterziehung, die weder die Unterdrückung der persönlichen Neigungen noch den Rückzug in weltabgewandten Verzicht verlangt. Ziel ist die Formung einer herausragenden Persönlichkeit mit einer dem Guten verpflichteten Lebenshaltung. Zufälligen Verhaltensmustern und starren Verhaltensnormen oder Gewohnheiten steht dabei das Können einer gebildeten Person gegenüber.[104]

Mit dem Ausdruck der Mitte sollen bei Zhang Zai das Denken und das Handeln auf Verhältnismässigkeit und Angemessenheit bezogen werden. Wer jedoch sein „Äusserstes“ oder „Möglichstes“ verwirklichen will, verletzt nicht nur die Verhältnismässigkeit, sondern bleibt zu sehr dem Ich und Äusseren verhaftet und muss zuerst das Richtige im Sinne einer Lossagung von Extremen erkennen. Die Erkennt-

---

Kapitels „psychischer Zustand“ (*qi zhi* 氣質) der Schrift „Geordnete Höhle klassischer Gelehrsamkeit“ (*jing xue li ku* 經學理窟), vgl. Zhang 2011: 391.

102 Diese Ausführungen erfolgen in Kapitel 6 „Wahrheit und Licht“ (*cheng ming* 誠明), vgl. Friedrich 1996: 32–40; Zhang 2011: 53–64.

103 Lao 1981–1997, Bd. 3.1: 181–182. Das Psychische liegt bei jedem Menschen in einer konkreten, unterschiedlichen Form vor und bedarf der Gestaltung durch Lernen. Mit der Entscheidung zu lernen, müssen persönliche Neigungen an sittliche Normen angepasst werden. Zhang Zai, der sich vom Buddhismus abgrenzt, bezieht sich dabei auf Prozesse, die das Gute und gute Zwecke in sich tragen und vom Menschen, der das Potenzial zum Guten als Ideal des Weisen (in der Übersetzung von Lackner, Friedrich, Reimann: des Berufenen) besitzt, gestaltet werden. Das menschliche Leben gilt Zhang Zai als wertvoll, weshalb keine Weltflucht gesucht werden muss. Das „Bewusstsein“ (*xin* 心) soll die Überwindung der eigenen Limitierungen und nicht die Leere anstreben, vgl. Cua 2003: 867. Zhang Zai versteht diesen Lernprozess nicht als Unterdrückung, sondern als Unterordnung eigensüchtiger Begehren und Vorstellungen unter die moralische Natur. Lernen erfolgt durch das Studium klassischer Schriften. Dabei stehen die „allgemeingültigen Prinzipien“ (*tianli* 天理) des „Gemeinwohls“ (*gongxin* 公心) und der „Zurückhaltung“ (*guayu* 寡欲) im Vordergrund. Zudem deutet Lao an, dass Zhang Zai eine spezifische Art der Subjektivität in Form einer „Fähigkeit zur Beherrschung“ (*zhuzaili* 主宰力) von Wünschen und Gefühlen ausgeführt habe, vgl. Lao 1981–1997, Bd. 3.1: 186–187; zur Subjektivität siehe Lao 1981–1997, Bd. 3.1: 180.

104 Zur Tugend vgl. Höffe 1997: 306–309. Das ebenfalls auf Platon und Aristoteles zurückgehende Ideal der Selbsterziehung zu einer vortrefflichen Persönlichkeit wurde in der Neuzeit durch die Vorstellung von „bürgerlichen Tugenden“ (wie Sparsamkeit, Fleiss, Pünktlichkeit) überlagert. Tugend kann sich jedoch in einer Lebensform so zur Geltung bringen, dass sich Zwecke, die der Einzelne sich setzt, mit denen der Mitmenschen in Einklang stehen.

nis der Mitte wächst erst im persönlichen Lernprozess heran, woraus dann die Wandlung erfolgen kann.[105] Bergsons Verständnis des schöpferischen Prozesses, den Lao ebenfalls nur andeutet, gibt einen zusätzlichen Hinweis: Er beschreibt das Phänomen, dass sich mentale Erfahrungen beim unmittelbaren Erleben nie äusserlich zueinander verhalten, sie durchdringen und vereinigen sich in einem ununterbrochenen Transformationsprozess. Dieser Ablauf ereignet sich zum Beispiel beim Hören von Musik wie selbstverständlich. Während die einzelnen Töne im Gedächtnis bleiben, werden sie zueinander in Verbindung gebracht. Dabei dehnt sich das Vergangene in das Gegenwärtige hinein und antizipiert Zukünftiges. Erlebt wird dabei ein sogenannter Aufschwung.[106] Für Bergson ergibt sich daraus ein neues Verständnis des Zeitbegriffs und ein Hinterfragen naturwissenschaftlicher Erkenntnis, denn diese Art des Erlebens setzt der naturwissenschaftlichen Beschreibung eine Grenze. Der Mensch kann die Welt oder den Kosmos nicht in dieser gestaltenden Potenz beschreiben. Dieses gestaltende Potenzial wiederzuentdecken, bleibt für Bergson Aufgabe der Philosophie. Der Gedanke, der anklingt, lautet auch für Lao, dass der Mensch nicht nur ein fertig Entstandenes ist, sondern gleichzeitig stets ein im Entstehen Begriffenes war und sein wird. Die damit verbundene Dauer ist Gestaltung und bedeutet ununterbrochenes Hervorbringen, das sich vorab im Bewusstsein des Subjekts abspielt.[107] Der von Lao angeführte Song-zeitliche Ausdruck von Zhang Zai bezieht sich ebenfalls auf diesen fortwährenden Prozess, der mit einem Aufschwung verbunden ist. Ein solcher Fortgang kommt für Lao einer moralischen Selbstsorge gleich, die der Konfuzianismus als Priorität thematisiert habe. Dabei könne der Mensch seine eigenen physischen Grenzen überschreiten und sich einerseits auf den Mitmenschen beziehen und andererseits gestaltend auf die reale Welt einwirken.[108]

Der selbstbewusst vollbrachte Schaffensprozess soll, so betont Lao, aber in einem ersten Schritt als solcher und nicht in den Bewertungen von „gut“ oder

105 Friedrich 1996: 189–199.

106 Bergson 1993 [1934]: 228–230. Lao weist weder auf den Essay „Denken und schöpferisches Werden“ noch auf das erwähnte Beispiel explizit hin. Offenbar geht er davon aus, dass sein Publikum bei der blossen Andeutung des schöpferischen Prozesses, wie ihn Bergson versteht, eine adäquate Assoziation vornimmt. Ausschlaggebend dafür dürfte die Rezeption Bergsons während der bereits erwähnten Debatte über Wissenschaft und Lebensanschauung gewesen sein. Ein ähnlicher Prozess wird auch in „Zeit und Freiheit“ beschrieben, vgl. Bergson 1999 [1889]: 77. Hier argumentiert er gegen einen verräumlichenden und vermessenden Zeitbegriff. Die Freiheit des schöpferischen Prozesses tritt dort zutage, wo die gegenseitige Durchdringung von Ich und Gefühl in einer Handlung endet, vgl. Bergson 1999 [1920]: 129.

107 Lao 1986 [1952a]: 171.

108 Lao 1986 [1952a]: 171–172. Diese Ausgangslage habe bestimmt, dass im Konfuzianismus die Frage nach dem Zusammenhang zwischen „Wissen und Handeln“ (*zhi xing* 知行) kontinuierlich debattiert worden sei.

„schlecht" wahrgenommen werden. Für das Verständnis des Kulturbegriffs aussagekräftig ist, dass die dabei stattfindende Entwicklung eigens als universeller Zweck von Kultur anerkannt wird, weil der Prozess in jedem Menschen notwendig und unabhängig von einem Ziel oder Resultat abläuft. In diesem normativen Verständnis von Kulturentwicklung ist somit weder ein Ziel noch ein Kriterium vorgegeben, sondern das sich permanente Transformieren ist Zweck und wird von einem Subjekt bewerkstelligt. Entgegen einer nichtteleologischen Grundtendenz wird diese Entwicklung jedoch durch das Vermögen des wertenden und somit moralischen Bewusstseins erst möglich. Damit verweist Lao erneut auf eine Eingrenzung des Kulturbegriffs auf normative Dimensionen, um die Vagheit der Bezeichnung Kultur zu minimieren.

Ausgehend von einer damals allgemein bekannten Definition, die mit Rückgriff auf pragmatische und utilitaristische Überlegungen unter Kultur die Überwindung von Schwierigkeiten und die Erfüllung von Bedürfnissen versteht,[109] fügt Lao diesen beiden Voraussetzungen von Umwelt und Bedürfnissen die Dimension der im Menschen angelegten „Fähigkeit" (*nengli* 能力) hinzu, ein Bedürfnis selbstbewusst befriedigen zu können, bzw. eine Überwindung von Schwierigkeiten und Begrenzungen bewusst anzustreben. Diese Fähigkeit des Strebens entspringt weder der Umwelt noch den Bedürfnissen, sondern muss im Subjekt selbst verortet werden. Da Lao der Kultur somit nicht ausschliesslich eine „empirische Existenz" (*jingyan de cunzai* 經驗的存在) zuschreibt, muss nach einem Bestimmungsfaktor ausserhalb des „kausalen Bereichs" (*yinguoxing lingyu* 因果性領域) gesucht werden, der den Bereich des Determinierten oder Notwendigen übersteigt. Um zu verstehen, dass und wie der Mensch seine Fähigkeiten nutzen kann, muss zusätzlich von einem „Bereich des freien Willens" (*ziyou yizhi de lingyu* 自由意志的領域) ausgegangen werden.[110] Wenn im empirischen Bereich Kulturphänomene unter anthropologischen, soziologischen oder psychologischen Gesichtspunkten betrachtet werden, tritt im normativen Kulturbegriff der freie Wille ins Blickfeld, der im Vergleich zu empirischen Kulturtatsachen eine andere „Substanz" (*shizhi* 實質) aufweist und unter anderem in der Affirmation des „Geistes der Kultur" (*wenhua jingshen* 文化精神) zum Ausdruck kommt. Bei dieser Vorgehensweise wird nicht ausgeschlossen, dass Kausalität

109 Lao 1998 [1965]: 2.

110 Lao 1998 [1965]: 4. Er gibt an dieser Stelle die englischen Übersetzungen „realm of causality" und „realm of free will" an. Lao zielt nicht auf eine philosophische Beweisführung der Willensfreiheit, sondern bestätigt für den Menschen das Natur- und Kulturprinzip. Holenstein zeigt diesbezüglich auf, wie in Japan (exemplarisch für Ostasien) trotz einer Infragestellung der Willensfreiheit an der Vorstellung von Moralität aufgrund von Scham und Schuld festgehalten werden kann, vgl. Holenstein 2015: 357–70. Carine Defoort liefert wichtige Hinweise zum vor-Han-zeitlichen Verständnis von Kausalität, vgl. Defoort 1997: 165–173.

eine Rolle spielt, es gilt aber zudem die „Annahme" (*jiading* 假定)[111] eines freien Willens. Empirisch wird somit einerseits der Bereich der Kulturphänomene untersucht, selbstbestimmt getätigte Handlungen stehen andererseits für den Geist einer Kultur, der methodisch betrachtet von der Kulturphilosophie untersucht wird, die aber auf die sogenannten kulturellen Tatsachen zurückgreifen kann. Fragestellungen beider Bereiche können sich daher gegenseitig ergänzen, sie können sich aber nicht wechselseitig ersetzen.[112] Für die Kulturphilosophie gelten daher die Vorannahme eines freien Willens und das Selbstbewusstsein des Menschen als bedeutendste Voraussetzungen oder Präsuppositionen und machen damit die Kulturphilosophie zu einer nicht voraussetzungslosen Wissenschaft.

Eine selbstbewusste Handlung (und ein dieser Handlung zugrunde liegender zu bestimmender Wille) geht von einem „handlungsfähigen Subjekt" (*neng huodong de zhuti* 能活動的主體) aus,[113] das seinen Handlungen „eine Richtung geben kann" (*dingxiangli* 定向力), die sich in den Sachverhalten realisiert.[114] Eine solche Handlung ist gleichzeitig eine „Manifestation" (*biaoxian* 表現) eines „bewussten Strebens" (*zijue yaoqiu* 自覺要求). Die unterschiedlichen Richtungen von bewusstem Streben werden von jeweils unterschiedlichen Werturteilen bestimmt. Die empirische Welt der Erscheinungen gibt das Material ab, aufgrund dessen das subjektive „Wertebewusstsein" (*jiazhi yishi* 價值意識) seine Handlungen sowohl in Gang setzt, als auch den daraus resultierenden Sachverhalten eine Richtung geben kann.[115] Das Wertebewusstsein an sich ist kein Phänomen, das ausschliesslich determiniert ist, sondern dieses beeinflusst im Gegenzug den Geist einer Kultur. Inwiefern darf aber das subjektive Handeln und somit das empirische Ich überhaupt als Massstab von Werten und Handlungsorientierungen herangezogen werden? Erste Aufschlüsse zur Beantwortung dieser Frage liefert Laos Lektüre von G. W. F. Hegel, die seinen Begriff des Geistes entscheidend prägt, sowie die Einflüsse von Friedrich August von Hayek und Ernst Cassirer. Denn für Lao ist das empirische Subjekt immer Limitierungen unterworfen und muss daher seine Handlungen an den gesellschaftlichen Prozessen messen.

---

111 Lao übersetzt mit „presupposition", was einer Annahme, Voraussetzung oder einer für den geisteswissenschaftlichen Bereich geltenden These gleichkommt, vgl. Lao 1998 [1965]: 4.

112 Lao 1998 [1965]: 5.

113 Ein handlungsfähiges Subjekt kann daher im Grundsatz selbstbestimmt handeln. „Selbstbestimmt" wird mit *zijue* 自决 oder *zizhu* 自主 (auch: „sein eigener Herr sein") gefasst, vgl. Lao 1998 [1965]: 5.

114 Eine solche Tatsache geht auf ein Ereignis zurück, kann eine Physis besitzen, muss aber nicht; als Beispiel gibt Lao Institutionen an, vgl. Lao 1998 [1965]: 5.

115 Lao 1998 [1965]: 5.

3.5.2 Lao Sze-kwangs Verständnis von Wert und Recht in Anlehnung an G. W. F. Hegel

Der Begriff der Kultur in Form des Geistes vereint bei Lao die Aspekte der Umformung der Natur, der normativen Gesellschaftlichkeit sowie der Geschichtlichkeit und lässt somit eine Nähe zum Begriff des Geistes bei Hegel anklingen. Diese Anlehnung, die von Lao mit Bezug zu Hegels Schrift „Grundlinien der Philosophie des Rechts oder Naturrecht und Staatswissenschaft im Grundrisse" ausgeführt wird, soll im Folgenden aufgegriffen werden, um den Zusammenhang zwischen Werten und dem normativen Kulturbegriff bei Lao weiter zu präzisieren.[116] Es darf an dieser Stelle jedoch keine detaillierte und kritische Hegelrezeption erwartet werden.[117]

Bei Hegel wird die Wirklichkeit zu einer geschichtlich hervorgegangenen, was die Grundlage liefert für eine Betrachtung unterschiedlicher Philosophien unter dem Aspekt der Geschichte. Dabei wird die asiatische Philosophie, wenn auch nur als Vorstufe, in die Philosophiegeschichte einbezogen.[118] In der „Philosophie des Rechts" werden der Begriff des Rechts und dessen geschichtliche Verwirklichung auf der Grundlage des freien Willens entwickelt. Für Lao bedeuten die Äusserungen zu Hegels Triade der Erscheinungsformen von „abstraktem Recht" (*chouxiang quanli* 抽象權利), von „Moralität" (*dexing* 德性) sowie von „Sittlichkeit" (*lunli*

---

116 Lao 2001 [1956l]: 1–26. In der Folge wird der Titel abgekürzt in der Form von „Philosophie des Rechts" verwendet.

117 Die Hegelrezeption der 1950er Jahre wird in der Forschungsliteratur als kennzeichnendes Merkmal philosophischer Debatten ab der zweiten Hälfte des 20. Jahrhunderts in Hongkong bezeichnet. Lau Kwok-ying nennt Tang Junyi, Mou Zongsan und Lao Sze-kwang als einflussreiche Repräsentanten, wobei Tang und Mou gleichzeitig das Projekt einer Neuinterpretation Song-Ming-konfuzianischer Lehren aufgrund moderner philosophischer Konzepte vorantrieben, die heute im Umfeld des „Modernen Konfuzianismus" anzusiedeln sind, vgl. Lau 1997: 57–60. Zur Hegel-Rezeption in China siehe Müller 2002. Zu Hegel und China siehe Wittfogel 1931; Merkel 1942; Schickel 1971; Roetz 1984; Lee 2003: 274–319; Wang 2018. Ein Beispiel zur Rezeption von Hegels Geschichtsphilosophie liefert Schmidt 2013: 282–293. Zur Dialektik siehe Van den Stock 2016: 76–81.

118 Hegel habe kritisiert, dass in China weder Recht noch Rechtsstaatlichkeit unter Mitbestimmung der Bevölkerung institutionalisiert worden seien. An diese Feststellung schliesst Lao Hegels Überlegungen zur Unterscheidung von vernünftiger und subjektiver Freiheit an, denen er grundsätzlich zustimmt: In China habe letztere, also die subjektive Freiheit, gefehlt. Erstere beziehe sich inhaltlich auf die Frage, wie mit einer Angelegenheit umzugehen sei, dagegen werfe letztere die Frage auf, wer einen Sachverhalt entscheiden könne. In China habe die Entscheidungsgewalt in den Händen des Monarchen gelegen und nicht bei der „Vielzahl der Subjekte, die einen gemeinsamen Bereich konstituieren" (*zhongduo zhuti bingli zhi jingyu* 衆多主體並立之境域). Der Monarch sei daher das „einzige Individuum" (*weiyi de geren* 唯一的個人) gewesen, vgl. Lao 1987 [1955d]: 128–129.

shenghuo 倫理生活)[119] (nur am Rande erwähnt Lao die Stufe der Weltgeschichte bzw. des Weltgeistes) einen fortschreitenden Bildungsprozess, der in diesem Sinn als Kultur verstanden wird.[120] Hegel legt seiner „Philosophie des Rechts" einen entsprechend weitgefassten Rechtsbegriff zugrunde, der Ausgangspunkt einer praktischen Philosophie ist.[121] Sein Begriff des Rechtes umfasst für Lao in erster Linie das, was als „Wert" oder „Wertaktivität" (*jiazhi* 價值 oder *jiazhi zhi huodong* 價值之活動) das gesellschaftliche Zusammenleben von Subjekten regelt und vorhersehbar macht. Recht wird von Lao in den zwei Dimensionen von Recht als Gesetz und auch im Sinne eines „Angemessenseins" (*zhengdang* 正當) einer „richtigen" Praxisform übersetzt.[122] Auch Hegel trennt in seiner „Philosophie des Rechts" die Ebene der besonderen Frage, was alles „rechtens" ist und zum Recht eines spezifischen Landes gehört, von der allgemeinen Frage, was „Recht" als Idee oder Praxisform bedeutet.[123] Wie bei Hegel tritt für Lao das Subjekt als diejenige „herrschende [Instanz]" (*zhuzai* 主宰) auf, die souverän das, was recht ist, jeweils als „Wert in Handlungen verwirklicht" (*shixian jiazhi* 實現價值) und zudem darüber reflektiert, was als Wert anerkannt werden sollte. Ins Zentrum rückt somit das durch Handeln vollbrachte Verwirklichen von Werten und Normen einerseits, andererseits soll aber auch eine Reflexion über die Voraussetzungen von Handeln, das als allgemein anerkannt und somit als angemessen gilt, vorgenommen werden. Lao betrachtet diese Voraussetzungen nicht bloss als Denkformen, sondern, wenn sie einen Inhalt besitzen, als Institutionen. Damit ist ein zentraler Aspekt der Semantik von Laos

---

119 Lao stützt sich auf die englische Übersetzung von Knox 1942 und gibt für zentrale Begriffe häufig die englische und deutsche Übersetzung an, so auch bei *lunli shenghuo*, wobei die Übersetzung im Englischen „ethical life" lautet, vgl. Lao 2001 [1956l]: 1.

120 Dabei wird der „subjektive Geist" in Hegels Ausführungen zur Anthropologie, zur Lehre vom Bewusstsein und zur Psychologie nur andeutungsweise erwähnt bzw. implizit vorausgesetzt. Laos Ausführungen beziehen sich vor allem auf die Lehre vom „objektiven Geist", die Hegel unter der „Philosophie des Rechts" veröffentlichte und die eine eigene Wirkungsgeschichte entfaltet hat. Lao erläutert in diesem Zusammenhang, dass er nie das Konzept der „historischen Notwendigkeit" (*lishi de biran* 歷史的必然) des „absoluten Geistes" (*juedui jingshen* 絕對精神) von Hegel übernommen habe und sich daher nicht als Hegelianer verstehe, vgl. Lao 2001b: IX.

121 Lao 2001 [1956l]: 9–11. Der jeweilige Entwicklungsgrad, den die Idee der Freiheit auf den verschiedenen Ebenen aufweist, bestimmt diese hierarchische Ordnung.

122 Lao 2001 [1956l]: 25. Er führt dies auf die doppelte Bedeutung von Recht und recht bei Hegel und in der deutschen Sprache zurück, die in der von Lao verwendeten englischen Übersetzung teilweise, in der chinesischen Sprache mit der Bezeichnung von „Recht" als *quanli* 權利 aber nicht zum Ausdruck kommt und im Chinesischen die zusätzliche Übersetzungsvariante von „angemessen" benötigt.

123 Stekeler-Weithofer 2010: 33. Lao gibt an dieser Stelle keinen Hinweis, distanziert sich jedoch von einer theologischen Lesart des Begriffs Recht und streicht mit seiner Terminologie des Wertes die Grundvoraussetzung zu einer freien Willensentscheidung heraus.

Kulturbegriff angesprochen, der aus heutiger Sicht nicht mehr selbstverständlich ist: Kultur in normativer Dimension vermittelt allgemeingültige und nicht willkürliche Werte, die als rechtens oder sogar als Recht für ein Kollektiv gelten. Es ist diese regelnde Ordnung, die auch als Geist bezeichnet wird, wobei Lao den von Hegel rezipierten Zusammenhang zwischen „Begriff" (*gainian* 概念), „Idee" (*linian* 理念), Substanz und Handlung zur Begründung herleitet: Der Begriff[124] wird zur konkreten Praxisform in der Idee, wird somit (objektiver) Geist und subjektive Existenz der Idee. Was mit dem Begriff des Geistes oder der Idee den historischen Prozess erklärt, muss dabei immer von einem handelnden Subjekt ausgehen. Die Idee ist also die Einheit von Begriff und seiner Realisierung in konkreten Gestaltungen.[125] Jeder Begriff kann als Teil einer Praxisform in der Idee aufgefasst werden, und jede besondere Praxisform ist Bestandteil der entsprechenden Idee. Die Idee macht so das System der Praxisformen des Menschen aus, die er als frei handlungsfähige[126] Persönlichkeit erst hervorbringt.[127] Dieser Zusammenhang bestimmt für Lao den Begriff des Geistes bei Hegel, und durch die Praxisform wird er mit der Verwirklichung von Werten und der Verwirklichung von vernünftigen Prinzipien verbunden; die Einsicht in vernünftige Prinzipien darf jedoch nie absolut aufgefasst werden.

> Ein Wertesubjekt ist ein beim Realisieren von Werten souverän handelndes [Subjekt, B.K.]. Das Verwirklichen von Werten entspricht dabei dem Verwirklichen von vernünftigen Prinzipien.[128] Beispielsweise muss man beim Blumenpflanzen befolgen, wie man die Blumen setzt,

---

124 Dabei ist es der „Verstand" (*lijie* 理解), der Begriffe hervorzubringen vermag, diese jedoch in einem ersten Schritt abstrakt auffasst. Abstrakt ist etwas, das gegenüber Zusammenhängen isoliert wahrgenommen wird und somit im „Leeren hängt" (*xuankong* 懸空). Die Erweiterung des Verstandesdenkens, so Lao, erfolge bei Hegel dialektisch (in der „spekulativen Logik" *sibian de luoji* 思辯的邏輯) und auf der Vernunftebene, vgl. Lao 2001 [1956]: 6–7; Schnädelbach 2000: 193.

125 Hegel 1970 [1820], Bd. 7: 85.

126 Den Begriff der Freiheit mit Bezug zum freien Willen, der sich im modernen Staat (in Wechselwirkung mit einem aufgeklärten Protestantismus) realisiert, führt Hegel in seiner Einleitung zur „Philosophie des Rechts" aus. Darauf aufbauend thematisiert er die Erfahrung der soziopolitischen Veränderungen, ausgehend von der industriellen Revolution innerhalb seiner Gesellschafts- und Staatstheorie, vgl. Schnädelbach 2000: 164; Siep 2010: 94–97. Recht gründet dabei auf der freien Persönlichkeit, die um den freien Willen weiss und daher zum Subjekt (zur Subjektivität) fortbestimmt ist. Subjektivität zeichnet sich durch Selbstbestimmung, die erkannt wird, aus. Der wahrhaft freie Wille ist dabei die sich selbstbestimmende Allgemeinheit, vgl. Hegel 1970 [1820], Bd. 7: 71.

127 Lao 2001 [1956]: 6–7. Beispielsweise kann der Begriff des „Versprechens" zeigen, wie er nicht nur eine Differenz bezüglich eines Verhaltens aufweist. Jede Klärung dessen, was ein Versprechen sein kann, präzisiert die Gesamtpraxis und somit die Idee des Versprechen-Gebens. Damit werden Normen, Ideale und die gesellschaftlichen Formen des Versprechen-Gebens unter dieser Idee gefasst.

128 Lao unterscheidet zwar zu Beginn des betreffenden Abschnitts in Anlehnung an Kant die theoretische von der praktischen Vernunft; dabei wird „Vernunft" mit *lixing* 理性 wiedergegeben. Die

> wässert und schützt; dabei handelt es sich um die Vernunft [die notwendig ist, B.K.], um Blumen zu pflanzen. Wenn wir in Übereinstimmung mit diesen vernünftigen Prinzipien handeln, verwirklichen wir durch unser Verhalten die entsprechende Vernunft. Ein solches Verhalten kann als angemessenes Verhalten bezeichnet werden oder als ein Verhalten, das einen Wert besitzt. Aus diesem Grund lässt sich sagen, dass die Verwirklichung von Vernunft auch der Verwirklichung eines Wertes entspricht. Dabei muss Folgendes beachtet werden: In Bezug auf das konkrete Wissen, das immer von einem unbegrenzten Fortschritt möglicher Erfahrungen abhängt, ist das Ich, das bereits über Wissen eines Sachverhaltes verfügt oder das zu einem bestimmten Zeitpunkt eine vernünftige Einsicht fassen kann, immer ein möglicherweise Unvollkommenes.[129]

Um nach vernünftigen Prinzipien zu handeln, bedarf das Subjekt zweier Faktoren: erstens einer Einsicht in Form von Wissen und zweitens der notwendigen Substanz, der ein sogenanntes „Wesen" (*benxing* 本性) eigen ist.[130] Eine „Verwirklichung" (*shihua* 實化) von Werten kann nur in konkreten Handlungen oder anhand konkreter Sachverhalte erfolgen. Die sogenannte „abstrakte Allgemeinheit" (*chouxiang pubianzhe* 抽象普遍者) führt daher nie zu einer kulturellen Entwicklung.[131] Erst Begriffe und Ideen ermöglichen eine Entwicklung. Lao will damit den Unterschied hervorheben zwischen einem üblichen Verständnis von Begriffen als einer Klassifikation und Hegels Verwendung, die davon ausgeht, dass Begriffe am Ende Praxisformen benennen. Als Objekt wird der Begriff der Praxisform Gegenstand der Reflexion. Wenn Hegel sich daher auf ein Subjekt bezieht, dann nicht nur auf ein leibliches Objekt, einen Körper, sondern auf ein Subjekt, das in der gesellschaftlichen Welt handelt und reflektiert.[132]

übersetzte Textstelle verdeutlicht jedoch, dass es sich bei *li* um die Vorstellung von Vernunft in einem allgemeinen Sinn handelt, diese kann die Verstandeserkenntnis ordnen und besitzt das Vermögen, nach Prinzipien zu denken und Handlungen zu leiten. Das Vermögen der „praktischen Vernunft" (*shijian lixing* 實踐理性) wird im Abschnitt 4.4 mit Bezug zum Ideal einer Weltkultur besprochen.

129 Lao 2001 [1956l]: 4–5. 一價值主體, 即是一實現價值之活動的主宰者。價值之實現即理之實現。 譬如種花應如何下種灌溉保護, 此是種花之理; 倘我們能依理而種花, 則我們即在種花之行為上 實現一理; 而實現理之行為即正當之行為, 或曰有價值之行為, 故實現理亦即實現價值。注意: 關於具體知識內容依經驗無限進展之義說, 吾人對一一事所已具之知識, 或說已能了解把握之理, 永 可以是不完全者。

130 „Substanz" wird ebenfalls zweifach vermittelt: erstens in einer eher umgangssprachlichen, allgemeinen Terminologie von „Material" (*cailiao* 材料), aber zweitens auch mit dem philosophischen Fachbegriff *shiti* 實體. Bei Hegel verdankt sich die Entfaltung der Substanz den Handlungen des Subjekts, durch die die Idee wirklich wird. Gerade mit den unterschiedlichen Sprachregistern zeigt Lao auch auf der terminologischen Ebene an, dass er sich sowohl an ein wissenschaftliches Fach- als auch an ein eher populärwissenschaftlich interessiertes Publikum richtet, vgl. Lao 2001 [1956l]: 5–6.

131 Lao 2001 [1956l]: 6.

132 Stekeler-Weithofer 2010: 26.

Begriffe sind zuerst abstrakte Bestimmungen des Denkens in Bezug auf ein „Wesen" (*benxing* 本性 essence – i.O., B.K.) und beziehen sich auf „abstrakte Formbestimmungen" (*chouxiang xingshi* 抽象形式) des Verstandes. Durch „konkretes Denken" (*juti sixiang* 具體思想) des Begriffs erfolgt die Bindung an einen „Inhalt" (*neirong* 内容), wodurch ein Prozess der Konkretisierung im Werden begriffen ist. Die Vollendung dieser Abfolge erfolgt in der Idee, deren Objekt und Subjekt der Begriff ist.[133] Als „Veräusserlichung" (*waizaihua* 外在化)[134] erhalten die Idee und die darin vermittelte Vernunft ihre geschaffene Form in der Natur, indem sie ein Anderes aus der Natur werden, aber dort weiterwirken. Lao nennt diesbezüglich unter anderem allgemein akzeptierte Formen von Institutionen.[135] Er versteht in Anlehnung an Hegel die Idee also nicht bloss als Vorstellung, sondern als etwas Wirkliches und in der Gegenwart Reales. Der Ausdruck der Idee benennt die den Menschen ausmachenden Grundformen, wie sie sich im Handeln zeigen, und zwar auch dann, wenn einzelnes Tun nur ein mehr oder weniger guter oder eben mehr oder weniger vernünftiger Versuch ist, die betreffende Form zu realisieren. Die Idee existiert somit nicht losgelöst vom Tun des Einzelnen; in der Form von Bildung und Tradition bestimmt sie wiederum das Tun und Handeln der Einzelnen.

Laos Begriff des Geistes umfasst entsprechend das Ensemble der Ideen, in denen sich die korrelierenden, geschaffenen Formen in ihren Grundstrukturen zeigen. Einmal bedeutet dies das Ganze, das sich im Stufengang der Erfahrung aus „Bewusstsein" (*xinling* 心靈), „Selbstbewusstsein" (*zijue* 自覺), „Vernunft" (*li* oder *lixing* 理性) und „Geist" (*xin* 心) ergibt,[136] dann aber auch den Geist als eine der Stufen neben Bewusstsein und Selbstbewusstsein. Geist ist somit bei Lao weder in einem religiösen Sinn als Heiliger Geist zu verstehen noch im Sinn eines substanzi-

---

133 Durch die Verwendung desselben Zeichens für die beiden Begriffe „Vernunft" (*li* 理 und *lixing* 理性) und „Idee" (*linian* 理念) liegt die semantische Verbindung im Chinesischen viel näher als beispielsweise im Deutschen oder Englischen. Einer Verwirklichung der Idee ist im chinesischen Ausdruck gleichzeitig das Element der Verwirklichung von Vernunft oder Prinzipien eingeschrieben.

134 Der Fachbegriff bei Hegel heisst Entäusserung oder Äusserung, es wird an dieser Stelle jedoch Veräusserlichung vorgezogen, da Lao den von Hegel beschriebenen Prozess nicht im Detail nachzeichnet, vgl. bspw. Hegel 1970 [1820], Bd. 7: 211. Imitation und Verinnerlichung als Form der Innovation erweitern später die Vorstellung kultureller Entwicklung als Veräusserlichung. Lao 1993: 190–193.

135 Die „Idee" (*linian* 理念), das sei am Rande erwähnt, rückt semantisch auch in die Nähe des „Ideals" (*lixiang* 理想), das sich dadurch auszeichnet, dass es eine rationale Orientierungsfunktion übernimmt, die eben gerade nicht realisiert, sondern gedacht wird.

136 Für die einzelne Person spricht Lao häufig, aber nicht immer, von *xin* und bringt damit für das Geistig-Mentale eine Bezeichnung ein, die aus der konfuzianischen Tradition bekannt ist, bei *jingshen* handelt es sich hingegen um einen Neologismus. Zur Übersetzung von *xin* mit „Bewusstsein" vgl. Kapitel 4.

ellen Spiritismus. Auch von der Vorstellung einer absoluten Idee in einem teleologischen Sinn, des hegelianischen absoluten Geistes, distanziert sich Lao. Vielmehr ist der Geist die Existenz der Idee. In Laos Kulturvergleichen konnotiert die Rede vom Geist denn auch häufig die Perspektive eines gemeinsamen Handlungssubjekts. Der Geist ist dann das „Wir" im Vollziehen von Handlungen. Die Verwendung vom Ausdruck der Kultur ist dagegen eher objektiv und fokussiert dabei mehr auf die Resultate. Die Verbindung der beiden Begriffe Geist und Kultur weist somit darauf hin, dass im Hinblick auf diese Resultate der Prozess des Entstehens, das subjektive Tun, nicht ausgeklammert wird. Die Analyse einer Entwicklung erfordert dann auch beides, objektive Betrachtung des Historischen und subjektive Arbeit am Begriff. An diese Überlegung schliesst Lao die Ausführungen zum Bildungsprozess der Rechtsfähigkeit, der moralischen Handlung und der Sittlichkeit an, deren Bedingung zur Realisierung von Freiheit die Anerkennung von Pflichten ist.[137]

Kulturelle Veränderungen,[138] die etwas Neues hervorbringen, entstehen somit immer vor einem geistigen Hintergrund. Dieser Befund ist insofern relevant, als bei einer Kulturübernahme entsprechend zuerst die geistigen Voraussetzungen für eine neue Idee oder Praxisform geschaffen werden müssen, und dieser Prozess stellt den zentralen Ausgangspunkt einer Konvergenz oder Übernahme von Kulturelementen dar. Diese theoretische Überlegung prägt im Frühwerk Laos die Frage nach einer möglichen Konvergenz von Werten und ihrer gesellschaftlichen Umsetzung. Die Kultur bildet das Medium für die Werteverwirklichung des Subjekts, oder anders ausgedrückt: Damit eine Person ihre angemessene Handlungsfähigkeit leben kann, braucht es entsprechende kulturelle Voraussetzungen, die gerade in der Moderne für das (freie) Subjekt neu begründet werden müssen. Es gilt zudem darauf hinzuweisen, dass Lao denjenigen Institutionen des Staates oder des Rechts mit explizit geregelten Sanktionen diejenigen Praxisformen zur Seite stellt, die eben gerade nicht in den Bereich gesetzlicher Regelungen fallen, sondern eine bewusste Entscheidung verlangen. Damit sind ausdrücklich alle nichtkontingenten

137 Gerade in der Anerkennung von Pflichten sieht Hegel eine Erweiterung des negativen Freiheitsbegriffs (als einer wechselseitigen Beschränkung individueller Willkür) hin zu einem konkreten, positiven Freiheitsbegriff, indem das Subjekt die Entsprechung von Recht und Pflicht als verwirklichte Freiheit erfährt, vgl. Hegel 1970 [1820], Bd. 7: 297.

138 Die dialektische Methode steht bei Laos Erörterungen nicht im Vordergrund, und entsprechend werden Widersprüche weder theoretisch noch gesellschaftlich in ihrer Vermittlerrolle im Detail ausgeleuchtet, sondern häufig als Entstehung von Differenz thematisiert. Zur Rezeption von Hegels Dialektik und einer Kritik am Klassenkampf und Marxismus siehe Van den Stock 2016: 76–81. In späteren Texten räumt Lao in Anlehnung an Hegel einer spiralförmigen Dynamik geistiger Entwicklung Platz ein. Eine Entwicklung wird durch die Dynamik zwischen sogenannten emanzipatorisch-destruktiven und konstruktiven Kräfte in Gang gehalten, vgl. Lao 1993 [1962b]: 285–304.

Verhaltensweisen gemeint, die das implizit von (gebildeten) Subjekten anerkannte oder anzuerkennende System von Werten, Normen und Rechten als Geist einer Kultur bilden. Nicht zuletzt stellt sich dabei das Problem der Wahl- bzw. Willensfreiheit der historischen Akteure und damit auch der Verantwortung.[139]

Kultur bezieht sich für Lao auf ein Subjekt, das aus seiner Naturunmittelbarkeit heraustritt. Das Recht, Normen oder Werte werden zu einer zweiten Natur, in der sich der Geist Objektivität gibt und als Kultur auch zur Geschichte wird. Der Geist einer Kultur verbindet somit die ideelle, die substanzielle und die historische Komponente.[140] Die Konsequenz dieser Einlagerung des Kulturbegriffs in den Geistesbegriff ist, dass Kultur, obwohl geistig verstanden, immer auch Materialität in der Auseinandersetzung mit der Natur umfasst. Der Mensch als Subjekt steht somit in einer doppelten Beziehung zur Natur: Er ist der Natur zwar einerseits unterworfen, besitzt aber durch die Gestaltung auch eine äussere Macht über sie. Kultur ist das von Menschen Gemachte und zu Erhaltende, weil es sich nicht von selbst versteht und erhält. Bestimmend ist für Lao zudem, dass Hegel über den Geist-Begriff das kulturstiftende Subjekt mit dem Freiheitsbegriff bzw. mit dem freien Willen verknüpft: Bildung ermöglicht es dem Subjekt, das als Person zuerst lediglich dem Begriff nach frei ist, frei zu werden. Frei wird der Mensch in dem Masse, wie er lernt, von der ihm gegebenen Möglichkeit, frei zu sein, Gebrauch zu machen.[141] Für Lao ergeben sich an dieser Stelle zahlreiche Anknüpfungspunkte, die aus den Begriffen der Freiheit, des Lernens und der personalen Bildung in konfuzianischen Lehren resultieren. Diese Verknüpfungen mit den konfuzianischen Lehren werden in Kapitel 4 erörtert. Im folgenden Abschnitt soll Laos Auseinandersetzung mit dem Liberalismus von Friedrich August von Hayek und Ernst Cassirers Menschheitsgeschichte aufzeigen, wie die Verwendung des Freiheits- und Rationalitätsbegriffs anhand von Gegenwartsdebatten kritisch hinterfragt und in die Kulturfrage eingebracht wird. Denn eng damit verbunden sind Aspekte, die auf die eingangs gestellte Frage eingehen. Wie kann das empirische Ich Wertentscheidungen fällen, die dem Kollektiv zugemutet werden dürfen oder sogar als vernünftig gelten können?

---

139 Hegel erörtert den Staat als System der politisch gesetzten und kontrollierten Einrichtungen und Institutionen, insbesondere des formalen Rechts. Nach Laos Auffassung konnte sich in diesem Sinne ein Staat in China nur unzureichend ausbilden, weil die entsprechende ideelle Basis, eine entsprechende Staatstheorie und politische Philosophie nur wenig überzeugend ausformuliert wurden. Dieses Defizit prägt seine kritische Sicht auf die konfuzianischen Lehren. Laos Überlegungen zur politischen Theorie werden hier nicht weiter verfolgt, für das Frühwerk sind die zentralen Schriften zur Thematik zusammengestellt in der Aufsatzsammlung „Philosophie und Politik" (*Zhexue yu zhengzhi* 哲學與政治), vgl. Lao 1986.

140 Der Geist wird somit in Form von Kultur zum Komplementärbegriff der Natur, und beide werden zu realen Daseinsweisen der Idee, vgl. Lao 2001 [1956l]: 6–7; siehe auch Cobben 2006: 222–227.

141 Schnädelbach 2000: 202.

Laos Lesart von Hegel macht deutlich, dass es ihm nie um eine Übernahme einer Erkenntnislehre über das Absolute ging, sondern um eine in Anlehnung an Hegel vorgenommene Hermeneutik der jeweiligen Gegenwart.[142] Lao anerkennt zudem die Endlichkeit und Fehlbarkeit des Subjekts. Die Möglichkeit des kritischen Verstehens und Erfassens jeweiliger historischer Zeitabschnitte tritt in den Vordergrund.

3.6 Freiheit und Vernunft als Bedingungen des Kulturbegriffs

Dass nicht die Freiheit in einem allgemeinen Sinn, sondern die Willensfreiheit die Grundlage von Werten und Rechten ausmache, darüber hat Lao in einem Austausch mit Xu Fuguan debattiert. Dabei arbeitet er den Zusammenhang heraus, dass Werte und Rechte als Freiheit verstanden werden sollten, auch wenn die damit verknüpften Pflichten dem Subjekt als Zwänge erscheinen. Die Forderung, Freiheit müsse in erster Linie ein Verhalten „ohne Einschränkungen" (*bu shou yueshu* 不受約束) garantieren, sei daher unangemessen.[143] Zudem wird Lao gemäss eine solche Forderung nach uneingeschränkter Freiheit dem Entwicklungs- und Bildungsprozess nicht gerecht, der notwendig ist, um die allmähliche Realisierung von Freiheiten in Institutionen zu sichern.[144]

Die Zusammenhänge zwischen Vernunft, Rationalismus und Freiheit erörtert Lao zudem in mehreren Essays, in denen er sich mit zwei Gegenwartsgrössen der Sozial- und Kulturphilosophie auseinandersetzt: Friedrich August von Hayek und Ernst Cassirer. 1956 beschäftigt sich Lao in fünf längeren Aufsätzen mit Schriften, die Friedrich August von Hayek in den späten 1940er Jahren verfasst hat und die unter dem Titel „Individualism and Economic Order" ediert

142 Aus diesem Grund nehmen bei Lao die Ausführungen über die bürgerliche Gesellschaft grossen Raum ein: Die Entstehung einer Form der Gesellschaft, die sich vom Staat als politischem System absetzt und die sich im Wesentlichen durch Arbeitsteilung, Austausch und Konkurrenz auf einem kapitalistischen Markt vollzogen hat, sollte einer Staatsform weichen, in der die Interessen des Einzelnen mit denen des Staates (der Allgemeinheit) übereinstimmen können. Damit will Lao auch teilweise den Vorwurf entkräften, Hegel habe einem totalitären Staat das Wort geredet, vgl. Lao 2001 [1956l]: 12–25, insbesondere 18–19. Zudem zeigen sich an dieser Stelle Ansätze seiner Kritik an einer kapitalistischen Gesellschaft.

143 Lao 1986 [1954b]: 172. In diesem Artikel weist Lao Xu darauf hin, dass die Freiheit auf der Ebene des Staates und die individuelle Freiheit nicht nach denselben Kriterien beurteilt werden sollten.

144 Die Redefreiheit wird als Beispiel einer in Taiwan fehlenden, in Hongkong ansatzweise institutionalisierten Freiheit angeführt, vgl. Lao 1986 [1954c]: 165–167.

wurden.[145] Daraus leitet er dessen Verständnis von Individualismus, Freiheit und Liberalismus als „gesellschaftliche Ordnungsprinzipien" (*shehui zhixu de yuanze* 社會秩序的原則) ab[146] und nimmt Teil an der zeitgenössischen Auseinandersetzung mit dem Liberalismus und mit individuellen Positionen, die anhand des Konzepts des methodologischen Individualismus theoretisiert wurden. Obwohl Hayek ab 1922 regelmässig Vorlesungen bei dem in Wien tätigen Philosophen Moritz Schlick hörte, beteiligte er sich nicht aktiv an dessen bis heute bekannten und einflussreichen „Wiener Kreis". Hayek kritisierte in zunehmendem Masse die methodologischen Positionen Otto Neuraths, der davon ausging, dass die Koordination wirtschaftlicher Aktivitäten nicht mehr durch einen freien Markt und freien Geldverkehr, sondern durch eine zentralisierte Planwirtschaft und Naturalrechnungseinheiten erfolgen sollte. Neurath nutzte die wissenschaftlichen Voraussetzungen der auf dem Logischen Positivismus basierenden Utopistik und Statistik, um für zentralisierte Planungsentscheidungen einer Behörde zu argumentieren, die das benötigte Expertenwissen einbringen könne und dadurch Entwicklungen transparent und beherrschbar mache.[147] Hayek sah darin eine gefährliche Illusion, die sowohl wissenschaftstheoretisch als auch wirtschaftspolitisch nicht vereinbar war mit seinen Folgerungen aus dem methodologischen Individualismus. Neuraths gesellschaftlicher und politischer Entwurf entsprach dem von Hayek kritisierten Bild des modernen Rationalismus, Positivismus, Szientismus und Sozialismus, gegen das sich auch Lao richtet, der zu einem beachtlichen Teil mit Hayek und seiner Kritik übereinstimmt.[148]

145 Hayek 1980 [1948]; Lao 2001 [1956m]: 28. Die Artikel erschienen zuerst in der bereits erwähnten Zeitschrift „Wochenspiegel Chinas". Yu Yingshi weist darauf hin, dass gerade die Diskussionen um den Freiheitsbegriff auch im Umfeld tagespolitischer Debatten im damaligen Taiwan gelesen werden müssen, vgl. Yu 2018: 18–19.

146 Lao 2001 [1956n]: 86.

147 Hayek 1980 [1935]: 141.

148 Lao 2001 [1956k]: 76–83. Wie weiter oben bereits erwähnt, hat sich Lao auch mit weiteren Schriften aus dem „Wiener Kreis" und insbesondere mit Moritz Schlick und einer seiner Hauptthesen des „wahren Positivismus" (*true positivism*) auseinandergesetzt, vgl. Lao 1987 [1957b]: 230–260. Andererseits zeigt Lao auf, dass Hayek Stellung bezog gegen den Physikalismus eines Otto Neurath oder die Strömung des psychologischen Behaviorismus, wo die Sinnesordnung und ihre Interpretationsleistung vernachlässigt bleiben, um die Sozialwissenschaften auf sogenannte objektive Tatsachen zurückzuführen, vgl. Lao 2001 [1956n]: 103; Hayek 1980 [1935]: 58–67, insbesondere 65, 140–141.

3.6.1 Evolutorische Ordnung und Kritik durch Vernunft

Als Alternative zu einem rational geplanten Sozialismus thematisiert Lao basierend auf Hayek eine spontan entstandene, evolutorische und in diesem Sinn liberale gesellschaftliche Ordnung, die zwar immer unvollkommen ist, dafür aber auf das unbegrenzte Wissen all ihrer Mitglieder zugreifen kann. Hayek führt den Erfolg marktwirtschaftlich organisierter Gesellschaften auf die vorherrschende individualistische Moralphilosophie zurück. Ausgehend von der Unterscheidung zwischen einem „richtigen" und einem „falschen Individualismus" (*zhende jiade getizhuyi* 真的假的個體主義)[149] nähert sich Lao dem Ordnungsdenken Hayeks an. Dieser stellt eine auch für Lao drängende Ausgangsfrage an die damalige Gegenwart: Kann es im als fragmentiert wahrgenommenen und vom Positivismus bestimmten Gegenwartsdenken ein übergeordnetes Leitprinzip überhaupt noch geben? Der Religion spricht Hayek eine solche Funktion nicht mehr zu, einem korrekt verstandenen Individualismus und dem damit entworfenen Freiheitsbegriff kann eine Leitfunktion jedoch sowohl normativ als auch methodologisch zukommen.[150]

Individualismus und Freiheit

Den Begriff der Freiheit bestimmt Lao in seiner Gebundenheit an den Einzelnen und an die Gesellschaft näher. Wie er an anderer Stelle bemerkt, gelte es, die Bedeutung von „Freiheit" (*ziyou* 自由) in China noch zu debattieren und zu vermitteln.[151] Dies werde besonders deutlich, wenn beispielsweise von der antikommunistischen Bewegung das Ideal in Aussicht gestellt werde, die „Freiheit zu schützen" (*baowei ziyou* 保衛自由). An diesem Slogan und Ziel der Bewegung werde deutlich, dass das Gut der Freiheit an Institutionen gebunden sei, die dem Einzelnen die persönliche Freiheit erst garantieren und darum zu schützen seien. Freiheit müsse in diesem Fall mit einer Art des Rechts jeder einzelnen Person auf etwas verstanden werden. Nur wer sich eines solchen Rechts institutionell erfreue, könne sich für dessen Bewahrung einsetzen. Für China stellt Lao jedoch fest, dass die durch eine Konstitution festgeschriebenen Freiheiten für die wenigsten Menschen im Alltag eine Rolle spielten oder nur wenigen hilfreich seien.[152] Die antikommunistische Bewegung erhalte unter

---

149 Hayek 1980 [1948]: 1–32; Lao 2001 [1956m]: 27–47.

150 Hayek 1980 [1948]: 2; Lao 2001 [1956m]: 29. Lao verwendet die Bezeichnung *gerenzhuyi* 個人主義 häufig für die ideologische Form des „Individualismus", die Hayek als den „falschen" Individualismus bezeichnet.

151 Lao 1986 [1954b]: 171–172.

152 Lao 2001 [1962f]: 158.

anderem gerade darum wenig Unterstützung, weil der an Institutionen gebundene Freiheitsbegriff in China noch viel zu wenig bekannt und zum Tragen gekommen sei. Dieser muss nach Laos Einschätzung durch einen vom Subjekt oder – in Anlehnung an Hayek – vom Individuum ausgehenden Freiheitsbegriff vermittelt werden. Wie umstritten die mit Freiheit in Verbindung gebrachten Bedeutungen zu diesem Zeitpunkt waren, zeigen die Reaktionen auf eine Erörterung Tang Junyis. Er hielt an einer Hierarchie von Freiheiten fest, wobei die innere Freiheit des „Wohlwollens" (*ren* 仁)[153] an erster Stelle stand. Als weitere Freiheiten erwähnt er die Freiheit, eigene Bedürfnisse zu befriedigen, die Freiheit, anders zu sein und die Wahlfreiheit. Die Freiheit im Sinne der westlichen Menschenrechte erwähnt er an vierter Stelle.[154] Xu Fuguan stimmte im Grossen und Ganzen mit Tang überein: Auch er verknüpfte den Begriff der Freiheit mit dem moralischen Streben nach einem höheren (konfuzianischen) Ideal in Form von *ren*.[155] Eine abweichende Meinung vertrat hingegen Yin Haiguang 殷海光 (1919–1969) in der Zeitschrift „Freies China". Er negierte die Bedeutung der inneren Freiheit und bevorzugte die individuell verbürgten Freiheiten (engl. liberties):

> The true denotation of „freedom" is neither „mental freedom" nor „national freedom" but individual liberties. Far from being vague or empty, individual liberities can be listed in a bill straightforwardly. In other words, they are countable items of basic rights such as personal liberty, freedom of property, of expression, thought, scholarship, association, residence and travel.[156]

Lao verficht in Anlehnung an Hayek im Vergleich zu Tang und Yin eine Mittelposition und gesteht dem Subjekt bei Wertentscheidungen die höchste innere Freiheit zu, gerade diese gelte es jedoch durch Institutionen oder durch eine Regierung vor Zwang zu schützen,[157] dahingehend müsse das Verständnis von Freiheit im Sinne von Rechten und Pflichten an Institutionen gebunden sein. Dadurch entstehe ein Raum, in dem ein freier sozialer Umgang möglich werde.[158] Das bedeute jedoch nicht, dass Freiheit gleichzusetzen sei mit der Annahme, alles tun und lassen zu dürfen, was in China eine verbreitete Auffassung sei. Diese Absage an eine grenzenlose Libertinage teilt er mit Hayek; auch dieser habe ausdrücklich darauf hingewie-

---

153 *Ren* wird häufig als „Menschlichkeit" übersetzt, eine Bedeutung, die hier auch mitschwingt. Für weitere Ausführungen zur Bedeutung von *ren* in frühen konfuzianischen Texten siehe Kapitel 4.2. Tang 1991 [1955], Bd. 5: 345.

154 Tang 1991 [1955], Bd. 5: 330–346.

155 Xu 2001 [1949], Bd. 1: 33–35.

156 Lee 1998: 249.

157 Lao thematisiert an dieser Stelle auch den möglichen Missbrauch demokratischer Institutionen durch die Regierung.

158 Lao 2001 [1956m]: 34.

sen, dass die Freiheit aller durch Rechtsstaatlichkeit, Schutz von Minoritäten und den Aufbau von Sozialleistungen zu erreichen sei.[159] In diesem Sinne weise Hayek einen „atomistischen Individualismus" (*yuanzishi de getizhuyi* 原子式的個體主義) im Grundsatz zurück und gehe davon aus, dass die Annahme eines isolierten Individuums falsch sei:

> Was sind die grundlegenden Merkmale des Hayekschen wahren Individualismus? Meiner Ansicht nach ist dabei die Affirmation einer spontanen Kooperation von freien Individuen der zentrale Punkt. Diese Affirmation kann hinsichtlich zweier Aspekte verstanden werden: Einerseits wird die Zusammenarbeit von Individuen bekräftigt und somit unterstrichen, dass es sich nicht um eine Theorie eines „isolierten" oder „vereinzelten Individuums" handelt; andererseits wird die „Freiheit" des Einzelnen bekräftigt und die Vereinnahmung des Individuums in eine allumfassende Idee des Kollektivismus zurückgewiesen. Mit seiner Affirmation der spontanen Kooperation von freien Individuen erklärt Hayek, wodurch das gesellschaftliche Leben bestimmt wird.[160]

Der Individualismusbegriff bleibt somit grundsätzlich auf das gesellschaftliche Zusammenleben bezogen und verweist auf die zentrale Bestimmung, die er einnimmt, um eine konventionelle gesellschaftliche Ordnung zu erklären. Erst aus dieser Grundbestimmung, die gleichzeitig auch Laos Subjektbegriff zu präzisieren hilft, können aus dem Individualismus politische Maximen abgeleitet werden. Zwei Argumente stützen aus Laos Sicht individualistische Positionen: Zum einen belegt der Individualismus das epistemologische Argument, dass Wissen immer fragmentarisch, zerstreut, unvollständig und implizit vorhanden ist und somit nicht zentralisiert werden kann.[161] Zum anderen leitet Lao daraus das gesellschaftliche Argument ab, dass nur wer frei ist, seine selbst gewählten Ziele verfolgen und auf die vorhandenen Ressourcen so zugreifen kann, dass sie effizient gehandhabt werden. Diesen Austausch versteht Lao als „interpersonellen Prozess" (*geren jian de guocheng* 個人間的過程), in dem Interessen und Ziele ausgehandelt werden müssen.[162] Implizites Wissen ist dabei in allgemein anerkannten Prinzipien, in Sitten und Traditionen enthalten, die sich durch einen Prozess kultureller Evolution etabliert haben. In dieser Hinsicht anerkennt Lao mit Hayek die produktive Rolle von in einem Prozess der

---

159 Lao 2001 [1956m]: 37. In diesem Zusammenhang weist Lao darauf hin, dass der „legislative Mechanismus" (*lifa jigou* 立法機構) in vermeintlich demokratischen Regimen zur Beschneidung von Freiheiten genutzt werden könne und spielt indirekt auf die Nationale Volkspartei in Taiwan an, die zu diesem Zeitpunkt unter Notrecht ein Einparteiensystem aufrechterhielt.

160 Lao 2001 [1956n]: 88. 海耶克的真個體主義基本特性在哪裏呢?我想最居中心地位的是, 對「自由個體之自動合作」之肯定。這一肯定可以從兩方面了解, 一方面强調個體之合作, 故非主張 「孤立」或「散立的個體」的理論; 另一方面强調個體之「自由」, 乃反對集體主義之以全體觀念吞沒 個體。海耶克肯定自由個體之自動合作, 由此以解釋社會生活如何決定。

161 Lao 2001 [1956m]: 32; Lao 2001 [1956n]: 82–83.

162 Lao 2001 [1956m]: 35.

gesellschaftlichen Auslese entstandenen Traditionen.[163] Hayeks Theorie einer spontan-liberalen gesellschaftlichen Ordnung bietet für Lao somit Anschlüsse, um eine Neuinterpretation von Traditionen zu legitimieren. Dieser Prozess der Neuinterpretation bildet aber gleichzeitig die Basis seiner Kritik an Hayek, insbesondere an dessen Zurückweisung des Rationalismus.

Rationalismus

Lao stimmt zwar mit Hayeks Kritik am Rationalismus in sozialistischen Planwirtschaften überein, distanziert sich jedoch gleichzeitig von einer umfassenden Zurückweisung rationaler Interventionen. Hayek unterscheidet unterschiedliche Arten von Ordnungen und Institutionen. Grundlegend und in Übereinstimmung mit Lao geht Hayek davon aus, dass viele der tragenden sozialen Institutionen nicht zweckgerichtet geplant oder „erfunden“ wurden, sondern die komplexesten davon, wie Normen, Sitten, Sprache oder Geld, ohne lenkenden Plan und somit ohne zentralisierte Rationalität entstanden sind. Wissen und Erfahrung von vielen Generationen sind in diesen Institutionen eingelagert und stehen als Ressource zur Verfügung, ohne dass die Mitglieder einer Gesellschaft im Detail über dieses Wissen verfügen.[164] In Kontrast dazu sieht Hayek durch René Descartes (1596–1650) eine spezifische Art des Rationalismus begründet, die durch eine mechanistische Denkweise die Gesellschaft als planbar erachtet und zu der Überzeugung führt, eine herausragende Person oder eine Gruppe könne eine Gesellschaft lenken. Hayek zählt weiter den Utilitarismus und den Materialismus zu dieser Art des Rationalismus, die eine positivistische Grundhaltung auf Forschungsgegenstände der Sozialwissenschaften übertragen.[165] Dabei kritisiert Hayek die Beurteilung dieser „falschen“ individualistischen Sicht auf Rationalität als zu optimistisch, naiv und konstruktivistisch. Folgt man dieser Überlegung Hayeks, ist die Vernunft nicht das Fundament, auf dem sich die Welt erklären lässt, und sie ist auch nicht der Ausgangspunkt einer kulturellen Entwicklung, sondern Vernunft entsteht parallel und in Begleitung zu einer kulturellen Entwicklung. Er geht davon aus, dass bei vielen langfristigen gesellschaftlichen Organisationen kein Instinkt und keine rationale Willensentscheidung an deren Anfang standen, sodass es zwischen Instinkt und Rationalität ein Drittes geben muss, das Ergebnis des menschlichen Handelns ist, aber nicht einer geplanten Absicht ent-

163 Hayek beruft sich dabei auf die Schottische Aufklärung, insbesondere Adam Smith und das Prinzip des Mitgefühls, vgl. Peart 2011: 41.
164 Lao 2001 [1956o]: 64–65.
165 Hayek 1980 [1946]: 9–12.

spricht.[166] Spontanes Wachstum und spontane Entwicklung sind denjenigen Institutionen eigen, die Hayek entsprechend als evolutorische Ordnungen untersucht.[167] Organisationen in Planwirtschaften haftet aus seiner Sicht der Mangel an, Wissen und andere evolutionär entstandene Kapazitäten nicht zu nutzen, gar zu limitieren.[168] Im Gegensatz dazu stehen evolutorische Ordnungen für einen Individualismus, wobei Wissen in einem Prozess des Erprobens, Bewährens oder Verwerfens, der Auslese und der Modifikation in allgemeine Prinzipien wie Regeln und Verhaltensweisen einfliesst. Diese ohne Zwang übernommenen Verhaltensweisen lassen nun einerseits als Kernmoment zu, dem Individuum einen klar begrenzten Bereich individueller Verantwortung und Verpflichtung zuzuschreiben, und andererseits wird aufgrund einer allgemein anerkannten Rationalität soziales Verhalten für alle Beteiligten vorhersehbar.[169] Das folgende Zitat soll Laos Verständnis von Rationalismus in kritischer Abgrenzung zu Hayek verdeutlichen:

> Es ist ein Faktum, dass sich der Mensch häufig nicht von der Vernunft leiten lässt. Aber wenn sich der Mensch damit auseinandersetzt, ob er sich von der Vernunft leiten lassen soll oder nicht, wird die Bedeutung des Ausdrucks Vernunft erkennbar. Hayek und einige seiner Zeitgenossen, die seine Theorie der radikalen Ablehnung des Rationalismus teilen, vermischen diesbezüglich zwei unterschiedliche Ebenen. Auf der Erkenntnisebene geht es um die Fähigkeit, in Konzepten zu denken, [auf der Moralebene, B.K.] geht es um die Fähigkeit, richtig und falsch sowie das Gute vom Bösen zu unterscheiden. Wenn wir vor diesem Bedeutungshintergrund die Vernunft ansprechen, können wir nicht umhin zu sagen, dass es in Bezug auf das Verhalten keinen anderen Weg gibt, als danach zu streben, sich von der Vernunft leiten zu lassen. [...] Wer Hayeks Theorie akzeptiert, hat erkannt, dass im Alltagsleben Vernunft häufig nicht vollkommen zur Anwendung kommt. Aus diesem Grund wird eine freiheitliche Entwicklung des Individuums befürwortet und die Kontrolle durch einen einheitlichen Plan als unzuverlässig zurückgewiesen. Gerade diese Argumentation zeigt uns aber, dass der Mensch seine Vernunftfähigkeit anwendet, um das Resultat des eigenen [Handelns, B.K.] zu verstehen. Denn wenn der Mensch für sich erkennt, dass seiner Vernunft

166 Hayek schliesst damit nicht aus, dass es vernunftbegründete und zweckgerichtete Ordnungen gibt, die er als Organisationen bezeichnet, vgl. Hayek 1980 [1946]: 137.

167 Entsprechend nennt Hayek seinen Rationalismus evolutorisch oder in Anlehnung an seinen Freund Karl Popper kritischen Rationalismus. Lao gesteht Hayek im Frühwerk diese kritische Komponente in Bezug auf den Rationalismus jedoch (noch) nicht zu.

168 In Hayeks bekannteren Schrift „The Road to Serfdom" aus dem Jahr 1944 entwickelt er diese Kritik weiter und zeigt Verbindungen zwischen Kommunismus, Faschismus und Totalitarismus auf. Lao war die Schrift bekannt, aber er unterschied bewusst zwischen den ideologischen und methodologischen Positionen Hayeks, vgl. Lao 2001 [1956m]: 27.

169 Hayek 1980 [1946]: 17–18; Lao 2001 [1956m]: 37; die Argumentation zielt hier auf eine für alle nachvollziehbare Hierarchisierung von zu erreichenden Resultaten.

> Grenzen gesetzt sind, zeigt sich das wahre Potential zur Vernunft. In dieser kritischen Reflexion auf das Vermögen der Vernunft, zeigt sich ihre herausragende Funktion.[170]

Mit seiner Kritik erweitert Lao Hayeks Konzeption einer liberalen, evolutionären Ordnung um die Möglichkeit einer rationalen Intervention, die abermals als gesellschaftlicher Prozess und nie absolut zu verstehen ist. Auch Traditionen und allgemein akzeptierte Leitprinzipien müssen einem Prozess rationaler Legitimierung in der Gegenwart standhalten können. Mit diesen Einwänden antizipiert Lao eine Kritik, die Hayek den Vorwurf einbringen sollte, er habe die Möglichkeit rationaler Einflussnahme auf gesellschaftliche Missstände unterschätzt.[171] Lao bricht damit eine dichotomische Positionierung von Liberalismus und Sozialismus auf, um eine Vermittlung in Form einer teilweisen Rehabilitierung und Integration des Rationalitätsbegriffs vorzuschlagen.[172]

3.6.2 Die Verbindung von Rationalität und sinnstiftenden Werten bei Ernst Cassirer

Zahlreiche der bereits erwähnten Aspekte, wie Freiheit, Werte und Sinnstiftung, scheinen in Laos Überlegungen und Kommentaren zu Ernst Cassirers Kulturphilosophie zusammenzufinden. Die Einsicht in diese Texte soll daher eine erste vorläufige Zusammenfassung der heterogenen Aspekte seines Kulturbegriffs vorbereiten.

Lao präsentiert Ernst Cassirer anhand einer zusammenfassenden, zuweilen paraphrasierenden und gleichzeitig kommentierenden Übersetzung von Auszügen aus dessen Werk „An Essay on Man. An Introduction to a Philosophy of Human

---

170 Lao 2001 [1956n]: 93. 人常常不能受理性引導，自是事實：但理性之引導是否應為人所必接受，則看「理性」一詞之意義為何。在海耶克以及時下一些論者所反對的理性主義學說中，「理性」一詞乃 混指知識上之概念思考能力及辨別是非善惡之能力說；而在此意義上說理性，則我們不能不說，人之行為除求受理性指導外，別無他途。[...] 即以海耶克之理論說，人倘接受此理論，而自認通常 生活中理性之運用常不完全，因而肯定個別自由發展，而否認單一的計劃支配之可信賴。此仍是人運用理性能力了解人自身之結果，因為，倘若人自知理性能力之限度，即正是理性能力之反照，顯理性之大用。

171 Ein Grossteil dieser Kritik wurde nach der Publikation von „The Constitution of Liberty" laut, vgl. Kley 1994: 11, 169. Die Vorwürfe führten zu Hayeks Bezugnahme auf einen „kritischen Rationalismus".

172 Metzger hat diesen Trend ebenfalls thematisiert, den Lao in Metzgers Sicht mit der Strömung des Modernen Konfuzianismus teilte. Laos Hayek-Rezeption bleibt dabei unerwähnt. Metzger sieht in Laos Verständnis von Vernunft und Rationalität das absolute und unhinterfragte Fundament jeglicher Entwicklung, vgl. Metzger 2005: 444, 491.

Culture“ aus dem Jahr 1942.[173] In diesem Werk verzichtet Cassirer auf die detaillierte Herleitung seiner theoretischen Fundierung der sogenannten symbolischen Formen, vielmehr behandelt er darauf basierend eine Themenvielfalt, die er wie folgt erklärt:

> Alle hier erwogenen Themen [bilden] letzten Endes ein einziges Thema. Sie sind verschiedene Strassen, die zu einem gemeinsamen Mittelpunkt führen – und nach meiner Auffassung ist es die Aufgabe der Philosophie der Kultur, diesen Mittelpunkt ausfindig zu machen und zu bestimmen.[174]

Lao stellt diesen Grundgedanken Cassirers an den Anfang seiner Einleitung, die er der Übersetzung voranstellt. Zusätzlich erläutert er Cassirers Begriff des Symbols und stellt damit den formalen Aspekt der Symbolphilosophie vor. Für Lao besteht das entscheidende Moment darin, dass mit dem Symbol in Cassirers Sinn eine bedeutungsstiftende Tätigkeit des Menschen verbunden ist:

> Weil der Mensch die Fähigkeit besitzt, von Symbolen Gebrauch zu machen, lebt er, verglichen mit Tieren, nicht nur in einer relativ umfassenden Wirklichkeit, sondern in einer neuen Dimension der Wirklichkeit. Tiere zeigen unmittelbar eine Reaktion auf einen Stimulus, beim Menschen wird die Antwort jedoch häufig durch einen Denkprozess verzögert. Vielleicht fragt sich jemand, ob diese Verzögerung etwa bedeutet, dass der Mensch andere Lebewesen überrage. Wie immer die Antwort darauf ausfallen mag, steht fest, dass es für den Menschen kein Entkommen aus dieser Realität gibt: Der über Kultur verfügende Mensch lebt in der symbolischen Welt, also in der mit Bedeutung versehenen Welt und nicht mehr in einer bloss materiellen Welt. In der symbolischen Welt entfalten Sprache, Religion, Kunst etc. alle ihre Wirkung und bilden neue Aspekte menschlicher Lebensbereiche.[175]

Die durch die symbolischen Formen von Sprache, Mythos, Religion, Kunst, Technik und Wissenschaft gewonnenen Inhalte sind für Cassirer keine willkürlich gesetzten „Bilder“. Das Symbol verbindet für Cassirer die sinnlich-empirische Gegebenheit mit der symbolisch-geistigen Bestimmtheit eines Gegenstandes in einer ganzheitlichen Anschauung.[176] Lao lässt die Frage unbeantwortet, ob die theoretische Ausgangslage

---

173 Cassirer 1992 [1944]. Die vorliegende Arbeit zieht auch die deutsche Übersetzung bei, vgl. Cassirer [1944] 1990. Laos Artikel wurde in einer dreiteiligen Fortsetzung 1954 in Hongkong veröffentlicht in „Demokratischer Kommentar“ *Minzhu Pinglun* 民主評論, vgl. Lao 1987 [1954d]: 88–113.

174 Cassirer 1990 [1944]: 10.

175 Lao 1987 [1954d]: 100. 人有這種使用符號的活動, 因之, 人與動物比較, 不僅生活在較廣大的實在中, 而且是生活在一種新的實在的向度中。動物對刺激的反應是直接的。在人類則反應常因思想過程而延緩。也許有人會說, 這種延緩並不表示人比動物高明; 但不論怎樣說, 有文化的人生活在符號世界或意義世界中, 則是不可逃避的眞實。人不是面對赤裸的物質世界而生活。在符號世界中, 語言, 宗教, 藝術等等都發揮作用構成人的生活領域的新面目。

176 Lao 1987 [1954d]: 90. Lao weist bezüglich der Begrifflichkeit darauf hin, dass gerade diese geistige Bestimmtheit mit der chinesischen Bezeichnung *xiangzheng* 象徵 für „symbolisch“ wegfällt und die Assoziation einer Oberflächlichkeit, einer reinen Sinnlichkeit des Bildhaften vermit-

der symbolischen Formen die Grundlage einer künftigen Kulturphilosophie sein könne.[177] Ralf Konersmann sieht mit Cassirer den „Gestus des kommentierenden Philosophierens“ Einzug halten in die Kulturphilosophie.[178] Damit meint er einen kontextualistischen, situationsbezogenen Modus des Philosophierens, in dem Varianten, Abweichungen und Aufschübe aus Teilgebieten und Schulen der philosophischen Tradition ein eigenes Teilgebiet der Kultur auszumachen begannen. Cassirer gibt in seinem Hauptwerk, der „Philosophie der symbolischen Formen“, einen Leitfaden der Formgeschichte als Kultur, die aufzeigt, wie bspw. die Form des Mythos oder der wissenschaftlichen Erkenntnis das individuelle endliche Dasein überdauert. Die einzelnen symbolischen Formen erhalten als Teilsysteme gar Eigenwert und bilden die Systematik der Kulturphilosophie. Für Konersmann zeigt sich im Spätwerk eine Hinwendung zur Thematik der freien reflexiven Tätigkeit des Menschen:

> Wie dann in den vierziger Jahren das Schlussstück des *Essay on Man* ausführt, verfügt die Philosophie nicht schon von sich aus über diesen systematischen Zusammenhang; sie ist deshalb gehalten, ihn überhaupt erst auf dem Niveau und angesichts der Herausforderung der vollzogenen Autonomisierungsprozesse [der einzelnen symbolischen Formen, B.K.] zu formulieren.[179]

Mit seiner letzten grossen Publikation „An Essay on Man“ stellt Cassirer die Frage nach dem Menschen selbst und seiner Bedeutung in Bezug auf das Erfassen der Autonomisierungs- bzw. Emanzipationsprozesse der symbolischen Formen. Lao zielt mit seiner Auseinandersetzung mit Cassirers Text auf diesen Umstand und legt zudem auf die inhaltliche Komponente dieser Autonomisierungsprozesse grossen Wert, wobei das Moment der Selbsterkenntnis des Menschen für Cassirer die eingangs angesprochene Schlüsselposition einnimmt. Lao paraphrasiert Cassirers diesbezügliche Einschätzung:

> Es handelt sich um eine allgemein anerkannte Meinung, dass das höchste Ziel philosophischen Fragens und Forschens die Selbsterkenntnis ist. Selbst die Skeptiker können die Not-

telt wird. Er zieht daher die Übertragung mit *fuhao* 符號 für „Symbol“ vor und bringt für das Adjektiv „symbolisch“ die Übersetzung *biaoyide* 表義的 ein, um auf die intellektuelle Tätigkeit der Sinn- und Bedeutungsbildung der symbolischen Formen ausdrücklich hinzuweisen. Im weiteren Text verwendet er jedoch die adjektivische Form *fuhaoxing* 符號性 für „symbolisch“. Zur Erklärung führt er aus, dass diese Übersetzung zwar ungewohnt wirken könne, was jedoch kein Hindernis darstellen sollte, denn gerade das Unübliche verhindere das Auftreten von Missverständnissen aufgrund von Vermutungen, vgl. Lao 1987 [1954d]: 90.

177 Lao 1987 [1954d]: 89.

178 Konersmann 2003: 85.

179 Konersmann 2003: 88.

> wendigkeit von Selbsterkenntnis und die Möglichkeit eines derartigen Wissens des Menschen über sich selbst nicht leugnen.[180]

Zudem will Lao seinem Lesepublikum vermitteln, dass sich Cassirer mit seiner Aufmerksamkeit, die er ausgewählten philosophischen Positionen zur Selbsterkenntnis gewährt, positiv einer bestimmten philosophischen Entwicklung und somit Kultur gegenüber verhält. Lao fokussiert auf diese inhaltlichen Aussagen zur historischen Semantik der Erkenntnis des Menschen über sich selbst, die damit eigentlich normativ ausgewiesen werden. In seinem Spätwerk geht Cassirer davon aus, dass hinter jeder kulturellen symbolischen Handlung diejenigen Kräfte zur Selbsterkenntnis stehen, die auch als Bedingung von ethischem Handeln angesehen werden müssen:

> Wenn von einem biologistischen Standpunkt aus erklärt werden soll, was Erkenntnis ist, eignet sich Aristoteles' *Metaphysik*. Er geht davon aus, dass alle Menschen von Natur aus ein Begehren in sich tragen, nach Wissen zu streben. Dieses Begehren wird durch das Vergnügen an Sinneswahrnehmungen erklärt. Aus dieser Perspektive leitet sich ab, dass es die menschliche Erkenntnis in ihren Anfängen ausschliesslich mit der Aussenwelt zu tun hatte. Mit fortschreitender Kultivierung macht sich jedoch eine entgegengesetzte Tendenz bemerkbar, wobei sich die Aktivität des Erkennens auf die Innenwelt des Menschen richtet. In der Tat verhält es sich so, dass vom allerersten Aufscheinen eines menschlichen Selbstbewusstseins an die introvertierte und die extrovertierte Haltung gleichzeitig vorhanden sind. Je weiter die Entwicklung der Kultur voranschreitet, desto stärker wird die introvertierte Haltung. [...] Noch bemerkenswerter erscheint, dass Selbsterkenntnis fortan nicht mehr bloss als Gegenstand der Neugier oder der Meditation betrachtet wurde, sondern als eine elementare Pflicht des Menschen. In diesem Sinn, könnte man sagen, nahm die Bedeutung dieser Art von Erkenntnis zu.[181]

Daraus folgt unter anderem, dass der Mensch nicht im Sinne einer Essenz definiert werden kann, sondern nur funktional und über seine kulturellen Handlungen.[182] Zudem wird dem Menschen Moralfähigkeit und die Verantwortung für diese Moralfähigkeit zugesprochen. In der Neuzeit und der Formierung wissenschaftlichen Denkens geriet der Mensch jedoch in eine Krise der Selbsterkenntnis:

---

180 Lao 1987 [1954d]: 91. 人對自身的知識爲哲學探索的最高目標似是公認之意見。即使懷疑論者, 對於人認識自身的必要, 以及這種知識的可能也不能否認。

181 Lao 1987 [1954d]: 91–92. 如果我們採取一種生物學的觀點來解釋知識, 則可以學亞里斯多德在其「形上學」(Metaphysics)中所說的話, 認爲人類天然地有求知慾望, 而以感覺的愉快來解釋此種 慾望。依此, 則人類知識的第一階段便應是完全指向外界的。但當人類文化進展, 我們便遇見一種相反的趨勢, 我們看見人類知識的內向活動。其實從人的自覺意識最初閃現時起, 內向的趨勢便與外向的趨勢並存; 而文化愈發展, 內向趨勢亦愈强。[...] 更可注意的是, 到此階段, 這種對人類自身的知識不僅作爲好奇心和冥想的課題, 而且成爲人的基本義務。在此意義上, 亦可說, 這種知識的重要性得到進一步的重視。

182 So heisst es bei Cassirer: „[...] if there is any definition for the nature or essence of man, this definition can only be understood as a functional one, not a substantial one", siehe Cassirer 1992 [1944]: 67–68.

Cassirer bringt diese Krise mit verschiedenen Forschungsmethoden in Verbindung. Er kritisiert dabei einen zu eng gefassten Begriff von Vernunft, der in einer exakt-wissenschaftlichen Form keine metaphysische Bedeutung zulässt.[183] An die Krise der Selbsterkenntnis schliesst sich jedoch auch in der Gegenwart die Frage an, wie die Moralfähigkeit mit der Begründung moralischer Verbindlichkeiten in Zusammenhang gebracht werden kann. Das bindende Moment ethischen Verhaltens liegt dabei nicht in einer vermeintlichen Objektivität von Werturteilen; entscheidend ist das Bewusstsein, das das wertende Subjekt, der Mensch, von sich selbst und von Werten hat.[184] Dieses Bewusstsein, dass es sich bei Werten um etwas Geschaffenes und Überindividuelles handelt, umfasst einen reflexiven Akt.[185] Der Mensch erkennt das eigene Wollen als nur bedingt berechtigt an und das Ideal als Möglichkeit und Ausgangslage für ein freies moralisches Handeln. Betrachtet man vor diesem Hintergrund die inhaltlichen Positionen genauer, die Cassirer aneinanderreiht, lesen sie sich nicht nur als eine Geschichte der symbolischen Formen, sondern auch als eine Geschichte sich entwickelnder Selbsterkenntnis des Menschen, die ihn befähigt, seine Erfahrungen in den jeweiligen symbolischen Formen zu ordnen, zu verstehen und zu deuten.[186] Dieser Prozess wird auch als eine Art des vernunftbasierten Fragestellens und der Suche nach adäquaten Antworten mit Rückgriff auf Cassirer als Rationalität bezeichnet.[187] Cassirer zeigt in „An Essay on Man" entsprechend nicht auf, was der Mensch in einem essenziellen Sinn ist, er wird nicht seinem Wesen nach erfasst. Der Mensch wird in seinem Tun und in seinen Handlungen beschrieben, was er dabei vermag und als entscheidendes Merkmal, was der Mensch sein könnte oder sein soll:

> Alle grossen Moralphilosophen haben ihre Gedanken nicht im Rahmen blosser Wirklichkeit entwickelt; ihre Gedanken kommen keinen Schritt voran, wenn sie die Grenzen der wirklichen Welt nicht überschreiten. An dieser Stelle verrät uns Herr Cassirer seine Haltung in Bezug auf die Frage nach Werten, wenn er sagt: „Die moralische Welt ist nie gegeben, sie befindet sich stets im Bau." Diese zwei Aussagen belegen, wie sich Cassirers anthropologische Philosophie nicht von der Idee der moralischen Freiheit trennen lässt.[188]

183 Cassirer 1990 [1944]: 27, 44–46.

184 Diese Position Cassirers trifft sich mit den Äusserungen Laos zur Wertephilosophie. An anderer Stelle spricht Lao der Wertephilosophie einen eigenen Bereich innerhalb der Philosophie zu, vgl. Lao 1998 [1962c]: 21–25. Werte lassen sich dabei weder ausschliesslich durch Präferenzen noch durch Gewohnheiten oder durch einen Nutzen legitimieren.

185 Lao 1987 [1954d]: 104.

186 Lao 1987 [1954d]: 112.

187 Lao 2001 [1956–1957]: 18.

188 Lao 1987 [1954]: 104. 偉大的道德哲學家都是不祇就實然去思想，他們如不超出實然世界的限制，則根本不能前進一步。到這裏，卡氏透露出他對價值問題的態度。他說「道德世界永不是給與的，而永遠是在創生中」。這兩句話說明他的人性哲學如何與德性自由觀念不可分割。

Cassirer gibt jedoch kein inhaltlich präskriptives oder normatives Sollen vor. Lao führt die Selektion der von Cassirer ausgeführten Beispiele an, um auf das Kernmoment seiner Aussagen zu verweisen: Demnach thematisiert Cassirer ein selbstverpflichtendes Moment, das die Aufgabe der Kultur zur individuellen Aufgabe des Menschen macht und diese Aufgabe als nicht determiniert positioniert.

> Die Frage „Was ist der Mensch?“ beantwortet Herr Cassirer in fünf Schritten [...]. Er kommt zum Schluss: „Es ist das symbolische Denken, das die natürliche Trägheit des Menschen überwindet und die Menschheit mit einer neuen Fähigkeit ausstattet, der Fähigkeit, die menschliche Welt immerfort umzugestalten.“[189]

Der Humanitätsgedanke bedeutet in der Lesart Cassirers eine Verpflichtung des Menschen auf ein Ziel oder ein Ideal in der Art einer Zuversicht und Hoffnung für die Zukunft. Dieses Ziel beschreibt Lao basierend auf seiner Lektüre Cassirers als anhaltenden Prozess einer Suche nach der „eigenen Freiheit“ (*zishen ziyou* 自身自由).[190] In Laos kulturtheoretischen Schriften ist es jedoch weniger der Mensch als vielmehr der Geist einer Kultur, der in den Texten zur Sprache kommt. Die Frage nach der Bedeutung des Menschen steht dennoch in enger Beziehung zu dieser, an verschiedenen Stellen angesprochenen, humanistischen Ausrichtung.[191] Lao unterscheidet einen Humanismus der Renaissancephilosophie und – mit losem Bezug zum kulturkonservativen Diskurs des Vierten Mai – einen Humanismus, der in Anlehnung an konfuzianische Lehren den Wandel zwischenmenschlicher Ordnung thematisiert habe. Eine Stelle aus dem „Buch der Wandlungen“ (*Yijing* 易經),[192] die das Binom *renwen* 人文 erstmalig erwähnt, thematisiert für ihn kulturelles Handeln: Die Sentenz, „die irdische Ordnung beobachten, um dadurch das Reich zu verändern“ (*guanhu renwen yi huacheng tianxia* 觀乎人文以化成天下), steht für einen Kerngedanken des sogenannten konfuzianisch geprägten Humanismus.[193] Damit deutet Lao

---

189 Lao 1987 [1954d]: 105. 卡氏爲答覆「人是甚麼」一問題, 作了五步討論, [...]。他最後說:「克服人的自然的惰性, 賦予人類以新的能力去恒常地重造人的世界的, 是符號性思維」。

190 Lao 1987 [1954d]: 112. An anderer Stelle entwirft Lao eine sich in unterschiedlichen Kontexten wandelnde Entwicklung der Selbsterkenntnis, die sich auf der höchsten Stufe als „Geist der Übernahme [von Verantwortung, B.K.]“ (*chengdang jingshen* 乘當精神) äussern kann. Dabei wird als grosse praktische Herausforderung der angemessene Umgang mit Pflichten, die sich grundsätzlich widersprechen, angesprochen, vgl. Lao 1993 [1962b]: 297–304.

191 Eine Bezugnahme auf jeweilige historische Kontexte erfolgt in Lao 2001 [1958]: 213–215.

192 Der Titel „Buch der Wandlungen“ wurde von Richard Willhelm (1873–1930) eingeführt und häufig übernommen. Simon problematisiert die Übersetzung aufgrund alternativer Übertragungen, vgl. Simon 2014: 9. Die Tendenz, den Titel nicht mehr zu übersetzen, zeigt sich bspw. bei Schilling 2011: 45.

193 Lao 1998 [1962d]: 94. *Wen* wird von Lao als „klare Struktur“ oder „ordentlicher Zustand“ mit *tiaoli* 條理 in die Gegenwartssprache übertragen. Er erklärt, dass mit *renwen* somit die irdische Ordnung gemeint gewesen sei, diese sei jedoch nicht als Gegensatz zu einer göttlichen Ordnung verstan-

einen Bezug an, den er auch im Humanismus Ernst Cassirers ausgedrückt findet. Die Differenzierung in einen empirischen und einen ideellen Menschen wird durch den Begriff der tätigen Veränderung wieder vereint. In der Humanität ist der Mensch reales Erfahrungswesen, aber das menschliche Leistungsvermögen, das sich in den vielfältigen Formen kultureller Aktivität artikuliert, gilt es, als ethisches Ziel der (ideellen) Menschheit hin zur Humanität zu verwirklichen.[194] Der Mensch ist kraft seines Bewusstseins der Passivität seiner Natürlichkeit enthoben. Der Wandelbarkeit des Menschen kann somit ein positiver Wert zugeschrieben werden. Mit diesem funktional verstandenen Begriff von Humanität wird indirekt auch Hegels Optimismus überschrieben: Die substanzielle Auffassung von Vernunft wird durch eine funktionale Sicht ersetzt. Sie ermöglicht es, die Umsetzung von vernunftbasierten Werten als stetig zu Schaffendes, zu Aktualisierendes oder Rekonstruierendes zu bestimmen, da immer Unvollkommenes in veränderten Kontexten neu verhandelt werden muss. Dabei werden der Mensch und seine Errungenschaften affirmiert, der Mensch wird zudem nicht ausschliesslich in seiner Abhängigkeit vom Göttlichen oder von der materiellen Welt als Verdinglichung erklärt.[195]

Abschliessend sollen die heterogenen Fragestellungen und Merkmale, die unter dem Kulturbegriff in Laos Schriften dokumentiert werden konnten, zusammengefasst werden. Erstens ist Kultur menschliche Kultur; sie ist für Menschen und gleichzeitig von Menschen gemacht. Daher drückt Kultur auch die Bedingtheit des menschlichen Daseins aus. Zweitens markiert Kultur den Bereich des Veränderlichen und Wandelbaren, was mit dem Suffix für „Prozesshaftigkeit“ *hua* 化 im Chinesischen zusätzlich unterstrichen wird. Kultur ist stetig in einem Fortgang begriffen. Einerseits schlägt sich diese Wandelbarkeit in Kulturetappen nieder, Kultur hat eine Geschichte.[196] Andererseits ist die Kultur für die Wandelbarkeit und

---

den worden. Eine ähnliche Interpretation legt de Bary vor, vgl. De Bary 1983: 7. Die Textstelle findet sich im Kommentar *Tuan* 彖 zum Hexagramm *bi* 賁 „Schmuck“, vgl. Yang 2018: 207. Die Übersetzung der Stelle bei Simon lautet: „Man beobachtet menschliche Muster, damit sich die Verwandlung des Reichs vollende“, Simon 2014: 181–182. Menschliche Muster erläutert er als zivilisatorische Strukturen und Handlungen des Staates, die auch die moralische Bildung des Menschen umfassen.

194 Zum Humanitäts-Begriff bei Cassirer und im Speziellen in „An Essay on Man“ finden sich Ausführungen bei Jürgens 2012: 67–108. Er weist darauf hin, dass Cassirers Kulturphilosophie „keine Kritik der Moderne, der Technisierung, der Industrialisierung und Rationalisierung der Welt“ sei. Vielmehr sei sie Reflexion auf die Grundlagen jeder menschlichen Kultur, vgl. Jürgens 2012: 72.

195 Lao 1998 [1962d]: 96.

196 Geschichte kann als Geschichte ungelöster Probleme zur Bürde werden. Diesen ungelösten Problemen der Gegenwart widmet Lao eine eigene Publikation „Die Strafe der Geschichte“ (*lishi zhi chengfa* 歷史之懲罰). Dazu gehören unter anderem Fehleinschätzungen oder Überhöhungen in Form ethnozentrischer Standpunkte und Nationalismen oder Ideologien wie der Kolonialismus, vgl. Lao 1993 [1962b]: 25, 273.

Wirksamkeit von Werten auf kollektiver Ebene von Bedeutung. Drittens werden diese Werte und Normen vom Subjekt in und als Kultur realisiert. Viertens werden Werte als normative Kultur in einen Begründungszusammenhang gestellt. Das geschieht, indem kulturelle Handlungen als selbstbewusste, aufgrund eines freien Willens motivierte Umsetzungen menschlicher Gestaltungsmöglichkeit gedeutet werden. Fünftens kann das Subjekt über sein kulturelles Handeln nachdenken und Selbsterkenntnis erlangen. Sechstens wird Kultur im Hinblick auf die Praxistätigkeit zu einem Anderen der Natur. Somit können kulturelle Tatsachen, wie natürliche, zum Bereich des Erfahrungswissens zählen. Für die Begründung kultureller Werte wird jedoch die durch ein Kollektiv vermittelte Vernunft geltend gemacht. In der Begründung von Werten stehen somit sowohl geschichtlich normative Betrachtungen als auch methodologische Überlegungen zur Debatte.

Es ist diese Trennung, die die geschichtlichen Traditionen nur bedingt als Begründung von Werten akzeptiert. Lao anerkennt die fragwürdigen Folgen eines subjektiven Standpunktes, der darüber urteilt, was vernünftig sein soll, und problematisiert, dass die subjektbasierte Vernunft nicht die höchste Instanz einer Beurteilung von Werten sein kann. An dieser Stelle kann inhaltlich zudem bereits eine kritische Distanz zu einer „Ethik des Göttlichen" erkannt werden, nur in und kraft der Kultur können Werte realisiert und legitimiert werden. Der Rückgriff auf sogenannte konfuzianische Schriften wird diese Aussage noch verdeutlichen. Dieser Zusammenhang steht im Zentrum des folgenden Kapitels.

Teil II: Konfuzianismus, Rationalität und Weltkultur

4 Konfuzianismus als Bestandteil der Weltkultur

4.1 Die historische Betrachtung konfuzianischer Lehren

Lao geht in seiner Annäherung an konfuzianische Lehren einerseits von der Voraussetzung aus, dass prägende Ideen und soziale Institutionen nur vor dem Hintergrund der sie hervorbringenden Lebens- oder Kulturform verstanden werden können.[1] Andererseits unternimmt er den Versuch, auf der Basis seiner Lektüre kulturphilosophischer Texte zu einem erneuerten Verständnis konfuzianischer Traditionen zu gelangen und diesen aufgrund theoretischer Fundierung zu einem anschlussfähigen Ausdruck in der Gegenwart zu verhelfen. In diesem hermeneutischen Spannungsfeld positioniert er sein Anliegen, Übereinstimmungen der wertbasierten, konfuzianischen Kultur mit ausgewählten Aspekten moderner Kultur und mögliche Konvergenzen aufzuzeigen. Seine Rekonstruktionen versteht er dabei nicht als Restaurationen, was eine Rückkehr zu einem Ausgangszustand bedeuten würde. Vielmehr sind diese als Verfahren aufzufassen, einzelne Aspekte, deren Interpretationspotential noch nicht ausgeschöpft ist, in einen neuen Zusammenhang zu stellen.

Sowohl mit seinen kultur- als auch philosophiegeschichtlichen Untersuchungen wendet sich Lao der Textebene bzw. elementaren Textformen zu, in denen sich für ihn auch institutionalisiertes Wissen artikuliert hat. Sein Umgang mit den Lehren früher Denker ist dabei nicht ausschliesslich doxographisch, über den narrativen Zugang hinaus und unter Berücksichtigung historischer Kontexte betrachtet er diese im Horizont eigener Problemstellungen. Zudem verbindet Lao in den kulturtheoretischen und in den philosophiegeschichtlichen Schriften immer beides, geokulturelles und biographisches Kontextwissen, das in jeweils eigenen Abschnitten oder Kapiteln vorgestellt wird, mit der Interpretation inhaltlicher Aspekte.[2] Dabei thematisiert er, wie eine zunehmende Rationalisierung innerhalb ausgewählter konfuzianischer Lehren zu verstehen ist und unter welchen Voraussetzungen von einer Rationalisierung gesprochen werden kann. Zudem zeigt er auf, wie diejenigen Verfahren gedacht und vermittelt wurden, die zwischen den Institutionen und dem Subjekt die Sorge um sich selbst zuliessen und der Selbstkultivierung dienten, die als Teil der Rationalisierung zu begreifen ist.

1 Lao 2000 [1956i]: 179.

2 In der vorliegenden Arbeit wird an einzelnen Stellen auf wichtige Bezüge zu den von ihm thematisierten Kontexten Bezug genommen, es kann jedoch als Desiderat angesehen werden, diese Kapitel als eigenständige Kultur- bzw. Sozialgeschichte vorzustellen.

https://doi.org/10.1515/9783111063898-004

Die Interpretation konfuzianischer Lehren wurde in den 1950er Jahren in Hongkong und Taiwan in unterschiedlichen wissenschaftlichen Disziplinen und an unterschiedlichen Institutionen vorangetrieben. Die beteiligten Intellektuellen wurden im Hinblick auf institutionelle Aspekte bereits als „kulturkonservativ" vorgestellt (Kapitel 2.3.3.2). In der sinologischen Fachliteratur wird häufig die Bezeichnung des Modernen Konfuzianismus für die philosophischen Untersuchungen einer Gruppe von ihnen verwendet.[3] Die Bestimmung des mitwirkenden Personenkreises, die thematische Abgrenzung und die Namensgebung sind nach wie vor Gegenstand der Forschung. Zugleich bleibt die Frage, ob sich diese Intellektuellen als zu einer Schule oder Bewegung zugehörig betrachteten, umstritten.[4] Seiner eigenen Einschätzung zufolge zählt Lao seine Studien zu den konfuzianischen Lehren ausdrücklich nicht zum Modernen Konfuzianismus.[5] In der vorliegenden Arbeit werden Laos Positionierung und seine Abgrenzung vom Modernen Konfuzianismus nur am Rande und

3 Eine neuere Untersuchung vergleicht diesbezüglich die Entwicklung in Hongkong mit derjenigen in der VR China. Stock bringt die Unterscheidung des „Spiritual Confucianism" und „Political Confucianism" in die Sekundärliteratur ein, eine Unterscheidung, die auf Jiang Qing 蔣慶 (1953–) zurückgeht. Der Spirituelle Konfuzianismus wird unter anderem Mou Zongsan und Tang Junyi zugeschrieben, wobei Jiang kritisiert, die Version des Spirituellen Konfuzianismus habe es versäumt, Ideale zu etablieren, die im soziopolitischen Alltag der Bevölkerung relevant geworden seien, vgl. Stock 2016: 55–58. Gerade dieser Einwand wird beispielsweise von Schmidt relativiert, vgl. Schmidt 2013: 277–279. Lao schlägt vor, je nach Disziplin zu untersuchen, was an den jeweiligen Studien zum Modernen Konfuzianismus „modern" und was „konfuzianisch" sei, wobei er ebenfalls am Bezug zur gesellschaftlichen Realität als grundsätzliches Merkmal konfuzianischer Lehren festhält, vgl. Lao 2006: 3. Zu Jiang Qings Vorschlag eines konfuzianischen Konstitutionalismus mit drei Kammern und Kontrollorganen (den er bereits 1989 angedacht hatte) siehe Fan 2012: 45–71; kritisch dazu äussert sich Lee 2017: 102–111.

4 John Makeham fasst Definitionen seit den späten 1970er Jahren zusammen, vgl. Makeham 2003: 29–30. Grundsätzlich geht er davon aus, dass eine sogenannte Neue Orthodoxie legitimiert werden sollte, vgl. Makeham 2003b: 56–72.

5 Lao 2001 [1979]: 109–110. Er führt aus, dass er Mou Zongsan geistig nahestand und mit ihm in Anlehnung an Hegel eine kritische Sicht auf Mängel an konfuzianisch geprägten Institutionen geteilt habe. Tang Junyi habe diesbezüglich eine andere Haltung eingenommen, daher habe er sich nicht mit der „Schule" (*xuepai* 學派) des Modernen Konfuzianismus identifiziert. Makeham sieht jedoch überwiegend Gemeinsamkeiten, da Laos Text aus dem Jahre 1952 „Die Zukunft der chinesischen Kultur und die Rekonstruktion des konfuzianischen Geistes" (*Zhongguo wenhua zhi weilai yu ruxue jingshen zhi chongjian* 中國文化之未來與儒學精神之重建) zahlreiche der späteren Einschätzungen des Manifests des Modernen Konfuzianismus „Die chinesische Kultur und die Welt" (*Zhongguo wenhua yu shijie* 中國文化與世界) aus dem Jahre 1958 angedeutet habe, vgl. Makeham 2003b: 50–51. Eine Selbsteinschätzung erfolgt auch in Lao 2006: 11. Lao erläutert, er behandle grundsätzlich philosophische Fragen, dabei habe er sich auch mit konfuzianischen Schriften befasst.

in der Form ausgewählter Vergleiche von Konzepten aufgegriffen.[6] Michael Lackner hat den Konfuzianismus im 20. Jahrhundert allgemein als einen Diskurs kultureller Selbstbehauptung bezeichnet.[7] Er stellt mit dem Begriff eine Feststellung zur Disposition, die auch in dieser Arbeit bereits aufgegriffen wurde und die mit der Verbindung zweier unterschiedlicher Unterfangen einen Diskurs kennzeichnet: Es handelt sich um die sozialwissenschaftliche oder philosophische Artikulation von Inhalten und gleichzeitig um eine den wissenschaftlichen Bereich übersteigende Strategie, die darauf zielt, die Kontinuität einer soziokulturellen oder politischen Entität zu sichern. Laos Interpretationen konfuzianischer Lehren lassen ebenfalls die theoretische Bezugnahme und die kontinuitätssichernde Absicht erkennen. Die Kontinuität konfuzianischer Lehren kann sich für Lao jedoch nur mit Bezug zu einer sogenannten „Weltkultur" (*shijie wenhua* 世界文化) ergeben, die unter anderem durch die Konvergenz konfuzianischer Lehren mit einer modernen Wissenschaftssprache erfolgt.[8] Eine fehlende anschlussfähige moderne Wissenschaftssprache wird als ein Defizit spezifischer konfuzianischer Lehren aufgewiesen.[9] Die Vorstellungen zum Subjekt, zu einem selbstbestimmten Willen und zur Rationalität lassen jedoch eine Terminologie zu, die von Lao anhand der vor-Qin-zeitlichen konfuzianischen Schriften rekonstruiert wird und einen Anschluss an einen heterogenen Kulturbegriff ermöglichen. Zudem weist Lao auf die Voraussetzung hin, kontinuitätsstiftend nur dann wirken zu können, wenn mit ausgewählten Inhalten einer Tradition auch gebrochen, problematische Aspekte kritisch hinterfragt und zurückgewiesen werden können.[10]

---

6 Weiterreichende Ausführungen diesbezüglich finden sich in Knüsel 2018: 1185.

7 Lackner 2003: 275–279.

8 Lao 2000 [1956i]: 207.

9 Gemeint sind diejenigen (konfuzianischen) Schriften, die als Auslegung der „Lehren vom Herzgeist und vom Wesen [des Menschen]" (*xin xing zhi xue* 心性之學) von den Qing-zeitlichen (1644–1911) „Textkritik-Studien" (*Kaojuxue* 考據學) zurückgedrängt wurden. Lao nennt letztere Studien in Anlehnung an die Ära der beiden Regierungsdevisen Qianlong und Jiaqing (乾隆 und 嘉慶, 1735–1820) *Qianjia*-Studien, eine im Chinesischen häufig verwendete Bezeichnung, vgl. Lao 2006: 3–4. Die Verbreitung der Bezeichnung geht vermutlich auf den Historiker Qian Mu zurück, vgl. Stanford Encyclopedia of Philosophy: Qing Philosophy: https://plato.stanford.edu/entries/qing-philosophy/ (20/10/2019). Ab Kapitel 4.3 werden die „Lehren vom Herzgeist und vom Wesen des Menschen" ausführlich besprochen. Im Englischen wird der Ausdruck *xin xing* häufig mit „the mind and the nature" übersetzt, vgl. Yao 2003, Bd. 2: 690; Cua 2003: 963. Im Deutschen sind in diesem Zusammenhang für *xin* sowohl die Übersetzung mit „Bewusstsein" (Geldsetzer 1986: 21–22) als auch die Übersetzung „Herz als Gesinnung" (Roetz 1984: 223) und „Herzgeist" (Schmidt 2009: 244) vorgetragen worden. Die Vorstellung, dass es sich bei *xin* um das Herz als Organ sowie als Ort des Bewusstseins und Nachsinnens handelt, ist ausschlaggebend für die gewählte Übersetzung mit „Herzgeist". Unger weist zusätzlich auf die Vernunft als Bestandteil von *xin* hin, vgl. Unger 2000: 94.

10 Lao 1986 [1952a]: 173–181; Lao 2001 [1956–1957]: 44.

4.1.1 Die Vorstellung des Selbst

Konstitutiv für eine wertbasierte Kultur, wie sie für Lao exemplarisch in ausgewählten konfuzianischen Lehren ausformuliert wurde, ist eine spezifische Sicht auf den Menschen, dessen Bewusstsein, Handlungsfähigkeit und dessen Fähigkeit zur Selbsterkenntnis. Mit dem „Bereich des Selbst" (*ziwo jingjie* 自我境界) unterscheidet Lao drei Aspekte, die im menschlichen Bewusstsein einen Fixpunkt finden und bewusstes Handeln prägen: Er spricht vom „emotionalen Selbst" (*qingyi wo* 情意我) (den Ausdruck übersetzt Lao auch als „ästhetisches Selbst"),[11] vom „kognitiven Selbst" (*renzhi wo* 認知我) und von der „moralischen Natur des Selbst" (*dexing wo* 德性我).[12] Dieser theoretische Rahmen, der durch das bewusste Handeln eines Subjekts auch auf den Kulturbegriff Bezug nimmt, ist im vorliegenden Kapitel Ausgangspunkt für die Frage, welche Stellung dem Selbst innerhalb der konfuzianischen Kultur- und Philosophiegeschichte in Laos Interpretation beigemessen wird und welche Konsequenzen sich für den Kulturbegriff daraus ergeben. Lao führt die Differenzierungen zum Selbst als „Postulate" (*shezhun* 設準) ein und betont, deren „Wahrheitsgehalt" (*zhenshixing* 真實性) lasse sich nicht belegen.[13] Mit Bewusstsein ist auch derjenige Ausdruck benannt, der bereits in Laos „Prolog zur Kultur" (3.2) als Ausgangspunkt kultureller Entwicklung erläutert wird und der im vorliegenden Kapitel sowohl die Vorstellung des Selbst als auch die Interpretation konfuzianischer Lehren bestimmt.

---

11 *Qingyi* ist als positives Gefühl der Verbundenheit und Zuneigung im familiären aber auch freundschaftlichen Umfeld zu verstehen, in einem erweiterten Sinn auch als subjektive Empfindung des Gefallens oder Ablehnens. Entscheidend ist, dass der Mensch die Fähigkeit besitzt, Gefühle insofern zu beherrschen, als man ihre Richtung beeinflussen, sie zulassen oder ablehnen kann und damit auch ein Werturteil äussert. Im Gegensatz dazu stehen psychologische Reaktionen, die in der Regel nicht beherrscht werden können, vgl. Lao 2001 [1956–1957]: 10.

12 Lao 2001 [1956–1957]: 5–8. Für *renzhi wo* gibt Lao die englische Übersetzung „cognitive self" und für *dexing wo* „moral self" an, *dexing* verweist auf eine angeborene moralische „Natur" des Menschen, wobei *xing* eben auch ein „Wesen" bezeichnen kann. Das kognitive Selbst beinhaltet das empirische und das logische Selbst. Das moralische und das kognitive Selbst fällen Werturteile, die auf universellen Prinzipien beruhen (bspw. auf einem Gebot oder auf einer mathematischen Formel). Das ästhetische Urteil hängt hingegen von Präferenzen ab.

13 Lao 2001 [1956–1957]: 4–15; Lao 1981–1997, Bd 1: 14–17. Er verwendet das Postulat im Sinne theoretisierender Annahmen, die er seinen Argumentationen zugrunde legt.

4.1.2 Selbst und Selbstbestimmung

Basierend auf diesem Ansatz interpretiert Lao auch konfuzianische Vorstellungen eines Selbst, dem die Fähigkeit zugesprochen wird, auf Herausforderungen Antworten mit Allgemeingültigkeitsanspruch zu finden.[14] Dabei thematisiert er neben der nominalen Form des Selbst als Entität auch die reflexive Form einer Selbstformung oder Selbstkultivierung.[15] Die Frage nach der Moralität besteht diesbezüglich darin zu ergründen, wie ein Zustand des Bewusstseins erreicht wird, der sich als Grundlage moralischer Handlungen auszeichnen kann. Die Vorstellung von Moralität verschränkt dabei deontologische und axiologische Momente: Nicht nur die Konsequenzen von Handlungen sind zu bedenken, gutes Handeln wird zusätzlich aufgrund bewusst gefällter Werturteile vorbereitet.

Das Selbst im Verständnis konfuzianischer Ethik stand und steht in der gegenwärtigen sinologischen Forschung zur Debatte. Kubin hat in einer Genealogie zur Vorstellung des Selbst in konfuzianischen Schriften kritisch in die Diskussion eingebracht, wie die Unterdrückung von Begierden die prägende moralische Dimension des Selbst bestimmt habe. Unterschiedlichen Vorstellungen vom Selbst in konfuzianischen Schriften ist ihm zufolge das Fehlen eines emanzipatorischen Strebens gegenüber einer übergeordneten Autorität gemeinsam. Kubin vergleicht mit der Emanzipation gegenüber Klerus oder Adel. In diesem Sinn unterscheiden sich die konfuzianischen Konzeptualisierungen von einem modernen Verständnis des Selbst durch das fehlende Moment der Auflehnung. Bezüglich Adel und Klerus gilt es in Kubins Argumentation jedoch den europäischen Hintergrund zu bedenken.[16] Cheng Chung-ying nimmt eine entgegengesetzte Position ein und entwirft eine Theorie des konfuzianischen Selbst, das zwei Aspekte vereint: Das Selbst wird zum Objekt der

---

14 Lao 2001 [1956–1957]: 9; Tam 2021: 526–527. Tam formuliert eine Kritik an Laos Verwendung der Trichotomie des Selbst mit Bezug zu Kierkegaard und dem Fehlen einer Vorstellung des religiösen Selbst.

15 Der Ausdruck wird einer Konvention folgend übernommen. In der jüngsten Forschung hat er sich als Oberbegriff eines semantischen Feldes etabliert, das „Selbstgestaltung, Selbsterziehung, Selbstbildung, Selbstsorge, Selbsttransformation, Übungspraxis, Askese, Selbsttechnik, Lebenskunst, leibliche Übung und Sozialtechnik umfasst“, vgl. Schmücker 2013: 9.

16 Kubin 1990: 84–87. Er übersetzt *yu* 欲 an zahlreichen Stellen mit „Begierden“, in neutralerer Form aber auch mit „Begehren“, „Wünschen“ und „natürlichen Bedürfnissen“. In Anlehnung an Freud konzeptualisiert er in seinem Artikel die grundsätzliche Unterdrückung der Triebstruktur im Konfuzianismus.

Überprüfung, ist aber zugleich Subjekt im Prozess der Selbstreflexion. Diesem kommt dabei eine kritisch-wertende Funktion zu.[17]

Mit seiner Konzeption des Selbst verbindet Lao gleichzeitig eine Affirmation als auch eine Kritik an konfuzianischen Vorstellungen. Bereits in den „Gesprächen" wird für ihn ersichtlich, wie Organisationsformen in der Art gesellschaftlicher Assoziation, die über die Beziehung zwischen Einzelpersonen hinausreichen, in verschiedener Hinsicht ausgeblendet blieben, was die Thematisierung eines kollektiven Bereichs verhinderte. An die Stelle einer Staatslehre traten Ordnungskonzeptionen, die hierarchisch gestaltete Beziehungen zwischen Einzelpersonen umfassten. Die Universalisierbarkeit konfuzianischer Lehren setzt bei Lao da an, wo das Selbst jenseits einer hierarchischen Ordnungsfunktion eine intersubjektiv verbindliche Werteordnung mitgestalten kann. Diese Argumentation wird in den folgenden Abschnitten ausgeführt.

Sowohl in seiner Monographie „Hauptbedeutung der chinesischen Kultur" als auch in seiner „Geschichte der chinesischen Philosophie"[18] verwendet Lao für die Lehren von Konfuzius und Menzius nicht die Bezeichnung „Philosophie" (*zhexue* 哲學), sondern markiert mit der Bezeichnung der „Lehre" (*xueshuo* 學說) den Übergang vom „antiken chinesischen Denken" (*gudai Zhongguo sixiang* 古代中國思想) zu systematischen Lehren von Einzelpersonen, mit denen er das philosophische Denken Chinas beginnen lässt.[19] Es handelt sich dabei gleichzeitig um Schriften, die von einem „Meister" (*zi* 子) verfasst oder diesem zugeschrieben wurden.[20] In den folgenden Abschnitten sollen die für das Verständnis des Kulturbegriffs aufschlussreichen Ideen und Zusammenhänge vorgestellt werden. Laos „Geschichte

17 Cheng 2004: 126; vgl. auch Cua 1996: 186–191 sowie Shun 2004: 183–197. Jana Rošker analysiert die unterschiedlichen Konzeptionen des „moralischen Selbst" bei Vertretern des Modernen Konfuzianismus, vgl. Rošker 2016: 125–192.

18 Die beiden Werke werden in diesem Kapitel vergleichend in die Interpretation einbezogen. Aufbau und Begrifflichkeit stimmen weitgehend überein, in der „Geschichte der chinesischen Philosophie" sind die Analysen jedoch erheblich detaillierter. Zudem wird deutlich, wie die theoretischen Überlegungen aus dem essayistischen Frühwerk massgeblich die Arbeit an Laos „Geschichte der chinesischen Philosophie" beeinflusst haben. Laos Vorschlag zu einer funktionalen Lesart des Philosophiebegriffs, der eine Integration chinesischer Philosophie als „orientative Philosophie" (*yindao de zhexue* 引導的哲學) ermögliche, erfolgt in Lao 1996: 3–37. Er gibt für *yindao* die englische Übersetzung „orientative" an, vgl. Lao 1996: 18.

19 Lao 1981–1997, Bd. 1: 74–75. Zu den konfuzianischen Lehren siehe Lao 1981–1997, Bd. 1: 101.

20 Die Kennzeichnung der „masters literature" als philosophisch problematisiert Wiebke Denecke und weist einerseits auf die seit der Dynastie Han, insbesondere seit dem 1. Jahrhundert v. Chr., in der imperialen Bibliothek archivierten „Werke von Meistern" (*zishu* 子書) und die Einteilungen durch Han-zeitliche Bibliographen hin, vgl. Denecke 2010: 19–23. Andererseits erörtert sie unterschiedliche Zuschreibungen, die seit der jesuitischen Mission (ab ca. 1550) vorgenommen wurden, vgl. Denecke 2010: 4–22.

der chinesischen Philosophie" geht in ihrer Ausführlichkeit weit über das hinaus, was in dieser Studie besprochen werden kann. Entsprechend stehen die Darstellungen einzelner Lehren, die insbesondere die Sicht auf Laos Kulturbegriff präzisieren sollen, im Vergleich zu Laos philosophiehistorischen Analysen im Vordergrund.

4.2 Zu den Ursprüngen konfuzianischer Lehren

Lao sieht Konfuzius[21] als den ersten konfuzianischen Meister, wobei er ihn in der Tradition eines „Gelehrten" (*ru* 儒)[22] positioniert. Die Tradition der Gelehrten habe bereits vor Konfuzius existiert, finde aber mit den Schriften, die ihm zugeschrieben wurden, einen Wendepunkt. Lao schildert diesen Durchbruch von einer vorkonfuzianischen Gelehrtentradition zur konfuzianischen unter anderem als einen Übergang vom Religiösen zum Rationalen, der für die Herausbildung vom Denken in systematischen Lehren entscheidend gewesen sei. In dieser Entwicklung zeigt sich als eine der bestimmenden Bedeutungsverschiebungen, dass der „Himmel" (*tian* 天) in einem Prozess der Umdeutung ansatzweise „entgöttlicht" wurde und die Vorstellung eines „personalisierten Himmels" (*renge tian* 人格天) entstand.[23] Das

21 Die chinesische Namensform lautet auch Kong Qiu 孔丘. Zu seinen biographischen Angaben aus dem Geschichtswerk „Historische Aufzeichnungen" *Shiji* 史記 von Sima Qian 司馬遷 (145?–86? v. Chr.) siehe Klein 2018: 241–266. Die Lebensdaten von Konfuzius (551–479 v. Chr.) sind nicht gesichert. Qiu ist der Kindsname; Zhongni 仲尼 ist der mit 20 Jahren verliehene Initiationsname, der auch in den „Gesprächen" verwendet wurde. Der latinisierte Name Konfuzius (Kong Fuzi 孔夫子) wird Jesuiten im 16. Jahrhundert zugeschrieben, vgl. Nivison 1999: 752–759. Jensen verweist jedoch auf frühere Texte, die die dreiteilige Zeichenkombination bereits erwähnen, vgl. Jensen 1997: 81–86. Konfuzius war unter anderem in etwa ein Zeitgenosse des Pythagoras (580?–500? v. Chr.) oder des Heraklit (544?–483? v. Chr.), Lao wird einen Vergleich entsprechender Vernunftvorstellungen vornehmen, vgl. Abschnitt 4.2.3.

22 Zum semantischen Feld des Zeichens siehe Zufferey 2003: 15–161. In seinem Schlussfazit schlägt er „clerk" als passendste Übersetzung in eine europäische Sprache vor, da der Ursprung von „clerk" im griechischen *klerikos* das religiöse Moment vermittle, vgl. Zufferey 2003: 157. *Ru* erscheint nur einmal in den Konfuzius zugeschriebenen „Gesprächen" (6.13), vgl. Zufferey 2003: 22. Makeham gibt in seiner Untersuchung keine Übersetzung mehr an, vgl. Makeham 2018: 17. Traditionell wird der Ursprung der *ru*-Gelehrsamkeit von Liu Xin 劉歆 (?–23 n. Chr.) in die frühe Zeit der Zhou 周 (1045–256 v. Chr.) gelegt, vgl. Yao 2003: 1. Für die englische Übersetzung mit „classicist" für *rujia* 儒家 siehe Nylan 2001: 2–8.

23 Ruth Chang stellt religiöse, metaphysische und naturalistische Bedeutungen des Ausdrucks vor und während der Zeit der Zhou zusammen, vgl. Chang 2000: 14–17. Roetz konzeptualisiert den Bedeutungswandel der Vorstellung vom Himmel von einer religiösen zu einer naturphilosophischen Kategorie. Er spricht von einem allmählichen „Verfall der Himmelsreligion der Zhou" und einer „affirmativen Reflexion des Gegensatzes zwischen Mensch und Natur", der sich in konfuzianischen Schriften nachweisen lässt, vgl. Roetz 1984: 67–69, 110–112. Zur Etymologie

Verständnis des Himmels wurde zunehmend mit Naturgesetzen in Zusammenhang gebracht, verlor aber dennoch nie vollständig die metaphysische Komponente.[24] Lao weist in seiner „Geschichte der chinesischen Philosophie“ darauf hin, dass durch andere „Theorien“ (*shuo* 說) dem Himmel in der weiteren Entwicklung konfuzianischer Lehren eine zunehmend metaphysische Bedeutung zugeschrieben worden sei.[25] Lao verneint die Bedeutung einer metaphysischen Komponente nicht, stellt aber eine zunehmende Limitierung des Himmels als höchster (oder gottähnlicher) Autorität als kennzeichnend für das Verständnis des Himmels in den Konfuzius zugeschriebenen Texten fest. Die Bedeutungsverschiebung in Bezug auf den Ausdruck des Himmels, war für Lao auch kein isoliert auf die Begrifflichkeit begrenztes Phänomen, sondern hatte Auswirkungen auf das Denken und die Haltung der gebildeten Schicht der *ru*.[26]

Zu den Texten, auf die sich das Bildungswissen der *ru* stützte, zählt Lao der Form nach das, was heute als „Leitfaden“ oder kanonisches „Buch“ (*jing* 經) bekannt ist. Das „Buch der Urkunden“ (*Shujing* 書經) umfasste politische Vorstellungen.[27] Zudem stellt er das „Buch der Lieder“ (*Shijing* 詩經) in die Tradition der *ru*, ein Werk das in Beziehung zu Fest- und Lobliedern bei Zeremonien stand, sowie

des Zeichens *tian* und zum semantischen Wandel siehe Roetz 1984: 118. Zur Vorstellung vom Himmel in den „Gesprächen“ siehe Roetz 1984: 203–213.

24 Lao 1981–1997, Bd. 1: 80, 112. Die metaphysische Komponente komme vor allem in der Vorstellung des „Himmelswegs“ (*tiandao* 天道) zum Ausdruck, welche über die konfuzianischen Schriften hinaus eine breite Wirkungsgeschichte entwickelt habe. Roetz weist ebenfalls auf die Doppelbedeutung des Himmels als natürliches Himmelsgewölbe und als Vorstellung einer göttlichen Macht hin. Zur frühen gottähnlichen und zunehmend moralischen Bedeutung des Himmels im „Buch der Urkunden“ siehe Roetz 1984: 118–127. Für die eher naturalistische Deutung siehe Roetz 1984: 134–135.

25 Lao 1981–1997, Bd. 1: 81. Ihren Einfluss gewann die metaphysische Vorstellung des Himmels vor allem ab der Han-Dynastie *Hanchao* 漢朝 (206 v. Chr.–220 n. Chr.) und durch die Verbindung mit kosmologischen Vorstellungen.

26 Lao 1981–1997, Bd. 1: 77, 80, 91–94. Er schildert die tiefe historische Krise, die das damalige Ordnungsdenken erschütterte und zur Auflösung der Lehensstruktur der Zhou-Zeit führte, vgl. Lao 1998 [1965]: 14–15. Das sich darauf beziehende Denken stand daher in einem teilweise gebrochenen Verhältnis zu tradierten Vorstellungen.

27 Philologische Untersuchungen stellen dies in Frage, vgl. Vogelsang 2010: 34.

das „Buch der Wandlungen".[28] Die ersten „Spezialisten" (*shushi* 術士),[29] die sich mit (technischem) Spezialwissen beschäftigten, waren die Gelehrten, die in der Nachfolge der „Zeremonienmeister" (*lisheng* 禮生)[30] dieses Schrifttum hinterliessen, auf das Konfuzius teilweise zurückgriff. Damit wird er in der Tradition der *ru* stehend und in Bezug auf sein Verhältnis zur *ru*-Gelehrsamkeit von Lao wie folgt interpretiert:[31]

> Die „Gelehrten", die zeitlich vor Konfuzius auftraten, verfügten ausschliesslich über technische Kenntnisse: Was aber Konfuzius unter den „Gelehrten"-Lehren erläuterte, repräsentierte bereits einen spezifischen Geist; in diesem Sinn ist Konfuzius sowohl Schöpfer des Konfuzianismus als auch der Reformator der Tradition der Gelehrten-Literaten.[32]

28 Lao 1981–1997, Bd. 1: 80–91. Lao weist in einer Einleitung darauf hin, dass die Zusammenstellung dieser Texte in eine dem heutigen Rezeptionszustand vergleichbare Form (einem Autoren zugeschrieben, mit einem Titel versehen) erst später entstand. Er geht jedoch davon aus, dass Teile des darin enthaltenen Wissens bekannt waren. *Jing* wurde den Titeln ebenfalls erst während der Westlichen-Han Zeit (202 v. Chr.–23 n. Chr.) unter Han Wudi 漢武帝 (140–88 v. Chr.) hinzugefügt, als die „Fünf Kanonischen Bücher" (*Wujing* 五經) zusammengestellt wurden, vgl. Nylan 2001: 307–363; Wilkinson 2000: 475–479. Zum „Buch der Wandlungen" und dessen historischer Funktion als Weissageschrift in der Divinationspraxis und für den Herrscher siehe Schilling 2011: 47–74. Zum "Buch der Lieder": Das Werk ist im Zeitraum zwischen dem 11. und dem 7. Jahrhundert v. Chr. in einem Prozess des Sammelns entstanden. Zuerst wurde es nur *shi* genannt, *jing* für „kanonischer Text" wurde später hinzugefügt. Enthalten sind darin 305 Liedtexte in 3 Abschnitten, vgl. Loewe 1993: 415–423; Simon 2015: 793–799. Zur Form und unterschiedlichen Funktionen siehe Wang 1974: 14–22.

29 Zufferey verwendet in Anlehnung an Hu Shi die Übersetzung „esoteric experts", vgl. Zufferey 2003: 85, 146.

30 Lao 1981–1997, Bd. 1: 104; Lao 1998 [1965]: 13; ähnlich auch Zufferey 2003: 152–153. Di Giacinto erläutert die Zusammenhänge zwischen technischen Experten, den frühen „Klassizisten" und dem sogenannten Ruismus der Han-Dynastie in Di Giacinto 2015: 331–343 und Di Giacinto 2010: 137–161.

31 Lao folgt in seinem Artikel den Forschungsresultaten von Hu Shi, nimmt jedoch auch auf eine Debatte in Hongkong Bezug, die Hus Forschung zum damaligen Zeitpunkt in Frage stellte, vgl. Lao 1987 [1955g]: 77–79. Die Frage, um die sich die Debatte drehte, war, ob mit *ru* die „Gelehrten" oder die „Schwachen" und „Sanftmütigen" gemeint waren. Lao kommt zum Schluss, das vorliegende Forschungsmaterial lasse keine eindeutige Beantwortung der Frage zu. Sicher sei, dass es sich bezogen auf die Funktion um Nachfolger der Zeremonienmeister gehandelt habe, vgl. Lao 1987 [1955g]: 77–91. Zufferey stellt die Positionen zu Hu Shis einflussreicher Arbeit zusammen, vgl. Zufferey 2003: 51–80.

32 Lao 1998 [1965]: 14. 孔子以前 的「儒」,只有技術性的知識:孔子所講的「儒學」則代表一種特殊的精神;在這個意義上,孔子是儒學的創建人;也是儒生傳統的大改革者。

4.2.1 Der systematische Zusammenhang zwischen *li* 禮, *yi* 義 und *ren* 仁 als kulturbestimmendes Moment

Grundlage für die systematischen *ru*-Lehren und somit Ausgangspunkt des Konfuzianismus ist für Lao das Werk „Gespräche" (*Lunyu* 論語).[33] Der Text in der heutigen Form dürfte im zweiten oder erst zu Beginn des ersten Jahrhunderts v. Chr. kompiliert worden sein.[34] Als dessen wichtigstes Ziel identifiziert Lao formal die grundlegende Affirmation einer „Lebensordnung" (*shenghuo zhixu* 生活秩序), der auch eine ästhetische Wertschätzung zugeschrieben wurde. Dafür sollte eine inhaltliche Bestimmung der „Etikette" (*li* 禮)[35] der Zhou-Zeit in Form einer „Rekonstruktion" (*chongjian* 重建) vorgenommen werden.[36] Als Errungenschaft galt Konfuzius dabei die „institutionalisierte Etikette" (*li zhi* 禮制) und die jeweils entsprechenden „ordnungsgemässen Pflichten" (*li fen* 理分).[37] Mit letzteren sei der innere Aspekt, mit den

33 Die jeweilige Übersetzung hängt von der gewählten Lesart des Zeichens *lùn* (diskutieren) oder *lún* (sammeln) ab: Moritz übersetzt mit „Geordnete Worte", Roetz mit „Gesammelte Worte", siehe Roetz 2006: 24; Moritz 2003: 174. Lao sieht in den „Gesprächen" die wichtigste Quelle für das dem Konfuzius zugeschriebene Denken, vgl. Lao 1981–1997, Bd. 1: 110.

34 Siehe dazu ausführlich Makeham 1996: 1–24. Seine These wird in einer neuen Untersuchung zur Genese und Redaktion des Textes gestützt, vgl. Hunter 2018: 67–92. Hunter kommt zum Schluss, der Text sei während der Westlichen Han-Dynastie (202 v. Chr.–9 n. Chr.) zusammengestellt worden. Gleichzeitig weist der Vergleich einzelner Passagen darauf hin, dass einzelne Textstücke aus dem vierten Jahrhundert v. Chr. stammen.

35 Die Übersetzung von *li* in die moderne Fachsprache gestaltet sich auch für Lao schwierig: Er umschreibt meistens mit dem bereits erwähnten Ausdruck der Alltags- bzw. Lebensordnung, gibt in weiteren Ausführungen an, es habe sich zum damaligen Zeitpunkt um Wissen aus „Erlassen, Vorschriften, Dekreten" (*dianzhang* 典章) sowie um „Verhaltensnormen" (*xingwei guifan* 行爲規範) gehandelt, die man als allgemein bekannt voraussetzen durfte und die festlegten, was sich für verschiedene Stände der Gesellschaft gehörte. Damit weist er auf den Wandel im Sinn einer Erweiterung der konkreten Bedeutung hin, die Roetz auf Institutionen und Konventionen der Zhou zurückführt, vgl. Roetz 2016: 196. Lao vermittelt eine weiter gefasste Vorstellung einer Alltagsordnung in Form eines Normengerüsts, das auch die innere Haltung beeinflusste, vgl. Lao 2000 [1956i]: 48; Lao 1981–1997, Bd. 1: 116–118. Zur praktischen Bedeutung siehe auch Nikkilä 1992: 183–184. Für eine Interpretation von *li*, der in Anlehnung an Alfred North Whitehead (1861–1947) ein relationsethischer Bezugsrahmen zugrunde liegt, siehe Ames 2011: 102–114, insbesondere 103 und 109. Ausgangspunkt für die Weitergabe von *li* ist für Ames die Familie und nicht das Individuum. Er übersetzt daher mit „achieved propriety in one's roles and relations". Vogelsang erörtert die Bedeutungsverschiebung im soziohistorischen Kontext, vgl. Vogelsang 2010: 45–48.

36 Lao 1998 [1965]: 14.

37 Lao 1998 [1965]: 16. Lao erläutert, die Vorstellung der angemessenen Pflichten sei erst im Songzeitlichen (960–1279) Konfuzianismus ausformuliert worden, der Gedanke sei jedoch bei Konfuzius bereits ansatzweise thematisiert worden und beziehe sich auf eine vernünftige Zuordnung von Pflichten. Mit diesem Ausdruck verbindet sich die Vorstellung einer rechtmässigen und vernünftigen

dazugehörigen Institutionen der äussere Aspekt der Ordnung benannt worden.[38] Dieser bereits der Zhou-Zeit zugeschriebene Ordnungsgedanke, der die konkrete Form einer Etikette angenommen hatte, wird von darauffolgenden Generationen als „Kultur der Zhou" (*Zhou wen* 周文) verstanden. Dabei handelte es sich um konkrete, jeweils an eine historische Epoche gebundene Inhalte, wovon Lao unterscheidet, dass sich die Affirmation eines allgemeinen Ordnungsgedankens auch losgelöst vom jeweiligen historischen Kontext interpretieren lasse. Diese formale Bedeutung, die einer Rationalisierung gleichkomme, lasse sich in den „Gesprächen" lokalisieren.[39]

Für den tradierten Begriff des Ordnungsdenkens setzt Lao dabei denjenigen der Etikette. Konfuzius warf für ihn jedoch die Frage nach dem „Fundament" oder „Grund der Etikette" (*li zhi ben* 禮之本) auf, um ein allgemeingültiges Kriterium zur Bestimmung von Institutionen und Handlungsweisen zu definieren. Es ist für Lao kennzeichnend, dass bei Konfuzius nicht mehr der Himmelsweg, sondern das „Rechte" (*yi* 義) der Etikette zugrunde gelegt wurde,[40] und diese somit zu einer Manifestation dessen machte, was als „rechtmässig" (*zhengdang* 正當) galt.[41] In den „Gesprächen" wird das Zeichen *yi* nur an 24 Stellen verwendet, allerdings fast ausschliesslich in Kontexten, die das rechte Handeln zum Thema machen.[42] Übertragen

Übernahme von Verantwortung. Mit der „Kindespietät" (*xiao* 孝) ist beispielsweise eine solche spezifische Pflicht, ein praktisches Leitprinzip zur Übernahme von Verantwortung, ausgesprochen worden. Am Gedanken der angemessenen Pflichten macht Lao auch das politische Denken der „Gespräche" fest, das mit der „Richtigstellung der Bezeichnungen" (*zheng ming* 正名) jenen Themenkomplex umfasst, der die Aufgaben und Pflichten dem jeweiligen Status zuschrieb und so das Zusammenleben zwischen Unten und Oben ordnete. Da dieses Denken zu starr auf die Pflichten fixiert gewesen war, ist jedoch die Problemlösung von Missständen erschwert worden, vgl. Lao 1998 [1956h]: 16; ausführlicher in Lao 1981–1997, Bd. 1: 116–118, 123–157. Hier verwendet er auch die Bezeichnung der „kulturellen Ordnung" (*wenhua zhixu* 文化秩序). Zu *li fen* siehe Lao 1998 [1962d]: 92. Für Ausführungen zum Ausdruck *zheng ming* in der Bedeutung eines politischen *terminus technicus* siehe Gassmann 1988: 157. Zur Verwendung in den „Gesprächen" und im soziopolitischen Kontext siehe Makeham 1994: 35–50. Er fokussiert den Prozess einer Neudefinierung von zentralen soziopolitischen Rollentypen und entsprechenden (konfuzianischen) Normen, die die Gesellschaft stabilisieren sollten, vgl. ebenfalls Loy 2003: 19–36.

38 Lao 1998 [1962d]: 92.

39 Lao 1998 [1965]: 15; vgl. auch Nikkilä 1992: 184.

40 Lao 1981–1997, Bd. 1: 112. Zur Bedeutung des Zeichens *yi* in der frühchinesischen Rechtspraxis führt Ulrich Lau den Zusammenhang mit dem semantischen Determinativum „Schaf" aus, vgl. Lau 1997: 43–46.

41 Lao 1981–1997, Bd. 1: 113.

42 „Gespräche" 2.24 oder 15.17; Nikkilä 1992: 116. Exemplarisch sei hier zitiert „Gespräche" 2.24: „Wer seine Pflicht (*yi*) kennt, sich ihr aber entzieht, ist ein Feigling", siehe Moritz 2003: 14. Roetz übersetzt an dieser Stelle: „Es wäre Feigheit, in einer Situation, in der es um Gerechtigkeit geht, nicht einzugreifen." Nikkilä übersetzt *yi* mit „right": 見義不爲,無勇也。 Li 1999: 26.

wird *yi* mit „Gerechtigkeit", das „Rechte", die „Pflicht" oder „Rechtschaffenheit".[43] Lao verweist auf eine Verschiebung der Bedeutung bereits in vorkonfuzianischen Schriften, die sich von einer strengen Vorschrift für das Benehmen innerhalb von Zeremonien zu einem allgemein anerkannten, rechten Verhalten wandelte. Diese Bedeutungsverschiebung sei in den „Gesprächen" erkennbar.[44] Auch Nikkilä sieht im Vergleich zur religiös-rituellen Bedeutung des Begriffs, insbesondere im „Buch der Urkunden", eine Verschiebung in den philosophischen Bereich innerhalb der „Gespräche", wobei die Frage nach der Anpassung des Ausdrucks an neue Kontexte aufgeworfen wurde.[45] Ähnlich argumentiert Lao:

> Jede Institution oder jedes Zeremoniell konnte das Leben der Menschen auf eine jeweils bestimmte Art nur darum regeln, weil zuvor bereits grundsätzlich affirmiert worden war, was als „recht" galt. Das zeigt, dass eine wertende Affirmation ein grundlegender, den konfuzianischen Lehren inhärenter Standpunkt war.[46]

In seiner „Geschichte der chinesischen Philosophie" zitiert Lao die Stelle: „Konfuzius sprach: ‚Dem Fürstensohn ist das Rechte Richtschnur seines Verhaltens'"[47] und erläutert die Bedeutung folgendermassen:

> Die Etikette wurde in Abhängigkeit vom „Rechten" errichtet. Das „Rechte" machte die Essenz der „Etikette" aus, und die „Etikette" war Ausdruck des „Rechten". Daher hatten alle institutionalisierten Zeremonien und die gesamte Lebensordnung die „Rechtmässigkeit" oder „vernünftige Prinzipien"[48] zur Grundlage. Der Mensch strebte nach einer Lebensordnung, im

43 Karlgren 1972: 19–20, 2r–t; Jia 2007: 39. Ausführlich und mit Vergleichen Nikkilä 1992: 116–122. Zur Bedeutungswandlung siehe Nikkilä 1992: 122–123. Unger gibt die Bedeutung von „das, was recht ist" an und erweitert die Bedeutung von „Gerechtigkeit" im Sinne eines Gefühls, vgl. Unger 2000: 35.

44 Lao 1981–1997, Bd. 1: 112–118. Lao verwendet „recht" *zhengdang* und „vernünftig" (*daoli* 道理) mit Bezug zu Institutionen und dem entsprechenden Verhalten. Er unterscheidet diese Bedeutung vom Zeichen *yi* 儀, das sich damals auf das „Verhalten innerhalb strenger Vorgaben von Ritualen oder Tänzen" bezog, vgl. Lao 1981–1997, Bd. 1: 112. Zur Bedeutung eines respektvollen Verhaltens innerhalb des Clans und zur Verwandtschaft mit dem Zeichen *yi* 宜 „passend" siehe Jia 2007: 37–40. Zum semantischen Wandel und zur Bedeutung eines „Verhaltens als moralische Verpflichtung" siehe Jia 2007: 39–41. Auch Lao gibt als weitere Bedeutung von *yi* „Pflicht" oder „Verantwortung" innerhalb der „Gespräche" an, vgl. Lao 1981–1997, Bd. 1: 114.

45 Nikkilä 1992: 122. Die Bedeutung der Etikette bezieht sich im „Buch der Urkunden" auch auf den Bereich der Regierungsführung.

46 Lao 1998 [1965]: 15. 一切制度儀文之所以規定人們生活要如此如此,根本理由是人們先肯定了如此如此是「正當」的。這顯示一種內含價值的肯定,是儒學的根本立場。

47 Übersetzt wurde die Textstelle der „Gespräche" 15.18 in Anlehnung an Moritz 2003: 101. „Konfuzius sprach: Dem Edlen ist die Pflicht die Richtschnur seines Verhaltens". 子曰:「君子義以爲質」。Li 1999: 213.

48 An anderer Stelle spricht Lao von „vernünftig" (*heli* 合理) und erläutert, dabei handle es sich um den Bereich, der die physisch-sinnlichen Erfahrungen übersteige, vgl. Lao 2000 [1956i]: 49. Gleichzeitig wird die Verbindung zwischen dem Rechtmässigen und der Vernunft auch im Sinn

> Grossen strebte er nach Institutionen, im Kleinen nach Zeremonien und dabei immer nach der Verwirklichung vom „Rechten“. Anders gesagt: Sämtliche Gebräuche und Traditionen fungierten nicht als Grundlage der „Etikette“, sondern das Bewusstsein, nach dem Rechten zu streben, war der wahre Grund der „Etikette“. Daher lieferten alle historischen, sozialen, psychologischen und biologischen Tatsachen an sich kein Kriterium für Werte. Das eigene Wissen um das Bewusstsein war der einzige Ursprung für einen Wertmassstab. Damit geriet plötzlich die Stellung des Menschen aufgrund seines Bewusstseins ins Blickfeld, und genau an diesem Ausgangspunkt begann sich auch die konfuzianische Lehre zu etablieren.[49]

Das Rechtmässige wurde gleichzeitig von einer eigennützigen Vorteilssuche unterschieden,[50] sodass das Zusammenführen des Rechtmässigen mit einer Affirmation des Gemeinsinns als Errungenschaft der „Gespräche“ angesehen werden kann.[51] Eine weitere Abgrenzung des Rechtmässigen ist in den „Gesprächen“ gegenüber „objektiven Begrenzungen“ (*keguan xianzhi* 客觀限制) im Sinne von Naturgesetzen erfolgt.[52] Das Rechtmässige wurde in Ergänzung zu einer Determinierung durch Naturgesetze durch eine Wertentscheidung ermittelt. Zudem betont Lao, dass Konfuzius den grundsätzlichen Ordnungsgedanken vom konkreten Inhalt einer Ordnung

---

einer Offenheit für die Anpassung von Bedeutungen betont. Laos jeweilige Erklärungen zur Vernunft verweisen exemplarisch auf die Schwierigkeiten des Übersetzens und auf eine gewisse Unschärfe in seiner Verwendung des Ausdrucks: *Li* musste bereits bei der Erklärung eines vernünftigen Umgangs im Alltag im Zusammenhang mit Hegel (vgl. Abschnitt 3.5.2) als allgemein verständlicher Ausdruck und eher umgangssprachlich verstanden werden. Was bei der vorliegenden Stelle zusätzlich bedacht werden muss, ist die historische Bedeutung von *li* als einem „ordnenden Prinzip“, da Lao den zeitgenössischen Sprachgebrauch durch die Verwendung von *li* um die historische Bedeutung erweitert. Die gewählte Paraphrase soll diese Mehrdeutigkeit annähernd zum Ausdruck bringen.

49 Lao 1981–1997, Bd. 1: 116. Der Hinweis, dass nicht mehr der Himmel Ausgangspunkt der Etikette sei, erfolgt auf Seite 112. [...] 禮依於義而成立;「義」是「禮」之實質,「禮」是「義」之表現。於是,一切制度儀文,整個生活秩序,皆以「正當性」或「理」爲其基礎。人所以要有生活秩序, 所以大則有制度,小則有儀文,皆因人要求實現「正當」。換言之, 一切習俗傳統, 不是「禮」之眞基礎, 而要求正當之意識方是「禮」之眞基礎。至此,一切歷史事實,社會事實,心理及生理 方面之事實, 本身皆不提供價值標準;自覺之意識爲價值標準之唯一根源。人之自覺地位,陡然 顯出, 儒學之初基於此亦開始建立。

50 Lao 1981–1997, Bd. 1: 113. Zitiert wird „Gespräche“ 4.16 in Anlehnung an Roetz: „Der Meister sprach: ‚Ein Edler versteht das Argument der Gerechtigkeit, ein Gemeiner das des Nutzens‘“. 子曰:「君子喻於義,小人喻於利」。Li 1999: 51. Roetz übersetzt *yi* mit „Gerechtigkeit“, vgl. Roetz 2006: 64; Lao 1984, Bd. 1: 114–115. Dass der persönliche Nutzen dem Kriterium des Rechtmässigen unterzuordnen ist, wird ebenfalls in „Gespräche“ 14.12 thematisiert, vgl. Li 1999: 187–188. Eine Interpretation dieser Textstelle mit Bezug zu Kant gibt Lee 2017: 95–97.

51 Bspw. auch bei Nikkilä 1992: 122.

52 Lao 1981–1997, Bd. 1: 136–140, 142. Dafür wird die Bezeichnung „Bestimmung“ (*ming* 命) verwendet. Die beiden Bereiche, die einerseits durch das Rechtmässige und andererseits durch die Bestimmung abgegrenzt werden, ergänzen sich gegenseitig, zeichnen sich jedoch durch unterschiedliche Voraussetzungen aus: Beim Rechtmässigen ist es die (moralische) Freiheit.

unterschieden hat, die konkreten Inhalte der Etikette und somit Traditionen sind folglich als wandelbar wahrgenommen geworden.[53] Ein Wandel ist aufgrund von vernünftigen Prinzipien vorgestellt worden und nicht etwa aufgrund des Himmelsweges oder einer „natürlichen Ordnung" (*ziran zhixu* 自然秩序). Dadurch wurde die Affirmation eines dem Menschen[54] angeborenen Bewusstseins und die Affirmation von Werten prägend für das konfuzianische Ordnungsdenken.[55] Ausserdem hat Konfuzius das Rechtmässige insofern näher bestimmt, als es durch „Menschlichkeit"[56] oder „Wohlwollen" (*ren* 仁)[57] erreicht werden konnte. Wohlwollen und Menschlichkeit standen somit in einem Abhängigkeitsverhältnis zum bewussten Wollen eines Menschen. Wer in Übereinstimmung mit *ren* handelte, bestimmte sein Wollen hinsichtlich zweier Aspekte: Obwohl in den Gesprächen zwischen Konfuzius und seinen Schülern zahlreiche unterschiedliche Bestimmungen für *ren* gefunden werden können, bezeichnet Lao die beiden zentralen Funktionen für die Bestimmung des Willens aufgrund von *ren* erstens als eine „Eliminierung eigensüchtiger Motive" (*sinian de xiaochu* 私念的消除), was in der Folge zu Uneigennützigkeit und „Gemeinwohl" (*gongxin* 公心) führt. Wer den Bereich der Eigennützigkeit überwindet, hat die

53 Lao 1981–1997, Bd. 1: 118.

54 Lao spricht umgangssprachlich vom „Menschen" (*ren* 人), in den „Gesprächen" ist jedoch häufig nicht in einem universellen Sinn vom Menschen die Rede. Gerade die Ausführungen zum angemessenen Handeln beziehen sich auf den „Fürstensohn" (*jun zi* 君子), dessen Stellung innerhalb einer Hierarchie und dessen rechtmässige Ausführung von Pflichten, vgl. Nikkilä 1992: 122. Der Fürstensohn steht dabei für die moralisch vorbildliche Persönlichkeit im Gegensatz zum „gemeinen Menschen" (*xiao ren* 小人), der sich an der moralischen Exzellenz des Fürstensohns in einem allgemeinen Sinn orientieren kann.

55 Lao 1981–1997, Bd. 1: 119; Lao 1998 [1965]: 15.

56 Unger 2000: 39. Er lexikalisiert *ren* mit „Menschlichkeit", „Humanität", „Güte".

57 Eine einheitliche Übersetzung scheint erstens aufgrund der unterschiedlichen Bedeutungen des Zeichens in den „Gesprächen" unmöglich. Zweitens stellt sich insbesondere die Schwierigkeit, das Verständnis des Zeichens zum damaligen Zeitpunkt festzulegen. Behr wirft die Frage auf, ob aufgrund etymologischer Bestimmungen der Übergang von der physisch-emotionalen Bedeutung („stattlich" bei Lin Yü-sheng 1974–75: 172–204, „freundlich" bei Bauer 2001: 57) zu einer ethischen Bedeutung zeitlich genauer festgelegt werden kann. Er sieht Konfuzius zumindest als Motivator für das Einsetzen dieser Verschiebung der Semantik, vgl. Behr 2015: 213–216. Da Lao das auf *ren* basierende Verhalten in Abhängigkeit von einem vorsätzlich bestimmten Verhalten thematisiert, scheint die Übersetzung mit „Wohlwollen" an zahlreichen Stellen als passend. Lao geht in seiner „Geschichte der chinesischen Philosophie" am Rande auf die Problematik der Interpretation von Ausdrücken in alten Texten, der „semasiologischen Textexegese" (*xungu* 訓詁) und ihr Verhältnis zur „etymologischen Forschung" (*ziyuan yanjiu* 字源研究) einzelner Zeichen ein. In seiner Philosophiegeschichtsschreibung habe er möglichst bestehende und durch die etymologische Forschung bestätigte „Ausdrücke" (*ciyu* 詞語) verwendet, ziehe es aber im Zweifelsfall vor, Bedeutungen aufgrund theoretischer Überlegungen zu präzisieren, vgl. Lao 1981–1997, Bd. 1: 118.

Möglichkeit, das Rechtmässige zu suchen und zu erkennen.[58] Den Bereich der Eigennützigkeit zu verlassen, bedeutet aber auch, „andere so zu betrachten, wie man selbst betrachtet werden möchte“ (*shi ren ru ji* 視人如己),[59] wofür Konfuzius das Handeln als „Reziprozität“ (*shu* 恕) bestimmt hat.[60] Der für die „Gespräche“ zentrale Gedanke, den Mitmenschen anhand eines gedanklichen Rollentausches zu begegnen, steht in engem Zusammenhang mit dem Streben, bewusst den Bereich des Eigennutzes zu überwinden und drückt zudem die Affirmation aus, dass eine „Selbstbeherrschung“ (*ziwo zhi zhuzaixing* 自我之主宰性) möglich ist.[61]

Zweitens deutet *ren* auf eine „Klärung des Willens“ (*yizhi de chunhua* 意志的 純化) hin.[62] Damit wird das Verfahren angesprochen, das dem Willen eine Richtung geben kann, die im Idealfall als „Loyalität“ in Form eines „Mittelwegs“ (*zhong* 忠)[63] bezeichnet wurde. Lao relativiert die häufig verwendete Übersetzung mit „Loyalität“, der eine politische Konnotation anhaftet. Er verweist auf einen mentalen Zustand, der

---

58 Lao 1998 [1965]: 15–16.

59 Lao 1998 [1965]: 16. Er verwendet eine Paraphrase für die oft zitierte Stelle in „Gespräche“ 6.30: 夫仁者,己欲立而立人,己欲達而達人。 Li 1999: 83. In der Übersetzung von Moritz: „Wer den Grundsätzen des sittlichen Verhaltens folgt, will sich und andere aufrichten. Er will, dass ihm das gelingt und dass es auch anderen gelingt“, vgl. Moritz 1982: 38.

60 Roetz 1992: 221. Roetz verweist mit der Übersetzungsvariante „Reziprozität“ auf die philosophische Bedeutung von *shu*, die in der komparativen Philosophie mit der „Goldenen Regel“ in Zusammenhang gebracht wird. Das Zusammenspiel von *shu* und *zhong* wird thematisiert in Goldin 2008: 168–170. Kritisch setzt sich Martha Nussbaum mit der konfuzianischen „Reziprozität“ auseinander, vgl. Nussbaum 2003: 3–14.

61 Lao 1981–1997, Bd. 1: 119–120. Ein Akt der Selbstbeherrschung wird mit einer bewussten Handlung gleichgesetzt, die es ermöglicht, den Bereich des Gemeinsinns zu erlangen. Aufgrund von vernünftigen Überlegungen kann gut und schlecht unterschieden, eine Affirmation oder eine Negation vorgenommen und ein entsprechendes Werturteil gefällt werden.

62 Lao 1998 [1965]: 16.

63 Mit „Mittelweg“ wird eine wenig geläufige Übersetzung für *zhong* gewählt. Meist wird *zhong* mit „Loyalität“ oder „Treue“ übersetzt. Lao meint eine die Balance des (hierarchischen) Ordnungsgefüges wahrende Haltung, ein Verhalten, das den rechten Platz einnimmt. Die Bedeutung von Loyalität schwingt hier mit, jedoch nicht in erster Linie in einem hierarchischen oder politischen Sinn. *Zhong* als Verfahren beinhaltet das Moment der (Selbst-)Kontrolle oder eines „vorsichtigen“ (*shen* 慎) Verhaltens, um das Angemessene gegenüber den Mitmenschen zu finden, vgl. Lao 1981–1997, Bd. 1: 133. Für diese erweiterte Bedeutung wird ebenfalls argumentiert in Yao 2003: 825. Auch Lau gibt eine erweiterte Bedeutung zur Loyalität an und spricht von „doing one’s best“, was in Kommentaren mit *jinji* 盡己 beschrieben wird, vgl. Lau 1992: XVI. Goldin schlägt zusätzlich zur Übersetzung mit „loyalty“ die Varianten „treating people right“, „adjudicating a case fairly“ und „being honest with oneself in dealing with others“ vor. Der Umgang mit dem Mitmenschen prägt dabei als zentrales Moment jede seiner vorgeschlagenen Übersetzungsmöglichkeiten. Er bemängelt an der Kommentartradition und an einflussreichen Übersetzungen klassischer chinesischer Texte durch Missionare, dass oft nur eine einzige Übersetzung als zulässig angesehen wurde, vgl. Goldin 2008: 165–174.

Voraussetzung für ein Verhalten ist, das den anderen Menschen in einem altruistischen Sinn bedenkt.[64] Der Zusammenhang zwischen *li*, *yi* und *ren* bildet somit den Ausgangspunkt für das Verständnis der konfuzianischen Lehren:

> Der elementare Zweck kultureller Aktivitäten [im Konfuzianismus] war es, eine Ordnung zu errichten. Jede Ordnung stand für die Realisierung von „Rechtmäßigkeit". Das Selbstbewusstsein, über das die Menschheit verfügt, zeichnete sich durch einen Willen aus, der nach dem Rechtmässigen strebt. Wenn dieser Wille nicht im Bann körperlicher Begehren stand, konnte das Rechtmässige angestrebt und verwirklicht werden. Dabei wurde „Wohlwollen" zum höchsten Grund, das „Rechtmässige" und die „Etikette" erhielten beide im „Wohlwollen" ihre Grundlage. Wenn wir die gegenwärtige philosophische Fachterminologie verwenden, dann verweist „Wohlwollen" auf die moralische Subjektivität. Im Zentrum der von Konfuzius geschaffenen konfuzianischen Lehre steht daher grundsätzlich die „moralische Subjektivität".[65]

Das Rechtmässige und das Wohlwollen waren im konkreten praktischen Lebensvollzug und durch das handelnde Subjekt somit aufeinander bezogen. Wohlwollen gehört Lao zufolge einer höchsten hierarchischen Ebene von Normen und Werten an, die das Verhalten jedes Menschen bestimmen sollte. Untergeordnete Werte und entsprechende Wirkungsfelder können aufgrund von Wohlwollen bestimmt oder abgeleitet werden. Daraus ergeben sich Werte auf einer zweiten Ebene. Zudem bedeutet das Rechtmässige als Kriterium auch die Möglichkeit der Anpassung von Etikette und Institutionen an jeweils konkrete, sich wandelnde Umstände und einer Neubewertung. In den „Gesprächen" fand somit eine allgemeine Bedeutungsverschiebung vom rituellen in den sozialen Kontext für eine Legitimierung der konkreten Etikette statt. Damit interpretiert Lao *yi* als Prinzip, das der bestehenden Ordnung zugrunde lag und sie gleichzeitig auch überstieg, indem es als externes Kriterium für die Legitimation von Handeln bedacht werden musste.[66]

Da der Begriff der Etikette schon in den „Gesprächen" ein erweitertes Ordnungsdenken und gleichzeitig die Affirmation, eine Ordnung gestalten zu können, umfasste, stellte sich die Frage, wodurch diese Gestaltung ermöglicht wurde. Dieses Moment des Gestalterischen verortet Lao in den „Gesprächen" weder in einer transzendenten, gottähnlichen Autorität noch in der reinen Materie, sondern in einem

---

64 Zu einer ähnlichen Einschätzung kommt Sung in einer Untersuchung der Bedeutung von *zhong*, vgl. Sung 2018: 178–181, 197.

65 Lao 1998 [1965]: 16. 文化活動以建立秩序為基本目的。每一秩序代表一「正當性」的實現。人類自覺心中有求正當的意志。當這一意志不受形軀的欲望牽引时便能追求正當,實現正當,這樣,「仁」是大本,「義」與「禮」皆以仁為基礎。用現代的哲學詞語說「仁」即指道德主體性。由此,孔子所創立的儒學,基本上以「道德主體性」為中心。

66 Ähnlich argumentiert Roetz 2006: 39, 91. Handeln erschöpfte sich nicht mehr ausschliesslich im Einhalten von traditionell überlieferten Regeln, sondern hatte zusätzliche Kriterien zu bedenken.

sogenannten „Logos“ (*lixu* 理序).[67] Damit ist die Art und Weise angesprochen, wie ein Subjekt sein Streben bewusst in Handeln umsetzt. Zur Erklärung und Abgrenzung erfolgt ein Vergleich mit der Vorstellung vom Logos bei Heraklit. Bei diesem wurde der Terminus verwendet, um die Gesetzmässigkeit der Welt, deren Norm und Regel zu beschreiben. Den Logos zu erfassen, bedeutete dabei, die Gegensätzlichkeit als Wesensgrund der Wirklichkeit zu erkennen und sprachlich auszudrücken. Demzufolge ist der Logos Heraklits eigenes Argumentationssystem und bezeichnet gleichzeitig ein objektives System der Welt.[68] Mit Bezug zu Heraklit erläutert Lao den Logos als „Gesetzmässigkeit von Veränderung“ (*liubian zhi guifa* 流變之規法). Veränderung wird bei Heraklit als ein mögliches Umschlagen von Gegensätzen in das jeweilige Gegenteil verstanden, die Veränderung an sich wird dabei jedoch zur Konstante.[69] Damit ordnete Heraklit den Menschen mit seinem Schicksal des biologischen Werdens und Vergehens in einen metaphysischen Sinnzusammenhang ein. Mit Bezug zur Etikette argumentiert Lao wie folgt:

> Wenn wir das Streben nach Etikette und die Suche nach einer Lebensordnung genauer betrachten, sehen wir den entscheidenden Unterschied zum hebräischen Geist der Aufopferung. Dem Streben nach Etikette liegt auch nicht [die Vorstellung, B.K.] einer absoluten transzendenten Macht und [der Einfluss, B.K.] der Erbsünde auf das Leben zu Grunde, sondern die Annahme, die diesseitige Welt könne und solle aufgrund eines Logos transformiert werden. Obwohl das Streben nach Etikette die Vorstellung eines Logos voraussetzt, kommt diesem keine erkenntnistheoretische Bedeutung zu; dieser Logos wurde immer auf die höchste Instanz zurückgeführt, und diese Instanz steht unmittelbar mit jeglichem Bewusstsein in Verbindung, das vor jeder Handlung bereits da ist.[70]

Mit diesem von Lao formulierten Logos, vielleicht als „frühkonfuzianisch“ zu bezeichnen, wird der Fokus auf das bewusste Vermögen des Menschen gelegt, wertend und gestaltend ins Weltgeschehen einzugreifen und dabei eine rechtmässige, sinnhafte Ordnung hervorzubringen und wertzuschätzen. Das unterscheidet ihn

---

67 Die Übersetzung von *lixu* als „Logos“ findet sich im Frühwerk in Lao 2000 [1956i]: 48; Lao 2001 [1956–1957]: 69. Der Ausdruck gehörte in der griechischen Tradition ursprünglich zum allgemein bekannten, nichtphilosophischen Sprachgebrauch für „Aufzählung“, „Berechnung“, „Rechtfertigung“. Im philosophischen Gebrauch beginnt er für die Reflexion des Menschen auf die Eigenart des rationalen Denkens zunehmend und beginnend mit Heraklit eine Rolle zu spielen, vgl. Ritter 1971–2007, Bd. 5: 491.

68 Ritter 1971–2007, Bd. 5: 492.

69 Lao 2001 [1956–1957]: 70.

70 Lao 2000 [1956i]: 48. [首先], 講求禮,追尋生活秩序, 是與捨離的希伯來精神完全不同的。 這種活動所預認的觀念,不是超越的絕對權威和負原生罪惡的現世,而 是 一可改造及應改造之現世及一爲改造活動所憑依之理序。但它雖預認此理序,卻不是認知的意義,此一理序仍歸於最高之 大主,而此最高大主又直接通至現前之任何心靈。

vom eher erkenntnisfokussierten Logos bei Heraklit.[71] In den „Gesprächen" sei er, so Lao, vorausgesetzt worden und stehe für den Modus, wie das Subjekt sein Streben umsetzte.[72] Wer die Etikette auf vollkommene Art und Weise gestalten wollte, durfte dabei nicht nur eine Alltagsordnung erschaffen, die den physischen Bedürfnissen entsprach, sondern musste eine rechtmässige und vernünftige Alltagsordnung anstreben. Diese musste die physischen Bedürfnisse angemessen abdecken, darüberhinaus aber auch etwas in Betracht ziehen, das nicht ausschliesslich durch „Empfindungen" (*ganshou* 感受) erklärt werden konnte, sondern „vernünftig" (*heli* 合理) war.[73] Die nähere Bestimmung der Vernunft stand dabei zudem in enger Verbindung mit einem aktiven Lernprozess.

Zusammenfassend hält Lao fest, dass die Etikette als Ausgangspunkt für die Entwicklung spezifischer Pflichten und Institutionen innerhalb eines jeweiligen historischen und gesellschaftlichen Kontextes angesehen wurde. Die daraus abgeleiteten konkreten Werte haben entsprechend nur kontextuelle und nicht universelle Gültigkeit. Er verweist auf Hegel, wenn er in den „Gesprächen" das konkrete Ensemble der damaligen (vorstaatlichen) Verhaltensnormen, Pflichten und Institutionen, die aufgrund von Rechtmässigkeit legitimiert werden sollten, an das moralische Bewusstsein des Einzelnen knüpft.[74] Auch der Gedanke, dass Werte und Regeln auf einer bereits historisch verwirklichten Vernunft aufbauen, hat er mit seiner Hegel-Rezeption (und in Anlehnung an Hayek) aufgearbeitet. In den „Gesprächen" ist für Lao dabei auch die Vorstellung angelegt, dass Traditionen allein keine Werte rechtfertigen, die damit auch nicht darauf reduziert werden können. Die Rekonstruktion der Etikette in einem neuen Kontext sollte nur über die rational vermittelte Rechtmässigkeit erfolgen. Dafür bedarf das Subjekt einer Hinwendung zum eigenen Selbst, zur Selbstformung des eigenen Wollens und zu bewussten Entscheidungen, um aufgrund von Menschlichkeit und Wohlwollen zur Rechtmässigkeit zu gelangen. Die Erweiterung des Wertebewusstseins um die Selbstsorge vereinte die geistige und praktische Dimension. Die Reflexion auf das eigene Handeln mündete in einer Verfeinerung des Willens und seiner Ausrichtung auf das Gemeinwohl.

Mit diesen Themen und Begriffen waren für Lao die zentralen Problemkreise und Ziele für die weitere Entwicklung der konfuzianischen Lehren vorgegeben.[75] Mit der Reziprozität und der Loyalität wurden zudem zwei Verhaltensformen benannt, die auf den Willen in einem positiven Sinn einwirken und ihn bestimmen können.

---

71 Zudem grenzt Lao den Glauben an eine allumfassende höchste göttliche Autorität davon ab, vgl. Lao 1981–1997, Bd. 1: 146.

72 Lao 2000 [1956i]: 48.

73 Lao 2000 [1956i]: 48.

74 Lao 1981–1997, Bd. 1: 130.

75 Lao 1981–1997, Bd. 1: 127–130.

Lao begreift sie als praktische Fertigkeiten, die den eigenen Willen in eine gewünschte Richtung führen. Der Anspruch, der das praktische Handeln anleitete, war es, durch angemessenes Verhalten, Pflichten zu erfüllen, die jeweils unterschiedlichen menschlichen Beziehungen entsprachen. Damit ist gemeint, dass jeder Mensch in Übereinstimmung mit seiner sozialen Position gleichzeitig verschiedene, häufig sogar in Konflikt stehende Pflichten zu erfüllen hatte. Falls dieser Prozess erfolgreich vollendet werden konnte, wurden Wohlwollen und Menschlichkeit verwirklicht.[76] Das in den „Gesprächen" ausformulierte Zusammenspiel zwischen Etikette, Rechtmässigkeit und Menschlichkeit hat für Lao systematischen Charakter, der die grundlegende Ausrichtung und Ausgangsfragen der konfuzianischen Lehren festlegte. Dies wiederum ermöglichte eine Weitergabe und eine Weiterentwicklung entsprechender Vorstellungen. Die normativen Ordnungsgedanken bezeichnen dabei eine „humanistische Lehre" (*renwen zhi xue* 人文之學).[77] Die Ausführungen zum Subjekt werden zur „Morallehre" (*dexing zhi xue* 德性之學) und die Überlegungen zu situativen Problemen zur „Unterweisungslehre" (*jiaohua zhi xue* 教化之學).[78] Der normative Ordnungsgedanke wurde innerhalb der humanistischen Lehre durch ein Bekenntnis oder „commitment" zur Gemeinschaft und zur Familie bestärkt.[79] Damit meint Lao den Respekt vor der Hilfe, die jedem Menschen in und durch eine Gemeinschaft seit seiner Geburt in verschiedener Form zukam. Am umfangreichsten erfolgte

76 Lao 1981–1997, Bd. 1: 133.

77 Von der konfuzianischen humanistischen Lehre grenzt Lao den „chinesischen Humanismus" (*Zhongguo renwen zhuyi* 中國人文主義) ab. Dieser zeichne sich allgemein durch die „humanistische Vorstellung" (*renben guannian* 人本觀念) aus, dass der Mensch Ursprung und Herr bei der Lösung seiner Probleme sei. Ein weiteres Merkmal betreffe die Überzeugung, „alle Dinge sollten in einer Art Ordnung integriert sein" (*wan shi dou yingdang naru yi zhong zhixu* 萬事都應當納入一種秩序). Der Ordnungsgedanke wird auf die Kultur der Zhou zurückgeführt. Der chinesische Humanismus beinhaltet somit das subjektive und das kulturelle Moment, vgl. Lao 1998 [1965]: 311.

78 Lao 1981–1997, Bd. 1: 135.

79 Im religiösen Kontext ist Lao zufolge ein Bekenntnis als „seine Lebensaktivitäten in den Dienst von Gott stellen" (*weituo qi shengming huodong yu shen* 委託其生命活動於神) zu verstehen, vgl. Lao 1981–1997, Bd. 1: 141. Im Zusammenhang mit dem Dienst an der Gemeinschaft gibt Lao den englischen Ausdruck „commitment" an, vgl. Lao 1981–1997, Bd. 1: 145. Soweit ersichtlich erwähnt Lao an keiner Stelle, ob dieses Bekenntnis einer Gemeinschaft gegenüber abgelegt werden musste. Er gibt einen eher allgemeinen Hinweis, dass die willentliche Übernahme einer Pflicht das Bekenntnis bereits enthalte, vgl. Lao 1981–1997, Bd. 1: 141. Angle versteht im Hinblick auf die „Gespräche" „ein Bekenntnis abzugeben" (*li zhi* 立志) als eine spezifische Form der Willensäusserung, vgl. Angle 2009: 55, 114. Zur praktischen Ausführung eines diesbezüglichen Bekenntnisses sei auf Yu Yingshi 余英时 verwiesen, der bezüglich seiner Studie zu Zhu Xi bemerkte, kein Bekenntnis in Bezug auf die Selbstkultivierung abzugeben und sich dadurch „ausserhalb der Selbstbildungstradition" positioniere, vgl. Marchal 2004: 1010.

diese Hilfe durch die Eltern und die „Sippe" (*jiazu* 家族). In den „Gesprächen" werde diese Hilfe jedoch bereits in einem weiteren Umfeld einer Gemeinschaft als „zwischenmenschliche Beziehung" (*renlun* 人倫) gedacht, die auch die Ordnung der ökonomisch-politischen Administration umfasste.[80] Das Bekenntnis, gemeinschaftliche und familiäre Institutionen durch ein entsprechendes Handeln zu achten, beruhte auf dem Respekt für verantwortungsvolles Handeln, dem als innere Einstellung Wohlwollen und Menschlichkeit zugrunde lag. In diesem Bekenntnis sieht Lao eine zentrale soziokulturelle Funktion konfuzianischer Lehren verortet.[81] Das Wissen, das dabei zur Anwendung kam, enthielt zwei Aspekte von „Lernen" (*xue* 學), das Erlernen von normativem Kulturwissen und formalem Wissen, letzterem konnte eine allgemeingültige oder gesetzmässige Richtigkeit zugesprochen werden. Die Unterscheidung zwischen dem Rechtmässigen und dem „Bestimmten" oder „Determinierten" (*ming* 命) zeigte dabei unter anderem zwei unterschiedliche Bereiche von Wissen an. Was bestimmt werden konnte, bezog sich auf den Bereich objektiven Erfahrungswissens, dem ein Logos und gleichzeitig naturgesetzliche Vorgaben zugrunde lagen. Das Rechtmässige bezog sich auf den komplementären Bereich des moralischen Wissens, dem zusätzlich zum Logos die Vorstellung von Freiheit zugrunde lag:

> Im Bereich der Objekte ist der Mensch mit anderen Dingen gleichgestellt, indem er etwas ist, „das bestimmt wird". Die Begrenzungen, die durch die „Naturbestimmung" oder „Notwendigkeit" auferlegt sind, können nicht negiert werden. Es stellte sich daher die Frage, ob es für den Menschen einen Bereich gäbe, in dem er sein eigner Herr ist. Damit wurde die Problematik aufgeworfen, ob ein Begriff von „Freiheit" begründet werden kann oder nicht. Um den Bereich der „Freiheit" zu enthüllen, stellte Konfuzius der Vorstellung von „Rechtmässigkeit" die Vorstellung der „Naturbestimmung" gegenüber. „Naturbestimmung" stand dabei für „Notwendigkeit" und „Rechtmässigkeit" stand für „Freiheit". [...] Wenn das menschliche Leben ausschliesslich aus der Perspektive der „Naturbestimmung" betrachtet wird, dann sind alle Ereignisse im Leben gleichermassen Teil der Phänomene des Kosmos. Wenn alles innerhalb einer Kette von

---

80 Lao 1981–1997, Bd. 1: 145; Lao 1998 [1965]: 17.

81 Lao 1981–1997, Bd. 1: 143–144. Diese Art des Bekenntnisses unterscheide sich von einem religiösen, weil keine höhere Autorität angebetet werde. Die zentrale Funktion liege in der Übernahme familiärer oder gesellschaftlicher Verantwortung.

An dieser Stelle sei darauf hingewiesen, dass Lao der Religion, insbesondere der christlichen Religion, zurückhaltend entgegentritt. Dies ist umso erstaunlicher, als die Institution, der er an der Chinese University of Hong Kong über Jahre angehörte, das Chung Chi College, eine protestantische war. Zu seinem Standpunkt zur christlichen Religion innerhalb seiner Kulturtheorie erfolgt eine Zusammenfassung in Lao 1998 [1965]: 191. Ebenso zurückhaltend äussert er sich gegenüber dem Daoismus als Religion, vgl. Lao 1998 [1965]: 180. Dem Daoismus als Philosophie spricht er jedoch weitreichenden Einfluss in Bezug auf die Ästhetik und die Transformation des ästhetischen Bewusstseins zu. Dieser Aspekt seines Schaffens müsste Gegenstand einer eigenen Untersuchung sein. Zur Einführung siehe Chang 2013: 23–46.

> Notwendigkeiten bestimmt ist, gibt es kein Richtig oder Falsch, kein Gut oder Schlecht; alles, was man als sogenannte Leistung der Menschheit bezeichnen könnte, stellt in diesem Zusammenhang keinen Wert dar. Denn das Entstehen einer Leistung an sich und deren Resultat sind in letzter Konsequenz bereits vorbestimmt. Dem Leben[82] wird dabei kein Raum zugesprochen, wo persönliche Anstrengungen getätigt werden können. Aber wenn sich neben [der Vorstellung] der „Naturbestimmung" auch die Idee eines Bereichs des „Rechtmässigen" durchsetzen kann, entsteht daraus derjenige Raum, in dem Vorstellungen von Werten, vom Bewusstsein und von Freiheit etc. ihre Funktion entfalten [...].[83]

Dem Menschen durch die Funktion des Logos die Vernunft zuzuschreiben und im Subjekt den Ursprung von Werten zu verorten, sind zwei der Themen, die für Lao den Konfuzianismus über die „Gespräche" hinaus auch im Austausch mit anderen Lehren geprägt haben. Eine wechselseitige Beeinflussung zeigt sich beispielsweise, wenn die Vorstellung von Freiheit wie im Werk „Zhuangzi" 莊子[84] verstanden zum Vergleich hinzugezogen wird: Lao benennt das Hauptmotiv des Werks „Zhuangzi" ebenfalls als Orientierung für den handelnden Menschen; dabei wurde bestimmt, was der Mensch tun und zugleich, was er nicht tun sollte. Drei Schritte sind Lao zufolge zu erkennen: Erstens musste ein Zweck bestimmt werden, der als Ziel einer

---

82 Das „Leben" (*rensheng* 人生) umfasst zwei Aspekte: Lao unterscheidet zwischen dem „Alltagsleben" (*shenghuo* 生活), in dem Ordnungsdenken und Handeln eine grosse Rolle spielen, und dem „Leben" (*shengming* 生命), dem das Moment der Bestimmung durch Naturgesetze somit aber auch Kontingenz zugesprochen werden. Dabei erhielt *ming* im vorkonfuzianischen Denken sowohl die Bedeutung eines „Leitprinzips" als auch die Bedeutung einer „Begrenzung" für den Menschen, was beides mit dem Konzept eines personifizierten Himmels in Verbindung gebracht wurde. Später sei die Bedeutung einer „Bestimmung" (*mingding* 命定) daraus entstanden. Daher sei das „Mandat des Himmels" (*tianming* 天命) als das rechtmässige Mandat verstanden worden. Durch *ming* konnte zwar Leben, Tod oder Krankheit bestimmt sein (bspw. „Gespräche" 6.10), aber nicht, ob das Verhalten eines Menschen angemessen war oder nicht, vgl. Lao 1981–1997, Bd. 1: 97–100, 136. Für Lao zeigt dieses Beispiel ebenfalls den Umschwung zu einer zunehmend rationalen Bedeutung von Vorstellungen in den „Gesprächen". Die Vorstellung vom „Leben" *rensheng* zeichnete sich neben der Bestimmung durch Naturgesetze durch die Möglichkeit der (moralischen) Selbstbestimmung und durch bewusstes Handeln aus.

83 Lao 1981–1997, Bd. 1: 142. 在對象界中,人既與其他事物同爲一「被決定者」,故「命」之限制或「必然性」之限制,乃不可否認者;然則人生中是否無主宰可說?此即「自由」概念能否成立之問題。爲揭明此一「自由」之領域,故孔子有「義」觀念,與「命」觀念對揚。「命」觀念表「必然」,「義」觀念則表「自由」。[...] 倘若只從「命」一面看人生,則人生一切事象, 亦不過是宇宙現象中之一部; 既皆在必然系列下被決定,便無所謂是非善惡;由此再推一步, 則一切所謂人類之努力,亦在根本上無價值可說。因「努力」本身之出現,以及其結果,皆在最後意義上是已決定者,被決定者,如此,人生亦全無可着力處。但若在「命」以外更立一「義」 觀念,則價值,自覺,自由等觀念所運行之領域,即由此顯出 [...]。

84 Die Autorenschaft des Werks ist ungeklärt, wird traditionell jedoch Zhuang Zhou 莊周 zugeschrieben, dessen Lebensdaten nicht gesichert sind (um 320 v. Chr.). Bumbacher bezweifelt die Existenz der historischen Person. Die Entstehung des Texts wird ins vierte Jahrhundert v. Chr. gelegt. Zur Textgeschichte siehe Bumbacher 2016: 611–674.

Handlung angestrebt wurde. Dieses Ziel musste zweitens legitimiert werden, und drittens mussten praktische Maximen aufzeigen, wie das Ziel erreicht werden konnte. Gleich zu Beginn des Werks „Zhuangzi" wird für Lao ein Hauptziel als „freies und ungezwungenes Umherschweifen [in Gedanken]" (*xiao yao you* 逍遥游) vorgestellt.[85] Die Absicht war dabei, dem Geist Freiheit zu gewähren und sich dieser Freiheit bewusst zu werden. *You* im Sinne einer Überwindung von Distanz wird von Lao in einem mentalen Sinn verstanden und mit der Bezeichnung der „transzendenten Freiheit" (*chaoli de ziyou* 超離的自由) in der Fachsprache ausgedrückt. Als transzendent wird diese Freiheit bezeichnet, weil kein aktiver Einfluss auf Objekte oder die Welt in ihren objektiven Erscheinungen ausgeübt wird.[86] Das beobachtende Wahrnehmen wird als Freiheit erfahren.[87] In Anlehnung an das „Nicht-Tun" (*wu wei* 無爲)[88] wurde dieser transzendente Aspekt betont und darauf hingewiesen, dass dazu eine bewusste Anstrengung erforderlich war, dann nämlich, wenn von „das Nicht-Tun erreichen" (*wei wu wei* 爲無爲) gesprochen wurde.[89] Zur Begründung dieses Zieles war das Verständnis von „Veränderung" (*hua* 化) ausschlaggebend. Dessen Moment bestimmt den Menschen (in einem physischen, psychologischen und auch kulturellen Sinn) in seiner Beziehung zur erfahrbaren Welt. Der Mensch ist in dieser Beziehung immer im Wandel begriffen.[90] Folglich war es auch nicht das körperliche Selbst, das ein Subjekt ausschliesslich konstituieren konnte. Das Nachdenken darüber führte zur Einsicht, die Freiheit sei im geistigen Bereich zu finden. Im Gegensatz zum konfuzianischen Standpunkt wird für Lao im „Zhuangzi" jedoch das Ziel, Werte in der empirischen Welt zu realisieren, relativiert. Mit Metaphern wird die Authentizität von Werten vielschichtig gefasst: Für jede Aussage existiert auch eine Gegenposition; beide schliessen sich jeweils aus, hängen jedoch gleichzeitig voneinander ab. Im Gegensatz zum Konfuzianismus, der ein handelndes Gestalten in der empirischen Welt grundsätzlich affirmierte,[91] lieferte das Werk „Zhuangzi" Einsicht in den Wert

85 Lao 1996 [1991]: 20.

86 Lao 1996: 21–22; Lao 1991: 278.

87 Lao 1981–1997, Bd. 1: 287. Dabei sei das Streben nach einer normativen kulturellen Ordnung in den Hintergrund getreten und habe Raum für ästhetische Vorstellungen eröffnet.

88 Lao 1991: 279. Lao gibt für *wu wei* die englische Übersetzung „not doing" und „inaction" an. Inaktivität wird auch von Roetz als Übersetzung von *wu wei* verwendet, vgl. Roetz 1984: 245. Er weist auf die semantische Doppeldeutigkeit des Ausdrucks *wei* hin, der die Bedeutungen „tun" und „für etwas sein" umfasste, womit zusätzlich auf ein Telos verwiesen wird.

89 Lao 1996: 21. *Wei wu wei* wird mit „danach trachten, das Nicht-Tun zu erreichen" (*qu dacheng wu wei* 去達成無爲) umschrieben.

90 Lao 1981–1997, Bd. 1: 260.

91 Lao gibt für die Fähigkeit moralischen Handelns exemplarisch die im Werk „Menzius" formulierten „Vier Ansatzstellen" (*si duan* 四端) an und nennt sie vier apriorische Modi des morali-

der transzendenten Freiheit des Menschen und gleichzeitig in die Relativität von Werten.[92] Gemeinsam war dennoch beiden Vorstellungen für Lao die orientative, das Handeln anleitende Ausrichtung.

Wie das Gestalten einer gemeinschaftlichen Ordnung geschehen sollte, wurde in der Folge in konfuzianischen Schriften in immer detaillierteren Zusammenhängen formuliert. Die dadurch begründete Dominanz des Wertebewusstseins blieb kennzeichnend für die Philosophie und kulturelle Entwicklung Chinas und der konfuzianischen Lehren im Besonderen. Lao erläutert diese Grundgedanken mit Bezug zu den „Gesprächen" als Ausgangspunkt eines „humanistischen Geistes" (*renwen jingshen* 人文精神):

> Zusammenfassend lassen sich die Aspekte des von Konfuzius vertretenen humanistischen Geistes verdeutlichen: Dadurch, dass das „Rechtmässige und die Naturbestimmung differenziert wurden", manifestierte sich der Bereich des moralischen Lebens und der kulturellen Werte. Dadurch, dass die Vorstellung der „zwischenmenschlichen Beziehungen" mit dem Gedanken der angemessenen Pflichten zusammengefügt wurde, konnten die jeweils konkreten Inhalte eines moralischen Lebens bestimmt werden. Dadurch, dass die Selbstbeherrschung dem menschlichen Bewusstsein eingeschrieben wurde, konnte der Glaube an eine göttliche Ur-Macht aufgegeben werden. Durch das Verständnis eines objektiven, der Notwendigkeit folgenden Logos konnte [moralisches, B.K.] Wissen von Naturbestimmung unterschieden werden, was das Streben nach Erfolg relativierte. Da im Bewusstsein um die Selbstbeherrschung die Freiheit zur Überwindung angelegt war, wurde die Vollendung angemessener Pflichten zu einer umfassenden Verantwortung.[93]

---

schen Bewusstseins. Aus dieser Sicht ist moralisches Handeln möglich, weil die Anlagen dazu naturgegeben sind, vgl. Lao 1996: 32. Zu den Vier Ansatzstellen vgl. auch Abschnitt 4.3.1.

92 Der Begriff der transzendenten Freiheit hat gemäss Lao in der Folge auch grossen Einfluss auf die Ästhetik und Kunst der konfuzianischen Eliten ausgeübt, vgl. Lao 1996: 27–28. Laos umfassende Ausführungen zum philosophischen Daoismus werden hier nicht weiter erläutert. Eine umfassende Studie über seine Auseinandersetzung mit dem Daoismus steht noch aus. Bemerkenswert ist sein Hinweis auf die im Daoismus angedachte transzendente Freiheit im Vergleich mit Studien, die im Daoismus die Formulierung der negativen Freiheit (in Anlehnung an Isaiah Berlin, 1909–1997) und von Toleranz unterschiedlichen Werten gegenüber thematisiert haben, vgl. bspw. Liu 2015: 970–984. Über ein ähnliches negatives Verständnis von Freiheit hatte Lao mit Xu Fuguan debattiert, vgl. Abschnitt 3.6.1. Laos Ausführungen zum Daoismus finden sich in Lao 1981–1997, Bd. 1: 205–288.

93 Lao 1981–1997, Bd. 1: 146. 綜上所述,孔子所持之人文精神,面目已明。由「義命之分立」,顯現道德生活之領域,及文化價值之領域;由「倫」及理分觀念,而決定道德生活之內容。由主宰在人之自覺中,故不從原始神權信仰;由客觀之必然理序之了解,故盡分而知命,不於成敗上作 强求;由自覺主宰本身有超越自由,故在理分之完成上,人須負全責。

Zum historischen Denken als einer Genese gibt Lao die Textstelle „Gespräche" 2.23 an. Der historische Prozess wird darin als vom Menschen gestaltete Ordnung und Sitten beschrieben.

Bei Laos Interpretation dieser konfuzianisch geprägten Variante von Humanismus fällt auf, dass die hierarchische Komponente, die die Begriffe der Loyalität, der Reziprozität oder auch der Menschlichkeit in den „Gesprächen" eigentlich prägt, vorerst ausgeblendet bleibt. Es entsteht der Eindruck, *ren* sei mit einer allumfassenden Menschlichkeit gleichzusetzen oder *yi* sei eine Rechtmässigkeit, die für alle Menschen erfahrbar und als Verhalten praktizierbar sei. Dass dem nicht so war, zeigt Lao jedoch, indem er auf den spezifischen historischen Kontext verweist, der durch ein hierarchisches Statusverständnis geprägt gewesen sei, was sich in der Alltagsordnung innerhalb der Sippe und deren Austausch mit der Administration realisiert habe.[94] Dass einzelne Pflichten dabei im Konkreten ebenfalls hierarchische Merkmale aufwiesen, bestätigt für Lao diejenigen Entwicklungstendenzen, die allenfalls kritisch bedacht hätten werden müssen. Die Ansprechperson und das Vorbild für die Umsetzung von Menschlichkeit und Rechtmässigkeit sei daher in den „Gesprächen" häufig und bereits im ersten Abschnitt des Werks der „Fürstensohn" (*jun zi* 君子) gewesen.

Martha Nussbaum führt aus, wie ihre Lesart und ein Vergleich von Texten der griechischen Tradition mit frühkonfuzianischen Schriften das Fehlen eines Gedankengangs, „a missing thought", aufzeigt. Der Gedanke, dass eine gesellschaftliche Hierarchie und Statuszuschreibungen als kontingente Konstrukte verstanden werden konnten, wurde ihrer Ansicht nach in frühkonfuzianischen Texten nicht ins Feld geführt, um auf eine gemeinsame Humanität jenseits sozialer Hierarchisierung zu verweisen.[95] Ein auf diesem Verständnis basierender Gedanke einer grundlegenden Gleichheit wird auch von Lao nicht thematisiert. Für ihn ist bezeichnend, dass nicht mehr ein Gott oder metaphysisches Prinzip die Vorbildfunktion übernahm, sondern ein Mensch, der zudem des ständigen Lernens bedurfte, um praktisches und moralisches Wissen in sich zu vereinen. Der Vorstellung von Humanismus wird dabei auch ein kritisches Verhältnis zur Tradition eingeschrieben, was Roetz als anthropozentrische Wende der Philosophien

94 Lao 1998 [1965]: 157–161. Die Grossfamilie habe sich als verwandtschaftliches Beziehungsnetz verstanden, das neben der Einübung von rechtmässigem Handeln und der damit verbundenen Bildung auch die materiell-wirtschaftliche Sphäre, die Sphäre der Sicherheit und den Austausch mit dem „imperialen Haushalt" (*huangshi* 皇室) bewerkstelligt habe. Lao misst der Grossfamilie prägenden Einfluss sowohl auf die einzelnen Mitglieder der Familie als auch auf die Gestaltung der Beziehung zur imperialen Administration zu. Zahlreiche dieser Funktionen seien im frühen 20. Jahrhundert nur ungenügend durch neue gesellschaftliche Strukturen übernommen worden. Im Übergang zur Kleinfamilie sieht Lao somit eine entscheidende Entwicklung, die ein neues Begriffs- und Handlungsinstrumentarium notwendig gemacht hat.

95 Nussbaum 2003: 3–16. Ihre Argumentation basiert zu grossen Teilen auf David Nivinsons Interpretation der „Gespräche". Nussbaums Sichtweise wird u. a. von Nuyen relativiert, vgl. Nuyen 2003: 93–105.

der Achsenzeit in China bezeichnet hat. Das besondere Potential liegt in der Distanz, die das Denken zur Tradition einnimmt und sich offen für Neuerungen zeigt. Werte und Normen wurden Gegenstand der Reflexion und Neubewertung, was von Roetz als „reflektierten Traditionalismus" bezeichnet wird, in dessen Verlauf universelle Tatbestände diagnostiziert und bewertet wurden.[96]

4.2.2 Lernen und die Ausrichtung des Wollens

Bereits der erste Abschnitt und zahlreiche weitere Stellen in den „Gesprächen" sind dem Lernen und der Weitergabe von Wissen gewidmet. Insbesondere der Austausch mit dem früh verstorbenen und von Konfuzius besonders geachteten Schüler Yan Hui 顏回 (521?–481? v. Chr.) gibt Auskunft über den Lernprozess.[97] Das Wissen, das Konfuzius seinen Schülern zukommen liess, wird in konkreter Form mit der Etikette, den Urkunden, der Musik und den Liedern in Verbindung gebracht. Lao erörtert das Lernen, das Konfuzius vertritt, aber auch als einem höheren Zweck untergeordnet, der mit dem „Einen, das alles durchzieht" (*yi yi guan zhi* 一以貫之), erklärt wurde. Lao sieht im Ausdruck des umfassenden Einen, das sich auch im Lernen ausdrückt, den systematischen Zusammenhang zwischen der Etikette, dem Rechtmässigen und der „Menschlichkeit" (*ren* 仁).[98] Dem Lernen wurde dadurch ein tieferer philosophischer Sinn zugeschrieben, zudem wurde der moralische Lern- oder Bildungsprozess betont, der „eine ununterbrochene Entwicklung einer höheren Stufe entgegen" (*buduan xiang shang fazhan* 不斷向上發展) darstellte. Umgekehrt war es aber auch so, dass die Menschlichkeit, die den systematischen Zusammenhang trägt, nicht nur die moralische und die emotionale, sondern auch die kognitive Dimension in der Form von konkretem Wissen einschliesst und in den Lernprozess integriert. Im moralischen Vorsatz, der die Menschlichkeit umschreibt „Was du selbst nicht wünschst, das tue auch anderen nicht an",[99] kommen diese beiden Aspekte zum Ausdruck, da es um die bewusste Übertragung der eigenen Wünsche und Gefühle auf den Mitmenschen ging. Die Verbindung der Menschlichkeit als Wertmassstab mit dem Lernen weist zudem auf eine anthropozentrische Wende hin, der Mensch wurde vom Bereich der Toten, der Geister, von der Natur abgegrenzt und nicht mehr anthropomorph als eines unter unzähligen geistbegabten Wesen begriffen. Diese Stellung war mit der Erkenntnis verbunden, entsprechende Pflichten übernehmen und koordinieren zu müssen, was ein moralisches Wissen voraussetzte. Die positive Anthropologie

96 Roetz 2009: 44–49.

97 Lao 1981–1997, Bd. 1: 153. Lao paraphrasiert auszugsweise „Gespräche" 4.15, vgl. Li 1999: 51.

98 Lao 1981–1997, Bd. 1: 131–132, 154 mit dem Hinweis zum moralischen Lernen.

99 „Gespräche" 12.2 in Li 1999: 158. 己所不欲,勿施于人。Und „Gespräche" 15.24 in Li 1999: 214.

wird für Lao in der Folge im Werk „Menzius“ auf ein theoretisches Fundament gestellt.

Für die Überlieferung von Gelehrsamkeit war die Integration von konkretem Wissen in den moralischen Bildungsprozess jedoch eine problematische Verknüpfung, denn dem konkreten Wissenserwerb und dem Prozess einer objektiven oder theoretischen Beweisführung wurde zu wenig Rechnung getragen.[100] In den „Gesprächen“ ist gemäss Lao die Form der Wissensvermittlung als eine „situative Belehrung“ (*dangji lijiao* 當機立教) etabliert worden,[101] und zwar im Sinne einer situativen Beeinflussung des Schülers durch den Meister. Kritisch merkt er an, dass dem Prozess der Wissensübermittlung nicht nur ein hierarchisches Moment eingeschrieben wurde, auch die unterschiedlichen Bedeutungen von Ausdrücken seien auf diesen Modus der situativen Anpassung von Belehrungen zurückzuführen.[102] In seinen kulturtheoretischen Schriften führt Lao zusätzlich aus, wie Lernen in den „Gesprächen“ für die Absicht stand, das menschliche Streben auf eine vernünftige Ordnung auszurichten.[103] Durch das Zusammenwirken mit dem Logos wird das Streben nicht ausschliesslich auf Angenehmes und Lustvolles gerichtet, sondern zusätzlich wird die Vernunft in diesen Prozess einbezogen. Dabei wird das Rechtmässige ausgehend von beidem, den empirischen Sinneserfahrungen *und* einer Übereinstimmung mit der Vernunft, ermittelt. Die Vernunft negiert dabei die Unendlichkeit physischer Erfahrungen nicht, sondern strebt in einem Lernprozess ein Ziel an, das über das eigene Wohl hinausreichen kann.[104] Voraussetzung dafür war ein Bewusstsein, das neben dem Verständnis für die Erfüllung körperlicher und sinnlicher Bedürfnisse nach zusätzlichen Erklärungen für das Rechtmässige suchte:

> Daher musste das Überwinden des physischen Selbst zu einer elementaren Voraussetzung für das Streben nach vernünftigem Handeln werden. Was Konfuzius als Menschlichkeit be-

---

100 Lao 1981–1997, Bd. 1: 153.

101 Lao 1981–1997, Bd. 1: 154. Als Beispiel wird die Textstelle „Gespräche“ 11.22 angegeben. Konfuzius antwortete auf die gleiche Frage entsprechend dem Temperament der beiden Fragenden mit unterschiedlichen Antworten. Damit stellte er nicht nur die moralische Komponente von Bildung in den Vordergrund, sondern passte auch die jeweilige Belehrung situativ an, vgl. Li 1999: 151.

102 Lao 2001 [1958]: 226. Die Unterweisung durch einen Lehrer setzte eine „hierarchische Beziehung“ (*cengji guanxi* 層級關係) voraus und verhinderte eine Gleichstellung, die Ausgangspunkt des gleichberechtigten „Disputierens“ (*bian* 辯) sein müsste. Dem Kontrahenten sollte beim Disputieren zugestanden werden, selbständig zu denken und sich auf ein Argument einzulassen, das dem eigenen widersprechen könnte. Die Voraussetzung der „Gleichheit“ (*pingdeng* 平等), die die Konstellation der Koexistenz benötigt, wurde in diesem Zusammenhang in den „Gesprächen“ nicht affirmiert.

103 Lao 2000 [1956i]: 48; Lao 2001 [1956–57]: 22.

104 Lao 2000 [1956i]: 49.

zeichnete, bezog sich eben gerade auf dieses Bewusstsein, das die dem Körper gesetzten physischen Grenzen überwindet.[105]

In Laos philosophiegeschichtlicher Darstellung wird der Prozess des Lernens in Anlehnung an die „Gespräche" zusätzlich in der praktischen Dimension als bewusste Ausrichtung des Wollens formuliert. Dies geschah durch das Einüben praktischer Fertigkeiten, indem Eigeninteressen und Begehren bewusst kontrolliert wurden. In einem „Lernprozess der Achtsamkeit" (*niannian bugou* 念念不苟) wurden Reziprozität, Loyalität und Respekt eingeübt, und dieser Prozess ermöglichte es, den Bereich der Menschlichkeit und des Wohlwollens zu erlangen.[106] In Laos späteren Schriften wird der Prozess, den Willen auf das Wohlwollen und die Menschlichkeit auszurichten, als Übergang des freien Willens, der Voraussetzung für die Transformation ist, zum „rationalen Willen" (*lixing yizhi* 理性意志) beschrieben. Dieser Prozess kommt einer „Rationalisierung" (*lixinghua* 理性化) gleich.[107]

4.2.3 Logos und Wertrationalität

In Laos Interpretation der „Gespräche" werden Werteaktivitäten nicht wie religiöse Aktivitäten in Abhängigkeit von der Vorstellung einer höchsten göttlichen Autorität ausgeführt, sondern in Abhängigkeit von der Vorstellung eines Logos.[108] Dieser erhält die Bedeutung eines höchsten Grundes für „jegliches Bewusstsein, das noch in keiner Form geprägt ist" (*xian qian zhi renhe xinling* 現前之任何心靈).[109] Bewusstsein bezeichnet aber auch diejenige Instanz, aus der ordnungsstiftendes Handeln entspringt. Da der Logos für die „Regel der Verwirklichung subjektiver Begehren" (*zhuti yu shixian zhi fashi* 主體欲 實現之法式) steht, wird er auch zur formalen Voraussetzung für Handlungen.[110]

Dem Ausdruck Logos war somit eine Nähe zur Vernunft eingeschrieben: Was die mit dem Logos in Verbindung gebrachte Vernunft auszeichnete, war die Vorstellung einer Lebensordnung, die nicht ausschliesslich als sinnlich angenehm erschien, sondern zudem eine in Übereinstimmung mit der Vernunft errichtete Komponente aufwies. Die Bedeutung des Vernünftigen umfasste dabei zwei Aspekte, einerseits fiel die Vernunft mit den „Empfindungen" (*ganshou* 感受) zusammen, andererseits

105 Lao 2000 [1956i]: 49. 因此超越形軀我應為求合理之活動之一基礎條件。而孔子所謂仁,實即指此一超越形軀制限的自覺。
106 Lao 1981–1977, Bd. 1: 133.
107 Lao 2006: 13. Vgl. ebenfalls Lao 2003: 116; Lao 1981: 70; Chang 2013: 116.
108 Lao 2000 [1956i]: 38.
109 Lao 2000 [1956i]: 48.
110 Lao 2000 [1956i]: 48.

mit den „Begehren“ (*yu* 欲), die sich in einem Streben äusserten. Durch das Zusammenwirken mit dem Logos wurde es möglich, das Streben nicht ausschliesslich auf ein angenehmes, lustvolles Leben zu richten, sondern es als Erlernen eines vernünftigen Umgangs im Alltag zu erleben. Sinneserfahrungen in ihrer Kontingenz und unendlichen Vielfalt galten für den Prozess, durch Vernunft das Rechtmässige zu finden, als unerlässlich. Für das Resultat eines in diesem umfassenden Sinn zu verstehenden vernünftigen Umgangs im Leben wählte Konfuzius den Begriff des Rechtmässigen. Vernunft, wie sie in den „Gesprächen“ verstanden wurde, konnte sich daher nicht ausschliesslich auf die Physis beziehen, sondern musste das körperliche Wohl als Kriterium übersteigen. Sie war auf einen Bereich gerichtet, der die Bedürfnisse des physischen Selbst nicht negierte, sondern integrierte und bewertete. Die Voraussetzung, dass sich Vernunft realisieren konnte, war ein Bewusstsein, das das Streben nach dem eigenen, körperlichen Wohl mit zusätzlichen Erklärungen verbindet. Die Bedeutung des Begriffs der Menschlichkeit liegt in diesem Akt des Bewusstwerdens, als Voraussetzung für wohlwollendes Verhalten physische Begehren übersteigen zu müssen. In den „Gesprächen“ wird Lao zufolge deutlich, dass nach dem Ursprung und diesen Voraussetzungen der inneren und äusseren Ordnung gefragt wurde und der Prozess des Lernens der Vervollkommnung einer rational vermittelten Menschlichkeit diente. Der grundlegenden Affirmation von Werten wird dabei der Gedanke einer Überwindung eigennütziger Begehren zur Seite gestellt. Lao relativiert somit den Gedanken einer Weltbejahung durch ein Korrektiv in Form einer spezifischen Rationalität.[111]

Neben dem Lernprozess wird an dieser Stelle thematisiert, wie die Vorstellung einer Prägung des Bewusstseins, die Lao sowohl aus den „Gesprächen“ ableitet als auch als Postulat an die Texte heranträgt, nicht nur inhaltlich, sondern auch theoretisch relevant wird. Es ist die Prägung durch das Kognitive, durch Autorität sowie durch Werte, die dem Bewusstsein konstitutiv eingeschrieben wird und die sich durch den Modus des Vernünftigen im Handeln realisieren kann. Keiner der drei Aspekte geht dabei in seiner Funktion verloren, aber es sind unterschiedliche Nivellierungen in der Form von Prioritäten möglich. In seiner jeweils gewonnenen Prägung des Selbst wird dieses Bewusstsein von Lao behelfsmässig als sogenannte „Matrix“ (*moshi* 模式) bezeichnet:

111 Lao formuliert seine Argumentation jedoch nie explizit als Kritik an der einflussreichen, von Max Weber (1864–1920) vertretenen These einer Weltbejahung und Weltanpassung, die das chinesische Denken und insbesondere den Konfuzianismus prägte, vgl. Weber 1988 [1920], Bd. 1: 512–514, 543. Weber argumentiert für den Konfuzianismus folgendermassen: „Der rechte Weg zum Heil war die Anpassung an die ewigen übergöttlichen Ordnungen der Welt.“ Die (konfuzianische) rationale Anpassung an die Welt konzeptualisiert Weber in Weber 1988 [1920]: 543.

> Diese Matrix steht für ein einzelnes Subjekt, das in sich ein Wertebewusstsein, Erkenntnisaktivitäten und ein Autoritätsbewusstsein vereint (beim Ausdruck der Matrix handelt es sich um eine umfassende Bedeutung tatsächlichen Handelns, es ist vielleicht kein besonders präziser Begriff. Für das, was ich an dieser Stelle ausdrücken will, existiert kein präziser Begriff, daher drücke ich mich so aus). Die Einheit des Subjekts steht ausser Zweifel, denn als höchste Instanz steht es für sich und mit keinem Objekt im Widerspruch.[112] Die Bedeutung der höchsten Freiheit und von Werten lässt sich daher [im Subjekt; B.K.] verorten.[113]

Konfuzius stellte in Laos Interpretation weder eine transzendente, göttliche Autorität höher als das Selbst, wie das unter anderem in der christlichen Religion geschah, noch wurde das Selbst bevorzugt zu einem Gegenstand des objektiven Erkennens. Die konfuzianischen Lehren beginnend mit den „Gesprächen" thematisieren ein Selbst, dem es möglich war, in der Welt Werte zu realisieren, indem es vernünftig und gestaltend tätig ist. Der Prozess des Realisierens von Werten ist eng verknüpft mit dem Verständnis von Bildung als einem vernunftbasierten Lernprozess, der die Reflexion auf das eigene Tun integriert. Diese Integration beruht auf dem Einüben praktischer Fertigkeiten, die als reflexive, beobachtende und das eigene Verhalten bewertende Anstrengungen den Willen in eine gewünschte Richtung lenken können. Wenn von Vernunft die Rede ist, muss also stets mitgedacht werden, dass die Fähigkeit, vernünftig zu handeln, erst durch die der Selbstsorge dienenden Anstrengungen entfaltet werden konnte. Für die Subjektivität, wie Lao sie für die „Gespräche" rekonstruiert, lässt sich folgende Voraussetzung festhalten: Für das Wertebewusstsein ist der freie Wille konstitutiv, der sich im lernenden Streben zu einer rationalen Ausrichtung auf das Gemeinwohl transformieren lässt. Im folgenden Zitat wird ersichtlich, wie diese Vorstellung nicht nur am Ausgangspunkt der kulturellen Entwicklung konfuzianischer Lehren in China steht, sondern auch als theoretisches Fundament der kultur- und philosophiehistorischen Schriften Laos fungiert: Nur aufgrund der Ausgangsbedeutung der Kultur, die in China eine wertbasierte Subjektivität voraussetzt, können die entsprechenden Sinnzuschreibungen verstanden werden. Angelpunkt sind die intentionalen Handlungen, wobei aus konfuzianischer Perspektive eine Affirmation von Werten stärker gewichtet wird als Er-

112 Mit *wu dui* bedient sich Lao eines Ausdrucks des Song- und Ming-zeitlichen Konfuzianismus. Dieser steht für die Tilgung des Unterschieds zwischen Subjekt und Objekt, was nur im Bewusstsein möglich ist. Bei Zhu Xi steht der Ausdruck für das „Höchste, [das keine Gegensätze kennt]" (*tai ji* 太極). Wang Yangming (1472–1529) benennt mit dem Ausdruck das subjektive Bewusstsein um das „ursprüngliche Wissen" (*liang zhi* 良知), das für sich selbst und mit nichts im Widerspruch stehen kann, vgl. Feng 2001, Bd. 2: 1554. Zu Wang Yangming vgl. auch den Abschnitt 4.3.

113 Lao 2000 [1956i]: 50. 此一模式即單一主題之攝受模式 (模式一詞係就此全幅活動的究極意義言,或不是最確切之名詞,但此處無確切名詞可用,故如此說) 。主體之單一本非可疑,因大主無對,故最高自由及價值之義乃得安立。Mit Matrix meint Lao das subjektiv geprägte Bewusstsein jedes einzelnen Menschen, das jedoch nie als fragmentiert wahrgenommen wird.

kenntnis oder Religion. Der reflexive Blick auf Vorstellungen des Wertebewusstseins einerseits und auf ausgewählte kulturelle Tatsachen andererseits ermöglicht es, den Mechanismus der Sinngebung zu begreifen. Sinn oder Bedeutung einer Kultur werden somit in der reflexiven Hinwendung und anhand der jeweils vorgenommenen Unterscheidungen mit Bezug zum Subjekt sichtbar.

> Wenn ich vom Ursprung von Kultur spreche, verweise ich auf den Bereich höchster Freiheit oder absoluter Subjektivität. Der elementare Sinn der aus dieser Subjektivität entfalteten Leitideen bezieht sich auf subjektive, bewusste Wert- und Erkenntnisaktivitäten. Man kann auch knapper formulieren und sagen, dass damit zwei unterschiedliche Bereiche subjektiver Handlungen gemeint sind, [...] der eine Bereich betrifft das „einzelne Subjekt", der andere Bereich betrifft den von „zahlreichen Subjekten gemeinsam errichteten Bereich". Betrachtet man nur die subjektiven Handlungen, habe ich von zwei unterschiedlich [geprägten] Matrizes gesprochen. Sobald sich die Handlungen jedoch realisiert haben, kann von einer Objektivierung und somit von zwei Bereichen gesprochen werden. Diesen beiden Bereichen können wir Moralität und Intellektualität zuordnen. Entsprechend dieser Bereiche können, vereinfacht gesagt, auch zwei Arten von Fragen behandelt werden, nämlich Wertfragen und Erkenntnisfragen [...]. Wenn wir diesen Standard in Betracht ziehen, dann interpretieren wir den elementaren Sinn einer Kultur danach, wie diese beiden Bereiche der Werte und der Erkenntnis zueinander stehen. Im Konfuzianismus Chinas wurde der Bereich der Erkenntnis demjenigen der Moralität untergeordnet, das Subjekt blieb ein moralisches oder anders formuliert, der Bereich des einzelnen Subjekts stand im Mittelpunkt.[114]

Die Theoretisierung, die Lao teilweise aus der frühkonfuzianischen Entwicklung herleitet, setzt an dieser Stelle gleichzeitig das Verständnis von Kultur in Kraft. Darüber hinaus zeigt seine Sicht die Annahme, diese Ausgangslage und die damit verbundenen Wertvorstellungen wie Menschlichkeit und Rechtmässigkeit seien allgemein geteilt worden. Werthandlungen von verschiedenen Akteuren werden dabei nicht auf ihre unterschiedlichen Motivationen oder Erfahrungen hin abgefragt. Werte werden allesamt aus textlichen Quellen identifiziert, somit bleibt der Bezug zu Handlungen, die Werte und Sinn in nichttextlicher Form transportiert haben, von der Betrachtung ausgeschlossen. Zudem behandelt Lao meines Wissens nur am Rande, inwiefern die hierarchische Gliederung der Gesellschaft als in Übereinstimmung mit den Werten von Rechtmässigkeit und Menschlichkeit be-

114 Lao 2000 [1956i]: 203. 我說的文化本源是指最高自由或絕對主體性,而由此展開的文化本義 理念,便涉及主體的價值心及認知心之活動。這也可以用較嚴格的字眼說為主體活動之兩種境域[...]就是「單一主體的境域」與「眾多主體並立的境域」。純就主體活動說,我說主體活动的兩種模式,予以客觀化則說為兩種境域;對應於此兩種境域便有德性與智性。說淺顯些也可以說, 對應於二境域有二類問題,即價值問題與知識問題。[...] 在如此的本義尺度下,我們即考察一 文化精神在德與智二面如何安頓。中國儒學精神是將智性境域壓縮而只留一德性主體,或者反過來說,主體只停留在單一主體之境域中。

trachtet werden konnte. Aufschluss könnten diesbezüglich Laos politische Schriften geben.[115]

Der Kontext der Hierarchisierung von Beziehungen wird jedoch in anderer Form kritisch beleuchtet: Die Priorisierung der Subjektivität habe verhindert, denjenigen Bereich, in dem sich Subjekte gleichberechtigt austauschen, angemessen zu thematisieren. Damit seien Voraussetzungen geschaffen und Entwicklungen in Gang gesetzt worden, die den Erkenntniserwerb innerhalb der hierarchischen Beziehung einzelner Subjekte geprägt habe, wobei dieser tendenziell von moralischen Überlegungen dominiert worden sei. Laos Interpretation einer Vernachlässigung der Ausgestaltung von gleichberechtigten Beziehungen im Bereich multipler Subjektivität gibt einen weiteren Hinweis darauf, warum *yi* mit Bezug zu Laos Interpretation mit „Rechtmässigkeit" und nicht mit „Gerechtigkeit" angemessen übersetzt wird.

4.2.4 Die Überlieferung von Wissen und Werten

Als problematisch beurteilt Lao, dass durch die Priorisierung der Subjektivität das einzelne Subjekt und dessen Wertebewusstsein ins Zentrum der Lehren gestellt worden war. Die Gestaltung der gesellschaftlichen Ordnung wurde in den „Gesprächen" daher durch die zwischenmenschlichen Beziehungen in Form von moralischen Regeln für das Verhalten und die Handlungen einzelner Subjekte untereinander und hierarchisch gedacht.[116] Was wenig in Betracht gezogen wurde, war der von Subjekten gemeinsam konstituierte Bereich, in dem sich mehrere Menschen hätten gegenübertreten und sich ungehindert austauschen können. Obwohl der Blick auf die Alltagsordnung und somit auf das Diesseits gerichtet war, blieb das einzelne Subjekt in Bezug zu anderen Subjekten und nicht zu einer Gemeinschaft von Subjekten Gegenstand der Reflexion. Diese Art, den Bereich multipler Subjektivität zu vernachlässigen, führte Lao zufolge einerseits dazu, den Bereich des Politischen subjektbezogen und hierarchisch zu denken.[117] Die „Leerstelle" (*louxi* 漏隙) der multiplen Subjektivität trug auch bezüglich Wissensvermittlung dazu bei, dem Überlieferungsprozess von Wissen seine spezifische Form zu geben. Die Art der Überlieferung von Subjekt zu Subjekt und weniger der begründete Wissensin-

115 An einer Stelle werden die prägenden Aspekte des Bewusstseins, also Erkenntnis, Emotionen und Werte als in einem hierarchischen Verhältnis zueinander stehend formuliert. Lao führt aus, dass nur das durch Werte geprägte Bewusstsein die beiden anderen Aspekte im Sinne einer Dominanz subsumiere. Ob und allenfalls wie diese „innere Hierarchisierung" auch die „äussere" Hierarchie menschlicher Beziehungen beeinflusst, bleibt unbeantwortet, vgl. Lao 2001 [1958]: 224.

116 Lao 2000 [1956i]: 50–51.

117 Lao 2000 [1956i]: 51.

halt bestimmte, welches Wissen als Wissen gelten konnte. Die mündliche Überlieferung oder die situative Belehrung, die zur entsprechenden Einsicht führte, war dem geschriebenen Wort immer vorausgegangen, was einer präzisen Fixierung von Wissen und Bedeutungen von Ausdrücken nicht förderlich war.[118] Dadurch stellte sich das Problem, wie sich Wissen aus ausschliesslich subjektiver Perspektive prüfen lässt. Eine weitere wichtige Funktion kommt dem Bereich multipler Subjektivität somit zu, wenn es um die Legitimation von Wissen und Werten als Grundlage sozialer Integration geht. Auch Werte beziehen einen Teil ihrer Legitimation aus dem Kollektiv, ein Begriff, der von Lao aufgrund seiner ideologischen Vereinnahmung vermieden wird und an dessen Stelle er die Bezeichnung der „multiplen Subjektivität" verwendet. In Bezug dazu kann ein „Sollen" (*yingran* 應然) gedacht und legitimiert werden, indem Werte durch Erörterungen allgemein anerkannt werden:

> Durch die Kommunikation zwischen Subjekten wird das Debattieren zu einer Brücke. Die Effektivität der Tatbestände, welche diese Brücke der Legitimation durchschritten haben, wird bestimmt durch die beiden Ausgangspunkte der Brücke. Die Klugheit eines einzelnen Bewusstseins ist nur in Bezug auf eben dieses Einzelbewusstsein effektiv.[119]

Diese Sachlage wird von Lao jedoch als Desiderat im Zusammenhang mit den Mängeln, die sich aus der konfuzianischen Sicht auf die Subjektivität ergeben haben, vorgebracht. Der entscheidende Schritt, Wissen und Werte in einem grösseren kommunikativen Zusammenhang zur Prüfung zu stellen, sei vernachlässigt worden, weil der Bereich der multiplen Subjektivität zu wenig beachtet worden sei. Der Prozess der Kultivierung und des Lernens sei primär auf das einzelne Subjekt bezogen geblieben.[120] Diese Feststellung muss auch als Intervention am Begriff des frühzeitlichen Logos verstanden werden: Mit dem Ansinnen, die Legitimierung von Wissen und Werten nicht einer obersten Wahrheit in Form eines Logos und einer damit verbundenen objektiven Ordnung der Welt zu überlassen,

---

118 Lao 2000 [1956i]: 51; Lao 2001 [1958]: 221.

119 Lao 2000 [1956i]: 56. 主體相互間的溝通以辯說為橋樑。通過這橋樑而決定的東西, 它的有效性及於橋樑的兩端。而一心靈之明辨,則祗對於此一心靈有效。

120 Lao 2000 [1956i]: 56–57. Die Selbstkultivierung wird in Anlehnung an eine Stelle aus dem Werk „Mitte und Mass" (*Zhongyong* 中庸), 20.19 (nach der Zuordnung von Zhu Xi in den „Vier Büchern"), paraphrasiert. Die einzelnen Stufen sind: „Sich bilden, [bedeutet:] fragend zu untersuchen, achtsam nachzudenken, genau zu analysieren und bewusst zu handeln." 博學之,審問之,慎思之,明辨之,篤行之。Lao 2000 [1962e]: 79–80; Xie 1988: 43. Selbstkultivierung wird in Anlehnung an einen Erkenntnisprozess beschrieben, der vollendetes Wissen anhand einer Untersuchung der Dinge und der Einsicht in ein angemessenes Verhalten erreicht. Für Lao zeigt diese Textstelle exemplarisch die Vorstellung, wie jeder ungebildete Mensch die Möglichkeit hat, sich zu bilden. Gleichzeitig wird für Lao jedoch das Fehlen einer Vorstellung vom „Disputieren als Austausch mit anderen" (*bian* 辯) offensichtlich.

eröffnet Lao den Raum für die Hinterfragung der Verlässlichkeit der historisierten, konfuzianischen Variante von Vernunft und einer neuen Fundierung der Legitimierung derselben. Auch im Hinblick auf die Idee des Humanismus lässt die kritisierte Engführung auf das einzelne Subjekt zu, Defizite der moralischen Subjektivität in den Blick zu nehmen. Die Kultivierung des Menschen wurde zu einem einseitigen Bildungsziel.

Die Vorstellung der Subjektivität, wie sie in den „Gesprächen" geprägt wurde, kreiste somit auch um die Problematik, wie sich die Verflechtung von Werthandlungen und Wissenserwerb niedergeschlagen hat. Diesbezüglich lässt sich von einem Vorrang des Wertebereichs vor dem Erkenntnisbereich sprechen. Der Kultivierung des Willens kommt dabei die Aufgabe zu, Rechtmässigkeit und Menschlichkeit als Grundlagen für vernünftiges Handeln zu verinnerlichen. Die Affirmation des freien Willens, die Möglichkeit vernünftigen Handelns in Übereinstimmung mit einem Logos und die daraus abgeleitete gesellschaftliche Verantwortung lassen ein positives Freiheitsverständnis anklingen: Nur rechtmässige Werte dürfen dem Einzelnen zugemutet werden, und nur wer in Übereinstimmung mit Vernunft handelt, kann rechtmässig handeln.[121] Zudem werden die Vorstellungen von Subjektivität und Vernunft selbst historisiert, was Laos kritische Sicht auf den Prozess der Legitimation zulässt. Letztlich erlaubt es die jeweilige historische Konstellation, Weiterentwicklungen in den Blick zu nehmen. Im Folgenden soll an zwei Beispielen aufgezeigt werden, wie die Selbstsorge in Form einer Transformation des Willens und der damit verbundene subjektive Prozess einer Rationalisierung in späteren konfuzianischen Schriften und mit Bezug zum Kulturbegriff von Lao interpretiert werden.

4.3 Konfuzianische Gelehrsamkeit bei Menzius und Wang Yangming

Während Lao in der „Geschichte der chinesischen Philosophie" einzelne Meister, Schriften oder Schulen und die semantische Veränderung verwendeter Konzepte in gegenseitiger Abhängigkeit vorstellt, fokussiert er in seinen Schriften zur Kultur Chinas innerhalb der Entwicklung konfuzianischer Lehren zwei Hauptthemen: Die Vorstellung eines dem Menschen angeborenen Bewusstseins und die Vorstellung der Fähigkeit, ordnungsgemäss und vernünftig handeln zu können,

121 Freiheit und Verantwortung stehen dabei in Zusammenhang mit einer Affirmation von Vernunft, die das, was zur Richtschnur wird, erst hervorbringt. Es soll nicht die falsche Annahme entstehen, Lao unterstelle hier einen positiven Freiheitsbegriff, der explizit zuerst bei Kant ausformuliert wurde: Mit der positiven Freiheit versteht Kant das Vermögen der Vernunft, sich selbst Gesetze zu geben, vgl. Ritter 1971–2007, Bd. 2: 1091.

werden mit der Vorstellung eines selbstbestimmten Urteilsvermögens in Verbindung gebracht. Anhand des dem Gelehrten Menzius (Meng Ke 孟軻, ca. 372–289 v. Chr.) zugeschriebenen Werkes „Menzius“ *Mengzi* 孟子[122] sowie der Schriften Wang Yangmings[123] sollen die Wirkungsweisen und der Zusammenhang dieser Vorstellungen untersucht werden.

4.3.1 Die Vorstellung des Wertebewusstseins im Werk „Menzius“

Lao stellt das Werk „Menzius“ insofern als Antwort auf die veränderte historische Situation dar, als die Auseinandersetzung mit anderen Lehren aus der Zeit der „Streitenden Reiche“ (*Zhan guo* 戰國 475 – 221 v. Chr.) ihren Einfluss auf Form und Inhalt des Werkes ausgeübt hatte.[124] Die Lehren der Anhänger der *ru* wurden anderen Lehren gegenübergestellt, was laut Gassmann eine ideologische Bezugnahme auf eine konfuzianische Traditionslinie zu diesem Zeitpunkt nahelegt.[125] Mit Bezug zu den „Gesprächen“ wurden dabei im Werk „Menzius“ drei für Lao wegweisende Fragen aufgeworfen: Was ist das „Gute“ (*shan* 善)? Wie kann es bestimmt werden? Wie kann der Mensch Gutes tun? Der folgende Standpunkt aus den „Gesprächen“ wurde im „Menzius“ aufgegriffen und erweitert:

> Es hängt von uns selbst ab, wohlwollend zu handeln. Oder muss man sich dabei etwa auf andere verlassen? Yan Yuan bat um eine Erläuterung. Da sprach Konfuzius: „Was sittenwidrig ist, darauf schaue nicht und das höre nicht; so etwas sage weder, noch tue es.“[126]

Wohlwollendes Handeln wird in dieser Textstelle in Abhängigkeit von Sinnesvermögen praktiziert. Für Lao setzt Menzius mit seinen Überlegungen an diesem Punkt an und ergänzt die Beschreibung des rechten Handelns aufgrund äusserer, empirischer Kriterien, indem er den Standard zur Bestimmung und Konstituierung von Handeln in das Innere des Menschen verlegt. Damit erhält die Bestimmung des Guten im Sinn des Wohlwollens einen erweiterten Bedeutungsumfang innerhalb

---

122 Der überlieferte Text stammt aus dem 2. Jahrhundert n. Chr. und wurde von Zhao Qi 趙岐 (?–201) kompiliert, vgl. Gassmann 2016, Bd. 1: 166.

123 (Wang) Yangming ist der „Beiname“ (*hao* 號) von Wang Shouren 王守仁.

124 Lao 1981–1997, Bd. 1: 160. Lao erwähnt die Lehren, die Yang Zhu 楊朱 (5. Jahrhundert v. Chr.) und Mo Di 墨翟 (5. Jahrhundert v. Chr.) zugeschrieben werden, gegen die im „Menzius“ Stellung bezogen wird. Die Lebensdaten von Yang Zhu und Mo Di sind nicht bekannt, vgl. Loewe: 1993: 298, 336–341.

125 Gassmann 2016, Bd. 3: 100.

126 „Gespräche“ 12.1 übersetzt in Anlehnung an: Moritz 2003: 71. 爲仁由己,而由人乎哉?顏淵日:「請問其目」。子日:「非禮勿視,非禮勿聽,非禮勿言,非禮勿動」。 Li 1999: 157. Lao zitiert die Stelle: 為仁由己: Lao 2001 [1956–1957]: 33.

der „Lehren vom Herzgeist und vom Wesen [des Menschen]“ (*xin xing lun* 心性論), deren zahlreiche historische Ausformulierungen den Konfuzianismus geprägt haben.[127] Mit seinen Überlegungen affirmiere Menzius das Vorhandensein eines urteilenden Bewusstseins nicht nur, wie es Konfuzius zuvor getan habe, sondern er begründe es:

> Menzius spricht vom „Wesen“, [...] und verweist damit auf etwas, das andere Lebewesen oder Existenzen nicht besitzen, das einzig den „Menschen“ auszeichnet. Was ist dieses „Wesen“? Menzius vertritt die Ansicht, das Wesen des Menschen mache die bewusste Fähigkeit aus, das Gute vom Bösen und das Richtige vom Falschen [zu unterscheiden]; man könnte es entsprechend das „Wertebewusstsein“ nennen. Er begründet dies mit einer Analogie: Wenn der Mensch eine Geschmackserfahrung macht, muss er die Fähigkeit besitzen, Geschmack zu erfahren. Ebenso muss der Mensch ein Wertebewusstsein besitzen, wenn er Werturteile fällt. Diese Art von Bewusstsein kennzeichnet das „Wesen“ des Menschen. Um das Vorhandensein des Wertebewusstseins zu begründen, geht Menzius davon aus, dass sich in der Wirklichkeit das Bewusstsein durch ein spontanes Streben manifestiert und weist darauf hin, dass es unabhängig von [einem Streben nach] Vorteil, Nachteil, Glück oder Unglück existiert; aufgrund dieser Unabhängigkeit kann sich diese Art des Strebens bewusst an dem, was man [tun] „soll“, orientieren. Menzius hat auf vier unmittelbare Manifestationen des Wertebewusstseins verwiesen, es ist die berühmte „Lehre der Vier Ansatzstellen“[128].[129]

---

127 Lao 1998 [1962c]: 47; Lao 1998 [1965]: 19. Die Übersetzung von *xin* 心 mit „Herzgeist” ist in einem zweifachen Sinn zu verstehen: In Laos Interpretation handelt es sich bei Menzius um das subjektive „Bewusstsein“, er verwendet dafür auch *yishi* 意識. Gleichzeitig handelt es sich um das Organ als Zentrum von Gefühlen, des Denkens und Wollens. *Xing* 性 kann Lao gemäss mit „Natur“ übersetzt werden, dabei handelt es sich um die „physikalische, die biologische Natur“ (*wulixing, shengwuxing* 物理性,生物性) und die damit verbundenen Fähigkeiten des Menschen. Andererseits kann sich *xing* aber auch auf das „Wesen“ des Menschen beziehen. Aristoteles hat diesbezüglich von einer „Essenz“ (*xingzhi* 性質) gesprochen. Damit sind essenzielle Voraussetzungen des Menschseins gemeint, was für das Werk „Menzius“ an dieser Stelle für Lao zutrifft, vgl. Lao 1998 [1965]: 19. Er übersetzt entsprechend in einem seiner wenigen in englischer Sprache verfassten Artikel *xin xing lun* mit „Doctrines of Mind and Essence“, vgl. Lao 1989: 285.

128 Für *si duan* wird die Übersetzung der „Vier Ansatzstellen“ aus der umfangreichen Studie und Übersetzung von Gassmann übernommen: Gassmann 2016, Bd. 3: 119. Mit dieser Übersetzung kommt auch die für Lao wichtige Bedeutung zum Ausdruck, dass es sich um im Menschen angelegte aber zu entwickelnde Anlagen handelt. Roetz übersetzt ähnlich mit „Ausgangspunkt“, vgl. Roetz 2009c: 64. Lao bezieht sich auf die Textstelle “Menzius” 6A6: Li 1999: 94.

129 Lao 1998 [1965]: 19. 孟子說的「性」, [...] 指其他動物或別的存在都不具有,而獨為「人」所具有的那種「性」,這種性是甚麼呢?孟子認為這即是自覺到善惡是非的能力,可稱作「價值自覺」,正如人有味覺經驗時,必有一種味覺能力,人有價值判斷時,亦必有一價值自覺。這種自覺是人的「性」。對於價值自覺的實有,孟子的論證方法是就當前意識的呈現着手,指出人有一種與利害苦樂無關的意願;這種意願即是對於「應該」的自覺要求。孟子曾指出價值自覺的四種直接表現,即是有名的「四端說」。
Menzius bestimmte die Vier Ansatzstellen für „Wohlwollen“ (*ren* 仁), „Rechtmässigkeit“ (*yi* 義), „Etikette“ (*li* 禮) und „Wissen“ (*zhi* 智), vgl. Lao 1981–1997, Bd. 1: 163–164. Die Grundlage von Wohlwollen

Das spontane Streben, etwas Gutes zu tun, das heisst, zu handeln, ohne Vor- und Nachteile für sich selbst abzuwägen, wird durch das berühmte Beispiel, dass jede Person ein Kind beim Fallen in einen Brunnenschacht spontan retten würde, verdeutlicht („Menzius" 2A6). Für Lao wird mit diesem Standpunkt nicht nur der Grundsatz vertreten, das „menschliche Wesen sei gut" (*xing shan* 性善), erkannt wird ebenso die Fähigkeit des Menschen, das Gute bejahen und das Böse verneinen zu können, was in enger Verbindung mit einem angeborenen Wertebewusstsein steht. Der Bereich des bewussten guten Handelns eines Menschen bezeichnet im Werk „Menzius" somit den Grund für den Gestaltungsprozess von Werten wie Menschlichkeit, Wohlwollen, Rechtmässigkeit, aber auch für die konkreten Inhalte der Etikette.[130] Entsprechend werden Werte nicht ausschliesslich aus einer metaphysischen Autorität oder aus der Tradition abgeleitet, sondern dem Menschen wird die Fähigkeit zugesprochen, Werte selbst zu setzen. Die biologische oder physische Natur des Menschen wird als Faktum zur Begründung hinzugezogen, weil beide, Wertebewusstsein und Physis, zur Natur des Menschen gehören und sich durch jeweils zugehörige Funktionen auszeichnen.

Bewusstes Erlernen und Erfahren dienen der Entwicklung der nur im Keime angelegten moralischen Kapazitäten.[131] Für Menzius sind Lao zufolge die Vier Ansatzstellen jedem Menschen als Potenzial angeboren, müssen aber durch Erziehung und Vorbilder gefördert werden.[132] Das Wertebewusstsein ermöglicht es dem Menschen, basierend auf den Vier Ansatzstellen von Mitgefühl, Schamgefühl, Bescheidenheit

ist dabei das „Bewusstsein für Mitfühlen und Mitleiden" (*ce yin zhi xin* 惻隱之心), die Grundlage von Rechtmässigkeit ist das „Bewusstsein für Schamgefühl und Abscheu" (*xiu e zhi xin* 羞惡之心), die Grundlage der Etikette ist das „Bewusstsein für Verzichten und Zurückstehen" (*ci rang zhi xin* 辭讓之心), die Grundlage von Wissen ist das „Bewusstsein für Bejahen und Verneinen" (*shi fei zhi xin* 是非之心). Gassmann erläutert die Vier Ansatzstellen als Ausgangspunkte von *ren*-, *li*- und *yi*-konformem Verhalten innerhalb des jeweiligen verwandtschaftlichen Umfelds, vgl. Gassmann 2016, Bd. 3: 63, 99, 119, 169. *Zhi* 智 wird dabei unter anderem als „urteilen" übersetzt, mit dem Hinweis auf eine „angeborene Urteilsfähigkeit", vgl. Gassmann 2016, Bd. 3: 83; Li 1999: 94.

130 Lao 2000 [1956i]: 53. Graham führt aus, dass die Aussage, der Mensch sei gut, als Tendenz zum Guten verstanden werden muss und nicht als Essenz, vgl. Graham 2002: 25.

131 Lao 2000 [1956i]: 20; Lao 1981–1997, Bd. 1: 164–165.

132 In Abgrenzung kommt dem „Himmel" (*tian* 天) Lao zufolge die Bedeutung zu, denjenigen Bereich zu bestimmen, den der Mensch nicht durch das Bewusstsein beeinflussen kann. Die Bedeutung des Himmels im „Menzius" sei, so Lao, in den Song-Debatten und bis in die Gegenwart unter philosophischen Gesichtspunkten kontrovers diskutiert worden, vgl. Lao 1981–1997, Bd. 1: 193. Lao verneint damit die Vorstellung, das Wesen des Menschen werde im „Menzius" ausschliesslich vom Himmel in einem religiösen Sinn bestimmt. Dem Himmel komme jedoch die metaphysische Bedeutung eines „naturgegebenen Logos" (*benran lixu* 本然理序) zu, der auch Bestandteil des Bewusstseins und des Wesens sei, vgl. Lao 1981–1997, Bd. 1: 196. Zur Bedeutung des Himmels im „Menzius" vgl. Lao 1981–1997, Bd. 1: 194–203. Zhang Dainian identifiziert in den

und Urteilsvermögen zu antizipieren, was sein sollte und was nicht, ohne ausschliesslich von einem persönlichen Vorteil geleitet zu werden. Wie bereits in den „Gesprächen" wird die Ebene der Nutzenabwägung somit derjenigen der wertbewussten Entscheidung untergeordnet und erhält zudem durch bewusstes Urteilen einen an der Vernunft orientierten Standard.[133] Damit ist auch das zentrale Moment angesprochen, das die im Menschen angelegte Tendenz zum Guten korrumpieren kann: Eigennutz oder Vorteile dürfen als Kriterien nicht an die Stelle des Rechtmässigen treten, ohne zuvor die Bewertung des Guten erfahren zu haben. Lao führt weiter aus, dass im „Menzius" das „Wollen" (*zhi* 志) als diejenige Instanz auftritt, die ein Streben nach Vorteilen in die rechte Richtung weisen kann, dann nämlich, wenn eine vernünftige Vorgabe gewählt wird.[134] Ein Nutzen kann nur als gut oder als vernünftig bewertet werden, wenn er über den persönlichen Vorteil hinaus auch anderen dient oder zumindest nicht schadet. Das Vernünftige stimmt dann mit dem Rechtmässigen überein.[135] Ohne einzuüben, wie man willentlich das Wohl der Mitmenschen dem eigenen Nutzen gleichstellt, ist Vernunft nicht möglich. Die im „Menzius" begründete Morallehre umfasst daher auch – und dies als entscheidender Gegensatz zu rein begrifflichen Morallehren – die Lehre der moralischen „Anstrengungen" (*gongfu* 工夫), die zu einer „Vollendung der moralischen Persönlichkeit" (*daode renge de wancheng* 道德人格的完成)[136] anleitet. Menzius hat zudem eine auf diesem Menschenbild aufbauende politische Lehre ausformuliert, die ebenfalls weitreichenden Einfluss ausüben sollte.[137]

Eine Morallehre begrifflich zu fassen und die Praxis einzuüben, moralisch zu handeln, nennt Lao zwei unterschiedliche Tatbestände, die jedoch in der konfuzianischen Tradition beginnend mit dem Werk „Menzius" zusammen gedacht werden mussten. Diese Verflechtung unterschiedlicher Ebenen mache es auch schwierig, die konfuzianischen Lehren als Philosophie zu fassen. Wer das praktisch-orientative Mo-

---

„Gesprächen" den Himmel mit Gott, gibt aber für das Werk „Menzius" zusätzlich die Bedeutung einer natürlichen Ordnung an, vgl. Zhang 2005: 4.

133 Lao 1981–1997, Bd. 1: 164. Das Vermögen des Bejahens und des Verneinens wird an dieser Stelle mit der Fähigkeit, ordnungsgemässes und somit vernünftiges und unvernünftiges Handeln unterscheiden zu können, erläutert.

134 Lao 1981–1997, Bd. 1: 169.

135 Lao 1981–1997, Bd. 1: 170. Lao zitiert „Menzius" 6A7: 心之所同然者何也? 謂理也, 義也。聖人先得我心之所同然耳。Li 1999b: 303. D. C. Lau hat die Stelle in einer Semantik übersetzt, die der Interpretation Laos nahekommt: „What is it, then, that is common to all hearts? Reason and rightness. The sage is simply the first man to discover this common element in the heart", siehe Lau 1979, Bd. 2: 231.

136 Mit den praktischen Fertigkeiten sollen die Vier Ansatzstellen entwickelt werden, um dem Guten der menschlichen Natur möglichst zum Ausdruck zu verhelfen, vgl. Lao 1981–1997, Bd. 1: 165.

137 Lao 1998 [1962c]: 47.

ment jedoch als Teil einer normativen Lehre anerkenne, erhalte mit den Lehren vom Herzgeist und vom Wesen des Menschen eine umfassende Betrachtung, die sich um das „bewusste Selbst" (*zijue de ziwo* 自覺的自我) drehe und den auf das Bewusstsein bezogenen Kultivierungsprozess nicht ausblende. Die bewussten Anstrengungen umfassten dabei als zentrale Anleitung die Ausrichtung des eigenen Wollens an der Vernunft, was am deutlichsten im Text zu Gongsun Chou 公孙丑 ausformuliert worden sei („Menzius" 2A2). Dabei handelt es sich um einen Vergleich zwischen den Positionen von Menzius und denen seines Kontrahenten Gaozi 告子, wobei der Zusammenhang zwischen „willentlichem [Tun]" (*zhi* 志), „Lebenskraft" (*qi* 氣)[138] und dem „Herzgeist" (*xin* 心) anhand der Frage erörtert wurde, wie ein „unbewegter Herzgeist" (*bu dong xin* 不動心) erreicht werden könne.

Gaozi spricht im Hinblick auf angemessenes Handeln dem „Wort" (*yan* 言) und der „Lebenskraft" (*qi* 氣) Priorität vor dem „Herzgeist" (*xin* 心) zu, während Menzius dem Herzgeist oder Bewusstsein die zentrale Rolle zuschreibt. Die notwendige Voraussetzung ist für Menzius die Kultivierung des Selbst, um das für angemessenes Handeln „Rechtmässige" (*yi*) erkennen und die Lebenskraft willentlich in die angemessene Richtung lenken zu können. Die Einschätzung Gaozis geht folglich auf ein mangelndes Verständnis von Bewusstsein und Rechtmässigkeit zurück, die Ausführungen zur Lebenskraft stimmen jedoch teilweise mit denen von Menzius überein.[139] Denn die Selbstkultivierung kann auch bei der Lebenskraft ansetzen, indem ein harmonischer Ausgleich zwischen Wille und Lebenskraft angestrebt wird, der ebenfalls das rechtmässige Handeln zum Ziel hat. Das Rechtmässige als Standard für die Verwirklichung des Guten darf jedoch nicht ausschliesslich als externe Vorgabe verstanden werden, sondern dieses entstammt dem menschlichen Bewusstsein sowie der Fähigkeit zu urteilen. Aus der Textpassage wird ersichtlich, dass rechtmässiges Handeln zwei Aspekte vereint: das auf den Mitmenschen bezogene Wohlwollen und die auf die eigene Selbstkultivierung bezogene Suche nach dem Rechtmässigen.

Für Lao sind in dieser Diskussion die Standpunkte der beiden insofern verschieden, als Gaozi die Natur des Menschen in einem naturalistischen Sinn versteht und Menzius dagegen hält, die Natur des Menschen müsse in einem essenziellen Sinn und somit in Bezug auf bewusstes und willentliches Handeln des Menschen bestimmt werden. Das Bewusstsein und der „Wille" (*zhi* 志)[140] sind für ihn in der Lage,

---

138 Lao überträgt *qi* 氣 mit „Lebenskraft" (*shengming li* 生命力), als einer dem Menschen naturgegebenen Kraft im physischen Körper, die auch mit den Emotionen in Verbindung steht, aber dem Bewusstsein unterstellt sein kann, vgl. Lao 1981–1997, Bd. 1: 172.

139 Weitere Ausführungen zu dieser Argumentation liefert Choi 2019: 371–391.

140 Die Übersetzung von *zhi* mit „Wille" basiert auf Laos Erläuterung, dass im „Menzius" die beiden Zeichen *xin* 心 und *zhi* 志 dasselbe bedeuten können. Bezüglich des Zeichens schreibt er: „Seine

sowohl das eigene „Sprechen“ (*yan* 言) als auch die Lebenskraft zu beeinflussen und dadurch einen Zustand der geistigen Ruhe herbeizuführen. Das „Erreichen“ (*de* 得) dieses Zustandes ist als „Erreichen von Vernunft“ (*de li* 得理) zu verstehen.[141] Bewusstsein und Wille können dementsprechend Begehren und Emotionen leiten. Durch moralische Anstrengungen werden diese beiden Aspekte, die Bestimmung des Wollens und das Vermeiden übermässiger Gefühle, kultiviert.[142] Beide Aspekte sind voneinander abhängig, aber nicht vollumfänglich von Natur aus vorbestimmt. Daher können Gefühle umgekehrt auch das Bewusstsein und den Willen überwältigen. Die Selbstkultivierung[143] setzt da ein, wo das Bewusstsein die Lebenskraft leitet und einen Ausgleich anstrebt.[144] Beim Erreichen eines solchen Ausgleichs kann letztlich von einem „unbewegten Herzgeist“ gesprochen werden. Gaozi hat gemäss Lao dieses Zusammenfallen des Rechtmässigen und des Vernünftigen nicht als abhängig vom jeweils eigenen Bewusstsein des Menschen und der Selbsterkenntnis gedacht und wird dafür getadelt.[145] Das Bewusstsein übernimmt entsprechend bei Menzius die Funktion, die Entwicklung der moralischen Fähigkeiten des Menschen zu bestimmen. Die Vorstellung, dass der Mensch aufgrund seines Bewusstseins selbstbeherrscht handeln und dabei einen Einfluss ausüben kann, wird jedoch im Werk „Menzius“ nur einer kleinen Anzahl von Menschen zugebilligt. Zudem ist die Vorstellung von bewusstem Handeln nicht im Sinne einer Verwirkli-

---

Schreibweise ändert sich, sein Sinn nicht (*yi qi zi bu gai qi yi* 易其字而不改其義).“ Er verwendet zur Erklärung *xinzhi* 心志, was mit „Entschiedenheit“ oder eben „Wille“ übersetzt werden kann. Wille bezeichnet im vorliegenden Zusammenhang die mentale Fähigkeit, selbstbestimmte Entscheidungen in Bezug auf empirische Begehren zu treffen. Lao zeigt damit, dass im „Menzius“ das Vermögen des Willens aus einer kausalen Determination befreit vorgestellt wurde. In diesem Sinn kann der Wille die „Lebenskraft“ *qi* beeinflussen, vgl. Lao 1981–1997, Bd. 1: 172. Unger gibt für das Werk „Menzius” ebenfalls die Bedeutung „Wille“ für *zhi* an, ergänzt jedoch um die Bedeutung, etwas „im Bewusstsein oder Gedächtnis festzuhalten”. Auch für Unger konkurriert der Wille mit den „Begehren“ *yu* 欲, vgl. Unger 2000: 8.

141 Lao 1981–1997, Bd. 1: 171.

142 Lao 1981–1997, Bd. 1: 173.

143 Lao verwendet häufig „lernen“ (*xue* 學) oder das Ausüben von „Anstrengungen“ (*gongfu* 功夫 oder 工夫). Die Ausführungen zu Wang Yangming werden jedoch zeigen, dass das Umsetzen von Anstrengungen auch einen direkten Bezug zur Kultur in einem institutionellen und lebenspraktischen Sinn aufweist.

144 Lao 1981–1997, Bd. 1: 174. An anderer Stelle wird das Erkennen von Vernunft und Rechtmässigkeit durch den „heiligen Menschen“ (*sheng ren* 聖人) thematisiert, gleichzeitig aber darauf hingewiesen, Vernunft und Rechtmässigkeit seien universell allen Menschen eigen: „Menzius“ 6A7, vgl. Lao 1981–1997, Bd. 1: 170. Gassmann übersetzt *sheng ren* mit „rollenprägende Persönlichkeit“, was die soziale Vorbildfunktion hervorhebt, vgl. Gassmann: 2016, Bd. 3: 112.

145 Lao 1981–1997, Bd. 1: 171.

chung allgemeingültiger Werte zu interpretieren, sondern hatte vielmehr die Entwicklung der eigenen moralischen Anlagen im Blick.[146]

Den Lehren vom Herzgeist und dem Wesen des Menschen kommt Lao zufolge eine zentrale Rolle in der vor-Qin-zeitlichen Ausprägung des Konfuzianismus zu. Mit dieser Einschätzung stimmt er mit dem Standpunkt überein, der im bereits erwähnten Manifest „Die chinesische Kultur und die Welt" die Sichtweise des Modernen Konfuzianismus in den 1950er Jahren programmatisch wiedergegeben hatte.[147] Dass das Wesen oder die Essenz des Menschen von Menschlichkeit geprägt und tendenziell gut ist, kommt darin sogar einem religiösen Gefühl gleich und nicht, wie man es für Laos Interpretation zusammenfassen kann, einer anthropologischen Annahme. Von einer religiösen Interpretation grenzt er sich auch durch sein Verständnis des Himmels ab. Er verneint die Idee, das Wesen oder die Natur des Menschen werde im „Menzius" ausschliesslich vom Himmel als einem höchsten (religiösen) Prinzip bestimmt, auch wenn der Vorstellung vom Himmel an einzelnen Stellen noch eine ältere religiöse Bedeutung anhaften könne.[148] Dass Lao den Lehren von Konfuzius und Menzius keine zentrale religiöse Bedeutung zuschreibt, sondern die Vorstellung eines Bewusstseins als bestimmendes Moment des Menschenbildes beider Lehren interpretiert, wird später im Zusammenhang mit seinen Überlegungen zu Kant erneut aufgegriffen (Abschnitt 4.4). Diese Einschätzung prägt auch seine Darstellung des Han-zeitlichen Konfuzianismus, der sich von den Lehren vom Herzgeist und vom Wesen des Menschen durch die Integration kosmologischer Vorstellungen entfernt habe.[149] Erst während der Song- und Mingzeit und vor allem durch Wang Yangming und seine Schüler sei eine Rückbesinnung auf das Werk „Menzius" in einem authentischen Sinn und weitgehend befreit von kosmologischen und religiösen Gedanken angestrebt worden.

Die Rekonstruktion, die Lao mit den „Gesprächen" und mit dem „Menzius" vornimmt, verbindet seine Interpretation der Texte mit philologischem und historischem Wissen zu einem diskursiven Rahmen. Die vor-Qin-zeitlichen Texte werden ansatzweise auch in einen Zusammenhang mit Werken der europäischen Aufklärung und zeitgenössischen Autoren aus der ersten Hälfte des 20. Jahrhunderts gestellt. Implizit liegt mit der grundlegenden Unterscheidung einer Willens- oder Bewusstseinsnatur und gleichzeitig einer durch die Naturordnung determinierten empirischen Natur des Menschen eine Anlehnung an die von Kant formulierte Dritte Antinomie der reinen Vernunft vor: Der Widerstreit entfaltet sich zwischen der These, dass nicht nur aus dem Naturgesetz der Kausalität die Erscheinungen

146 Lao 1981–1997, Bd. 1: 191.
147 Zhang 1958: 25.
148 Lao 1981–1997, Bd. 1: 194.
149 Lao 1981–1997, Bd. 2: 10.

der Welt abgeleitet werden können, sondern dass eine „Kausalität durch Freiheit" anzunehmen ist. Dagegen steht die Antithese einer alleinigen Erklärung der Erscheinungen durch die Gesetze der Natur.[150] Die „Freiheitsantinomie" führt in der praktischen Philosophie Kants dazu, die Freiheit als Postulat zu fassen, eine Ausgangslage, die Lao in seinen subjekttheoretischen Ansatz integriert und aufgrund seiner Lesart der vor-Qin-zeitlichen Schriften auch ansatzweise im Konfuzianismus der „Gespräche" und des „Menzius" verortet. Ebenso sind Spuren der Rezeption von Hayek und Cassirer in seinen Rekonstruktionen enthalten: da nämlich, wo die Vernunftleistung für die Legitimation von Konventionen und Traditionen einerseits historisiert wird, andererseits reflexiv die Funktion von Werten in einem allgemeinen Sinn prüfen kann und somit das menschliche Wollen einer Beurteilung oder Selbstbewertung unterzieht.[151] Selbstbeurteilung und rationale Orientierung bilden daher zwei Schlüsselmomente, die Lao für die vor-Qin-zeitlichen Lehren in enge Beziehung setzt.

Es stellt sich die Frage, ob Laos Auslegung der „Gespräche" und des „Menzius" damit nicht über den zu interpretierenden Text hinausgeht und seinen eigenen kritischen Standpunkt und seine Vorbehalte gegenüber utilitaristisch motiviertem Verhalten und einer determinierten Sicht auf kulturhistorische Entwicklungen auf die „Gespräche" und „Menzius" überträgt. Seine Interpretation konfuzianischer Texte stimmt mit der grundlegenden Aussage Hayeks überein, das Zusammenleben in Gesellschaften gehe von allgemein anerkannten abstrakten Regeln und Prinzipien aus. Hayeks Gedanke, das Zusammenleben könne nie das Ergebnis einer rational-repressiven Intervention weder von Seiten einer (staatlichen) Autorität noch in der Form einer öffentlichen Fürsprache sein,[152] wird jedoch bereits relativiert durch die Möglichkeit, eine spezifische Art geteilter Rationalität in Form von „Rechtmässigkeit" (*yi* 義) als Standard für Werte zu setzen. Werte, die vom Subjekt realisiert werden, besitzen dabei in den „Gesprächen" und im „Menzius" die Funktion, Instrumentalisierungen und eigensüchtige Nutzenabwägungen zu korrigieren. Laos Rekonstruktionen lassen zum einen erkennen, wie sich eine Hybridisierung auf der Basis moderner, liberaler Vorstellungen aus der Rekonstruktion traditioneller Texte ergibt. Das Periphere, das Ausgeschlossene oder das Verdrängte einer Tradi-

---

150 Kant [1781] A 538–567 zit. nach Timmermann 1998: 625–648.

151 Dieses Argument wurde von Charles Taylor (1931–) als reflexive Struktur des Wollens in die Diskussion um Werte im Zusammenhang mit moralisch fundierten Identitäten eingebracht. Taylor diskutiert den Wertbezug für die menschliche Identität als Wertung, die vom Subjekt ausgeht: In „Die Quellen des Selbst" spricht er jedoch auch von einem moralischen Raum, in dem sich Wertbezüge abspielen. Taylor geht dabei der Frage nach, welches das richtige Tun und welches die Inhalte der Pflicht sind, vgl. Taylor 1996: 15.

152 Hayek 2006 [1960]: 90–115.

tion tauchen in neu theoretisierten Sinnstrukturen wieder auf. In dieser Hybridität verortet Lao seine auf Libertät und Rationalisierung basierenden normativen Kulturvorstellungen, die auf ein mögliches gelingendes Gemeinwesen zielen, wobei er auf die Desiderate und Mängel, die sich aus den traditionellen Vorstellungen in der Moderne ableiten lassen, explizit hinweist. Zum anderen werden die historisierenden Interpretationen zur Plausibilitätssicherung in den wissenschaftlichen Zusammenhang gestellt. Dadurch eröffnet sich für Lao die Möglichkeit zur Kritik oder Legitimation und somit zur wissenschaftlichen Belastbarkeit seiner Thesen. Als evident erscheinen Laos Interpretationen mit Blick auf die neuere sinologische Forschung: Die Untersuchungen zum Autonomieverständnis in den „Gesprächen" von Lo und Chong thematisieren ebenfalls die Hinwendung zum Selbst, zum Bewusstsein und zu abstrakten Kriterien für die Bewertung von Moral (genauer: von Tugenden), was Lao als Rationalisierung vorstellt.[153] Vergleichende Studien, die den klassischen Konfuzianismus der antiken griechischen Philosophie gegenüberstellen, benennen vergleichbare Vorstellungen von Selbstkultivierung und Tugenden.[154] Slingerland führt Überlegungen aus der Kognitionswissenschaft und Evolutionsbiologie ins Feld, um das Zusammenspiel von menschlicher Natur und moralischer Veranlagung im „Menzius" in Übereinstimmung mit Lao einzuordnen.[155]

Lao macht jedoch deutlich, dass auch der wissenschaftliche kommunikative Zusammenhang nie als etwas verstanden werden kann, das als objektives Fundament oder Essenz besteht. Die moderne Wissenschaftssprache soll es jedoch ermöglichen, aussereuropäische Vorstellungen als Referenten verständlich, relevant und anschlussfähig zu machen. Sein Unterfangen zeigt dabei die Absicht, die „reichhaltigen Hintergrundsprachen" freizulegen, die in anerkannten Sinnbildungen eingelagert sind. Der Ausdruck verdankt sich ebenfalls Charles Taylor, der ihn formuliert hat, um der Wiedergewinnung von moralischen Inhalten Ausdruck zu geben, die allgemein anerkannten Pflichten eine Basis und Sinn verleihen, aber von der Moralphilosophie vernachlässigt wurden.[156] Gerade durch die Bruchstellen mit konfuzianisch geprägten Institutionen, die sich neben den politischen Umwälzungen unter anderem auch mit dem Übergang zur Kleinfamilie, mit der Abschaffung der Beamtenexamina (1905) und der Etablierung moderner Bildungsinstitutionen im

153 Für eine philologische Annäherung an unterschiedliche Ausdrücke für das Selbst siehe Lo 2003: 249–268. Für philosophische Überlegungen zum Selbst in Anlehnung an die Vorstellung von Autonomie mit Bezug zur positiven Freiheit siehe Chong 2003: 268–282.

154 Yu 2013: 117–140 und Yu 2001: 234–256.

155 Slingerland 2014: 114–120. Ausführlich kontextualisiert wird die menzianische Vorstellung zur menschlichen Natur (bei Lao: Wesen) in Graham 2002: 1–63. Er weist auch auf den bei Lao zentralen Zusammenhang zwischen Moral, allgemeingültigen Kriterien und sinnlicher Natur hin.

156 Taylor 1996: 16.

frühen 20. Jahrhundert ergeben hatten,[157] wurde die Alltagsordnung unwiderruflich von der konfuzianischen Sinngebung getrennt wahrgenommen. Laos Arbeit der Rekonstruktion kann entsprechend als eine Wiedergewinnung von Sinn verstanden werden, die als Ressource für kritische Einwände gegen utilitaristische und materialistische Positionen genutzt werden sollte. Zudem können diese Sinnressourcen im kulturellen Austausch eine Brückenfunktion übernehmen, wenn sie das Verständnis bislang unbekannter Vorstellungen oder Texte erleichtern, indem Analogien angedeutet werden. Eine Auseinandersetzung mit Interpretationen klassischer Texte sieht auch Roetz als zentrales Element eines bewussten Kulturtransfers.[158] Lao fokussiert die klassischen Texte nicht, um eine bereits vorhandene höhere Einsicht zu proklamieren, sondern er beschreibt anschlussfähige Theoreme der Subjektivität oder der Freiheit; in diesem spezifischen Zusammenhang sind seine Interpretationen auch auf das Ziel gerichtet, transkulturelle Orientierungen aufzuzeigen. Dass die Wissenschaftlichkeit entscheidender Aspekt für die Akzeptanz von Transfer sein kann, wird von Roetz ebenfalls bestätigt. Er verbindet den Prozess der Rationalisierung in klassischen konfuzianischen Texten mit der Kritik an (göttlicher) Autorität, am Selbst und an der Tradition.[159] Transfer bedeutet für Roetz dann die aktive und produktive Auseinandersetzung mit Vorstellungen und Prozessen, die das kognitive Moment der Wieder-Erkennung ermöglichen. Aus diesem Grund spricht Roetz von einer rekonstruktiven Hermeneutik.[160]

Inhaltlich weist Lao mit seinen Einschätzungen einerseits auf progressiv-aufbauende und andererseits auf konservativ-stabilisierende Züge im Denken der „Gespräche" und des „Menzius" hin, die er beide unter dem Prinzip einer Rationalisierung als bewusste Vernunftleistungen darstellt. Ziel der Vorstellungen war es, die soziokulturelle Lebenswelt innerhalb verwandtschaftlicher Beziehungen anhand eines allgemeingültigen Standards nachzuvollziehen und zu legitimieren. Konfuzius nimmt in dieser Sicht nicht nur die Rolle des Übermittlers, sondern auch diejenige des Begründers einer spezifisch rationalen Ausrichtung ein, die im Werk „Menzius" mit den Lehren vom Herzgeist und vom Wesen des Menschen auf ein theoretisches Fundament gestellt wird. Bedeutsam ist zudem, dass der Prozess der Rationalisierung des Wollens an eine bewusste moralische und tugendhafte Praxis gebunden wird, in deren Verlauf zwischen Erkennen und Handeln

157 Lao erwähnt exemplarisch die offizielle Übernahme des aus Japan entlehnten Ausdrucks 哲學 *zhexue* für den Kurs „Philosophie" an der „Capital University" (*Jingshi Daxuetang* 京師大學堂) in Beijing im ersten Jahrzehnt des 20. Jahrhunderts, vgl. Lao 1989: 291. Es handelt sich um die Vorgängerin der heutigen Universität Beijing, vgl. Weston 2004: 1.

158 Für den Kulturtransfer im 20. Jahrhundert siehe Roetz 2011: 267, 276–278.

159 Roetz 2011: 277.

160 Roetz 2011: 279–281.

eine wechselseitige Abhängigkeit besteht. In diesem Prozess entspricht die Rationalisierung einem beständigen, willentlichen Wandel gestalteter Wirklichkeit.

4.3.2 Das Verwirklichen von kulturellen Werten bei Wang Yangming

Die Vorstellungen von Bewusstsein, einer Rationalisierung des Wollens und der damit aufs Engste verbundenen Selbstsorge wurden Lao zufolge innerhalb des Song- und Ming-zeitlichen Konfuzianismus zu einem Höhepunkt entwickelt. Bei Wang Yangming und seinen Nachfolgern sieht Lao die Lehren vom Herzgeist und vom Wesen des Menschen in ihrer reifsten Gestalt ausformuliert, nämlich als „transzendente Subjektivität" (*chaoyue zhutixing* 超越主體性), die sich in der Vorstellung eines selbstbestimmt handelnden Subjekts manifestiert.[161] Kulturelles Handeln wird als höchste Form der Subjektivität und das Realisieren von Werten als höchster „Zweck" (*mudi* 目地) vorgestellt.[162] In Wang Yangmings Lehre sind daher kosmologische und buddhistische Aspekte in den Hintergrund getreten. Das Bewusstsein des Menschen aufgrund der Vorstellungen aus den „Gesprächen" und aus dem „Menzius" wurde erneut aufgegriffen und durchdacht.[163] Diese Aussagen verweisen auch auf Laos Systematisierung der konfuzianischen Überlieferung, die bei ihm mit Wang Yangming einen vorläufigen Höhepunkt erreicht und gleichzeitig die durchgehende Traditionslinie der Auslegung der diesbezüglichen konfuzianischen Lehren seit den „Gesprächen" aufzeigt.[164] Ergänzend zur allgemein anerkannten Darstellung, die mit Zhu Xi 朱熹 (1130–1200) die „orthodoxe [konfuzianische] Überlieferung" (*daotong* 道統) festlegte,[165] ist Lao zufolge Wang als authentischer Exeget der Lehren vom

161 Lao 1981–1997, Bd. 3.1: 477. Mit dem „Song- und Ming-zeitlichen Konfuzianismus" (*Song Ming ruxue* 宋明儒學) deckt Lao eine Zeitspanne von knapp 600 Jahren ab, die er mit Zhou Dunyi 周敦頤 (1017–1073) beginnen lässt und die mit den Nachfolgern von Wang Yangming (1472–1529), insbesondere Wang Gen 王艮 (1483–1541), dem Begründer der „Taizhou-Schule" (*Taizhou-xuepai* 泰州學派), endet, vgl. Lao 1981–1997, Bd. 3.1: 95–504.

162 Lao 1998 [1965]: 28.

163 Lao 1998 [1962c]: 48.

164 Lao schlägt vor, die Song- und Ming-zeitlichen Schriften unter einem System, aber in drei unterschiedlichen historischen Phasen zu systematisieren: Als gemeinsame Klammer sieht er bei den einzelnen Denkern und bei Schulen eine Rückbesinnung auf die vor-Qin-zeitlichen Schriften und eine graduelle Zurückweisung oder Integration Han-zeitlicher und buddhistischer Gedanken, vgl. Lao 1981–1997, Bd. 3.1: 46–47. Die Einteilung wird ersichtlich in Lao 1981–1997, Bd. 3.1: 4–6. Damit grenzt er sich von der vorherrschenden dualistischen Einteilung zweier Schulen ab, der sogenannten „Prinzipien-Schule" (*li-xue* 理學) und der sogenannten „Herz-Schule" (*xin-xue* 心學). Für eine kritische Analyse, die beide Ansätze integriert, plädiert Lin Anwu 林安梧, vgl. Lin 1987: 100–104. Lowe 2017: 240.

165 Bspw. bei Fung 1991: 514. Die herausragende Stellung kommt den Kommentaren zu, die Zhu Xi zu den „Vier Büchern" (*Si shu* 四書) – „Die grosse Lehre" (*Daxue* 大學), „Mitte und Mass"

Herzgeist und vom Wesen des Menschen zu betrachten, der damit den Hauptstrom des Konfuzianismus weiter präzisiert hat.[166] Lao stellt Zhu Xi als Verfasser einer einflussreichen Synthese, die metaphysische und kosmologische Aspekte umfasst, jedoch nicht grundsätzlich in Frage. Er betont, Zhu Xi habe *li* als „Prinzip" nicht im Zusammenhang mit dem subjektiven Bewusstsein des Menschen gedeutet, sondern den metaphysischen vom konkreten Aspekt von *li* 理 im Sinne eines „Prinzips" oder „Ordnungsprinzips" unterschieden und auf dieser Interpretation seine als orthodox geltende Überlieferung begründet.[167] Zhu Xi übernahm die Vorstellung, dass jedes „Ding" (*wu* 物) und jeder „Sachverhalt" (*shi* 事) in Abhängigkeit von einem spezifischen „Prinzip" (*li* 理) existiere, von den Gebrüdern Cheng.[168] Er differenzierte *li* jedoch zusätzlich in einer allgemeingültigen, metaphysischen Bedeutung eines allumfassenden Ordnungsprinzips, das er „Höchste Grenze" (*tai ji* 太極) nannte. Dieses übersteige die räumliche Form, stehe also „über der Form[ebene]" (*xing er shang* 形而上). Die entsprechenden Dinge entstehen in Übereinstimmung mit einem jeweils spezifischen Prinzip „unter der Form[ebene]" (*xing er xia* 形而下). In einem abstrakten Sinn ist *li* somit als allgemeingültiges, metaphysisches Prinzip zu denken und bleibt dabei in seiner Funktion als alles durchdringendes Ordnungsprinzip erkennbar. Die Materialisierung der Prinzipen wird auch zum Ausgangspunkt von Unvollkommenheit bei der Einprägung in die „Lebenskraft" (*qi* 氣), die Lao bei Zhu Xi in einem materialen, feinstofflichen Sinn versteht.[169] Auch Angle unterscheidet bei Zhu Xi einerseits *li* als „Muster" oder „Ordnungsprinzip" in einheitlicher Form („coherent pattern") und andererseits als das Wesen („ultimate

---

(*Zhongyong* 中庸) (beides ursprünglich Kapitel aus dem „Buch der Riten" (*Liji* 禮記)), den „Gesprächen" und dem „Menzius" – verfasst hat, vgl. Lao 1981–1997, Band 3.1: 269. Zhu Xi veröffentlichte die Werke unter dem Titel „Sammlung von Anmerkungen zu den Kapiteln und Sätzen der Vier Bücher" (*Si shu zhang ju ji zhu* 四書章句集注).

166 Für den Konfuzianismus der Song- und Ming-Zeit wurde in der wissenschaftlichen Auseinandersetzung des 20. Jahrhunderts häufig der Ausdruck „Neo-Konfuzianismus" verwendet, der im Kontext amerikanischer Rezeption chinesischer Philosophie gebräuchlich wurde. Er geht auf die Zusammenarbeit von Feng Youlan 馮友蘭 (1895–1990) und Derk Bodde (1909–2003) in den 1930er und 1940er Jahren zurück. Feng hatte in seiner Philosophiegeschichte die Bezeichnung *Xin ruxue* 新儒學 für die konfuzianischen Lehren der Song- und Ming-Zeit verwendet, was von Bodde mit „Neo-Confucianism" übersetzt wurde. In Fengs „Short History of Chinese Philosophy" stehen Kapitel 23–26 unter dieser Überschrift, vgl. Feng 1948: 266–318. Auch Lao verwendet den Ausdruck in seiner „Geschichte der chinesischen Philosophie" im Inhaltsverzeichnis, vgl. Lao 1981–1997, Bd. 3.1: 1. Gelegentlich tritt der Name als Oberbegriff auch in den kulturtheoretischen Schriften auf, vgl. Lao 1998 [1965]: 29.

167 Lao 1981–1997, Bd. 3.1: 319–320.

168 Lao 1981–1997, Bd. 3.1: 275–276. Er überträgt an dieser Stelle *li* mit 道理 *daoli* als „Grundsatz" oder „Prinzip"; die Bedeutungen von „Vernunft" und „Folgerichtigkeit" sind implizit auch enthalten. Die Gebrüder Cheng sind Cheng Hao 程顥 (1032–1085) und Cheng Yi 程頤 (1033–1108).

169 Lao 1981–1997, Bd. 3.1: 275. Ähnlich argumentieren Bauer 2001: 268–269 und Cua 2003: 899.

nature") eines partikularen Gegenstandes. *Li* bildet dann ein Netzwerk von gegenseitigen Abhängigkeiten.[170] Für die Gleichsetzung von *li* und *tai ji*, die Zhu Xi vornahm, gibt Adler entscheidende Hinweise: *Tai ji* steht für die fundamentale Ordnung (*li*) des Kosmos, *tai ji* beinhaltet sowohl die Polarität als auch die Einheit und ermöglicht Wandel, der wiederum den Ordnungsprinzipien entspricht.[171]

Es ist Zhus Vorstellung eines metaphysischen Ordnungsprinzips, die Lao noch nicht als den sogenannten reifen Konfuzianismus bezeichnet, da *li* nicht in Abhängigkeit vom subjektiven Bewusstsein thematisiert wurde. Damit bleibt unberücksichtigt, dass *li* im Sinne von „Vernunft" und das Bewusstsein als Essenz des Menschseins in einem subjektiven Zusammenhang stehen.[172] Lao spricht Zhu Xi zu, bezüglich der Kommentierung der „Vier Bücher" eine Traditionslinie festgelegt zu haben, diese habe jedoch nicht die authentische Bedeutung der Lehren vom Herzgeist und vom Wesen des Menschen, der „Gespräche" und des „Menzius" tradiert.[173] Die Bedeutung des Ausdrucks *tai ji* bei Zhu Xi zeigt für Lao, dass *li* als „Ordnungsprinzip" in seiner allgemeinen Bedeutung mit dem *tai ji* im Sinne eines „allumfassenden Ordnungsprinzips" zusammenfällt. Es gibt daher keinen Raum für „noch nicht Bestimmtes" (*weiding xiang* 未定項). Das Unvernünftige oder ein „Prinzipienverstoss" (*wei li* 違理) kann somit nicht losgelöst von einer Vorbestimmung thematisiert werden. Bei Zhu Xi fehlt erstens der Ansatz einer Werttheorie und zweitens wird die Motivation, die hinter unvernünftigen Handlungen steht, nicht im Bewusstsein eines Subjekts verortet.[174] Zhu Xis Interpretation von *xin* 心 ist demzufolge für Lao auch nicht als „Bewusstsein" zu interpretieren, sondern als eine „Vermengung aus dem Ordnungsprinzip *li* und der Lebenskraft *qi*". In einem ontologischen Sinn ist Zhu Xi für Lao davon ausgegangen, dass das Ordnungsprinzip *li* besteht, bevor sich eine darauf beziehende Form materialisiert. Der von Zhu Xi vorgestellte Lernpro-

170 Die entsprechende Vorstellung führt Angle ebenfalls auf Cheng Yi zurück: „Pattern is one and its particularizations are many", siehe Angle 2017: 35–37.

171 Adler 2008: 67–71. Angle beschreibt mit dieser Gleichsetzung von Zhu Xi den Übergang von einer kosmologischen Sicht auf Realität zu einer ontologischen Sichtweise, vgl. Angle 2017: 48. Er übersetzt *tai ji* mit „supreme pivot", wohingegen Adler für die Vorstellung bei Zhu Xi „supreme polarity" verwendet und damit auf eine Polarität (von Ruhe und Aktivität) und gleichzeitig auf die höchste Einheit mit Bezug zu *li* hinweist.

172 Lao 1981–1997, Bd. 3.1: 290–292. Lao erläutert, dass in Zhu Xis Vorstellung insbesondere „Begierden" (*yu* 慾), die die Lebenskraft zum Bösen wandeln, nicht durch *li* im Sinne einer „bewussten Vernunft" beeinflusst werden können.

173 Lao 1981–1997, Bd. 3.1: 315–316. Die von Zhu Xi geprägte Orthodoxie zeichnet sich entsprechend durch die „Vorstellung des Himmelsweges" (*tiandaoguan* 天道觀) aus und nicht durch die Vorstellung einer wertbasierten Subjektivität, vgl. Lao 1981–1997, Bd. 3.1: 406.

174 Lao 1981–1997, Bd. 3.1: 315.

zess hat Lao zufolge zum Ziel, die Komplexität der Prinzipien zu erkennen.[175] Zhu Xi hat dabei eine vermittelnde Position zwischen dem Erkennen von allgemeinen und spezifischen Aspekten von Prinzipien und dem entsprechenden Handeln angestrebt. Eine Differenz zu den Vorstellungen Wang Yangmings lässt sich diesbezüglich festmachen.[176] Bei Zhu Xi hat das „Untersuchen der Dinge" (*ge wu* 格物) und das „Erlangen von Wissen" (*zhi zhi* 致知) eine Unterscheidung zwischen moralischem und empirischem Wissen erkennen lassen.[177] Das Untersuchen besonderer Prinzipien und das Erkennen des metaphysischen Ursprungs dieser Prinzipien bestimmen bei Zhu Xi den graduellen Lernprozess.[178]

Erst Wang Yangming hat Lao zufolge den Zusammenhang zwischen Bewusstsein und der Fähigkeit, ein auf Vernunft basierendes Werturteil zu fällen, ausformuliert. Lao stellt Wang als (zeitweise verbannten) Beamten der Ming-Zeit (1368–1644) vor, bei dem die Verantwortung gegenüber der Dynastie und dem Volk sowohl in seiner Beamtenlaufbahn als auch in seiner Lehre eine bedeutende Stellung eingenommen hatte.[179] Damit in Zusammenhang steht auch Wangs Auseinandersetzung mit dem für die Beamtenexamina relevanten Kanon klassischer konfuzianischer Schriften, dessen Zusammenstellung und Kommentierung auf Zhu Xi zurückging. Wang Yangmings Leistung sieht Lao darin, Präzisierungen der Lehren vom Herzgeist und dem Wesen des Menschen mit Bezug zum Werk „Menzius" formuliert zu haben: Diesbezüglich lasse sich eine Abgrenzung zu Zhu Xi feststellen.[180]

---

175 Lao 1981–1997, Bd. 3.1: 302. Angle beschreibt diese Komplexität als subjektiven und objektiven Aspekt von *li*, Zhu Xi habe dem objektiven Aspekt mehr Aufmerksamkeit geschenkt, vgl. Angle 2009: 36–38.

176 Lao 1981, Bd. 3.1: 347.

177 Lao 1981–1997, Bd. 3.1: 328.

178 Lao 1981–1997, Bd. 3.1: 299–303, 318–319. Dafür steht die Zeichenfolge das „Untersuchen der Dinge und ausgiebige Erkunden der Prinzipien" (*gewu qiongli* 格物窮理).

179 Lao stützt sich auf die von Qian Dehong 錢德洪 (1497–1541), einem der berühmtesten Gefolgsmänner Wang Yangmings, verfasste Lebenschronik, vgl. Lao 1981–1997, Bd. 3.1: 400–405.

180 Lao 1981–1997, Bd. 3.1: 401. Das untersuchte Quellenmaterial bilden Briefe und das Werk „Aufzeichnungen zum Üben des Übermittelten" (*Chuan xi lu* 傳習錄), das von Schülern zusammengestellt und 1518 zum ersten Mal veröffentlicht wurde. Später wurden acht weitere Briefe von Wang aus den Jahren 1520–1526 hinzugefügt. Diese ersten beiden Fassungen erschienen noch zu Lebzeiten Wangs. Nach seinem Tod wurden weitere Schriften gesammelt. 1572 wurden die „Sämtlichen Schriften von Wang Wencheng" (*Wang Wencheng gong quan shu* 王文成公全書) in 38 „Bänden" (*juan* 卷) gedruckt; diese Ausgabe wird bis heute nachgedruckt, vgl. Kern 2010: 114–120. *Wencheng* ist der postum verliehene Ehrenname.

4.3.3 Die Lehre vom ursprünglichen Wissen

Lao stellt die in Wangs letzter Lebensphase (ab 1519) vorgetragenen Lehren vom „ursprünglichen Wissen“ (*liang zhi* 良知) und von der „Verwirklichung des ursprünglichen Wissens“ (*zhi liang zhi* 致良知) als eigentlichen Brennpunkt von dessen Lehre vor.[181] Er weist darauf hin, dass Wang bereits in der Frühphase seines Schaffens (ab 1508), die mit der Verbannung nach Longchang 龍場 in der heutigen Provinz Guizhou 貴州 zusammenfällt, die Ansicht vertritt, der „Herzgeist“ (*xin* 心) sei die Grundlage von Prinzipien im Sinn von „vernünftigem“ (*li* 理) Handeln. Seine früheren Vorstellungen bündeln sich jedoch in seiner späteren Lehre, was zu einer Mehrdeutigkeit der Ausdrücke geführt hat. *Li* erhält bei Wang – im Gegensatz zur eher „gesetzmässigen Bedeutung“ (*guilü yi* 規律義) bei Zhu Xi – eine „normative Bedeutung“ (*guifan yi* 規範義).[182] Ob eine Handlung als vernünftig gelten kann, muss und kann vom Herzgeist untersucht werden, wobei *xin* in diesem Zusammenhang von Lao im Sinn eines „Bewusstseins“ gedeutet wird. Wang spricht demzufolge dem Bewusstsein die Fähigkeit zu, Werte und Prinzipien zu erkennen: „Allgemeingültige Prinzipien“ nennt Wang *tianli* 天理. Dazu zählt er unter anderem die Kindespietät, die Loyalität oder das Wohlwollen. Alle allgemeingültigen Prinzipien zeichnen sich jedoch durch mannigfaltige spezifische Verhaltensformen aus, die konkrete Inhalte besitzen. Diese konkreten Inhalte sind jeweils „vernünftige Prinzipien von Sachverhalten“ (*shili* 事理). Es sind dabei nicht ausschliesslich die Objekte, die Auskunft über vernünftige Prinzipien geben, sondern dieses Wissen hat seinen Ursprung im Bewusstsein.[183] Das Bewusstsein zeichnet sich bei Wang zusätzlich durch ein „Streben“ (*yaoqiu* 要求) nach allgemeingültigen Normen aus. Das Vorhandensein dieses Strebens setzt voraus, dass der Mensch bewusst unterscheiden kann, was sein soll und was nicht sein soll. Die Bedeutung von *xin* verweist für Lao daher auf ein „bewusstes Vermögen des Willens“ (*zijue yizhi nengli* 自覺意志能力).[184] Fällt das bewusste Streben mit allgemeingültigen Normen zusammen und äussert sich Wissen über konkrete Sachver-

---

181 Lao 1981–1997, Bd. 3.1: 412; Lao 1998 [1965]: 28. *Liang* 良 wäre wörtlicher mit „gut“ übertragen. Die Übersetzung als Lehre vom „ursprünglichen Wissen“ erfolgt in Anlehnung an Iso Kerns Studie zu Wang Yangming, die Laos Interpretation nahesteht. Kern entschied sich für diese Übersetzungsvariante, weil Wang von einer im Menschen angelegten Tendenz zum Guten ausging, die es erst zu verwirklichen galt. Diese in jedem Menschen angelegte Tendenz hat Wang als Grund dafür verstanden, dass der Mensch zum „heiligen Menschen“ (*sheng ren* 聖人) werden könne. Erreicht werden konnte dieser Zustand durch einen Lernprozess und nicht durch das Befolgen einer geoffenbarten Wahrheit, vgl. Kern 2010: XIX–XXX. Kern nennt Wangs Lehre daher lebenspraktisch. Für Übersetzungen von *liang zhi* in andere europäische Sprachen siehe Kern 2010: 123.

182 Lao 1981–1997, Bd. 3.1: 412.

183 Lao 1981–1997, Bd. 3.1: 412.

184 Lao 1981–1997, Bd. 3.1: 412.

halte in einem entsprechenden Handeln, gründet ein solches in einem moralischen Willen.[185] Lao betont, auch für Wang Yangming gelte: Das Streben kann nur insofern als moralischer Ursprung für Handeln bezeichnet werden, als eigensüchtige Neigungen bewusst vermieden werden. Daher rückt der Lernprozess, der in Anlehnung an Zhu Xi als „Anstrengungen im Studium, im Untersuchen, im Nachdenken, im Unterscheiden und in ernsthaftem Handeln“ (*xue wen si bian duxing zhi gong* 學問思辨篤行之功) erfolgen sollte, in den Hintergrund.[186] Für Wang wird der Kultivierungsprozess durch das Verwirklichen des ursprünglichen Wissens in Gang gesetzt.

Normatives Verhalten ist bei Wang an die Fähigkeit gebunden, vernünftig zu urteilen: Fallen allgemeingültige Normen mit konkretem Handeln zusammen, drückt sich in einem entsprechenden Verhalten ein rationaler Wille aus. Bei Wang Yangming ist es somit das „Bewusstsein“ (*xin* 心 oder *benxin* 本心), das als Grundlage von rechtmässigem und vernünftigem Handeln fungiert und als Merkmal des Menschen thematisiert wird.[187] Wang Yangming hat damit die Vorstellungen von Bewusstsein und Vernunft präzisiert und dem Subjekt zugeschrieben.[188] Zusätzlich weist er mit seiner Lehre vom ursprünglichen Wissen die funktionale Fähigkeit auf, ein Werturteil zu fällen und als Kriterium zu setzen. Damit formuliert er in Anlehnung an „Menzius“ eine Werttheorie, die er mit dem individuellen Kultivierungsprozess verknüpft. Die Bedeutung von *xin* unterscheidet sich daher von der Bedeutung bei Zhu Xi, der vom Herzen als von einer „Art von Materialisation aus *qi*“ (*qi zhong zhi yi zhong chanwu* 氣中之一種產物) gesprochen hat.[189]

Übermässige Begehren und Gefühle, Krankheiten oder Fehlinformationen können in Wang Yangmings Auffassung das Bewusstsein trüben und als Folge das subjektive Werturteil und willentliche Handeln beeinträchtigen.[190] Im Prozess der Selbstformung steht daher die Kultivierung des eigenen Wollens am Anfang des Lernens. Lao zitiert die Sentenz „Was Lernen braucht, ist Wille“ (*xue zhe xu shi you zhi* 學者須是有志), um aufzuzeigen, dass Wang den Bereich des willentlichen Handelns als Bereich höchster Freiheit und gleichzeitig als subjektiv vermittelt hat. Dabei handelt es sich um einen Bereich, der die Ebene der Erfahrungen nicht ausschliesst, sondern übersteigt. Auf der Grundlage dieser Erkenntnis ist es dem Men-

185 Lao 1981–1997, Bd. 3.1: 413–414.

186 Lao 1981–1997, Bd. 3.1: 420. Wang übernimmt diese Stufenfolge des Lernprozesses von Zhu Xi, der *locus classicus* findet sich im Werk „Mitte und Mass“, Lao paraphrasiert die Stelle 20.19, vgl. Lao 2000 [1962e]: 79–80; Xie 1988: 43.

187 Lao 1981–1997, Bd. 3.1: 45.

188 Lao 1981–1997, Bd. 3.1: 42. Das Bewusstsein wird als Ursprung von Vernunft und Rechtmässigkeit somit zum „höchsten Herrschenden“ (*zui gao zhuzai* 最高主宰).

189 Lao 1981–1997, Bd. 3.1: 382–383.

190 Lao 1981–1997, Bd. 3.1: 412.

schen möglich, durch Lernen ein Heiliger zu werden.[191] Denn der Mensch besitzt aufgrund des ursprünglichen Wissens die Fähigkeit, seine Absichten und sein Begehren zu beurteilen. Die Bedeutung des heiligen Menschen umfasst für Lao bei Wang Yangming also weder eine religiöse Erfahrung noch eine besondere Nähe zum Göttlichen. Die Vorstellung des Heiligen steht mit dem Verwirklichen guten Handelns in engem Zusammenhang. Den heiligen Menschen deutet Lao bei Wang im Sinne eines Erhabenen, eines Menschen, der sich bewusst über seine unguten Absichten erhebt und mit seinem Handeln das ursprüngliche Wissen ausschöpft.[192]

Den Willen zum Lernen zu zeigen, ist jedoch nur der erste Schritt der moralischen Anstrengungen. Zum Kultivierungsprozess gehört weiter, die „eigensüchtigen Begehren" (*siyu* 私欲) zu erkennen. Wang Yangming geht davon aus, dass der Mensch seine naturgegebenen Begehren bestimmen und in eine gewünschte Richtung lenken kann, darin zeigt sich die Funktion des Willens.[193] Der Mensch kann konkrete Absichten verfolgen, die sich durch „moralische Vernunft" (*daode lixing* 道德理性) auszeichnen, indem eigensüchtige Begehren beherrscht werden. Im Verlauf einer solchen Einsicht werden die Absichten korrigiert, was zu einer „Klärung" (*chunhua* 純化) des Willens führt.[194]

Die Vorstellung vom ursprünglichen Wissen steht Lao zufolge in enger Verbindung mit dem Beurteilen von Handlungen und der Ausrichtung des eigenen Wollens.[195] Er deutet Wangs Lehre vom ursprünglichen Wissen jedoch weder als quasireligiösen Glauben noch als Lehre oder Anleitung zum intuitiven Erkennen des ursprünglichen Wissens, sondern hält fest, Wang sei von einer moralischen „Dualität" (*eryuanxing* 二元性) des Guten und des Bösen ausgegangen, die bewusst unterschieden werden kann.[196] Die „Lehre der Vier Sätze" (*si ju jiao* 四句教) hat diesbezüglich aufgezeigt, dass das ursprüngliche Wissen der geistig wirksame Bereich der „Vernunft" *li* ist. Das Verständnis von Vernunft wird dabei mit dem Beurteilen von Handeln und der moralischen Praxis der Verfeinerung des Willens in Verbindung gebracht.[197] Dem ursprünglichen Wissen ist die Bedeutung zugekommen, die Beurteilung von „egoistischen Gedanken" (*si nian* 私念) und naturgegebenen „menschlichen Begehren" (*ren yu* 人欲) vorzunehmen, um durch „wahrhaftig

191 Lao 1981–1997, Bd. 3.1: 443–444. Einer kleinen Gruppe von Menschen ist es zwar möglich, direkten Zugang zum ursprünglichen Wissen zu erleben, Wang hat gemäss Lao jedoch aufzeigen wollen, wie durch Anstrengungen und Erkennen das ursprüngliche Wissen erlangt und verwirklicht werden kann.

192 Lao 1981–1997, Bd. 3.1: 421.

193 Lao 1981–1997, Bd. 3.1: 424–425.

194 Lao 1981–1997, Bd. 3.1: 426.

195 Lao 1981–1997, Bd. 3.1: 428.

196 Lao 1981–1997, Bd. 3.1: 408.

197 Lao 1981–1997, Bd. 3.1: 411–412.

Machen der Absichten“ (*cheng yi* 誠意)[198] ein Streben zum Guten zu ermöglichen. Diese Möglichkeit des Unterscheidens ist in den frühen Schriften Wangs vorausgesetzt worden, erst mit seiner späteren Lehre vom ursprünglichen Wissen ist diese Fähigkeit im Sinne eines Wertebewusstseins erklärt und mit der Vernunft in Verbindung gebracht worden.

4.3.4 Ursprüngliches Wissen und die Aufforderung zum kulturellen Handeln

Kern analysiert Wangs Vorstellung von der Verwirklichung des ursprünglichen Wissens hinsichtlich zweier Bedeutungen. Einerseits nimmt Wang auf die Idee Bezug, der Mensch besitze eine zu fördernde Tendenz, das Gute zu verwirklichen. Andererseits hat er mit der Vorstellung zudem das Bewusstsein, moralische Urteile verwirklichen zu können, im Blick – Kern nennt dieses Bewusstsein das Gewissen. Er präzisiert, dass dabei die Bedeutungen eines allgemeinen Bewusstseins und der moralische Begriff des Gewissens zusammenfallen und ein Wissen aus sich selbst und über sich selbst bezeichnen. Eine zusätzliche Komponente erweiterte jedoch die Bedeutung des Gewissens, denn bei Wang zeichnet die Verwirklichung des ursprünglichen Wissens den heiligen Menschen aus, was über die Bedeutung des Gewissens weit hinausreicht.[199] Lao stellt ebenfalls zwei Bedeutungen der Verwirklichung des ursprünglichen Wissens vor: Wenn der Ausdruck auf die im Menschen angelegte Tendenz, Gutes tun zu können, Bezug nimmt, dann besteht das Verwirklichen des ursprünglichen Wissens im Entwickeln dieser guten Anlagen. Wenn das Bewusstsein von Gut und Böse angesprochen ist, bedeutet das Verwirklichen des ursprünglichen Wissens jedoch die Klärung des Guten in Bezug auf den eigenen Willen und die eigenen Absichten. In dieser zweiten Bedeutung gewinnt auch der Kultivierungsprozess Lao zufolge erst seine vollumfängliche Bedeutung.[200]

Das „Erlangen von [moralischem] Wissen“ (*zhi zhi* 致知) und das „Untersuchen von Dingen“ (*ge wu* 格物)[201] sind ausschlaggebend für die Anstrengungen im Kultivierungsprozess. Aufgrund der dadurch erworbenen (moralischen) Erkenntnis

198 Kern gibt für *yi* als lexikalisch mögliche Übersetzungen „Gedanke“, „Absicht“, „Intention“, „Wille“ oder „Meinung“ an, vgl. Kern 2010: 174. Lao umschreibt mit *yinian* 意念, was „Intention“ oder „intentionaler Gedanke“ bedeutet, vgl. Lao 1981–1997, Bd. 3.1: 425.

199 Kern 2010: 148–156, 168.

200 Lao 1981–1997, Bd. 3.1: 427.

201 Mit dem Ausdruck *ge wu* ist bei Wang Yangming auch ein „Untersuchen und Berichtigen von Handlungen“ gemeint, vgl. Kern 2010: 54, 56 (als Abgrenzung zum „Erforschen der Dinge“ bei Zhu Xi), 57, 696, 733.

kann der Mensch beurteilen, ob die eigenen Absichten gut sind oder nicht und aus diesem Grund für das eigene Handeln Verantwortung übernehmen. Die Verwirklichung des ursprünglichen Wissens hat bei Wang diesen Prozess zum Ziel und übersteigt damit das „Bewusstsein für Richtig und Falsch" (*shi fei zhi xin* 是非之心). Wang übernimmt diese Zeichenfolge aus dem „Menzius" 6A6, wo sie jedoch nicht in Verbindung mit dem Verwirklichen des ursprünglichen Wissens thematisiert wird.[202] Gute Absichten basieren bei Wang auf dem Werturteil über die eigenen Intentionen, und die Vorstellung von Vernunft fällt mit dieser bewussten Fähigkeit zusammen, normatives Verhalten erkennen und hervorbringen zu können. Die Vernunft erhält somit eine allgemein normative und eine subjektiv praktische Funktion.[203] Mit den Anstrengungen in Form einer Kultivierung wird die dafür erforderliche Klärung des eigenen Willens vollzogen. Kritisch merkt Lao jedoch an, Vernunft sei in diesem Prozess nicht im Austausch mit einem Gegenüber geprüft oder legitimiert worden und der erforderliche Wissenserwerb auf den moralischen Bereich reduziert geblieben. Erneut hält Lao somit das Desiderat von öffentlich verhandelten Regeln oder Wissensansprüchen fest.[204] Jana Rošker weist zudem auf die von Lao angetönte Verbindung epistemologischer, ethischer und introspektiver Prozesse bei Wang Yangming hin, wobei der erkenntnisleitende (moralische) Aspekt als Erweiterung der Vorstellungen vom „Herzgeist" (*xin* 心) im „Menzius" verstanden wird.[205]

Der Kultivierungsprozess des einzelnen Subjekts verläuft individuell und kann daher nicht konkret oder in Einzelheiten angeleitet, höchstens annähernd beschrieben und anhand dieser Beschreibungen nachempfunden werden. Lao gibt daher keinen Einblick in einzelne Bewusstseinsphänomene des Kultivierungsverlaufs beim Verwirklichen des ursprünglichen Wissens. Er schildert jedoch als Merkmal, dass „[man] einfach wissen muss, Körper, Bewusstsein, Wille und [moralisches] Wis-

202 Im „Menzius" wird der „Herzgeist des Bejahens und Verneinens" als Ausgangspunkt für Weisheit dargestellt, vgl. Abschnitt 4.3.1; Lao 1981–1997, Bd. 3.1: 426; Li 1999: 94.

203 Auch die Zeichenfolge „Wissen und Handeln sind eins" (*zhi xing he yi* 知行合一) erfasst Lao zufolge genau diesen Zusammenhang. Es müsse bedacht werden, dass mit *he yi* die Vorstellung eines gemeinsamen Ursprungs verbunden sei. Moralisches Wissen und moralisch gute Handlungen haben gemäss dieser Interpretation als gemeinsamen Ursprung das Werturteil über Gut und Böse, vgl. Lao 1981–1997, Bd. 3.1: 435–437.

204 Lao 1981–1997, Bd 3.1: 418. Das ursprüngliche Wissen ist somit nicht der Urgrund von allem Wissen, vgl. Lao 1981–1997, Bd. 3.1: 409.

205 Rošker 2008: 43–50. Sie erläutert *xin* bei Wang Yangming als Bewusstsein und Ausgangspunkt von Wahrnehmung, Verständnis sowie Vitalität im Sinne eines Subjektivismus, der Grundlage des Werturteilens ist.

sen sind eins".[206] Das Zusammenfallen bewusster und willentlicher Anstrengungen kann dann als Erhöhung oder Aufschwung erfahren werden. Angle beschreibt den Kultivierungsprozess bei Wang Yangming als Erforschen der Kapazitäten des ursprünglichen Wissens. Zwei Aspekte fallen auch in seiner Beschreibung zusammen: Das Wollen muss in Übereinstimmung mit *li* (bei Angle: *coherence*) und *ren* (bei Angle: *humanness*) einer jeweils besonderen Situation angepasst werden. Daraus ergibt sich auch für Angle ein ununterbrochener, aktiver Prozess des bewussten Beurteilens, Überprüfens und der kreativen Anpassung.[207]

Die Vorstellung vom Verwirklichen des ursprünglichen Wissens weist für Lao jedoch auf ein zusätzliches Moment hin: Dabei werden nicht nur gute Absichten eruiert, sondern die guten Absichten müssten auch in die Tat umgesetzt werden.[208] Kultivierung darf nicht in einem ausschliesslich geistigen, inneren Prozess oder gar in Weltflucht enden. Daher spricht Lao bei Wang Yangming nicht nur von Anstrengungen, die erbracht werden müssen, sondern von „konkreten praktischen Anstrengungen" (*juti shijian gongfu* 具體 實踐工夫).[209] Für Wang steht die Berichtigung der Absichten am Anfang einer Verwirklichung von Werten und ist Ausgangspunkt kultureller Handlungen.[210] Wang Yangming hat die Thematik der Verwirklichung von Handeln als Lehre vom „Nahesein beim Volk" (*qin min* 親民) und als Verwirklichung der „strahlenden Tugend" (*ming de* 明德) dargelegt. Der Prozess der Kultivierung geht dabei über eine „innere Einsicht" (*neizai juewu* 內在覺悟) hinaus, weil sich eine gute Handlung konkret verwirklichen muss.[211] Ein aktives Gestalten der Lebenswelt konnte affirmiert werden, weil es mit der Übernahme von Verantwortung für das eigene Handeln einherging, das einem allgemeinen Kriterium verpflichtet sein musste.[212] Kulturelles Handeln hing somit von der Voraussetzung der bewussten Selbstsorge und einer anschliessenden Umsetzung von als richtig beurteiltem Wissen ab. Die Einsicht, Verantwortung für selbstbe-

206 Lao 1981–1997, Bd. 3.1: 422. 只 要 知身心意知物是一件。Lao zitiert Wang Yangmings „Aufzeichnungen zum Üben des Übermittelten", vgl. Wu 2015: 253. Zum Prozess der Erhöhung siehe Lao 1981–1997, Bd. 3.1: 423–427.

207 Angle 2009: 118–119.

208 Lao 1981–1997, Bd. 3.1: 428.

209 Lao 1981–1997, Bd. 3.1: 448.

210 Lao 1981–1997, Bd. 3.1: 422.

211 Lao 1981–1997, Bd. 3.1: 449–451. Für die strahlende Tugend gibt Lao als Synonym „Wohlwollen" (*ren* 仁) an, das den allgemeingültigen Standard für gutes Handeln impliziert.

212 Lao 1981–1997, Bd. 3.1: 428–429. Die politische Dimension der Rezeption Wang Yangmings im frühen 20. Jahrhundert durch Liu Shipei 劉師培 (Shenshu 申叔, 1884–1919) analysiert Lee Ming-hui und zeigt den Zusammenhang zwischen den Vorstellungen vom Gesellschaftsvertrag, von der naturgegebenen Veranlagung des Menschen zum Guten und von der Freiheit. Freiheit wird aufgrund der Überlegungen von Hayek unterschieden, vgl. Lee 2017: 79–91.

stimmtes Handeln zu übernehmen, bedeutet dabei auch, die höchstmögliche Freiheit des Subjekts anzuerkennen.

Diese Haltung beschreibt Lao in einem anderen Zusammenhang als „Geist der Übernahme [von Verantwortung]“ (*chengdang jingshen* 承當精神) und führt aus, die Übernahme von Verantwortung habe auch in schwierigen oder widersprüchlichen Situationen mit Gelassenheit zu erfolgen.[213] In seiner Beschreibung klingt die „stoische Gelassenheit“ an, wobei Lao an anderer Stelle tatsächlich einen aufschlussreichen Vergleich mit der Stoa vornimmt. Deren Vertreter seien davon ausgegangen, durch die Beherrschung von Affekten könne ein Zustand der „Apathie“ (*wu qingyu* 無情欲) erreicht werden.[214] Für den Begründer der Denkrichtung, Zenon von Kition, war die subjektive Lebenseinstellung entscheidend für den Platz jedes Einzelnen in der Gesellschaft. Gemeinsamkeiten mit dem Konfuzianismus sieht Lao ebenfalls im Verständnis von Vernunft: Die Stoa hat für ihn „Gut und Böse“ (*shan'e* 善惡) in einem metaphysischen Sinn von „Leid und Freude“ (*ku le* 苦樂) unterschieden und das Urteilsvermögen über Gut und Böse ins „Selbstbewusstsein“ (*zijuexin* 自覺心)[215] des Menschen verlegt.[216] Das Zusammenfallen von Denken und Willenskraft ist mit der Aufforderung zur willentlichen Mässigung von Emotionen und Begehren mit demjenigen „Prozess von Anstrengungen“ (*gongfu guocheng* 工夫過程) beschrieben worden, der erfolgen musste, um vernünftiges Handeln zu ermöglichen.[217] Vernunft ist einerseits in einem umfassenden Sinn als „universelle Vernunft“ verstanden worden, andererseits aber eben auch in einem engeren Sinn als subjektive Vernunft, die vom Einzelnen kultiviert werden musste. Um eine Einheit beider Vorstellungen von Vernunft zu erreichen, ist der Bereich der Apathie durch ein willentliches Entsagen von übermässigen Affekten angestrebt worden. Lao merkt in Abgrenzung zum Song-zeitlichen Konfuzianismus jedoch kritisch an, es sei in der Stoa kein allgemeiner Standard für vernünftiges Handeln gesetzt worden, der sich mit dem „Wohlwollen“ (*ren* 仁) und dessen Funktion im Kultivie-

213 Lao 1993 [1962b]: 213–222.

214 Die Stoa wird einleitend als „Schule“ vorgestellt, die eine Antwort auf die „hedonistische Lehre“ (*weilelun* 唯樂論) gegeben habe. Lao weist darauf hin, dass seine Betrachtung der Stoiker auf moralphilosophische Aspekte fokussiere und die logischen und kosmologischen Aspekte nur am Rande erwähne, vgl. Lao 2001 [1956–1957]: 141–142. Zenon von Kition (322?–261? v. Chr.) wird als Begründer und als zentrale Figur der Denkrichtung vorgestellt.

215 Bei Wang Yangming wählt Lao für „Bewusstsein“ den Ausdruck *yishi* 意識, was semantisch eine Nähe impliziert zum Ausdruck vom „wahrhaftig Machen der Absichten“ (*cheng yi* 誠意), die bei Wang durch bewusstes Überprüfen entstehen.

216 Lao 2001 [1956–1957]: 145.

217 Lao 2001 [1956–1957]: 146.

rungsprozess vergleichen lasse.[218] Im Gegensatz zur ausschliesslich „sinnlichen Freude“ (*le* 樂) ist aber mit dem Erreichen von Vernunft die „höchste Freude“ (*ji le* 極樂) vorgestellt worden.[219] Als treffendste Übersetzung für die Vorstellung von Vernunft in der Stoa schlägt Lao *li* 理 vor und ergänzt mit „*reason*“. Die universelle Vernunft ist als das Eine und Einigende des menschlichen Wesens sowie des Kosmos verstanden worden. Die Vorstellung eines Logos entspricht einer universellen Vernunft, die auch als Ursprung von subjektiven Werten gedeutet worden ist.[220] Neben einem Bereich der Kausalität wurde dem Menschen somit auch ein Bereich der Sinngebung und der Werte eröffnet.[221]

Wang Yangming hat für Lao die Verbindung zwischen Ideal und Wirklichkeit herausgearbeitet, indem er Bewusstsein und Vernunft als subjektive, handlungsleitende Instanzen konzeptualisiert hat. Für Wangs Verständnis von Vernunft leitet er die folgenden Merkmale her: Vernünftiges Handeln fällt zusammen mit der Verwirklichung tugendhafter Absichten, die das Gemeinwohl und die Menschlichkeit in Betracht ziehen müssen. Einem ausschliesslich an persönlichem Nutzen und Vorteilen oder ausschliesslich an Sinnesfreuden orientierten Handeln mangelt es an einem vernünftigen und allgemeingültigen Standard. Die willentliche Übernahme von Verantwortung und die Verwirklichung von entsprechenden Werten werden ebenfalls als Einsicht in die Vernunft dargestellt.[222] Vernünftiges Handeln muss jedoch individuell vorbereitet und kultiviert werden. Die Berichtigung von Absichten fällt mit dem dynamischen Prozess einer Verfeinerung des Willens zusammen. Die Kultivierung umfasst das Bewusstsein, das Werturteil, die gute Absicht und ein Pflichtbewusstsein als Anerkennung selbstbestimmten Handelns.[223] Vernunft steht somit im Spannungsfeld verschiedener Funktionen: Sie vermittelt zwischen subjektivem Urteilen, dem Befolgen einer allgemeingültigen Norm und der Kultivierung der jeweiligen Voraussetzungen dieser Funktionen. Der Mensch als empirisch limitiertes aber mit einem gestaltenden Bewusstsein ausgestattetes Wesen realisiert Werte in der Lebenspraxis, die durch die Vernunft an einem universellen Standard ausgerichtet werden können. Die Vorstellung von Allgemeingültigkeit entspricht dabei überlieferten Normen und Werten, die in einem gemeinschaftlichen Prozess

---

218 Lao 2001 [1956–1957]: 151. Bees zeigt auf, wie bei Zenon Vernunft und die Kontrolle von übermässigen Affekten mit der Tugendhaftigkeit zusammenfallen, vgl. Bees 2012: 86, 103–104.

219 Als Annäherung gibt Lao die Unterscheidung zwischen „*pleasure*“ für *le* und „*happiness*“ für *ji le* an, vgl. Lao 2001 [1956–1957]: 146.

220 Lao 2001 [1956–1957]: 144–145.

221 Die Frage, ob es sich bei der Stoa um eine monistische oder dualistische Denkrichtung gehandelt habe, lässt Lao offen; sie könne nicht eindeutig beantwortet werden, vgl. Lao 2001 [1956–1957]: 145.

222 Lao 1981–1997, Bd. 3.1: 428.

223 Lao 1981–1997, Bd. 3.1: 427–429.

der Auslese und Akzeptanz legitimiert wurden und dadurch über subjektive Präferenzen hinausweisen. Die Sphäre, in der Werte, die die Enge eigener Interessen übersteigen, realisiert werden, ist die der Institutionen, deren Ausgestaltung auch bei Wang Yangming mit zu einseitigem Blick auf die höchste Subjektivität des Einzelnen bestimmt blieb. Laos Argument, dass Wang die Vorstellung von frei gewähltem und selbstverantwortlichem Handeln aufgrund rationaler Einsicht legitimiert habe, zielt zudem auf die Auffassung, eine Leitkultur basiere auf generalisierten und nachvollziehbaren Werten als Grundlage für Handeln. Für Lao steht dabei nicht nur die handlungsleitende Rationalität immer wieder neu zur Debatte, Irrationalität aufgrund von Begehren und Wünschen ist ebenfalls gegeben.

Obwohl in der folgenden Textstelle die Vernunft nicht direkt, sondern nur implizit im Sinne einer Voraussetzung erwähnt wird, verweist Laos darin geäusserter Gedanke auf eine letzte wichtige Funktion der Vernunft, die Lao mit Kant in die Diskussion um eine zukünftige Weltkultur einbringt:

> Wenn Werte realisiert werden, entsteht ein Bereich, der vollumfänglich durch die Handlungen des Subjekts gestaltet wird. Die Handlungen dieses Bereichs sind nicht identisch mit den Erkenntnisaktivitäten, die sich mit den [Ursache- und Wirkungs-, B.K.] Relationen auseinandersetzen. Man könnte sagen, der Auseinandersetzung mit Kausalketten kommt letztlich keine gestaltende Bedeutung zu. Eine gestaltende Handlung entsteht im Bereich der Realisierung von Werten, wenn jeder Aspekt daraufhin überprüft werden muss, ob er „vollendet“ (*yuanman* 圓滿) ist oder nicht, denn ob ein Wert vollendet ist, kann nicht von [Kausal-] Bedingungen abhängen.[224]

Für das Verständnis und die Einordnung dieser Textstelle gibt ein weiterer Text, „Kantischer Geist und die Richtung einer Weltkultur“ (*Lun Kangde jingshen yu shijie wenhua zhi luxiang* 論康德精神與世界文化之路向),[225] die zum Verständnis klärenden Hinweise, denn dort wird ausführlich geschildert, weshalb das Passungsverhältnis des „Vollendeten“ (*yuanman* 圓滿) ausschlaggebend ist, um die Werte des Guten und des sinnlich wahrnehmbaren „Glücks“ oder der „Freude“ (*le* 樂) in Übereinstimmung zu bringen.[226]

---

224 Lao 2000 [1956i]: 53. 價值之實現,就此實現所立之境域看,則皆是主體活動下之創造,與認知活動下之關係的處理不同。關係的處理可說無究極的創造意義,但價值之各各圓满,則在此實現境域中確是一創生活動,因價值之圓满不能依恃條件決定故。

225 Lao 2000 [1956i]: 139–176. Kants Bedeutung für China geht weniger auf eine oft zitierte „Verwandtschaft“ zwischen der deutschen und der chinesischen Philosophie zurück als vielmehr auf die herausragende Stellung, die Kant in Japan als Vordenker der modernen Philosophie einnahm und die insbesondere Liang Qichao beeinflusste. Zur Kantrezeption in China im 20. Jahrhundert siehe Kurtz 2019: 181–197.

226 Zur Terminologie, die in Anlehnung an Kant „Höchstes“ *summum*, „Oberstes“ *supremum* und das „Vollendete“ *consummatum* unterscheidet, vgl. den folgenden Abschnitt 4.4 und Kant [1788], A 198 in: Brandt 2003: 149.

Vor der inhaltlichen Klärung dieses Bezugs soll erneut auf die formale Schwierigkeit derartiger Intertexualität hingewiesen werden, die für das gesamte essayistische Werk Laos kennzeichnend ist: Sowohl terminologisch als auch inhaltlich sind intertextuelle Bezugnahmen häufig, erfolgen jedoch wie an dieser Stelle durch die Verwendung eines spezifischen Ausdrucks. Konkrete Hinweise, Querverweise oder Erklärungen fehlen fast vollständig. Einerseits wird somit beim Lesepublikum vorausgesetzt, dass es das gesamte essayistische Werk kennt und die Terminologie in ihrer Herleitung und Bedeutung überblickt. Andererseits kann davon ausgegangen werden, dass sich der Austausch von Intellektuellen, die sich im Exil Gedanken zur kulturellen Zukunft Chinas machten, in einer intensiven Auseinandersetzung vollzogen haben muss. Die implizite Bezugnahme auf terminologische Herleitungen erfolgte jedoch nicht nur bezüglich der eigenen Schriften, auch intertextuelle Bezüge zu anderen Werken aus dem intellektuellen Umfeld Hongkongs werden nur an wenigen Stellen mit Literaturangaben ausgewiesen.

4.4 Immanuel Kant, die konfuzianische Kultur und die zukünftige Weltkultur

Kants Einfluss auf kulturphilosophische Fragen führte Lao in seinem 1956 publizierten Essay darauf zurück, dass Kant zwei Grundfragen der Philosophie in einen neuen Zusammenhang gestellt, miteinander verknüpft und dadurch die Voraussetzungen für das Ideal einer Weltkultur aufgezeigt habe.[227] Die Frage nach dem Bereich der Erkenntnis und nach dem Bereich von Werten sei dabei auf eine theoretische Grundlage gestellt worden, gleichzeitig sei in Kants Werk eine Aufforderung zum Handeln aus Vernunft und für die Freiheit enthalten.[228]

Mit diesen Fragen initiierte Kant für Lao eine Philosophie der Subjektivität, die das moderne Denken in der Folge im Gegensatz zum traditionellen metaphysischen Denken prägte und in der Gegenwart unter anderem bei Hayek und Cassirer Wirkung entfaltete. Kant rekurrierte nicht mehr auf ein ultimatives oder unfehlbares, alle Phänomene umfassendes Leitprinzip, sondern er analysierte die

227 Nachdem der Artikel „Kantischer Geist und die Richtung einer Weltkultur“ veröffentlicht worden war, erschien 1957 Laos mit einem Vorwort von Mou Zongsan versehene Monographie zu Kants Erkenntnistheorie: „Die Hauptbedeutung von Kants Erkenntnistheorie“ (*Kangde zhishilun yaoyi* 康德知識論要義, engl. Titel: Essentials of Kant’s Theory of Knowledge), vgl. Lao 2001 [1957d]: 1–215.

228 Lao 2000 [1956j]: 153. In der „Kritik der reinen Vernunft“ formulierte Kant seine Grundfragen „Was kann ich wissen?“ und „Was soll ich tun?“ zusammen mit der dritten Frage „Was darf ich hoffen?“, siehe Kant [1781] A 805 zit. nach Timmermann 1998: 838; vgl. Brandt 2003: LIX.

Vorstellung von Subjektivität im theoretischen, praktisch-normativen und ästhetischen Bereich begrifflich. Jeder dieser Erfahrungsbereiche folgt seinen eigenen Grundlagen und Prinzipien, die für die anderen Bereiche keine Geltung beanspruchen können. Metaphysik erhielt bei Kant (insbesondere in seinem Werk „Metaphysik der Sitten") zudem die Bedeutung, dass Prinzipien aufgrund von allgemeinen Vernunftüberlegungen und nicht aufgrund von Erfahrungen hergeleitet werden.

In Kants Versuch, die Beurteilung des Handelns möglichst frei von konkreten Inhalten zu denken und ein allgemeingültiges, formales Gesetz aufzustellen, sieht Lao die Möglichkeit, an das aus traditionellen konfuzianischen Vorstellungen hergeleitete Verständnis von Vernunft anzuknüpfen. Kant habe versucht, den Beweggrund für gutes Handeln losgelöst von empirischen Ursachen, so allgemein wie nur möglich zu benennen und die Anleitung zum guten Handeln befreit von konkreten Inhalten formal in einem Gesetz zu fassen, das für alle vernünftigen Wesen Geltung beanspruchen könne.[229] Wenn der Logos in der Antike zur Erklärung der Weltordnung diente, im Mittelalter Gott die höchste Authorität darstellte, brachte die Aufklärung mit Immanuel Kant eine Hinwendung zur kritischen Betrachtung des Vermögens der Vernunft.

Für Kant wird in der „Kritik der praktischen Vernunft" die Verbindung vom „Guten" (*shan* 善) mit dem „Glück" (*le* 樂) handlungsbestimmend: Glück (bei Kant häufig: die Glückseligkeit) entsteht mit der Befriedigung von naturgegebenen, sinnlichen Begehren und den jeweiligen Zwecken, die der Mensch erfüllen muss, um sein Wohlergehen zu sichern.[230] Um diese Zwecke zu erfüllen, braucht der Mensch in der Regel die Vernunft nicht, sondern kann sich auf seine Natur, seine Instinkte verlassen. Die (praktische) Vernunft kommt erst da ins Spiel, wo sie das bewusste Wollen anhand allgemeiner Gesetze und somit das jeweilige Handlungsmotiv bestimmt.[231] In Anlehnung an Kant spricht Lao von der theoretischen Vernunft als der Fähigkeit, das mögliche Wissen im Bereich der Erkenntnis einzugrenzen, und er verortet diese Fähigkeit im Bewusstsein. Der praktischen Vernunft kommt die Fähigkeit zu, das Wollen und somit Handlungen zu bestimmen, weil der Mensch

229 Der kategorische Imperativ wird nicht unter diesem Namen erwähnt, Lao spricht vom „Gesetz des Guten" (*shan zhi lüze* 善之律則), vgl. Lao 2000 [1956j]: 153, 160. Das „höchste Gut" (*zhi shan* 至善) umfasst sowohl das „Oberste" (*supremum*, *zui gao* 最高) als auch das „Vollendete" (*consummatum*, *yuanman* 圓满).

230 Kant setzt in der „Kritik der praktischen Vernunft" das Streben nach Glück a priori bei allen Menschen voraus, weil der Mensch ein bedürftiges Wesen ist, vgl. Kant [1788] A 45 in: Brandt 2003: 32. Mit Glückseligkeit meint Kant nicht das durch Schicksal bestimmte Glück (*fortuna*), sondern die zur Erhaltung der Lebenssicherung notwendigen Anstrengungen und Annehmlichkeiten, die zum Zustand der Glückseligkeit führen können.

231 Lao 2000 [1956j]: 152–153.

sich allgemeingültige Prinzipien vorstellen kann, die von empirischen Bedingungen unabhängig sind.[232] Die Vorstellung, dass die Willenskraft Handlungen nach der Vernunft ausrichten kann, führt dann einerseits zur Bedingung, dass ein solcher Wille selbstbestimmt sein muss und andererseits zur Bestimmung von allgemeinen, formalen Gesetzen oder Imperativen, die für den Willen gelten.[233] Lao umschreibt Kants kategorischen Imperativ als allgemeingültiges moralisches Gesetz. Es bestimmt das eigene Handeln gegenüber allen anderen zur Vernunft fähigen Wesen, und dieses allgemeine Gesetz ergänzt die subjektiven Grundsätze (bei Kant: Maximen), die das Streben nach Glück in einer jeweiligen Situation anleiten.[234] Das empirische Streben nach Glück und die Vernunft, die sich ein allgemeines Gesetz gibt, die das Streben nach Glück bestimmt, verbinden sich dabei zu einem Ganzen.

Subjektive Grundsätze, die das eigene Handeln nach Glück anleiten, erhalten durch die Gesetze der Vernunft einen höheren, allgemeingültigen Standard.[235] Lao sieht Parallelen zum Konfuzianismus: Mit dem selbstbestimmten Willen, der für die Verwirklichung des allgemeinen Gesetzes Voraussetzung ist, wird derjenige Bereich von Freiheit benannt, der auch in den konfuzianischen Lehren vom Herzgeist und vom Wesen des Menschen ansatzweise thematisiert worden war. Die Notwendigkeit einzusehen, dass Menschen nach einem allgemeingültigen Gesetz handeln sollten, begründet zudem, die Befolgung des allgemeinen Gesetzes bewusst als Pflicht anzuerkennen.[236] Mit diesen Zusammenhängen stellt Lao Kants Gedanken zur Möglichkeit einer umfassenden Urteilskraft als Verbindung des allgemein Guten und des privaten Glücks ins Zentrum seiner Überlegungen zu einer zukünftigen Weltkultur. Das Urteilen wird zu derjenigen Funktion, die die Bereiche der Vernunft, der sinnlichen Begehren und normativen Handlungen miteinander verbindet.[237] Lao geht jedoch davon aus, dass sich das Urteilen, wie es Kant in der „Kritik der praktischen Vernunft" (*shijian lixing pipan* 實践理性批判) und der „Kritik der Urteilskraft" (*jianshangli pipan* 鑑賞力批判) analysiert hat, auf den Bereich der Werte und somit darauf bezieht, wie das Subjekt Werte aus sich selbst und in der Kultur verwirklichen sollte. Kant hat gemäss Lao somit keine essenzielle oder absolute Wahrheit vertreten, sondern die Komplexität von Kultur aufgezeigt.[238] Auch Kant hat dabei

232 Lao 2000 [1956j]: 153.
233 Lao 2000 [1956j]: 153.
234 In der „Kritik der praktischen Vernunft" formuliert Kant wie folgt: „Handle so, dass die Maxime deines Willens jederzeit zugleich als Prinzip einer allgemeinen Gesetzgebung gelten könne", vgl. Kant [1788] A 54 zit. nach Brandt 2003: 41. Es finden sich jedoch auch andere Formulierungen für den kategorischen Imperativ in Kants Schriften, vgl. Lao 2000 [1956j]: 160.
235 Lao 2000 [1956j]: 153.
236 Lao 2000 [1956j]: 153.
237 Lao 2000 [1956j]: 160.
238 Lao 2000 [1956j]: 173; 144.

auf die Notwendigkeit einer Selbstkultivierung hingewiesen, die durch den Willen in Gang gesetzt wird.[239] Für Lao befindet sich Kant jedoch in Übereinstimmung mit der europäischen und amerikanischen Moralphilosophie der Neuzeit (die tendenziell eher erkenntnistheoretisch orientiert war), da er keine praktischen Anweisungen zu diesem Kultivierungsprozess im Blick hatte.[240] Vielmehr hat Kant Lao zufolge aufgezeigt, wie ein Urteil über Gut und Böse mit dem Kriterium des Glücks als einer Erfüllung sinnlicher Bedürfnisse zusammenhängt.[241]

Die aufgrund des selbstbestimmten Willens ausgeübte Urteilskraft muss, um zu einer vollendeten Beurteilung zu kommen, die jeweils einzelnen subjektiven Situationen mit dem allgemeinen Gesetz in Übereinstimmung bringen. Dazu werden subjektive Grundsätze durch die Urteilskraft mit dem allgemeinen Gesetz verbunden. Subjektive Grundsätze entstehen in Bezug auf einzelne Sachverhalte und sind eng verbunden mit dem Ausdruck der subjektiven Begehren. Sobald sich der Mensch aus Verantwortung oder Pflicht gegenüber der Vorstellung von Freiheit über seine sinnlichen Begehren erhebt, entsteht als Beweggrund für Handeln nicht nur ein Antrieb sondern – in Kants Sprache – ein Interesse: Mit Interesse meint Kant diejenigen Absichten, die durch Vernunft bestimmt werden können und gleichzeitig zur Lebenssicherung und zur glücklichen Gestaltung des Lebens führen. Ob Interessen vernunftgeleitet sind, kann für Kant jedoch vom Zufall abhängen, denn der Mensch kann auch nicht der Vernunft gemäss handeln.[242] Wie der mangelhafte Prozess der Einschränkung der eigenen Neigungen zu Stande kommt, wird von Lao zwar aufgeführt, der Zufall als möglicher Faktor unvernünftigen Handelns bleibt jedoch ausgeblendet.[243] Lao übersetzt Kants Ausdruck des Interesses mit *yiyuan* 意願, was eher einem „Streben" oder „Wunsch" entspricht. Er vermeidet mit dieser Übersetzung jedoch die Assoziation, dass ein Interesse mit einem eigennützigen Vorteil zusammen-

239 Lao 2000 [1956j]: 153. Kant gibt im Werk „Metaphysik der Sitten" mit Rückgriff auf die Stoa didaktische Hinweise, wie „durch Versuche der Bekämpfung des inneren Feindes im Menschen (ascetisch) cultiviert, geübt werden [soll]; denn man kann nicht Alles so fort [sic!], was man will, wenn man nicht vorher seine Kräfte versucht und geübt hat […]". Lao verweist an keiner Stelle direkt auf Kants Ausführungen zur Kultivierung, seine Einschätzungen zur Stoa stehen dieser Argumentation jedoch nahe. Ohne die Lektüre von Elberfelds Aufsatz „Kants Tugendlehre und buddhistische Übung" wäre ich auf das vorherige Zitat nicht aufmerksam geworden, vgl. Elberfeld 2013: 39–41. Aufschlussreiche Hinweise zur Selbstkultivierung bei Kant erfolgen auch bei Brandt 2003: LVI–LVII.

240 Lao 2000 [1956j]: 155–158.

241 Lao 2000 [1956j]: 153.

242 Kant [1788] A 141–143 in: Brandt 2003: 107–109. Schalow erläutert für Kant den Unterschied zwischen subjektiven und objektiven Interessen mit Bezug zur Vernunft, vgl. Schalow 2012: 131–147.

243 Lao 2000 [1956j]: 168.

hängen könnte. Denn, wie er weiter ausführt, nur ein Interesse, das weder als egoistisch, absurd noch unlogisch beurteilt werden kann, fällt mit dem höchsten Gut zusammen.[244] Werte werden dabei nicht statisch oder essenziell bestimmt, sondern stehen in einem Handlungszusammenhang, der der Lebensgestaltung dient. Mit dieser Vorstellung verbunden ist auch die Auffassung, der Mensch verwirkliche beim Verfolgen seiner Interessen Zwecke. Den höchsten Zweck des Menschen bestimmt Kant jedoch in der Einsicht in die Vernunft und das aus freiem Willen geschaffene allgemeine Gesetz, das es verbietet, den Mitmenschen zu instrumentalisieren. Das höchste Gut ist somit auch mit dem praktischen Umsetzen von durch Vernunft geprüften Interessen verbunden, Kants Aufforderung diesbezüglich lautet: „Tue das, wodurch du würdig wirst, glücklich zu sein".[245] Der Ausdruck des höchsten Gutes vereinigt für Lao somit zwei Bedeutungen: Einmal ist damit die Verwirklichung der höchsten Freiheit durch das Subjekt aus freiem (dennoch durch das allgemeine Gesetz bestimmten) Willen gemeint. Die zweite Bedeutung umfasst das „Vollendete" (*yuanman* 圓滿), das auch die sinnlichen Aspekte einbezieht: denn für vernünftige und sinnlich-endliche Wesen gehöre zum vollendet Guten eben auch das Glück.[246] Mit der Selbstzufriedenheit beschreibt Kant jenen Zustand, den der Mensch erlangt, wenn er die persönlichen Neigungen im Zusammenstimmen von subjektiven Grundsätzen und dem allgemeinen Gesetz kontrolliert und in Handlungen umsetzt. Lao verwendete den Ausdruck des „Mit sich im einen sein" (*ziwo tongyi* 自我統一), um die Befindlichkeit einer solchen Übereinstimmung zu beschreiben.[247] Wer derart handelt, bedenkt erstens ein vernunftbasiertes oberstes Prinzip, das sowohl bei Kant als auch in den konfuzianischen Lehren vom Herzgeist und vom Wesen des Menschen egoistische Absichten einschränkt. Zweitens verhelfen subjektive und situative Grundsätze dazu, Glück und Wohlergehen zu erreichen. Die Urteilskraft bildet dabei eine Brücke zwischen überzeitlicher Vernunft und situativem, empirischem Verstehen und Beurteilen von Handlungen. In der Kultur kann das Streben nach Glück somit als Handeln in der Welt affirmiert werden. Daraus leitet sich aber auch ab, dass der Mensch einem Zweck folgen muss, der immer mit der Verwirklichung des allgemeinen Imperativs zusammenfällt, dadurch den Menschen erst zur Person macht und mit der Menschheit in Übereinstimmung bringt. Dieser höchste Zweck ist

244 Ein beachtlicher Teil der Ausführungen bei Lao besteht darin aufzuzeigen, welche fehlerhaften Urteile oder Wertirrtümer in Bezug auf die Verwirklichung subjektiver Interessen auftreten können, vgl. Lao 2000 [1956j]: 167–171.

245 Kant [1781] A 808 zit. nach Timmermann 1998: 841.

246 Lao 2000 [1956j]: 160. Kant umschreibt das Vollendete unter dem Gesichtspunkt dieser beiden Aspekte in Kant [1788] A 198 in: Brandt 2003: 149.

247 Lao 2000 [1956j]: 165, 167, 171; Kant [1788] A 214 in: Brandt 2003: 160. Kant spricht von „Zufriedenheit mit seiner Person."

nur in der Kultur, in der Willensfreiheit und in der würdigen Ausübung von Pflichten zu erreichen.[248]

Kultur zeichnet sich daher durch ihre stets im Wandel begriffene „Vernetzung" (*guantong* 貫通) dieser beiden Dimensionen aus. Manifestationen einer Kultur sollten sich sowohl durch eine allgemeine Verbindlichkeit als auch die Möglichkeit zur Vermehrung von Glück auszeichnen. Die vertikale Dimension der Kultur verweist dabei auf ein (höchstes) allgemeingültiges Prinzip, dem sich alle Menschen verpflichtet fühlen können, weil es an die Bedingung einer freien Willensentscheidung jeder Person geknüpft ist.[249] Die horizontale Dimension einer Kultur bringt die jeweils subjektiven Interessen ein, deren Übereinstimmung mit dem allgemeinen Gesetz Voraussetzung für eine Realisierung sein muss. Kultur vermittelt dann allgemeingültige Vorstellungen mit subjektiven Absichten zu einem geglückten Leben.

Die Vorstellung von Freiheit, wie sie Kant mit der Selbstbestimmung des Willens postuliert und die den Menschen als freies Vernunftwesen bestätigt, findet Anschlüsse in konfuzianischen Vorstellungen von Vernunft: Da der Wille nicht vollständig heteronom ist, kann die Vernunft ihn anhand allgemeingültiger Imperative bestimmen. Eine Beurteilung von Handeln muss immer auch Partikulares beachten, nur dann werden eine Realisierung von Werten und das Erleben von Glück möglich. Die Forderung nach einer Kultivierung des Willens im Sinne einer Rationalisierung – eine Vorstellung, die vor allem die Schriften Wang Yangmings auszeichnet – bringt auch die Fragen nach den materialen Voraussetzungen von Vernunft und Wille auf, da der Wille ja nicht von vornherein der Vernunft folgt. Die Kultivierung setzt zwar ein vernunftbasiertes allgemeines Kriterium des Wohlwollens oder der Humanität voraus, mit Hayek hat Lao jedoch bereits anerkannt, dass ein übersteigerter Rationalismus in einer Systemanomalie enden kann. Geplanter Rationalismus verstellt dann die Möglichkeiten der jeweils besonderen Anpassung. Als Kontrollmechanismus schlägt Lao die Überprüfung von Normen und Werten in demjenigen Bereich vor, in dem sich Subjekte gleichberechtigt gegenübertreten und austauschen. Heterogene oder individuelle Regulative und Rationalitätspotenziale gilt es dabei ausdrücklich zu schützen. Lao nimmt das Fehlen einer Interessensvermittlung im Bereich der multiplen Subjektivität zum Anlass, um für China Anpassungen einzufordern: Das Regulativ einer Prüfung durch eine Gemeinschaft muss auch den wissenschaftlichen Austausch im Bezug auf empirisches Wissen und die Staats- und Gesellschaftsordnung betreffen.[250]

---

248 Lao 2000 [1956j]: 170–171.

249 Lao 2000 [1956j]: 172. Die höchste Subjektivität wird dabei zum Ursprung von Werten.

250 Lao 2000 [1956j]: 175.

Da beide Funktionen, die Beurteilung und die Erschaffung von Werten dem Subjekt zugeschrieben werden, ist die konfuzianisch geprägte Kultur, Lao zufolge, besonders geeignet, dem Subjekt die Übernahme von Verantwortung zuzugestehen. Da Werte nicht ausschliesslich durch die Erfüllung von Glück bestimmt werden, liest sich die konfuzianische Kritik an utilitaristischem Handeln entsprechend scharf, denn ein Nutzen kann nie die Stelle eines Wertes einnehmen, ohne durch die Übereinstimmung von allgemeinem Imperativ und subjektiver Maxime legitimiert worden zu sein.[251] Offen bleibt die Frage, ob oder wie die Vernunft des Einzelnen durch Prinzipien affiziert wird, die der Vernunft widersprechen. Kant postuliert in diesem Zusammenhang Gott, um des subjektiven Für-wahr-Haltens willen. Die optimistische Sicht auf die Vernunftfähigkeit des Menschen, die Lao diesbezüglich vertritt, erhält ihr Korrektiv im kommunikativen Austausch in einer Gemeinschaft, gerade weil die konfuzianischen Lehren den Ursprung von Werten im Menschen und nicht in einer Religion verortet haben.[252] Dadurch wird das für gutes Handeln benötigte Wissen nicht Erlösungs- oder Heilswissen, sondern Wissen über das vollendete Passungsverhältnis zwischen Wille, Werten und Handlungen.

Geprägt ist diese Sicht auf Kultur von der Vorstellung, die Ausgangslage müsse zuerst geistig und durch Kultivierung vorbereitet werden. Erst aufgrund der geistigen Voraussetzung kann gemäss Lao institutionelles Handeln verwirklicht werden. Die Vernunft wird dabei zur Voraussetzung zu erkennen, dass der höchste Zweck des Menschen darin besteht, sich selbst als Zweck zur Verwirklichung von Humanität zu verstehen, was die Freiheit aller ermöglicht und den Menschen in seiner Subjektivität und Freiheit würdigt. Die moralischen und vernunftbezogenen Fähigkeiten des einzelnen, endlichen Menschen sind dabei unvollkommen und bedürfen für ein gelingendes Zusammenleben der Kultivierung.

Laos Lesart von Kant entspricht dabei einer Perspektive, die sich in der jüngeren Kant-Forschung im Versuch zeigt nachzuzeichnen, wie Kant zwischen allgemeinen Prinzipien der Moral und dem subjektiven Handeln innerhalb konkreter, situativer Gegebenheiten des menschlichen Daseins versucht hat zu vermitteln.[253] In der sinologischen Forschung wird die Kantrezeption nicht nur auf den Konfuzianismus sondern auch auf die buddhistische Übungspraxis übertragen.[254] Die von

251 Lao 2000 [1956j]: 174.

252 Lao 2000 [1956j]: 172–173. Beide Aspekte, die Selbstbeherrschung und das Setzen von Werten, werden dabei dem Subjekt zugeschrieben.

253 Wille 2013: 733–744. Zum Wertverständnis bei Kant siehe Schönrich 2013: 321–345.

254 Einen Überblick aus der jüngeren Forschung gibt der Sammelband „Dimensionen der Selbstkultivierung“. Rolf Elberfeld hat darin beispielsweise sein Projekt einer transformativen Phänomenologie mit der Absicht verknüpft, Ansätze aus dem asiatischen und europäischen Denken in einem gegenseitigen Wechselspiel zu erweitern, wobei er in der erwähnten Schrift ebenfalls auf

Lao skizzierte Vermittlung rückt insbesondere die Lehren vom Herzgeist und Wesen des Menschen ins Zentrum seiner Interpretation, die rekonstruiert, wo Konvergenzen mit der konfuzianischen Selbstsorge oder mit dem konfuzianischen Verständnis von Vernunft im Verwirklichen von Handeln möglich sind. Moralisches Handeln darf sich nicht an einer ausschliesslich theoretischen Begründung orientieren, sondern muss auch das situative Wohlergehen bedenken. Beides, allgemeine Begründung und das Streben nach Glück, beziehen sich auf das Fundament einer freien Willensäusserung. Die Kultivierung des freien Willens zu einem rationalen Willen ist für Lao Sze-kwang Kernstück konfuzianischer Lehren vom Herzgeist und vom Wesen des Menschen und ergänzt kulturelles Handeln, das auf Selbstbestimmung, Eigenverantwortung und Mitmenschlichkeit gründet.

Mit der Rezeption von Kant eröffnet sich für Lao die Möglichkeit, die konfuzianischen Lehren zum Herzgeist und zum Wesen des Menschen in einen Dialog treten zu lassen, der eine Weltkultur begründen kann. Der Prozess kommt einer Vernetzung von bislang Unverbundenem gleich, was basierend auf bereits Bestehendem gegenseitiges Verständnis und Anschlüsse ermöglicht. Dafür werden sogenannte „[kultur]offene Elemente" (*kaifang chengfen* 開放成分) miteinander in einen produktiven Dialog gebracht, Elemente also, die sich durch einen allgemeinen akzeptierten Inhalt auszeichnen.[255] Ihre Validität gewinnen diese offenen Elemente durch ihre transkulturelle Relevanz, wobei für Lao die Vorstellung der konfuzianischen Subjektivität ein derartiges offenes Element darstellt. Einer kulturellen Aneignung muss dabei ein vernunftbezogener Prozess der geistigen Auseinandersetzung vorangestellt werden. In diesem Prozess kann eine Übernahme von Werten nur nach Schaffung der geistigen Voraussetzungen erfolgreich verlaufen. Dass der Kulturprozess dabei auch ein normativer ist, erlaubt, jedes einzelne Subjekt in je individueller Weise daran zu beteiligen.

Jede Kultur enthält sogenannte offene und geschlossene Elemente, wobei die geschlossenen Elemente ihre Wirkung oder Funktion in einem jeweils spezifischen historischen Kontext entfalten.[256] Da sich in der Gegenwart die Universalität eines Kulturelements jedoch nur als Bestandteil der Gegenwartskultur legitimieren lässt, ist die Anschlussfähigkeit an die dominierende (in den Worten von Habermas nachmetaphysische) Wissenschaftssprache ein entscheidendes Moment für Laos Verständnis von Kultur. Auf dem Hintergrund, dass zahlreiche sozio-kulturelle Strukturen zu Beginn des 20. Jahrhunderts in China grossen Veränderungen unterworfen waren, wird die bedrohliche Einbusse der Wirkung von traditionellen

Kant Bezug genommen und dessen Überlegungen mit buddhistischer Übungspraxis in Verbindung gesetzt hat, vgl. Elberfeld 2013: 26–29.

255 Lao 1981: 71.

256 Lao 1993: 84.

Wertvorstellungen und traditionellen philosophischen Vorstellungen verständlich. Das Transkulturelle lässt jedoch eine Rekonstruktion traditioneller Vorstellungen zu, die sich weder ethnozentrisch noch hierarchisch, sondern an der Anschlussfähigkeit an ein modernes Kulturverständnis orientiert.

In der 1981 veröffentlichten Schrift „Chinas Weg in die Zukunft" wendet sich Lao an die breite Öffentlichkeit und fordert im Hinblick auf die in Aussicht gestellte Öffnungs- und Reformpolitik nach der Kulturrevolution ein sicheres und ruhiges Leben für die Bevölkerung Chinas. Die Rekonstruktion eigener Traditionen bleibt wichtiger Bestandteil der reformgeprägten Entwicklung, Lao erweitert seine Sicht auf den kulturellen Prozess jedoch um die Möglichkeit, erfolgreiche Erfahrungen (damit sind die offenen Elemente gemeint) anderer Länder zu imitieren.[257] Mit der Imitation ergänzt Lao das auf Veräusserlichung gerichtete Kulturkonzept um eine von Subjekten erbrachte Internalisierung durch eine Imitation. Die theoretisch fundierte Ausformulierung des Imitationsprozesses legt Lao 1993 in der Schrift „Eine neue Untersuchung zu Chinas Weg in die Zukunft" vor. Er räumt dabei einer These von Max Weber Raum ein: In den Werken „Die protestantische Ethik und der Geist des Kapitalismus" und, postum erschienen, „Wirtschaft und Gesellschaft" entwickelte und begründete Weber die These, die Herausbildung des kapitalistischen Geistes in europäischen Ländern sei tief in den soziokulturellen Strukturen verankert gewesen. Im Hintergrund einer historischen Entwicklung fungieren demnach entsprechende Wertvorstellungen. Die protestantische Ethik wird Lao gemäss als ein entscheidendes Element eines historisch einmaligen, aber universell bedeutsamen Prozesses der Rationalisierung interpretiert. Basierend auf dieser Ausgangslage unterscheidet Lao für eine kulturelle Transformation zwei Aspekte, einerseits die Transformation unterschiedlicher Funktionen eines Gesamtsystems und andererseits den jeweils spezifischen historischen Entwicklungsprozess.[258] Weber wird dabei auf objektive und subjektive Modernisierungspotenziale hin gelesen. Geprägt sein kann der historische Prozess der Modernisierung durch Nachahmung oder Imitation bereits bestehender Leistungen oder der Innovation kultureller Wertvorstellungen und Errungenschaften. Für das damalige China steht die Feststellung im Vordergrund, dass Errungenschaften auch imitiert werden können und im Prozess der Imitation, das notwendige Wissen in einem Lernprozess angeeignet werden kann. Mit Weber geht Lao davon aus, dass der Prozess, kulturelle Errungenschaften originär hervorzubringen, nicht wiederholt werden kann.[259] Die Imitation integriert jedoch als umfassender Lernprozess eine schrittweise Übernahme

257 Lao 1981: 70.
258 Lao 1993: 53–54.
259 Lao 1993: 191.

von Errungenschaften und lässt Raum für jeweils spezifische Anpassung. Im Verlauf der Adaption von Kulturleistungen an neue sozio-historische Bedingungen können gleichzeitig auch originäre Errungenschaften hervorgebracht werden, die dann ebenfalls Momente des Transkulturellen manifestieren. Im Prozess der Imitation, der auch Innovationen hervorbringt, zeichnet sich eine Hierarchisierung kultureller Transformation ab, wobei auf einer höheren Ebene originäre Gestaltung aufs engste mit Wertvorstellungen verknüpft ist.

Die Imitation bereits bestehender Errungenschaften schränkt die jeweilige Souveränität der beteiligten Subjekte und deren Gestaltungspotential in einem Lernprozess nicht ein, was eine kritische Aneignung ermöglicht.[260] Auch im Prozess der Internalisierung oder Imitation kann sich der Aufbau von adäquatem Verständnis kultureller Leistung mit einer Rekonstruktion von Wertvorstellungen verbinden.[261] Eine tragende Rolle kommt auch in diesem Prozess der Vorstellung einer modernen wertsetzenden Subjektivität zu.

260 Lao bezieht sich indirekt auf Talcott Parsons Unterscheidung von zweckrationalen und wertrationalen Motiven für soziales Handeln, die in seinem Strukturfunktionalismus das Gesamtsystem einer jeweiligen Ordnung prägen. Lao 1993: 22–23.

261 Lao 1993: 26–27.

5 Zusammenfassung: Krisenbewusstsein, subjektive kulturelle Praxis und Weltoffenheit

In seinem kommentierenden Essay zu einer vergleichenden Untersuchung konfuzianischer Rechts- und Wertvorstellungen geht Alasdair MacIntyre von der Beobachtung aus, der Vergleich unterschiedlicher Konzeptualisierungen des Selbst eröffne eine Sicht auf Differenzen und Alternativen von Normen und Werten als Grundlage praktischen Handelns.[1] Er verweist auf eine Diskrepanz, die zwischen dem Verständnis von Rechten in demokratisch verfassten Gesellschaften und dem Verständnis eines konfuzianischen Selbst besteht, das sich an Beziehungen im sozialen Umfeld orientiert und dabei Werte setzt und verwirklicht. Sein kritischer Einwand am konfuzianischen Verständnis zielt auf eine fehlende Konzeptualisierung von Rechten, die den Bereich gemeinschaftlicher Institutionen betreffen. Lao Sze-kwang spricht in einem ähnlichen Sinn vom Bereich multipler oder gemeinschaftlicher Subjektivität, dessen fehlende Konzeptualisierung er bereits in den „Gesprächen" lokalisiert. Werten kommt jedoch die Bedeutung zu, diejenigen Legitimationen und Sinnressourcen zur Verfügung zu stellen, die letztlich ins Recht einfliessen. Ziel seiner in axiologischer Terminologie verfassten Kulturschriften ist es dennoch nicht, das Verständnis für den Rechtsbegriff zu fördern. Laos normativ konzeptualisierter Kulturbegriff umfasst als Ausgangspunkt ein Selbst, das in einem Austauschverhältnis mit Mitmenschen und Institutionen tätig die Lebenswelt gestaltet. Problemlösungsprozesse sind auf Einzelaspekte bezogen und somit nicht auf eine Kultur oder Gesellschaft in ihrer Totalität. Subjektives Handeln, das auf einer unendlichen Schöpfungskraft beruht, und der Wandel von Institutionen ergänzen sich dabei. Das Subjekt wird nicht als ein Entgrenztes verstanden, sondern wird in seiner Begrenzung individueller Vernunft, Erfahrung und Erkenntnis anerkannt.

Im weitesten Sinn behandelt die vorliegende Studie die Entstehungskontexte, die theoretischen Verbindlichkeiten sowie die kulturstrategischen Orientierungen der frühen Schriften Lao Sze-kwangs, die einen beschleunigten Wertverlust als normative Kultur konzeptualisieren, in der Form von Sinnressourcen aber auch rekonstruieren. Die Zeit vor und nach der Gründung der Volksrepublik China (1949) in der Mitte des 20. Jahrhunderts erfährt Lao entsprechend als Bruch und Verlust überkommener Gewissheiten. Er erstarrt jedoch nicht in einer Abwehrhaltung, sondern stellt sich neuen Entwicklungen und fordert sowohl für seine Person als auch in seiner professionellen Ausrichtung eine hohe Kompetenz intellektueller Selbstreflexion.

1 MacIntyre 2004: 203–205.

https://doi.org/10.1515/9783111063898-005

Die in den 1950er Jahren erlebte Exilerfahrung artikuliert Lao in ihrer konkreten Ausprägung aber auch als Universalismus, der ohne spezifische Referenzen Ähnlichkeiten von Verlust und Ausgrenzung, jedoch auch Gewinn von Freiheiten aufweist und nicht zuletzt das Schreiben über die Notwendigkeit einer Rekonstruktion verbindlicher Werte jenseits nationaler oder ethnischer Zuschreibungen umfasst. Bestimmend für den Umgang mit der Krise wird das subjektive Bewusstsein derselben. In diesen Horizont gestellt, lassen sich die Texte auch in ein Archiv des kulturellen Gedächtnisses einbetten, das unterschiedliche historische Migrationserfahrungen aufeinander bezieht, die auf ihre je eigene Weise erinnert werden. Riemenschnitter spricht für die Geschichte(n) der chinesischen Diaspora von einer „specific, historical situatedness as the most important aspect of their cultural dynamic".[2] Dem Bewusstsein des Menschen und dessen Fähigkeit, sich selbst und sein jeweils spezifisches Handeln zu erkennen, liegt auch Laos Verständnis von Kultur zugrunde. Diese Verschränkung macht die Dringlichkeit einer Lösung der Kulturkrise aus und wird für Lao im Exil zu einer existenziellen Aufgabe.

Mit der Vernunft spricht er das Vermögen des Menschen an, bewusst an der Kultur teilzuhaben. Vernunft wird dabei als Verhältnisbegriff verstanden: Nur aufgrund von Verhältnissen und Bindungen, in denen der Mensch lebt, kann er als vernünftig Handelnder gedacht werden. Das Verhältnis zwischen selbstbestimmtem Subjekt und Kollektiv bezeichnet zudem die rationale Instanz, die Kultur kritisieren kann. Der in diesem freiheitlichen Sinn verstandenen Kultur kommt Rationalität zu, weil aus ihr auch die kritisierenden Instanzen entwickelt werden können, die die Legitimität von Kultur einfordern und rechtfertigen.[3]

Mit der Vernunft spricht Lao aber auch die Aufforderung zu einer permanent sittlichen Arbeit an der eigenen Person an, die den Menschen näher an die Vernunft heranbringen soll. Mit diesen beiden Dimensionen sind die gestaltenden Tätigkeiten artikuliert, die Lao mit dem normativen Kulturbegriff verbindet. Kultur fasst für ihn alle menschlichen Handlungen zusammen, die als empirische Momente einer veräusserlichten Rationalität vorliegen. Institutionen, die die empirische Vorstellung von Kultur tragen, vermitteln dabei Normen und Werte. Laos Verständnis von Werten liegt somit nicht einseitig ein (moralischer) Kognitivismus oder Emotivismus zugrunde, sondern der Blick auf Institutionen und ihre Funktion, die sie innerhalb einer Kultur einnehmen. Diesen Gedankengang einer sozial und rational vermittelten Funktion von Werten lokalisiert Lao auch in frühen

2 Riemenschnitter 2005: 3.

3 Schalow zeichnet die Zusammenhänge zwischen dem kritischen Vermögen der Vernunft, dem guten Willen und dem würdevollen Handeln in Freiheit bei Kant nach und evaluiert die Bedeutung für die Gegenwart, vgl. Schalow 2012: 147.

konfuzianischen Texten, den „Gesprächen" und dem „Menzius", aber auch im Liberalismus von Friedrich August von Hayek und bei Ernst Cassirer.

Gemäss Lao ist eine Wirksamkeit von Ideen und Gedanken nur in Verbindung mit Institutionen denkbar; diese zeigen die fundamentale Richtung von Kultur an. Die Idee, für die eine Institution steht, gilt zu einem bestimmten historischen Zeitpunkt als allgemein akzeptiert und vernünftig. Der Wandel von Ideen oder Institutionen ist im Sinne einer neu gewonnenen Rationalität wünschenswert und wird durch die subjektive, gestaltende Tätigkeit erbracht. Diese Wechselbeziehung prägt im Frühwerk nicht nur seine Sicht auf den Zusammenhang zwischen Begriffen, Ideen und Institutionen. Auch die Lebensform des Menschen ist über die Institution in einer kulturellen Lebensform vermittelt, die den Rahmen für Werte und deren Reflexion abgibt. Die fundamentale Ausrichtung konfuzianischer Kultur ist für Lao – und dabei handelt es sich um seine heuristische Typologisierung von konfuzianischer Kultur – von einem Denken in Werten geprägt. Bezugspunkt ist das Subjekt, das als höchste Instanz Werturteile fällt und Werte setzt. In Bezug auf Werte kommt der Vernunft die Funktion zu anzuerkennen, dass Werten etwas Überindividuelles, Allgemeingültiges anhaftet, das sich von eigenen Wünschen unterscheidet. Die wertende Stellungnahme ist daher für Lao in den konfuzianischen Schriften von der ganzen Persönlichkeit her zu begreifen. In ihr fällt zusammen, was mit der Selbstkultivierung geübt wird, nämlich das eigene Wollen so auszurichten, dass gutes Handeln die Folge ist. Insbesondere mit Wang Yangming wird das gute Handeln mit Rekurs auf ein Subjekt, das Sachverhalte, Gefühle, Absichten und sein eigenes Wollen bewusst als normativ gut qualifiziert, konzeptualisiert. Das Ideal des heiligen Menschen umfasst bei Wang die Aufforderung zur Kultivierung, die den guten Willen zum Ziel setzt: Er hat sich eigensüchtiger Absichten entledigt und beabsichtigt beides, das subjektive und das allgemeine Wohl. Auch bei Wang Yangming führt Lao die Selbstkultivierung mit den Bestimmungen der Vernunft zusammen: Was vernunftgeleitet ist, kann die Befriedigung empirischer, privater Bedürfnisse übersteigen.

Lao spricht der Selbstkultivierung jedoch keine religiöse Bedeutung zu, wie dies beispielsweise Tu Weiming 杜維明 (Du Weiming 1940–) tut. Bei Tu ist der Moment der Einsicht in die Notwendigkeit von Selbstkultivierung ethisch-religiöser Natur.[4] Die Ausrichtung des Willens auf das Gemeinwohl ist jedoch sowohl in der Konzeption von Selbstkultivierung bei Lao als auch bei Tu das Hauptanliegen.[5] Lao verankert darin eine ursprüngliche Verpflichtung der Grossfamilie und erweitert

4 Auch bei Tu ist die Selbstkultivierung ein individueller Prozess, der ohne konkrete Anleitung oder verbindliche Anweisungen ausgeführt wird, vgl. Weber 2013: 320–329.

5 Weber 2013: 327.

einer Gemeinschaft gegenüber, die den Einzelnen in seiner selbstbestimmten und vernunftgeleiteten Lebensführung bestärkt.

Mit der Lektüre von Kant konzeptualisiert Lao die praktische Vernunft letztlich zur Bedingung für die Einsicht und das Erlangen des höchsten Guts, das die Bestimmung des Glücks in einem Zusammenstimmen mit dem allgemeinen Guten als Ganzes miteinschliesst. Dabei stehen die Kultivierung eines guten Willens und das Erlangen von Glück in einem Verhältnis, das für Lao auch in der Gegenwart alle normativ-kulturellen Handlungen leiten könnte. In dieser Form erhält der Konfuzianismus seine Berechtigung in einer freiheitlich organisierten Gesellschaft.

Für die Entfaltung der Vorstellung von Vernunft in der Gegenwart, ist die Einsicht in ihre Begrenztheit und Unvollkommenheit mit Rückgriff auf Kant und Hayek unwiderlegbar. Zur Legitimation von Allgemeingültigkeit sind Handlungsanleitungen daher auf einen Austausch mit jeweils „Anderem" oder „Fremdem" angewiesen. Die Überlegungen zur Selbstkultivierung und Selbstverantwortung aus konfuzianischen Lehren können das Denken über Vernunft in der Gegenwart Lao gemäss jedoch produktiv ergänzen, die Überbewertung von Nutzenabwägungen korrigieren und das gestaltende Moment einer selbstbestimmten Persönlichkeit als gesellschaftliches Ziel verankern. In diesem Sinn meint Universalisierung durch einen allgemeingültigen Imperativ Dezentrierung einer jeweils ethnischen Weltsicht, aber Inklusion von spezifischen Praktiken.

Die Themen der Selbstbestimmung und der Selbsterkenntnis nimmt Lao auch in seine kritische Auseinandersetzung mit Denkströmungen des 20. Jahrhunderts auf und formuliert seine Kulturinterpretationen als anschlussfähige Ideen. Anstatt Kulturen sich als fensterlose Entitäten entgegenzusetzen, schlägt Lao einen reflexiven Prozess des Fremdverstehens vor. In seiner Auseinandersetzung mit ausgewählten europäischen Theorien schafft er sich Raum für kritische Interventionen. Die Lektüre von Laos Texten wird an diesem Punkt zu einer Art Spurensuche, die die Genealogie von Konzepten über Kulturräume hinweg umfasst. Nicht nur das Gefühl eines Wertverlusts, sondern auch der Sinn für eine Differenz macht die historische Rekonstruktion von Vorstellungen notwendig. Differenzen werden von Lao dabei nicht nur taxonomisch erfasst, sondern benötigen zu ihrer Erklärung oder Aneignung eine Hybridisierung, weil sie erst in einem Austausch mit bisher Unbekanntem offensichtlich werden. Selbstbehauptungen gilt es in diesem Sinn kritisch aufzuwerten, gerade dadurch können partikulare kulturelle Repräsentationen markiert werden. Bachmann-Medick spricht aus kulturwissenschaftlicher Sicht vom fruchtbaren Raum „kultureller Synkretisierung"[6].

6 Bachmann-Medick 1996: 279.

Konzepte, Werte und Normen treten dann nicht nur als konvergenzfähige Vielfalt, sondern eben auch als zu erklärende Hybridität auf.

In den hier vorgestellten Schriften Lao Sze-kwangs wird deutlich, dass dieser Raum der Hybridität kulturtheoretische und kulturpolitische Momente miteinander verknüpft. Die Rekonstruktion traditioneller Konzepte basiert auf dem Verständnis und den Vorstellungen zeitgenössischer Theorien, was einer traditionalistischen, nationalistischen oder nihilistischen Vereinnahmung traditioneller Bestände entgegenlaufen soll.[7] Die Auseinandersetzung mit dem Liberalismus akzentuiert auch politische Stellungnahmen, die sich im kolonialen Umfeld jedoch nicht parteilich äussern konnten. Aktionistisch sind sie insofern, als eine wirksame, antikommunistische Bewegung unterstützt und aufgebaut werden sollte. Angetrieben wurde Lao von der Sorge, dass das Verständnis für ein selbstbestimmtes und selbstverantwortliches Subjekt immer mehr Missachtung erfuhr. In der Konfrontation mit dem Kommunismus als einem gegensätzlichen System zeigte sich, dass die sogenannte „Freie Welt" keine klaren und gemeinsam geteilten Vorstellungen von Zielen und Grundsätzen mehr hatte, die der kommunistischen Ideologie allgemein und insbesondere in China gegenübergestellt werden konnten. Der Grundsatz, dass eine kulturelle Entwicklung von persönlicher Selbstbestimmung ausgehen sollte, wird somit zur Leitidee einer freiheitlich organisierten Gesellschaft. Lao gibt aber auch seiner Überzeugung Ausdruck, dass nur in der öffentlichen Auseinandersetzung, ergänzt durch einen professionell universitären Diskurs, die Chance zu einer Erneuerung von normativen Kulturvorstellungen allgemeiner Gültigkeit besteht. Hier verbindet sich seine persönliche Haltung mit der professionellen Absicht, im kolonialen Umfeld die Universitätsbildung in chinesischer Sprache vermitteln zu können. In seinem propädeutischen Lehrbuch „Hauptbedeutungen der chinesischen Kultur" entwirft er jene wertbasierte Sicht auf die konfuzianische Kultur, die in der vorliegenden Arbeit vorgestellt wird.

Das Einfallen von Irrationalitäten – Lao nennt für das 20. Jahrhundert Kolonialismus, Imperialismus sowie faschistoide und kommunistische Ideologien – konnte nicht verhindert werden. Das Irrationale wird aber als überwindbar befunden. Dieser Befund gilt nicht nur für Kollektivphänomene, sondern auch für das Subjekt: Denn es liesse sich folgern, je mehr Krisen und Traumata das persönliche Bewusstsein affizieren, desto mehr wird dadurch das subjektive Handeln beeinflusst. Zudem bleibt die Möglichkeit bestehen, dass eine Entscheidung, auch wenn sie gut durchdacht und rational fundiert ist, einen irrationalen Ausgang

7 An Delie 安德烈 hat Laos kritische Sicht auf den Konfuzianismus in die Diskussion um eine Hongkong Identität eingebracht und für einen kritischen Traditionalismus plädiert, vgl. An 2016: 113–117.

nimmt. Deutlich sieht Lao in Anlehnung an Kant die Möglichkeiten von Wertirrtümern. Bezeichnend bleibt für seine Auffassung von Rationalität, dass eine kritische und vielstimmige Aufarbeitung historischer Bestände von Kultur diejenigen Elemente oder Werte identifizieren kann, die auch in der Gegenwart Geltung beanspruchen können.

Der normative Kulturbegriff wird von Lao auch für differenzierte Bereiche der Gesellschaft, wie Wirtschaft, Politik oder Recht, als handlungsleitend erhoben. Als normativ handelnde Person wird der Mensch zum Bürger, zum wirtschaftlich Handelnden, zur Kunstschaffenden oder zum Juristen. Das bedeutet, dass sich politisches oder wirtschaftliches Handeln immer in eine tiefere moralische Dimension hineinbewegt. Die Normativität der Kultur erfährt dabei aber keine Überordnung über andere gesellschaftliche oder professionelle Bereiche, sondern nimmt eine kritische, auf Allgemeingültigkeit zielende Funktion wahr.

Dabei impliziert Kultur für Lao einen im Wandel begriffenen Sinnhorizont, dessen Deutung auf das Zusammenspiel subjektiver und jeweils unvollkommener Rationalität angewiesen ist. Diese Einsicht mutet er dem Menschen zu. Denn sie gewährt gleichzeitig die Freiheit, dass jede Person sich im Hier und Jetzt gestaltend einbringen kann. Indem diese Zuversicht und nicht nur die Geschichtlichkeit das Subjekt bestimmt, wird auch die Zukunft Teil normativer Kultur.

Anhang

Glossar

aiguo tongyi zhanxian	愛國統一戰線	Patriotische Einheitsfront
aiguozhuyizhe	愛國主義者	Patriot
aizhongguowenhuazhuyizhe	愛中國文化主義者	chinesischer Kultur-Patriot
baihua	白話	umgangssprachliche Literatursprache
baihuawen	白話文	verschriftete Umgangssprache
bannanmin	半難民	Halbexilierter, Halbexilierte
Bao Sang	苞桑	
baowei ziyou	保衛自由	die Freiheit schützen
benran lixu	本然理序	naturgegebener Logos
benxing	本性	Wesen, „essence“
bi	賁	Schmuck
bian	辯	disputieren, disputieren als Austausch mit anderen
bianhua qizhi	變化氣質	Transformation des eigenen psychischen Zustands
biaoxian	表現	Manifestation
biaoyide	表義的	symbolisch
biaozhun	標準	Standard
biran de shiji	必然的事機	unabwendbare Situation
bu dong xin	不動心	unbewegter Herzgeist
buduan xiang shang fazhan	不斷向上發展	ununterbrochene Entwicklung einer höheren Stufe entgegen
bu neng yong xia'ai de lingtu zhuquan yuanze	不能用狹隘的領土主權原則	einen engstirnigen Souveränitätsbegriff vermeiden
bu shou yueshu	不受約束	ohne Einschränkungen
cailiao	材料	Material
cengji guanxi	層級關係	hierarchische Beziehung
ce yin zhi xin	惻隱之心	Bewusstsein für Mitfühlen und Mitleiden
Changsha	長沙	
chaolide	超離的	transzendent
chaoli de ziyou	超離的自由	transzendente Freiheit
chaoyue zhutixing	超越主體性	transzendente Subjektivität
Chen Duxiu (1879–1942)	陳獨秀	
chengdang jingshen	承當精神	Geist der Übernahme [von Verantwortung]
Cheng Hao (1032–1085)	程顥	
Cheng Yi (1033–1108)	程頤	
cheng yi	誠意	wahrhaftig Machen der Absichten
cheng ming	誠明	Wahrheit und Licht
Chongji xueyuan	崇基學院	Chung Chi College
chongjian	重建	Rekonstruktion
chongxin guding yiqie jiazhi	重新估定一切價值	Neubewertung aller Werte
chouxiang pubianzhe	抽象普遍者	abstrakte Allgemeinheit
chouxiang xingshi	抽象形式	abstrakte Formbestimmung
chouxiang quanli	抽象權利	abstraktes Recht

https://doi.org/10.1515/9783111063898-006

(fortgesetzt)

Chuan xi lu	傳習錄	Aufzeichnungen zum Üben des Übermittelten
chunhua	純化	Klärung
ci rang zhi xin	辭讓之心	Bewusstsein für Verzichten und Zurückstehen
cishi cidi	此時此地	das Hier und Jetzt
ciyu	詞語	Ausdruck
cui	粹	Essenz
daben	大本	höchster Ursprung
daming shi	大名士	herausragender Gelehrter
daode lixing	道德理性	moralische Vernunft
daoli	道理	vernünftig, Grundsatz
Daxue	大學	Die grosse Lehre
dangji lijiao	當機立教	situative Belehrung
dao	道	Weg
daode renge de wancheng	道德人格的完成	Vollendung der moralischen Persönlichkeit
daotong	道統	orthodoxe Überlieferung, [konfuzianische] Überlieferung
Deng lou fu	登樓賦	Rhapsodie beim Besteigen eines Turms
de	得	das Erreichen
de li	得理	das Erreichen von Vernunft
dexing	德性	Moralität
dexing wo	德性我	moralische Natur des Selbst
dexing zhi xue	德性之學	Morallehre
dianzhang	典章	Erlasse, Vorschriften, Dekrete
dingxiangli	定向力	Richtung geben können
disan shili	第三勢力	Die Dritte Kraft
Dongfang Renwen Xuehui	東方人文學會	Oriental Humanist Studies Society
duixiang	對象	Gegenstand
e hen hen de	惡很很的	überaus schlecht
eryuanxing	二元性	Dualität
fangxiang	方向	Richtung
Feng Youlan (1895–1990)	馮友蘭	
fenli de shiti	分立的實體	getrennt [wahrgenommene] Realität
fugu lunzhe	復古論者	Befürworter des Zurück zu den alten Theorien
ganshou	感受	Empfindung
Gaozi	告子	
gainian	概念	Begriff
gaizao	改造	Transformation
geren	個人	Individuum
gerenzhuyi	個人主義	Individualismus
geren jian de guocheng	個人間的過程	interpersoneller Prozess
ge wu	格物	das Untersuchen der Dinge, das Untersuchen und Berichtigen von Handlungen
gewu qiongli	格物窮理	das Untersuchen der Dinge und ausgiebige Erkunden der Prinzipien
gongfu	功夫 oder 工夫	Anstrengungen

(fortgesetzt)

gongfu guocheng	工夫過程	Prozess von Anstrengungen
gongxin	公心	Gemeinwohl
gong yi	公意	öffentliche Meinung
Gongsun Chou	公孙丑	
Gu Yanwu (1613–1682)	顧炎武	
gudai Zhongguo sixiang	古代中國思想	antikes chinesisches Denken
guayu	寡欲	Zurückhaltung
guandian	觀點	Perspektive
guanhu renwen yi huacheng tianxia	觀乎人文以化成天下	die irdische Ordnung beobachten, um dadurch das Reich zu verändern
guantong	貫通	wechselseitige Durchdringung, Vernetzung
guanxi zhi shang	關係之上	über die Relationen hinausweisen
guanxi zhi zhong	關係之中	innerhalb der [Subjekt-Objekt-] Relationen
Guangdonghua	廣東話	Kantonesisch
guifan yi	規範義	normative Bedeutung
Gui Guzhi	歸固芝	
guilü yi	規律義	gesetzmässige Bedeutung
guo	國	Staat
guochi	國恥	Nationale Demütigung
guocui	國粹	Nationale Essenz
guocui lunzhe	國粹論者	Befürworter der Theorien über Nationale Essenz
Guocui xuebao	國粹學報	Zeitschrift für Nationale Essenz
guoyu	國語	nationale Landessprache
Guoxue baocun hui	國學保存會	Gesellschaft zum Schutz der nationalen Bildung
Hanchao	漢朝	(206 v. Chr.–220 n. Chr.) Han-Dynastie
Hanlinyuan	翰林院	Hanlin Akademie
Han Wudi (140–88 v. Chr.)	漢武帝	
Han Yu (768–824)	韓愈	
hao	號	Beiname
heli	合理	vernünftig
He Lin (1902–1992)	賀麟	
Hong Zhao	洪昭	
Huang Daiyun	黃岱雲	
Hunan	湖南	
Hu Shi (1891-1962)	胡適	
hua	化	Verwandlung
huangshi	皇室	imperialer Haushalt
ji le	極樂	höchste Freude, happiness
jiading	假定	Annahme
Jiang Qing (1953–)	蔣慶	
jiazhi	價值	Wert, Preis
jiazhi zhi huodong	價值之活動	Wertaktivität
jiazhi yishi	價值意識	Wertebewusstsein
jiazu	家族	Sippe

(fortgesetzt)

jianjian zhao hunhe tongyi de fangxiang	漸漸朝混合統一的方向	Richtung einer allmählichen Konvergenz von [Kulturen]
jianshangli pipan	鑑賞力批判	Kritik der Urteilskraft
jiaohua zhi xue	教化之學	Unterweisungslehre
jiejing zhi dulixing	界境之獨立性	Unabhängigkeit der Bereiche
jietuo zhi jing	解脱之境	Bereich der Erlösung und Befreiung
jinji	盡己	„doing one's best"
jinshi	進士	erfolgreicher Prüfungskandidat auf Stufe der Hauptstadt
jing	境	Bereich, Welt
jing	經	Leitfaden, Buch
jingjie	境界	Bereich, Welt
Jingshi Daxuetang	京師大學堂	Capital University
jingshen wenming	精神文明	geistige Zivilisation
jingyan de cunzai	經驗的存在	empirische Existenz
jingyan shishi de lingyu	經驗事實的領域	Bereich der empirischen Fakten
juan	卷	Band
juti shijian gongfu	具體實践工夫	konkrete praktische Anstrengungen
juti sixiang	具體思想	konkretes Denken
jun zi	君子	Fürstensohn
Jinri Shijie	今日世界	Heutige Welt
juedui jingshen	絕對精神	absoluter Geist
kaifang chengfen	開放成分	[kultur]offenes Element
keguan xianzhi	客觀限制	objektive Begrenzung
kexue	科學	Wissenschaft
kexue yu renshengguan	科學與人生觀	Wissenschaft und Lebensanschauung
kending zhuzhang	肯定主張	affirmative Positionierung
Kong Fuzi	孔夫子	
Kong Qiu	孔丘	
Kong Zi	孔子	trad. 519–479 v. Chr.
ku le	苦樂	Leid und Freude
Lao Chongguang (1802–1876)	勞崇光	
Lao Rongwei	勞榮瑋	
Lao Sze-kwang (Lao Siguang 1927–2012)	勞思光	
Lao Yanyun	勞延韻	
Lau Kwok-ying (Liu Guoying)	劉國英	
Lau Siu-kai (Liu Zhaojia 1947–)	劉兆佳	
le	樂	sinnliche Freude, Glück
Lei Zhen (1897–1979)	雷震	
li	禮	Etikette

(fortgesetzt)

li	理	Prinzip, Regel, Gesetzmässigkeit, Vernunft, Ordnungsprinzip, vernünftig, „coherence“, „reason“
li-xue	理學	Prinzipien-Schule
liang	良	gut
liang zhi	良知	ursprüngliches Wissen
lifa jigou	立法機構	legislativer Mechanismus
li fen	理分	ordnungsgemässe Pflichten
Liji	禮記	Buch der Riten
lijie	理解	Verstand
linian	理念	Idee
lisheng	禮生	Zeremonienmeister
lishi de biran	歷史的必然	historische Notwendigkeit
lixiang	理想	Ideal
lixing	理性	Vernunft
lixinghua	理性化	Rationalisierung
lixing yizhi	理性意志	rationaler Wille
lixu	理序	Logos
li zhi	立志	ein Bekenntnis ablegen
li zhi	禮制	institutionalisierte Etikette
li zhi ben	禮之本	Grund der Etikette
liubian zhi guifa	流變之規法	Gesetzmässigkeit von Veränderung
liyi	利益	Interesse im Sinne eines Vorteils
Liang Qichao (1873–1929)	梁啟超	
Liang Shuming (1893–1988)	梁漱溟	
liang	量	quantitativ
lingyu	領域	Bereich
Liu Xiang (79–8 v. Chr.)	劉向	
Liu Xin (?–23 n. Chr.)	劉歆	
Longchang	龍場	
lunli shenghuo	倫理生活	Sittlichkeit
Lunyu	論語	Gespräche
lunzheng	論證	Evidenz
Lü Zuqian (1137–1181)	呂祖謙	
Mao Zedong (1893–1976)	毛澤東	
Mei diguozhuyi he ta de zougou	美帝國主義和他的走狗	amerikanischer Imperialismus mit seinem rennenden Hund
Meng Ke (ca. 372–289 v. Chr.)	孟軻	
Mengzi	孟子	*Menzius*
ming	命	Bestimmung
ming de	明德	strahlende Tugend
mingding	命定	Bestimmung

(fortgesetzt)

Minzhu Chao	民主潮	Demokratie-Strömungen
minzu	民族	Nation
Minzhu Pinglun	民主評論	Demokratischer Kommentar, Democratic Review
Mo Di (5. Jahrhundert v. Chr.)	墨翟	
moshi	模式	Matrix
Mou Zongsan (1909–1995)	牟宗三	
nanlai wenren	南來文人	Literat, der in den Süden kam
nanshe	南社	Südliche Gesellschaft
neirong	内容	Inhalt
neizai juewu	内在覺悟	innere Einsicht
neng huodong de zhuti	能活動的主體	handlungsfähiges Subjekt
nengli	能力	Fähigkeit
niannian bugou	念念不苟	Lernprozess der Achtsamkeit
pingdeng	平等	Gleichheit
puxue	樸學	ungekünstelte Gelehrsamkeit
qiangpoxing zhishi	强迫性知識	zwingend gültiges Wissen
Qianlong und Jiaqing	乾隆 und 嘉慶	
qi	氣	Lebenskraft
qi zhi	氣質	psychischer Zustand
qizhixing	氣質性	psychische Natur
qi zhong zhi yi zhong chanwu	氣中之一種產物	eine Art von Materialisation aus *qi*
Qin	秦	
qin min	親民	das Nahesein beim Volk
qingyi wo	情意我	emotionales Selbst, ästhetisches Selbst
qu dacheng wu wei	去達成無爲	danach trachten, das Nicht-Tun zu erreichen
quanli	權利	Recht
ren	仁	Wohlwollen, Menschlichkeit, „humanness“
renben guannian	人本觀念	humanistische Vorstellung
renge tian	人格天	personalisierter Himmel
Rensheng	人生	Leben, „The Young Sun“
rensheng	人生	Leben
renlun	人倫	zwischenmenschliche Beziehung
renwen jingshen	人文精神	humanistischer Geist
renwen zhi xue	人文之學	humanistische Lehre
renwenzhuyi	人文主義	Humanismus
renwenzhuyizhe	人文主義者	Humanist
ren yu	人欲	menschliche Begehren
renzhi wo	認知我	kognitives Selbst
Rizhi lu	日知錄	Aufzeichnungen von Alltagswissen
ru	儒	Gelehrter

(fortgesetzt)

ruxue	儒學	konfuzianische Gelehrsamkeit
shan	善	das Gute
shan zhi lüze	善之律則	Gesetz des Guten
shehui zhixu de yuanze	社會秩序的原則	gesellschaftliche Ordnungsprinzipien
sheng	生	Leben
shenghuo	生活	Leben, Alltagsleben
shenghuo zhixu	生活秩序	Lebensordnung
shengjin	昇進	Aufschwung
sheng ren	聖人	heiliger Mensch, rollenprägende Persönlichkeit
shezhun	設準	Postulat
shi	事	Sachverhalt
shi fei zhi xin	是非之心	Bewusstsein für Bejahen und Verneinen, Bewusstsein für Richtig und Falsch
shihua	實化	Verwirklichung
shijian lixing	實践理性	praktische Vernunft
shijian lixing pipan	實践理性批判	Kritik der praktischen Vernunft
shijie zhi Zhongguo	世界之中國	China in der Welt
shili	事理	vernünftige Prinzipien von Sachverhalten
shiran	實然	was da ist, Wirklichkeit
shi ren ru ji	視人如己	andere so betrachten, wie man selbst betrachtet werden möchte
shiti	實體	Realität, Wirklichkeit, Substanz
shixian jiazhi	實現價值	Werte in Handlungen verwirklichen
shizhi	實質	Substanz
shu	恕	Reziprozität
Shujing	書經	Buch der Urkunden
shushi	術士	Spezialist
shuo	說	Theorie
sibian de luoji	思辯的邏輯	spekulative Logik
si duan	四端	Vier Ansatzstellen
si nian	私念	egoistische Gedanken
si ju jiao	四句教	Lehre der Vier Sätze
Si shu	四書	Vier Bücher
Si shu zhang ju ji zhu	四書章句集注	Sammlung von Anmerkungen zu den Kapiteln und Sätzen der Vier Bücher
siyu	私欲	eigensüchtige Begehren
Sima Qian (145?–86? v. Chr.)	司馬遷	
sinian de xiaochu	私念的消除	Eliminierung eigensüchtiger Motive
sixiang	思想	Idee
Song Ming lixue	宋明理學	konfuzianische *li*-Lehren aus der Song- und Mingzeit
Song Ming ruxue	宋明儒學	Song- und Ming-zeitlicher Konfuzianismus
Songru	宋儒	Song-zeitlicher Konfuzianismus

(fortgesetzt)

Sun Yat-sen (Sun Yixian 1866–1925)	孙逸仙	
tai ji	太極	Höchste Grenze, „supreme pivot“
tai xu	太虛	Höchste Leere
Taizhou-xuepai	泰州學派	Taizhou-Schule
Tang Junyi (1909–1978)	唐君毅	
tian	天	Himmel
tiandao	天道	Himmelsweg
tiandaoguan	天道觀	Vorstellung des Himmelsweges
tianli	天理	allgemeingültiges Prinzip
tianming	天命	Mandat des Himmels
tongyixing	統一性	Uniformität, Homogenität
tiandixing	天地性	kosmische Natur
tiaoli	條理	ordentlicher Zustand
Tu Weiming (Du Weiming 1940–)	杜維明	
Tu Yan	荼言	
Tuan	彖	Kommentar Tuan
waizaihua	外在化	Veräusserlichung, Externalisierung
Wang Can (177–217)	王粲	
Wang Gen (1483–1541)	王艮	
Wang Shouren	王守仁	
Wang Wencheng gong quan shu	王文成公全書	Sämtliche Schriften von Wang Wencheng
Wang Yangming (1472–1529)	王陽明	
wanquan de chuangzao	完全的創造	vollkommenes Schaffen
wan shi dou yingdang naru yi zhong zhixu	萬事都應當納入一種秩序	alle Dinge sollten in einer Art Ordnung integriert sein
wei	偽	falsch
weiding xiang	未定項	noch nicht Bestimmtes
weilelun	唯樂論	hedonistische Lehre
wei li	違理	Prinzipienverstoss
weituo qi shengming huodong yu shen	委託其生命活動於神	seine Lebensaktivitäten in den Dienst von Gott stellen
wei wu wei	爲無爲	danach trachten, das Nicht-Tun zu erreichen
weiyi de geren	唯一的個人	einziges Individuum
Weizhai	衛齋	
wen	文	Muster, Schrift, Verfeinerung, Zivilisation, Kultiviertheit, literarischer Ausdruck
wenhua	文化	Kultur
wenhua benyi	文化本義	Ausgangsbedeutung einer Kultur
wenhua jingshen	文化精神	Geist der Kultur

(fortgesetzt)

wenhua jiazhi zhi daben diwei	文化價值之大本地位	kulturelle Werte nehmen die Position des höchsten Ursprungs ein
wenhua shixiang	文化事象	Kulturtatsache
wenhua xianxiang	文化現象	Kulturphänomen
wenhua yundong	文化運動	Kulturbewegung
wenhua zhixu	文化秩序	kulturelle Ordnung
wenjiao	文教	Bildung des Einzelnen
wenming	文明	Zivilisation
wenren	文人	Literat
wenzhang	文章	kurzer Aufsatz
wenzhi	文治	zivil-administrativ
wu	物	Ding
wulixing, shengwuxing	物理性, 生物性	physikalische, biologische Natur
wulixing zhi shengming licheng	物理性之生命歷程	Prozess des physikalischen Lebens
wulun	五倫	Fünf menschliche Beziehungen
Wu Mi (1894–1978)	吳宓	
wu qingyu	無情欲	Apathie
wushi zishu	五十自述	Autobiographie verfasst im Alter von 50 Jahren
wu wei	無爲	Nicht-Tun, „not doing", „inaction"
wuzhi wenming	物質文明	materielle Zivilisation
wu	武	militärisch
Xi'an	西安	
xiangcun jiansheyundong	鄉村建設運動	Ländliche Aufbaubewegung
xiangying	相應	Konvergenz
xianshi de wenhua	現實的文化	sich in der Wirklichkeit manifestierende Kultur
xian qian zhi renhe xinling	現前之任何心靈	jegliches Bewusstsein, das noch in keiner Form geprägt ist
Xianggang Qianjing Yanjiushe	香港前景研究社	Gesellschaft zur Erforschung von Zukunftsperspektiven für Hongkong
Xianggang Zhongwen Daxue	香港中文大學	The Chinese University of Hong Kong
xianzai jiading	先在假定	Vorannahmen
xiangzheng	象徵	symbolisch
xiao	孝	Kindespietät
xiao ren	小人	gemeiner Mensch
xiao yao you	逍遥游	freies und ungezwungenes Umherschweifen [in Gedanken]
xin	心	Herz, Geist, „mind", Bewusstsein, Herzgeist, Vermengung aus dem Ordnungsprinzip *li* und der Lebenskraft *qi*
xinling	心靈	Bewusstsein
Xinhua Xinwenshe	新華新聞社	*Xinhua*-Nachrichtenagentur
xin rujia	新儒家	Moderne Konfuzianer

(fortgesetzt)

xin ruxue	新儒學	Neo-Konfuzianismus, Neo-Confucianism
xin wenhua	新文化	Neue Kultur
xinwen ju	新聞局	Nachrichtenagentur
Xin Ya Shuyuan	新亞書院	New Asia College
xin xing lun	心性論	Doctrines of Mind and Essence
xin xing zhi xue	心性之學	Lehren vom Herzgeist und vom Wesen [des Menschen]
xing	性	Natur, Wesen, Essenz
xing er shang	形而上	über der Form[ebene]
xing er xia	形而下	unter der Form[ebene]
xing shan	性善	das menschliche Wesen ist gut
xingzhi	性質	Essenz
xinzhi	心志	Entschiedenheit, Wille
xingqu	形軀	Physis
xingwei guifan	行爲規範	Verhaltensnorm
xiu e zhi xin	羞惡之心	Bewusstsein für Schamgefühl und Abscheu
xue	學	lernen
Xueheng	學衡	Das Abwägen der Gelehrsamkeit
xuepai	學派	Schule
xueshuo	學說	Lehre
xue wen si bian duxing zhi gong	學問思辨篤行之功	Anstrengungen im Studium, im Untersuchen, im Nachdenken, im Unterscheiden und in ernsthaftem Handeln
xue zhe xu shi you zhi	學者須是有志	was Lernen braucht, ist Wille
xungu	訓詁	semasiologische Textexegese
Xu Fuguan (1904–1982)	徐復觀	
Ya Zhou zhi Zhongguo	亞洲之中國	China in Asien
yan	言	sagen, sprechen, Wort
Yan Hui (521?–481? v. Chr.)	顔回	
Yang Zhu (5. Jahrhundert v. Chr.)	楊朱	
yi	義	das Rechte, Rechtmässigkeit
yi	儀	Verhalten innerhalb strenger Vorgaben von Ritualen oder Tänzen
yi ge shijiexin de da zonghe	一個世界性的大綜合	weltumspannende, grosse Synthese
Yijing	易經	Buch der Wandlungen
yi qi zi bu gai qi yi	易其字而不改其義	seine Schreibweise ändert sich, sein Sinn nicht
yinian	意念	Intention, intentionaler Gedanke
yishi	意識	Bewusstsein
yi zu jingyan shixiang	一組經驗事象	eine Reihe empirischer Sachverhalte
yiyi	意義	Bedeutung, Sinn
yi yi guan zhi	一以貫之	das Eine, das alles durchzieht
yiyu	意欲	Wille

(fortgesetzt)

yiyuan	意願	Streben, Wunsch
yizhi de chunhua	意志的純化	Klärung des Willens
yindaoxing zhexue	引導性哲學	orientative Philosophie
Yindu wenhua jingshen	印度文化精神	indischer Kulturgeist
yingran	應然	was da sein soll, sollen
yinguoxing	因果性	Kausalität
yinguoxing lingyu	因果性領域	kausaler Bereich
you	游	reisen, umherschweifen
you xin	游心	freies Schweifen des Geistes
youxing	有形	Form
Youlian chubanshe	友聯出版社	Publikationshaus Union
yu	欲	Begierden, Wünsche, natürliche Bedürfnisse, Begehren
Yu Fuchu	俞復初	
yuanman	圓滿	Vollendetes, consummatum, vollendet
Yuan Mei (1716–1797)	袁枚	
yuanshi	原始	uranfänglich
Yuan Zicai (1716–1797)	袁子才	
yuanzishi de getizhuyi	原子式的個體主義	atomistischer Individualismus
Yu Yingshi (1930–2021)	余英時	
Yueyu	粵語	*Yue*-Dialekt
zai shijie zhong de Zhongguo	在世界中的中國	China in der Welt
zaji	雜記	Miszellen
zawen	雜文	Essay
Zhan guo (475–221 v. Chr.)	戰國	Streitende Reiche
Zhang Dainian (1909–2004)	張岱年	
Zhang Junmai (1886–1969)	張君勱	
Zhang Zai (Beiname: Hengqu 横渠 1020–1077)	張載	
Zhao Qi (?–201)	趙岐	
zhexue	哲學	Philosophie
zhen	真	echt
zhende jiade getizhuyi	真的假的個體主義	„richtiger und falscher Individualismus“
zhenli	真理	Wahrheit
zhenshixing	真實性	Wahrheitsgehalt
zhenxiang	真相	authentisch
zhengdang	正當	angemessen sein, recht, rechtmässig
zhengge	整個	Einheit
zheng ming	正名	Richtigstellung der Bezeichnungen
zhi	志	das Wollen, Wille, willentlich

(fortgesetzt)

zhi	智	Wissen, urteilen
zhi	質	qualitativ
zhi liang zhi	致良知	Verwirklichung des ursprünglichen Wissens
zhi shan	至善	das höchste Gut
zhi xing	知行	Wissen und Handeln
zhi xing he yi	知行合一	Wissen und Handeln sind Eins
zhi zhi	致知	das Erlangen von Wissen, das Erlangen von [moralischem] Wissen
zhimindi yishi	殖民地意識	Kolonialbewusstsein
zhong	忠	Loyalität, Treue, Mittelweg
zhong de jingshen	重德精神	auf die Moral gerichteter Geist
zhongduo zhuti bingli zhi jingyu	衆多主體並立之境域	gemeinsamer, durch eine Vielzahl von Subjekten konstituierter Bereich
zhong ti xi yong	中體西用	chinesische Lehren [bestehen] als Essenz, westliche Lehren [übernehmen wir] zum Gebrauch
Zhongyong	中庸	Mitte und Mass
zhong zhi jingshen	重智精神	auf das Wissen gerichteter Geist
Zhongguo Gongchandang	中國共產黨	Kommunistische Partei Chinas
Zhongguo Guomindang	中國國民黨	Nationale Volkspartei Chinas
Zhongguo renwen zhuyi	中國人文主義	chinesischer Humanismus
Zhongni	仲尼	
Zhou Enlai (1898-1976)	周恩來	
Zhou Dunyi (1017–1073)	周敦頤	
Zhou wen	周文	Kultur der Zhou
zhuliu	主流	Haupttrend, Mainstream
zhuti	主體	Subjekt
zhuti yu shixian zhi fashi	主體欲實現之法式	Regel der Verwirklichung subjektiver Begehren
Zhu Xi (1130–1200)	朱熹	
zhuzai	主宰	herrschende [Instanz], souverän
zhuzaili	主宰力	Fähigkeit zur Beherrschung
Zhuang Zhou (um 320 v. Chr.)	莊周	
Zhuangzi	莊子	
zijue de ziwo	自覺的自我	bewusstes Selbst
zijue yizhi nengli	自覺意志能力	bewusstes Vermögen des Willens
ziyuan yanjiu	字源研究	etymologische Forschung
zi	子	Meister
zijue	自覺	Selbstbewusstsein
zijue	自決	selbstbestimmt
zijue huodong	自覺活動	bewusste Handlung
zijuexin	自覺心	Selbstbewusstsein
zijue yaoqiu	自覺要求	bewusstes Streben
ziranshenlunzhe	自然神論者	Deist

(fortgesetzt)

ziran zhixu	自然秩序	natürliche Ordnung
zishen ziyou	自身自由	eigene Freiheit
ziwo jingjie	自我境界	Bereich des Selbst
ziwo tongyi	自我統一	mit sich im einen sein
ziwo zhi zhuzaixing	自我之主宰性	Selbstbeherrschung
ziyi	字義	Bedeutung von Schriftzeichen
ziyou	自由	Freiheit
ziyou yizhi	自由意志	freier Wille
ziyou yizhi de lingyu	自由意志的領域	Bereich des freien Willens
ziyou Zhongguo	自由中國	Freies China
ziyouzhuyizhe	自由主義者	Liberaler
zizhu	自主	sein eigener Herr sein
Zuguo Zhoukan	祖國週刊	Wochenspiegel Chinas
zui gao zhuzai	最高主宰	höchstes Herrschendes

Bibliographie

Werke von Lao Sze-kwang / Lao Siguang 勞思光

Chronologisch geordnet nach dem Jahr der Erstveröffentlichung

Lao Sze-kwang (1986) [1952a]: „Zhongguo wenhua zhi weilai yu ruxue jingshen zhi chongjian 中國文化之未來與儒學精神之重建“ (Die Zukunft der chinesischen Kultur und die Rekonstruktion des konfuzianischen Geistes). In: *Ruxue jingshen yu shijie wenhua luxiang. Sze-kwang shaozuo ji*, Band 1. Hrsg. von Sun Shanhao et al. Taibei: Shibao chuban gongsi, 165–181.

Lao Sze-kwang (1986) [1952b]: „Lun Dongfang wenhua jingshen 論東方文化精神“ (Über den Geist der Kulturen des Ostens). In: *Ruxue jingshen yu shijie wenhua luxiang. Sze-kwang shaozuo ji*, Band 1. Hrsg. von Sun Shanhao et al. Taibei: Shibao chuban gongsi, 79–144.

Lao Sze-kwang (1986) [1953]: „Minzhu zhengzhi jiazhi zhi hengding 民主政治價值之衡定“ (Eine Einschätzung des Werts demokratischer Politik). In: *Zhexue yu zhengzhi. Sze-kwang shaozuo ji*, Band 3. Hrsg. von Sun Shanhao et al. Taibei: Shibao chubanshe, 151–164.

Lao Sze-kwang (1986) [1954a]: „Yazhou mingyun de zuihou kaoyan 亞洲命運的最後 考驗“ (Das Schicksal Asiens: ein letzter Test). In: *Zhi yi yu zhi bi. Sze-kwang shaozuo ji*, Band 4. Hrsg. von Sun Shanhao et al. Taiwan: Shibao chuban gongsi, 169–180.

Lao Sze-kwang (1986) [1954b]: „Ziyou de taolun 自由的討論“ (Eine Diskussion über die Freiheit). In: *Zhexue yu zhengzhi. Sze-kwang shaozuo ji*, Band 3. Hrsg. von Sun Shanhao et al. Taibei: Shibao chuban gongsi, 171–176.

Lao Sze-kwang (1986) [1954c]: „Changkai yanlun ziyou zhi men 敞開言論自由之門“ (Das Tor zur Redefreiheit weit öffnen). In: *Zhexue yu zhengzhi. Sze-kwang shaozuo ji*, Band 3. Hrsg. von Sun Shanhao et al. Taibei: Shibao chuban gongsi, 165–170.

Lao Sze-kwang (1987) [1954d]: „Kaxileier wenhua zhexue shuyao 卡西勒爾文化哲學述要“ (Eine Darstellung der Hauptaussagen von Cassirers Kulturphilosophie). In: *Xifang sixiang qiantan. Sze-kwang shaozuo ji*, Band 6. Hrsg. von Chu Jingzhi. Taibei: Shibao chuban gongsi, 88–113.

Lao Sze-kwang (1987) [1955a]: „Liu nian xin juan dao yun di 六年心倦島雲低“ (Sechs Jahre mit bedrücktem Herzen auf einer bewölkten Insel). In: *Shujian yu zaji. Lao Sze-kwang shaozuo ji*, Band 7. Hrsg. von Chu Jingzhi. Taibei: Shibao chuban gongsi, 276–282.

Lao Sze-kwang (1987) [1955b]: „Wenzhang maimai 文章買賣“ (Kauf und Verkauf von literarischen Schriften). In: *Shujian yu zaji. Sze-kwang shaozuo ji*, Band 7. Hrsg. von Chu Jingzhi. Taibei: Shibao chuban gongsi, 283–288.

Lao Sze-kwang (1955c): „Guojia lun 國家論“ (Über den Staat). In: *Guojia yu guojiazhuyi*. Hrsg. von Zhu Shilong. Taibei: Minzhuchaoshe, 85–145.

Lao Sze-kwang (1987) [1955d]: „Mouzhe lishi zhexue 牟著 歷史哲學“ (Mou [Zongsans] Geschichtsphilosophie). In: *Shujian yu zaji. Sze-kwang shaozuo ji*, Band 7. Hrsg. von Chu Jingzhi. Taibei: Shibao chuban gongsi, 120–125.

Lao Sze-kwang (1986) [1955e]: „Fangongzhe de fanxing 反共者的反省“ (Selbstprüfung der Antikommunisten). In: *Zhi ji yu zhi bi. Sze-kwang shaozuo ji*, Band 4. Hrsg. von Sun Shanhao et al. Taiwan: Shibao chuban gongsi, 49–146.

Lao Sze-kwang (1986) [1955f]: „Zhanshi ziyou Zhongguo de qiantu 展視自由中國的前途“ (Betrachtungen zur Zukunft des Freien Chinas). In: *Zhi ji yu zh bi. Sze-kwang shaozuo ji*, Band 4. Hrsg. von Sun Shanhao et al. Taiwan: Shibao chuban gongsi, 212–222.

https://doi.org/10.1515/9783111063898-007

Lao Sze-kwang (1987) [1955g]: „Rujia yuanliu zhi bianlun 儒家源流之辯論" (Konfuzianer und eine Genealogie ihrer Debatten). In: *Shujian yu zaji. Sze-kwang shaozuo ji*, Band 7. Hrsg. von Chu Jingzhi. Taiwan: Shibao chuban gongsi, 77–84.

Lao Sze-kwang (1987) [1956a]: „Fengqi 風氣" (Allgemeine Sitten). In: *Shujian yu zaji. Sze-kwang shaozuo ji*, Band 7. Hrsg. von Chu Jingzhi. Taiwan: Shibao chuban gongsi, 297–300.

Lao Sze-kwang (1987) [1956b]: „Tan yuedu 談閱讀" (Über das Lesen). In: *Shujian yu zaji. Sze-kwang shaozuo ji*, Band 7. Hrsg. von Chu Jingzhi. Taiwan: Shibao chuban gongsi, 294–296.

Lao Sze-kwang (1987) [1956c]: „You xing 游興" (Freude am Reisen). In: *Shujian yu zaji. Sze-kwang shaozuo ji*, Band 7. Hrsg. von Chu Jingzhi. Taiwan: Shibao chuban gongsi, 289–293.

Lao Sze-kwang (1987) [1956d]: „Wenzhang maimai 文章買賣" (Kauf und Verkauf von literarischen Werken). In: *Shujian yu zaji. Sze-kwang shaozuo ji*, Band 7. Hrsg. von Chu Jingzhi. Taiwan: Shibao chuban gongsi, 283–288.

Lao Sze-kwang (1987) [1956e]: „Xiao xu 小序" (Kurzes Vorwort). In: *Shujian yu zaji. Sze-kwang shaozuo ji*, Band 7. Hrsg. von Chu Jingzhi. Taiwan: Shibao chuban gongsi, 273–275.

Lao Sze-kwang (1987) [1956f]: „Guanyu Zhonggong dui Liang Shuming de sixiang pipan 關於中共對梁漱溟的思想批判" (Über die Kritik der Kommunistischen Partei am Denken Liang Shumings). In: *Shujian yu zaji. Sze-kwang shaozuo ji*, Band 7. Hrsg. von Chu Jingzhi. Taiwan: Shibao chuban gongsi, 150–162.

Lao Sze-kwang (1987) [1956g]: „Wenren yu wenfeng 文人與文风" (Literarische Persönlichkeiten und die literarische Atmosphäre). In: *Shujian yu zaji. Sze-kwang shaozuo ji*, Band 7. Hrsg. von Chu Jingzhi. Taibei: Shibao wenhua chuban, 301–305.

Lao Sze-kwang (1998): [1956h] *Zhexue qianshuo xin bian* 哲學淺說新編 (Einführung in die Philosophie. Neu kompiliert. Englischer Titel: Introduction to Philosophy). Hrsg. von Man Kit-wah. Xianggang: Zhongwen Daxue.

Lao Sze-kwang (2000): [1956i] *Wenhua wenti lunji xin bian* 文化問題論集新編 (Gesammelte Essays zu kulturellen Fragen. Neu kompiliert. Englischer Titel: Collection on Cultural Problems). Hrsg. von Cheng Chung-yi. Xianggang: Zhongwen Daxue.

Lao Sze-kwang (2000) [1956j]: „Lun Kangde jingshen yu shijie wenhua zhi luxiang 論康德精神與世界文化之路向" (Kantischer Geist und die Richtung der Weltkultur). In: *Wenhua wenti lunji xin bian*. Hrsg. von Cheng Chung-yi. Xianggang: Xianggang Zhongwen Daxue, 139–183.

Lao Sze-kwang (2001) [1956k]: „Xifang de dabeizhe Xuhuaice 西方的大悲者許懷惻" (Schweitzer: Der grosse Barmherzige aus dem Westen). In: *Sze-kwang renwu lunji*. Hrsg. von Leung Mei-yee. Xianggang: Xianggang Zhongwen Daxue, 1–19.

Lao Sze-kwang (2001) [1956l]: „Heigeer de zhengzhi zhexue 黑格爾的政治哲學" (Hegels politische Philosophie). In: *Ziyou, minzhu yu wenhua chuangsheng*. Hrsg. von Lau Kwok-ying. Xianggang: Xianggang Zhongwen Daxue, 1–26.

Lao Sze-kwang (2001) [1956m]: „Haiyeke lun getizhuyi 海耶克論個體主義" (Hayek über den Individualismus). In: *Ziyou, minzhu yu wenhua chuangsheng*. Hrsg. von Lau Kwok-ying. Xianggang: Xianggang Zhongwen Daxue, 27–48.

Lao Sze-kwang (2001) [1956n]: „Ping Haiyeke sixiang 評海耶克思想" (Eine Kritik an Hayeks Denken). In: *Ziyou, minzhu yu wenhua chuangsheng*. Hrsg. von Lau Kwok-ying. Xianggang: Xianggang Zhongwen Daxue, 75–104.

Lao Sze-kwang (2001) [1956o]: „Jingzheng zhi yiyi 競爭之意義" (Die Bedeutung von Wettbewerb). In: *Ziyou, minzhu yu wenhua chuangsheng*. Hrsg. von Lau Kwok-ying. Xianggang: Xianggang Zhongwen Daxue, 61–74.

Lao Sze-kwang (2001) [1956–1957]: *Zhexue wenti yuanliu lun* 哲學問題源流論 (Eine Genealogie philosophischer Fragestellungen. Englischer Titel: Genealogy of Philosophical Problems). Hrsg. von Lau Kwok-ying. Xianggang: Zhongwen Daxue chubanshe.

Lao Sze-kwang (1986) [1957a]: „Ziyou Zhongguo yao ziqiang 自由中國要自强" (Das Freie China muss sich selbst stärken). In: *Zhi ji yu zhi bi, Sze-kwang shaozuo ji*, Band 4. Hrsg. von Sun Shanhao et al. Taibei: Shibao wenhua chuban, 247–248.

Lao Sze-kwang (1987) [1957b]: „Shilike lun yiyi yu weishi 石里克論意義與徵實" (Schlick und sein Aufsatz ‚Meaning and Verification'). In: *Xifang sixiang qianshuo. Sze-kwang shaozuo ji*, Band 6. Hrsg. von Chu Jingzhi. Taibei: Shibao wenhua chuban, S. 230–260. (Der Aufsatz von Moritz Schlick erschien 1936 in: *The Philosophical Review.*)

Lao Sze-kwang (2000) [1957c]: *Wenhua wenti lunji xin bian* 文化問題論集新編 (Gesammelte Essays zu kulturellen Fragen. Neu kompiliert. Englischer Titel: Collection of Essays on Cultural Problems). Hrsg. von Cheng Chung-yi. Xianggang: Zhongwen Daxue.

Lao Sze-kwang (2001) [1957d]: *Kangde zhishilun yaoyi xin bian* 康德知識論要義 新編 (Die Hauptbedeutung von Kants Erkenntnistheorie. Neu kompiliert. Englischer Titel: Essentials of Kant's Theory of Knowledge). Hrsg. von Kwan Tze-wan. Xianggang: Xianggang Zhongwen Daxue chubanshe.

Lao Sze-kwang (2001) [1958]: „Renwen xuepai de minzhu kexue linian 人文學派的民主科學理念" (Über die Ideen von Demokratie und Wissenschaft der humanistischen Schule). In: *Ziyou, minzhu yu wenhua chuangzao*. Hrsg. von Lau Kwok-ying. Xianggang: Xianggang Zhongwen Daxue chubanshe, 213–233.

Lao Sze-kwang (2001) [1959]: „Liyi guannian zhi yinying 利益觀念之陰影" (Die Idee des Vorteils und ihr Schatten). In: *Ziyou minzhu yu wenhua chuangzao*. Hrsg. von Lau Kwok-ying. Xianggang: Zhongwen Daxue chubanshe, 143–156.

Lao Sze-kwang (Übers.) (1962a): *Gongchandang shi hen renzhende* 共產黨是很認真的! (Auf die Kommunistische Partei kann man sich verlassen!). Hong Kong: Union Press Circulation.

Lao Sze-kwang (1993) [1962b]: *Lishi zhi chengfa xin bian* 歷史之懲罰新編 (Geschichte als Strafe. Neu kompiliert. Englischer Titel: The Punishment by History). Hrsg. von Leung Mei-yee. Xianggang: Xianggang Zhongwen Daxue chubanshe.

Lao Sze-kwang (1998) [1962c]: *Zhexue qianshuo xin bian* 哲學淺說新編 (Einführung in die Philosophie. Neu kompiliert. Englischer Titel: Introduction to Philosophy). Hrsg. von Man Kit-wah. Xianggang: Zhongwen Daxue chubanshe.

Lao Sze-kwang (1998) [1962d]: „Zhuangyan zhi qimu 「莊嚴」之企慕" („Respekt" vor Würde). In: *Zhexue qianshuo xin bian*. Hrsg. von Man Kit-wah. Xianggang: Xianggang Zhongwen Daxue chubanshe, 91–96.

Lao Sze-kwang (2000): [1962e] *Daxue Zhongyong yizhu xin bian* 大學中庸譯註新編, (*Die Grosse Lehre* und *Mitte und Mass* übersetzt und annotiert. Neu kompiliert. Englischer Titel: An Annotation to Daxue and Zhongyong). Hrsg. von Wong Wai-ying. Xianggang: Xianggang Zhongwen Daxue chubanshe.

Lao Sze-kwang (2001) [1962f]: „Gongchanzhuyi sixiang xingqi de shehui jingji genyuan 共產主義思想興起的社會經濟根源" (Die sozialen und wirtschaftlichen Ursprünge für den Aufstieg des kommunistischen Denkens). In: *Ziyou minzhu yu wenhua chuangzao*. Hrsg. von Lau Kwok-ying. Xianggang: Zhongwen Daxue chubanshe, 157–176.

Lao Sze-kwang (1998) [1965]: *Zhongguo wenhua yaoyi xin bian* 中國文化要義新編 (Hauptbedeutung der chinesischen Kultur. Neu kompiliert. Englischer Titel: Essentials of Chinese Culture). Hrsg. von Leung Mei-yee. Xianggang: Xianggang Zhongwen Daxue chubanshe.

Lao Sze-kwang (2001) [1967a]: „Xianggang qingnian de xin qingxiang 香港青年的新 傾向“ (Neue Tendenzen unter den Jugendlichen in Hongkong). In: *Jiaguo tianxia – Sze-kwang shilun wenxuan*. Hrsg. von Lau Kwok-ying. Xianggang: Xianggang Zhongwen Daxue chubanshe, 51–62.

Lao Sze-kwang (2001) [1967b]: „Cong Taiwan wenti tan Haiwai Huaren de ‚huigui' 從台灣問題談海外華人的「回歸」“ (Die Taiwanfrage als Ausgangslage um über die ‚Rückkehr der Überseechinesen in die Heimat' zu sprechen). In: *Jiaguo tianxia – Sze-kwang shilun wenxuan*. Hrsg. von Lau Kwok-ying. Xianggang: Zhongwen Daxue chubanshe, 92–96.

Lao Sze-kwang (1968–1980): *Zhongguo zhexue shi* 中國哲學史 (Geschichte der chinesischen Philosophie]), 4 Bände; Bd. 1, 1968, Bd. 2, 1971, Bd. 3 und 4, 1981. Xianggang: Xianggang Zhongwen Daxue Chongji Xueyuan.

Lao Sze-kwang (2001) [1969]: „Tan Haiwai Huaren de qingnian yundong wenti 談海外華人的青年運動問題“ (Die Probleme der Jugendbewegung unter Überseechinesen und Überseechinesinnen). In: *Jiaguo tianxia – Sze-kwang shilun wenxuan*. Hrsg. von Lau Kwok-ying. Xianggang: Zhongwen Daxue chubanshe, 155–162.

Lao Sze-kwang (2001) [1979]: *Sze-kwang renwu lunji* 思光人物論集 (Essays zu herausragenden Persönlichkeiten. Englischer Titel: Essays on Intellectual Personalities). Hrsg. von Leung Mei-yee. Xianggang: Xianggang Zhongwen Daxue chubanshe.

Lao Sze-kwang (1981): *Zhongguo zhi luxiang* 中國之路向 (Chinas Weg in die Zukunft). Xianggang: Shangzhi chubanshe.

Lao Sze-kwang (1981–1997): *Xin bian Zhongguo zhexue shi* 新編中國哲學史 (Geschichte der chinesischen Philosophie. Neu kompiliert). Taibei: Sanmin chubanshe, Band 1 und 2, 1984, Band 3 und 4, 1997. Taibei: Sanmin shuju.

Lao Sze-kwang (2001) [1981]: „Yi jiu jiu qi wenti yu Xianggang qiantu 一九九七 問題與香港前途“ (Die Zukunft Hongkongs und das Problem 1997). In: *Jiaguo tianxia – Sze-kwang shilun wenquan*. Hrsg. von Lau Kwok-ying. Xianggang: Zhongwen Daxue Chubanshe, 177–186.

Lao Sze-kwang (1983): „Cong zhuquan yu fanrong kan Xianggang qiantu 從主權與繁榮看香港前途“ (Souveränität versus Wohlstand: Hongkongs Perspektiven). In: *Xianggang zhi luxiang*. Xianggang: Baixing Banyuekan chuban, 120–125.

Lao Sze-kwang (1986): *Zhexue yu zhengzhi* 哲學與政治 (Philosophie und Politik). *Sze-kwang shaozuo ji*, Band 3. Hrsg. von Sun Shanhao et al. Taibei: Shibao chuban gongsi.

Lao Sze-kwang (1987): „Liu Gang zaji 留港雜記“ (Gesammelte Erinnerung aus meinem Aufenthalt in Hongkong). In: *Shujian yu zaji. Sze-kwang shaozuo ji*, Band 7. Hrsg. von Chu Jingzhi. Taibei: Shibao wenhua chuban, 271–329.

Lao Sze-kwang (1988a): „Zhongguoren zhi fanxing 中國人之反省“ (Chinesen prüfen sich selbst). In: *Gang Tai ji Haiwai xuezhe lun chuantong wenhua yu xiandaihua*. Hrsg. von Jiang Yihua et al. Chongqing: Chongqing chubanshe, 484–488.

Lao Sze-kwang (1996) [1988b]: „Beiqing, beiju, yu shengming zhi beiliang – Wen Liang Shuming xiansheng shishi yu shugan 悲情, 悲劇, 與生命之悲涼 – 聞梁漱溟先生 逝世與書感“ (Trauer, Trauerspiel und ein betrübtes Leben – Gedanken und Gefühle zum Tode von Liang Shuming). In: *Si bian lu*. Hrsg. von Liu Zhongwen. Taibei: Dongda faxing, 177–1811.

Lao Sze-kwang (1991): „On Understanding Chinese Philosophy: An Inquiry and a Proposal“. In: *Understanding the Chinese Mind. The Philosophical Roots*. Hrsg. von Robert E. Allinson. Hong Kong: Oxford University Press, 265–293.

Lao Sze-kwang (1992): *Sze-kwang shi xuan* 思光詩選 (Ausgewählte Gedichte von Sze-kwang). Hrsg. von Liu Zhongwen. Taibei: Dongda chuban.

Lao Sze-kwang (1993): *Zhongguo wenhua luxiang wenti de xin jiantao* 中國文化路向問題的新檢討 (Neue selbstkritische Untersuchung zum Werk *Chinas Weg in die Zukunft*). Taibei: Dongda faxing.

Lao Sze-kwang (1994): „Chinese Studies and Cultural Integration“. In: *The Quest for Excellence: A History of the Chinese University of Hong Kong*. Hrsg. von Alice Ng. Hong Kong: Chinese University, 125–162.

Lao Sze-kwang (1996): *Si bian lu* 思辯錄 (Aufzeichnungen von Gedanken und Analysen). Hrsg. von Liu Zhongwen. Taibei: Dongda faxing.

Lao Sze-kwang (2001a): *Jiaguo tianxia – Sze-kwang shilun wenxuan* 家國天下 – 思光 時論文選 (China in der Welt – Sze-kwang zu Tagesthemen: ausgewählte Essays. Englischer Titel: China in the World: Reflections on Contemporary Issues). Hrsg. von Lau Kwok-ying. Xianggang: Xianggang Zhongwen Daxue chubanshe.

Lao Sze-kwang (2001b): *Ziyou, minzhu yu wenhua chuangsheng* 自由民主與文化創生 (Freiheit, Demokratie und kulturelle Gestaltung. Englischer Titel: Liberty, Democracy and Cultural Creation). Hrsg. von Lau Kwok-ying. Xianggang: Xianggang Zhongwen Daxue.

Lao Sze-kwang (2002): *Wenhua zhexue jiangyan lu* 文化哲學講演錄 (Eine Aufzeichnung von Vorlesungen zur Kulturphilosophie. Englischer Titel: Lectures on Philosophy of Culture). Hrsg. von Lau Kwok-ying. Xianggang: Zhongwen Daxue chubanshe.

Lao Sze-kwang (2003): *Xujing yu xiwang – Lun dangdai zhexue yu wenhua* 虛境與希望 – 論當代哲學與文化 (Leere Prinzipien und Hoffnung – Gegenwartsphilosophie und Kultur. Englischer Titel: Illusion and Hope: On Contemporary Philosophy and Culture). Hrsg. von Lau Kwok-ying. Xianggang: Xianggang Zhongwen Daxue chubanshe.

Lao Sze-kwang (2006): „Cong dangdai sichao kan xin rujia 從當代思潮看新儒家“ (Eine Betrachtung des Neuen Konfuzianismus aus dem Blickwinkel gegenwärtiger intellektueller Strömungen). In: *Xianggang Zhongwen Daxue de dangdai ruzhe*. Hrsg. von Zheng Zongyi (Cheng Chung-yi). Xianggang: Xianggang Zhongwen Daxue, 1–15.

Lao Sze-kwang (2007): *Weiji shiji yu xin xiwang shiji. Zai lun dangdai zhexue yu wenhua* 危機世紀與新希望世紀–再論當代哲學與文化 (Ein Jahrhundert der Krisen und ein neues Jahrhundert der Hoffnung – Eine weitere Abhandlung über Gegenwartsphilosophie und Kultur. Englischer Titel: A World of Crisis and the New Century of Hope: On Contemporary Philosophy and Culture (II)). Hrsg. von Lau Kwok-ying. Xianggang: Xianggang Zhongwen Daxue chubanshe.

Weitere Literatur

Adler, Joseph A. (2008): „Zhu Xi's Spiritual Practice as the Basis of His Central Philosophical Concepts“. *Dao: A Journal of Comparative Philosophy* 7: 57–79.

Alitto, Guy (1979): *Liang Shu-ming and the Chinese Dilemma of Modernity*. Berkeley: University of California Press.

Ames, Roger T. (2011): *Confucian Role Ethics. A Vocabulary*. Hong Kong. The Chinese University of Hong Kong.

An Delie (2016): 安德烈. *Xianggang wenhualun* 香港文化論 (Kultur in Hongkong. Englischer Titel: A Discourse on Hong Kong Culture). Hong Kong: Passiontimes Limited.

Anagnost, Ann (1997): *National Past Times. Narrative, Representation and Power in Modern China*. Durham & London: Duke University Press.

Angle, Stephen C. (2009): *Sagehood. The Contemporary Significance of Neo-Confucian Philosophy*. Oxford: Oxford University Press.

Angle, Stephen C. (2017): *Neo-Confucianism. A Philosophical Introduction*. Cambridge: Polity.

Appiah, Kwame Anthony (2000). „Thick Translation“. In: *The Translation Studies Reader.* Hrsg. von Lawrence Venuti. London: Routledge, 417–429.
Appiah, Kwame Anthony (2006): *Cosmopolitanism: Ethics in a World of Strangers.* New York: Norton.
Babbitt, Irving (1921): „Humanistic Education in China and the West“. *Chinese Students' Monthly* 17.2: 85–91.
Bachmann-Medick, Doris (1996): *Kultur als Text: Die anthropologische Wende in der Literaturwissenschaft.* Frankfurt a. M.: Fischer.
Bachmann-Medick, Doris (2004): „Multikultur oder kulturelle Differenz? Neue Konzepte von Weltliteratur und Übersetzung in Postkolonialer Perspektive“. In: *Kultur als Text.* Hrsg. von Doris Bachmann-Medick. Frankfurt a. M.: Fischer, 262–296.
Bachmann-Medick, Doris (2006): *Cultural Turns. Neuorientierungen in den Kulturwissenschaften.* Reinbek: Rowohlt.
Bachmann-Medick, Doris (2014): „From Hybridity to Translation: Reflections on Travelling Concepts“. In: *The Trans/National Study of Culture. A Translational Perspective.* Hrsg. von Doris Bachmann-Medick. Berlin: Walter de Gruyter, 119–136.
Barry, Theodore Wm., de (1983): *Ch'ien Mu lectures 1982. The Liberal Tradition in China.* Hong Kong: The Chinese University Press.
Bartuschat, Wolfgang (1984): „Kultur als Verbindung von Natur und Sittlichkeit“. In: *Naturplan und Verfallskritik. Zu Begriff und Geschichte der Kultur.* Hrsg. von Helmut Brackert und Fritz Wefelmeyer. Frankfurt a. M.: Suhrkamp, 66–93.
Basic Law Full Text (2019): http://www.basiclaw.gov.hk/en/basiclawtext/chapter_1.html (20.10.2019).
Bauer, Wolfgang (1982): *German Impact on Modern Chinese Intellectual History.* Wiesbaden: Steiner.
Bauer, Wolfgang (2001): *Geschichte der chinesischen Philosophie.* München: C. H. Beck.
Bees, Robert (2012): „Autarkie der Tugend. Zum Wertbegriff der Stoa“. In: *Value: Sources and Readings on a Key Concept of the Globalized World.* Hrsg. von Ivo De Gennaro. Leiden: Brill, 83–105.
Behr, Wolfgang (2015): „Der gegenwärtige Forschungsstand zur Etymologie von rén 仁 im Überblick“. In: *Bochumer Jahrbuch zur Ostasienforschung*, Bd. 38 (Auf Augenhöhe: Festschrift zum 65. Geburtstag von Heiner Roetz). Hrsg. von Wolfgang Behr et al. München: Iudicium, 199–224.
Bender, Thomas (1997): „Politics, Intellect, and the American University“. *Daedalus* 126.1: 1–38.
Benjamin, Walter (1972) [1923]: „Die Aufgabe des Übersetzers“. *Gesammelte Schriften*, Bd. IV. Hrsg. von Walter Benjamin. Frankfurt a. M.: Suhrkamp, 9–21.
Bergson, Henri (1999) [1889]: *Zeit und Freiheit.* Hamburg: Felix Meiner.
Bergson, Henri (1993) [1934]: „Denken und schöpferisches Werden“. In: *Klassiker der Moderne.* Hrsg. von Walther Ch. Zimmerli. Darmstadt: Wissenschaftliche Buchgesellschaft, 223–238.
Bhabha, Homi K. (1990): „The Third Space. Interview with Homi Bhabha“. In: *Identity, Community, Culture, Difference.* Hrsg. von Jonathan Rutherford. London: Lawrence & Wishart, 207–221.
Bhabha, Homi K. (1994): *The Location of Culture.* London: Routledge.
Billioud, Sébastien / Thoraval, Joël (2015): *The Sage and the People. The Confucian Revival in China.* New York: Oxford University Press.
Birk, Klaus (1991): *Totale Verwestlichung. Eine chinesische Modernisierungsdebatte der dreissiger Jahre.* Bochum: Universitätsverlag Dr. N. Brockmeyer.
Bischoff, Doerte / Komfort-Hein, Susanne (Hrsg.) (2013): *Literatur und Exil. Neue Perspektiven.* Berlin / Boston: Walter de Gruyter.
Boudon, Raymond (2013): *The Origin of Values: Essays in the Sociology and Philosophy of Beliefs.* New Brunswick / London: Transaction Publishers.
Brandt, Horst D. et al. (Hrsg.) (2003): *Kritik der praktischen Vernunft.* Hamburg: Felix Meiner.

Bronfen, Elisabeth (2013): „Die Kunst des Exils“. In: *Literatur und Exil. Neue Perspektiven.* Hrsg. von Doerte Bischoff et al. Berlin / Boston: Walter de Gruyter, 381–395.
Brunner, Otto et al. (Hrsg.) (1972–1997): *Geschichtliche Grundbegriffe: Historisches Lexikon zur politisch-sozialen Sprache in Deutschland*. Stuttgart: Klett.
Bumbacher, Stephan (2016): „Reconstructing the Zhuang zi: Preliminary Considerations“. *Asiatische Studien* 70.3: 611–674.
Buswell, Robert E. Jr. et al. (Hrsg.) (2013): *The Princeton Dicitionary of Buddhism*. Princeton: Princeton University Press.
Cassirer, Ernst (1994) [1923–1929]: *Philosophie der Symbolischen Formen.* 5 Bände. Darmstadt: Wissenschaftliche Buchgesellschaft.
Cassirer, Ernst (2009) [1941]: „Zur Erkenntnistheorie der Kulturwissenschaften“. In: *Grundlagentexte Kulturphilosophie*. Hrsg. von Ralf Konersmann. Hamburg: Felix Meiner, 139–163.
Cassirer, Ernst (1992) [1944a]: *An Essay on Man. An Introduction to a Philosophy of Human Culture.* New Haven: Yale University Press.
Cassirer, Ernst (1990) [1944b]: *Versuch über den Menschen. Einführung in eine Philosophie der Kultur.* Übers. von Reinhard Kaiser. Hamburg: Felix Meiner.
Chang, Carson / Hsieh Yu-wei / Hsu Foo-kwan / Mou Chung-san / Tang Chun-i (1960): „A Manifesto on the Reappraisal of Chinese Culture. Our Joint Understanding of the Sinological Study Relating to World Cultural Outlook“. *Chinese Culture. A Quarterly Review* 3.1: 1–71.
Chang Changfu (2002): „Chinese Culture and Its (Post)Modern Fate: Three Debates and One Critique“. In: *Chinese Communication Studies: Contexts and Comparisons*. Hrsg. von Xing Lu et al. London: Ablex Publishing, 65–85.
Chang Hao (1971): *Liang Ch'i-ch'ao and Intellectual Transition in China, 1890–1907*. Cambridge: Harvard University Press.
Chang, Ruth (2000): „帝·天: Understanding Di and Tian: Deity and Heaven from Shang to Tang Dynasties“. *Sino-Platonic Paters* 108: 1–54.
Chang Sang-Yiing 張善穎 (Zhang Shanying) (2013): *Lao Sze-kwang zhexue yaoyi. Chaoyue Zhongguo zhexueshi* 勞思光哲學要義–超越中國哲學史 (Die Hauptbedeutung der Philosophie Lao Sze-kwangs: Ein Überschreiten chinesischer Philosophiegeschichte). Taipeh: EHG Books.
Cheah, Pheng / Robbins, Bruce (1998): *Cosmopolitics, Thinking and Feeling Beyond the Nation.* Minneapolis: University of Minnesota Press.
Chen Jianhua (2008): „Canon Formation and Linguistic Turn: Literary Debates in Republican China, 1919–1949“. In: *Beyond the May Fourth Paradigm: In Search of Chinese Modernity*. Hrsg. von Chou Kai Wing et al. Lanham: Lexington Books, 51–67.
Chen Qiaozhi 陳橋之 (Hrsg.) (1993): *Gang Ao Dabaike Quanshu* 港澳大百科全書 (Enzyklopädie von Hongkong und Macau). Guangzhou: Huacheng chubanshe.
Chen Xiaomei (2002): *Occidentalism. A Theory of Counter-Discourses in Post-Mao China*. New York: Oxford University Press.
Cheng Chung-ying (2003): „Ti-Yong (Tiyong, T'i-yung): Metaphysics“. In: *Encyclopedia of Chinese Philosophy*. Hrsg. von Antonio S. Cua. New York / London: Routledge, 723–726.
Cheng Chung-ying (2004): „A Theory of Confucian Selfhood: Self-Cultivation and Free Will in Confucian Philosophy“. In: *Confucian Ethics. A Comparative Study of Self, Autonomy, and Community*. Hrsg. von David. B. Wong et al. Cambridge: Cambridge University Press, 124–147.
Cheng Xiang 程翔 (2009) (Übers.): *Shuo Yuan yizhu* 說苑譯註 (Garten der Erzählungen: übersetzt und annotiert). Beijing: Beijing Daxue chubanshe.
Ching, Julia (1974): „Truth and Ideology: The Confucian Way (Tao) and its Transmission (Tao-T'ung)“. *Journal of the History of Ideas* 35.3: 371–388.

Chiu, Fredy Y. L. (1997): „Politics and the Body Social in Colonial Hong Kong". In: *Formations of Colonial Modernity in East Asia*. Hrsg. von Tani E. Barlow. Durham: Duke University Press, 295–322.

Choi Dobin. (2019). „Mengzi's Maxim for Righteousness in *Mengzi* 2A2". *Dao: A Journal of Comparative Philosohy* 18: 371–391.

Chong Kim-chong (2003): „Autonomy in the Analects". In: *The Moral Circle and the Self. Chinese and Western Approaches*. Hrsg. von Chong Kim-chong et al. Chicago: Open Court, 268–282.

Chou, Grace Ai-ling (2012): *Confucianism, Colonialism, and the Cold War. Chinese Cultural Education at Hong Kong's New Asia College, 1949–1963*. Leiden: Brill.

Chow Kai-Wing et al. (Hrsg.) (2008): *Beyond the May Fourth Paradigm. In Search of Chinese Modernity*. Lanham: Lexington Books.

Chow Rey (1998): „Introduction: On Chineseness as a Theoretical Problem". *Boundary 2* 25.3: 1–24.

Chu Yiu-wai (2013): *Lost in Transition: Hong Kong Culture in the Age of China*. Albany: State University of New York Press.

Chun, Allen (1994): „An Oriental Orientalism: The Paradox of Tradition and Modernity in Nationalist Taiwan". *History and Anthropology* 9.1: 1–29.

Chun, Allen (1996): „From Nationalism to Nationalizing: Cultural Imagination and State Formation in Postwar Taiwan". In: *Chinese Nationalism*. Hrsg. von Jonathan Unger. Armonk: M. E. Sharpe, 126–147.

Ciaudo, Joseph (2015): „Replacer Chen Duxiu dans son vocabulaire: La Nouvelle Jeunesse et le problème de la culture chinoise". *Oriens Extremus* 53: 23–57.

Cihai bianji weiyuanhui 辭海編輯委員會 (Hrsg.) (1979): *Cihai* 辭海. Shanghai: Shanghai cishu.

Clower, Jason (2014): *Late Works of Mou Zongsan*. Leiden: Brill.

Cobben, Paul (2006): *Hegel-Lexikon*: Darmstadt: Wissenschaftliche Buchgesellschaft.

Crespigny, Rafe, de (2007): *A Biographical Dictionary of Later Han to the Three Kingdoms (23–220 AD)*. Leiden: Brill.

Csikszentmihalyi, Mark / Nylan Michael (2003): „Constructing Lineages and Inventing Traditions through Exemplary Figures in Early China". *T'oung pao* 89.1–3: 59–99.

Cua, Antonio S. (1996): „A Confucian Perspective on Self-Deception". In: *Self and Deception. A Cross-Cultural Philosophical Enquiry*. Hrsg. von Roger T. Ames et al. Albany: State University of New York, 177–199.

Cua, Antonio S. (Hrsg.) (2003): *Encyclopedia of Chinese Philosophy*. New York / London: Routledge.

Defoort, Carine (1997): „Causation in Chinese Philosophy". In: *A Companion to World Philosophies*. Hrsg. von Eliot Deutsch et al. Oxford: Blackwell Publishing, 165–173.

Denecke, Wiebke (2010): *The Dynamics of Masters Literature. Early Chinese Thought from Confucius to Han Feizi*. Cambridge: Harvard University Press.

Di Giacinto, Licia (2010): „The Early History of the Confucian Canon: Successes and Failures of the First Closure". *Zeitschrift für Religionswissenschaft* 18.2: 136–161.

Di Giacinto, Licia (2015): „Die Hanzeit als Grenzfeld, oder: Kurze Überlegung zur Verteidigung des Han-ru-ismus". In: *Bochumer Jahrbuch zur Ostasienforschung*, Bd. 38 (Auf Augenhöhe: Festschrift zum 65. Geburtstag von Heiner Roetz). München: Iudicium, 331–343.

Dikötter, Frank (2015): *The Discourse of Race in Modern China*. Oxford: Oxford University Press.

Duara, Prasenjit (2012): „Hong Kong and the New Imperialism in East Asia, 1941–66". In: *Twentieth-century Colonialism and China. Localities, the Everyday, and the World*. Hrsg. von Bryna Goodman und David S. G. Goodman. London: Routledge, 197–211.

Eagleton, Terry (2001): *Was ist Kultur?* Übers. von Holger Fliesenbach. München: C. H. Beck.

Eber, Irene (2013): „The Many Faces of Exile: Hu Shi and the 1956 Lectures“. *Oriens Extremus* 52: 19–35.

Elberfeld, Rolf (2013): „Kants Tugendlehre und buddhistische Übungen. Auf dem Weg zu einer kulturoffenen und kritischen Kultivierungspraxis“. In: *Dimensionen der Selbstkultivierung. Beiträge des Forums für Asiatische Philosophie*. Hrsg. von Marcus Schmücker et al. München: Karl Alber Freiburg, 27–63.

Elman, Benjamin (1984): *From Philosophy to Philology: Intellectual and Social Aspects of Change in Late Imperial China*. Cambridge: Harvard University Press.

Elman, Benjamin (2004): „From Pre-Modern Chinese Natural Studies 格致學 to Modern Science 科學 in China“. In: *Mapping Meanings. The Field of New Learning in Late Qing China*. Hrsg. von Michael Lackner et al. Leiden: Brill, 25–73.

Eno, Robert (2003): „The Background of the Kong Family of Lu and the Origins of Ruism“. *Early China* 28: 1–41.

Ette, Ottmar (2005): *ZwischenWeltenSchreiben: Literaturen ohne festen Wohnsitz. ÜberLebensWissen II*. Berlin: Kadmos.

Falkenhausen Lothar, von (1996): „The Concept of Wen in the Ancient Chinese Ancestral Cult“. *Chinese Literature: Essays, Articles, Reviews* 18: 1–22.

Fan Ruiping et al. (Hrsg.) (2012): *A Confucian Constitutional Order. How China's Past Can Shape its Political Future*. Princeton / Oxford: Princeton University Press.

Fang Weigui (2013): *Der Westen und das Reich der Mitte. Die Verbreitung westlichen Wissens im spätkaiserlichen China*. Wiesbaden: Harrassowitz.

Fang Weigui (2019): *Modern Notions of Civilization and Culture in China*. Singapore: Springer.

Feng Qi 馮契 (Hrsg.) (2001): *Zhexue Da Cidian* 哲學大辭典. Shanghai: Shanghai sishu chubanshe.

Feng Yu-lan (1948): *A Short History of Chinese Philosophy*. Hrsg. von Derk Bodde. New York: Macmillan.

Ferguson, Russell et al. (Hrsg.) (1990): *Out There. Marginalization and Contemporary Cultures*. Cambridge: MIT Press.

Friedrich, Michael (Hrsg. und Übers. et al.) (1996): *Chang Tsai. Rechtes Auflichten. Cheng-meng*. Hamburg: Felix Meiner.

Fröhlich, Thomas (2004): „Die Hermeneutik der Nationalkultur: Tang Junyi (1909–1978) über das Exil“. *Asiatische Studien* 58.4: 867–894.

Fröhlich, Thomas (2010): „Der Machtstaat in Sun Yat-sens Drei Volksprinzipien: Nationalismus und Expertokratie in der chinesischen Republik“. In: *Staatsverständnis in Ostasien*. Hrsg. von Thomas Fröhlich und Yishan Liu. Baden-Baden: Nomos, 169–191.

Fung, Edmund S. K. (2010): *The Intellectual Foundations of Chinese Modernity. Cultural and Political Thought in the Republican Era*. New York: Cambridge University Press.

Fung Yu-lan (1991): *Selected Philosophical Writings of Fung Yu-lan*. Peking: Foreign Language Press.

Furth, Charlotte (1976): „Culture and Politics in Modern Chinese Conservatism“. In: *The Limits of Change*. Hrsg. von Charlotte Furth. Cambridge: Harvard University Press, 22–53.

Gassmann, Robert H. (1988): *Zheng Ming – Die Richtigstellung der Bezeichnungen: Ein Beitrag zur Konfuziusforschung*. Bern: Peter Lang.

Gassmann, Robert H. (2016): *Menzius. Eine kritische Rekonstruktion mit kommentierter Neuübersetzung*. 3 Bände. Berlin / Boston: Walter de Gruyter.

Geertz, Clifford (1988): „The World in a Text“. In: *Works and Lives: the Anthropologist as Author*. Hrsg. von Clifford Geertz. Stanford: Stanford University Press, 25–48.

Gentz, Joachim (2009): *Keywords Re-Oriented*. Göttingen: Universitätsverlag Göttingen.

Geldsetzer, Lutz / Hong Han-Ding (1986): *Chinesisch-Deutsches Lexikon der Chinesischen Philosophie*. Darmstadt: Scientia Verlag Aalen.

Gerhard, Volker (2009): „Menschheit in der Person des Menschen". In: *Kant und die Zukunft der europäischen Aufklärung*. Hrsg. von Heiner F. Klemme. Berlin: Walter de Gruyter.

Goldin, Paul R. (2008): „When *Zhong* 忠 Does Not Mean ‚Loyalty'". *Dao: A Journal of Comparative Philosophy* 7: 165–174.

Graham, A. C. (2002): „The Background of the Mencian [Mengzian] Theory of Nature". In: *Essays on the Moral Philosophy of Mengzi*. Hrsg. von Philip J. Ivanhoe et al. Indianapolis: Hackett Publishing, 1–63.

Guillén, Claudio (1976): „The Writer in Exile. On the Literature of Exile and Counter-Exile". *Books Abroad* 50.2: 271–280.

Habermas, Jürgen (1981a): *Theorie des kommunikativen Handelns. Handlungsrationalität und gesellschaftliche Rationalisierung*. Band. 1. Frankfurt a. M.: Suhrkamp.

Habermas, Jürgen (1981b): *Theorie des kommunikativen Handelns. Zur Kritik der funktionalistischen Vernunft*. Band. 2. Frankfurt a. M.: Suhrkamp.

Handel, Zev (2019): *Sinography: The Borrowings and Adaptation of the Chinese Script*. Leiden: Brill.

Hanyu da cidian bianweihui 漢語大詞典編委會 (Hrsg.) (2006): *Hanyu Da Cidian* 漢語大詞典, 22 Bände. Shanghai: Hanyu Da Cidian chubanshe.

Hayek, Friedrich A., von (1980) [1935]: „Socialist Calculation". In: *Individualism and Economic Order*. Chicago: The University of Chicago Press, 119–207.

Hayek, Friedrich A., von (1980) [1946]: „Individualism True and False". In: *Individualism and Economic Order*. Chicago and London: The University of Chicago Press, 1–32.

Hayek, Friedrich A., von (1980) [1948]: *Individualism and Economic Order*. Chicago and London: The University of Chicago Press.

Hayek, Friedrich A., von (2006) [1960]: *The Constitution of Liberty*. London / New York: Routledge.

Hegel, Georg Wilhelm Friedrich (1970) [1820]: *Grundlinien der Philosophie des Rechts oder Naturrecht und Staatswissenschaft im Grundrisse*. In: Eva Moldenhauer, Karl Markus Michel (Redaktion), *Theorie-Werk Ausgabe*, Band 7. Frankfurt a. M.: Suhrkamp Taschenbuch Wissenschaft.

Heilmann, Sebastian (2009): „China als experimentierender Staat". In: *Den Jadestein erlangen. Festschrift für Harro von Senger*. Hrsg. von Monika Gänssbauer. Frankfurt a. M.: Otto Lembeck, 11–23.

Höffe, Otfried (Hrsg.) (1996): *Lexikon der Ethik*. München: C.H. Beck.

Holenstein, Elmar (2015): „Moral ohne Willensfreiheit. Verantwortung, Schuldbewusstsein und Nachsicht von Ostasien aus betrachtet". In: *Bochumer Jahrbuch zur Ostasienforschung*, Bd. 38 (Auf Augenhöhe: Festschrift zum 65. Geburtstag von Heiner Roetz). Hrsg. von Wolfgang Behr et al. München: Iudicium, 357–370.

Hon Tze-ki (2008): „From Babbitt to ‚Bai Bide': Interpretations of New Humanism in Xueheng". In: *Beyond the May Fourth Paradigm: In Search of Chinese Modernity*. Hrsg. von Chou Kai Wing. Lanham: Lexington Books, 253–263.

Hong Kong Report (1952): Hong Kong: Government Printing Office.

Hong Kong Statistics (1947–1967): https://www.statistics.gov.hk/pub/hist/1961_1970/B10100031967AN67E0100.pdf (20.10.2019).

Hu Shi 胡適 (1987) [1919]: „Xin sichao de yiyi 新思潮的意義" (Die Bedeutung der neuen Gedankenströmung). In: Hu Shi, *Hu Shi yu Zhong-Xi wenhua*. Taibei: Shuiniu dushu chuban, 25–33.

Hu Shi (1987) [1936]: „Yan qian shijie wenhua de qushi 眼前世界文化的趨勢" (Der gegenwärtige Trend der Weltkultur). In: *Hu Shi yu Zhong-Xi wenhua*. Hrsg. von Hu Shi. Taibei: Shuiniu dushu chuban, 173–179.

Hu Shi (1949): „Ziyou Zhongguo de zongzhi 自由中國的宗旨" (Die Ziele der Zeitschrift Freies China). *Ziyou Zhongguo* 1.1: 2.

Hu Shi (1987) [1953]: „San bai nian lai shijie wenhua de qushi yu Zhongguo ying caiqu de fangxiang 三百年來世界文化的趨勢與中國應採取的方向" (Der Trend der Weltkultur in den vergangenen 300 Jahren und die Richtung, die China einschlagen sollte). In: *Hu Shi yu Zhong-Xi wenhua*. Hrsg. von Hu Shi. Taibei: Shuiniu dushu chuban, 187–195.

Huafan Daxue zhexuexi 華梵大學哲學系 (Hrsg.) (2002): *Lao Sze-kwang sixiang yu Zhongguo zhexue shijiehua* 勞思光思想與中國哲學世界化 (Das Denken Lao Sze-kwangs und die chinesische Philosophie im globalen Kontext). Taibei: Xingzhengyuan wenjianhui chuban.

Huang Junjie 黃俊傑 (2012): *Mengzi* 孟子 (Menzius). Xianggang: Zhonghua Shuju.

Hunter, Michael (2018): „The Lunyu as a Western Han Text". In: *Confucius and the Analects Revisited. New Perspectives on Composition, Dating, and Authorship*. Hrsg. von Michael Hunter et al. Leiden: Brill, 67–91.

In Memory of Professor Lao Sze-Kwang: https://www.cpr.cuhk.edu.hk/en/press_detail.php?id=1418&t=in-me...or-lao-sze-kwang&id=1418&t=in-memory-of-professor-lao-sze-kwang (20.10.2019).

Internet Encyclopedia of Philosophy: Lao Sze-kwang: https://www.iep.utm.edu/lao-s-k/ (20.10.2019).

Isay, Gad C. (2013): *The Philosophy of the View of Life in Modern Chinese Thought*. Wiesbaden: Harrassowitz.

Jenco, Leigh K. (2015): *Changing Referents: Learning across Space and Time in China and the West*. New York: Oxford University Press.

Jensen, Lionel M. (1997): *Manufactering Confucianism*. Durham / London: Duke University Press.

Jia Jinhua / Kwok Pang-Fei (2007): „From Clan Manners to Ethical Obligation and Righteousness: A New Interpretation of the Term yi 義". *Journal of the Royal Asiatic Society* 17.1: 33–42.

Jiang Yihua 姜義華 et al. (Hrsg.) (1988): *Gang Tai ji Haiwai xuezhe lun chuantong wenhua yu xiandaihua* 港臺及海外學者論傳統文化與現代化 (Gelehrte aus Hongkong, Taiwan und Übersee diskutieren über die traditionelle Kultur und Modernisierung). Chongqing: Chongqing chuban faxing.

Jin Guantao 金觀濤 / Liu Qingfeng 劉青峰 (2008): *Guannian shi yanqiu: Zhongguo xiandai zhongyao zhengzhi shuyu de xingcheng* 觀念史研究:中國現代重要政治術語的形成 (Forschung zur Begriffsgeschichte: Zur Entstehung wichtiger gegenwärtiger politischer Fachausdrücke). Xianggang: Zhongwen Daxue.

Jin Guantao / Liu Qingfeng (2012): „Jinian Lao Sze-kwang xiansheng 紀念勞思光先生" (Zum Gedenken an Herrn Lao Sze-kwang). *Ershiyi shiji* 134: 156–157.

Joas, Hans (1997): *Die Entstehung der Werte*. Frankfurt a. M.: Suhrkamp.

Johnston, Ian (2016): *Record of Daily Knowledge and Collected Poems and Essays: Selections*. New York: Columbia University Press.

Jürgens, Andreas (2012): *Humanismus und Kulturkritik. Ernst Cassirers Werk im amerikanischen Exil*. München: Wilhelm Fink.

Kant, Immanuel (1968) [1784]: „Idee zu einer allgemeinen Geschichte in weltbürgerlicher Absicht". In: *Werke. Akademie Textausgabe*, Band 11. Frankfurt a. M.: Walter de Gruyter, 31–50.

Karl, Rebecca E. (1998): „Creating Asia: China in the World at the Beginning of the Twentieth Century". *The American Historical Review* 103.4: 1096–1118.

Karlgren, Bernhard (1972): *Gramata serica recensa*. Kungsbacka: Elander.

Kaske, Elisabeth (2008): *The Politics of Language in Chinese Education. 1895–1919*. Leiden: Brill.

Kau, Michael Y. M. / Leung, John K. (1986): *The Writings of Mao Zedong, 1949–1976*. Band 1 (September 1949–Dezember 1957). Armonk: Sharpe.

Kern, Iso (2010): *Das Wichtigste im Leben. Wang Yangming (1472–1529) und seine Nachfolger über die ‚Verwirklichung des ursprünglichen Wissens‘* 致良知. Basel: Schwabe.

Klein, Sunkyung Esther (2018): „Sima Qian's Kongzi and the Western Han Lunyu“. In: *Confucius and the Analects Revisited. New Perspectives on Composition, Dating, and Authorship*. Hrsg. von Michael Hunter et al. Leiden: Brill, 241–267.

Kley, Roland (1994): *Hayek's Social and Political Thought*. Oxford: Clarendon.

Kluckhohn, Clyde (1951): „Values and Value-Orientations in the Theory of Action“. In: *Toward a General Theory of Action*. Hrsg. von Talcott Parsons et al. New York: Harper, 388–433.

Knox, T. M. (Übers.) (1942): Hegel, Georg W. F. *Philosophy of Right*. Oxford: Clarendon Press.

Konersmann, Ralf (2003): *Kulturphilosophie zur Einführung*. Hamburg: Junius.

Konersmann, Ralf (Hrsg.) (2009): *Grundlagentexte Kulturphilosophie*. Hamburg: Felix Meiner.

Koselleck, Reinhart (2006): *Begriffsgeschichten: Studien zur Semantik und Pragmatik der politischen und sozialen Sprache*. Frankfurt a. M.: Suhrkamp.

Knüsel Adamec, Brigit (2013): „In Exile: Lao Sze-kwang on Cultural Re-Appropriation“. *Oriens Extremus* 52: 83–103.

Knüsel Adamec, Brigit (2018): „Negotiating Liberal Values Under Colonialism: Lao Sze-kwang, Hong Kong and ‚Free China‘“. *Interventions: Special issue in Hong Kong Connections across the Sinosphere* 20.8: 1171–1181.

Knüsel Adamec, Brigit / Fröhlich, Thomas (2013): „Exilic Signifiers in 20th Century China, 1898, 1949, 1989“. *Oriens Extremus* 52: 3–18.

Kroeber, Arnold L. / Parsons, Talcott (1958): „The Concepts of Culture and of Social Systems“. *American Sociological Review* 23: 582–583.

Krohn, Claus-Dieter (2013): „Exilliteraturforschung und die Akkulturations- und Hybridtheorie“. In: *Literatur und Exil. Neue Perspektiven*. Hrsg. von Doerte Bischoff et al. Berlin: Walter de Gruyter, 23–48.

Krohn, Claus-Dieter et al. (Hrsg.) (2000): *Exile im 20. Jahrhundert*. München: edition text + kritik.

Ku, Agnes Shuk Mei (2004): „Immigration Policies, Discourses, and the Politics of Local Belonging in Hong Kong (1950–1980)“. *Modern China* 30.3: 326–360.

Kubin, Wolfgang (1990): „Der unstete Affe. Zum Problem des Selbst im Konfuzianismus“. In: *Konfuzianismus und die Modernisierung Chinas*. Hrsg. von Silke Krieger et al. Mainz: Hase & Koehler.

Kuo Ya-pei (2014): „Temporality of Knowledge and History Writing in Early Twentieth-Century China. Liu Yizheng and A History of Chinese Culture“. In: *The Challenge of Linear Time. Nationhood and the Politics of History in East Asia*. Hrsg. von Viren Murthy et al. Leiden: Brill.

Kuo Ya-pei (2019): „Polarities and the May Fourth Polemical Culture: Provenance of the ‚Conservative‘ Category“. *Twentieth-Century China* 44.2: 174–189.

Kurtz, Joachim (2019): „Kant in China: Eine philosophische Wahlverwandtschaft“. In: *Transcultural Perspectives on Late Imperial China. China and The World – the World and China*. Band 2. Hrsg. von Natascha Gentz et al. Gossenberg: Ostasien Verlag, 181–197.

Kwong Chi Man / Tsoi Yiu Lun (2014): *Eastern Fortress: A Military History of Hong Kong 1840–1970*. Hong Kong: Hong Kong University Press.

Lackner, Michael (1986): „Hegel entseelt. Probleme der chinesischen Hegel-Rezeption“. *Internationales Asienforum* 17: 131–145.

Lackner, Michael (2003): „Philosophie, Theologie oder Kulturwissenschaft? Legitimation des modernen Neokonfuzianismus“. In: *Selbstbehauptungsdiskurse in Asien: China – Japan – Korea*. Hrsg. von Iwo Amelung et al. München: Iudicium, 275–290.

Langenohl, Andreas et al. (Hrsg.) (2015): *Transkulturalität. Klassische Texte*. Bielefeld: Transcript.

Lao Sze-kwang: Lexicon of Confucianism: https://humanum.arts.cuhk.edu.hk/ConfLex/ (20.10.2019).

Lau, D. C. (1979): *Mencius*, 2 Bände. Hong Kong: The Chinese University Press.

Lau, D. C. (1992): *Confucius: The Analects*. Hong Kong: The Chinese University Press.

Lau Kwok-ying (Liu Guoying 劉國英) (1997): „Oulu zhexue zai Xianggang 歐陸哲學在香港" (Kontinentaleuropäische Philosophie in Hongkong). In: *Sixiang jiaohuidian: Zhexue zai Xianggang*. Hrsg. von Man Si-Wai (Wen Sihui) et al. Xianggang: Qingwen, 45–74.

Lau Kwok-ying et al. (Hrsg.) (2003): *Wuya lijing – Lao Sze-kwang xiansheng de xuewen yu sixiang* 無涯理境-勞思光先生的學問與思想 (Unendlicher Ordnungsraum: Herr Lao Sze-kwangs Gelehrsamkeit und Denken). Xianggang: Xianggang Zhongwen Daxue chubanshe.

Lau Kwok-ying et al. (Hrsg.) (2010): *Wanhu qianmen ren juanshu. Lao Sze-kwang xiansheng ba shi huadan zhushou lunwen ji* 萬户千門任卷舒勞思光先生八十華誕祝壽論文集 (10 000 Tore und Fenster. Festschrift zum 80. Geburtstag von Herrn Lao Sze-kwang. Gesammelte Aufsätze). Xianggang: Zhongwen Daxue chubanshe.

Lau Kwok-ying (2016): „Self-Transformation and the Ethical ‚Telos': Orientative Philosophy in Lao Sze-kwang, Foucault and Husserl". In: *Phenomenology and Intercultural Understanding*. Cham: Springer, 125–151.

Lau Kwok-ying (2019): „Whither Intercultural Philosophy? Responses to Comments and Questions on ‚Phenomenology and Intercultural Understanding: Toward a New Cultural Flesh'". *Dao: A Journal of Comparative Philosophy* 18.1: 127–136.

Lau Siu-kai / Kuan Hsin-chi (1981): „Utilitarianistic Familism: The Basis of Political Stability". In: *Social Life and Development in Hong Kong*. Hrsg. von Ambrose Y. C. King et al. Hong Kong: The Chinese University Press, 195–216.

Lau Siu-kai / Kuan Hsin-chi (1988): *The Ethos of the Hong Kong Chinese*. Hong Kong: The Chinese University of Hong Kong Press.

Lau, Ulrich (1997): „Vom Schaf zur Gerechtigkeit – Der sakrale Hintergrund einiger frühchinesischer Rechtstermini". In: *Tradition und Moderne – Religion, Philosophie und Literatur in China*. Hrsg. von Christiane Hammer et al. Dortmund: Projekt, 37–47.

Law Wing Sang (2009): *Collaborative Colonial Power. The Making of the Hong Kong Chinese*. Hong Kong: Hong Kong University Press.

Lee Eun-Jeung (2003): *„Anti-Europa". Die Geschichte der Rezeption des Konfuzianismus und der konfuzianischen Gesellschaft seit der frühen Aufklärung*. Münster: Lit.

Lee Ming-hui (2015): „Kritische Bemerkungen zum Problem der Legitimität chinesischer Philosophie". In: *Bochumer Jahrbuch zur Ostasienforschung*, Bd. 38 (Auf Augenhöhe: Festschrift zum 65. Geburtstag von Heiner Roetz). Hrsg. von Wolfgang Behr et al. München: Iudicium, 103–114.

Lee Ming-hui (2017): *Confucianism. Its Roots and Global Significance*. Honolulu: University of Hawai'i Press.

Lee Su-San (1998): *Xu Fuguan and New Confucianism in Taiwan (1949–1969). A Cultural History of the Exile Generation*. Dissertationsschrift Brown University: UMI Dissertation Services.

Lee Su-San (2013): „‚China' in Exile: The Case of Xu Fuguan". *Oriens Extremus* 52: 105–136.

Lehmann, Olf (2003): *Zur Moralmetaphysischen Grundlage einer Konfuzianischen Moderne. ‚Philosophierung' der Tradition und ‚Konfuzianisierung' der Aufklärung bei Mou Zongsan*. Leipzig: Leipziger Universitätsverlag.

Leung Ping-kwan (2009): „Writing across Borders: Hong Kong's 1950s and the Present". In: *Diasporic Histories: Cultural Archives of Chinese Transnationalism*. Hrsg. von Andrea Riemenschnitter et al. Hong Kong: Hong Kong University Press, 23–42.

Li Xueqin 李學勤 (Hrsg.) (1999a): *Lunyu zhushu* 論語注疏 (Gespräche: Erläutert und kommentiert). *Shi san jing zhushu*, Band 10. Beijing: Beijing Daxue chubanshe.

Li Xueqin (1999b): *Mengzi zhushu* 孟子注疏 (Menzius: Erläutert und kommentiert). *Shi san jing zhushu*, Band 11. Beijing: Beijing Daxue chubanshe.

Liang Qichao 梁啟超 (1994) [1901]: „Zhongguo shi xulun 中國史序論" (Vorwort zur Geschichte Chinas). In: *Yinbingshi heji*, Band 1. Hrsg. von Lin Zhijun. Beijing: Zhonghua shuju, 1–11 (6. Abteilung).

Liang Qichao (2005) [1920]: „‚Wu Si jinianri' ganyan ‚五四記念日' 感言" (Worte um Gefühle zum Erinnerungstag des 4. Mai auszudrücken). In: *Yinbingshi heji*. Band 2 Hrsg. von Xia Xiaohong. Beijing: Beijing Daxue chubanshe, 838.

Liang Qichao (1936): „Ouyou zhong zhi yiban guancha ji yiban ganxiang 歐游中之一般觀察及一般感想" (Allgemeine Ansichten und Gefühle bei der Reise durch Europa). In: *Liang Rengong wenji*. Hrsg. von Liang Qichao. Xianggang: Sanda gongsi chuban yinxing, 1–72.

Liang Shuming 梁漱溟 (1999) [1921]: *Dong-Xi wenhua ji qi zhexue* 東西文化及其哲學 (Die Kulturen des Ostens und Westens und ihre Philosophien). Beijing: Shangwu yinshuguan.

Liang Shuming (1999) [1949]: *Zhongguo wenhua yaoyi* 中國文化要義 (Die Hauptbedeutung der chinesischen Kultur). Xianggang: Sanlian shudian.

Lin Anwu 林安梧 (1987): *Xiandai ruxue lunheng* 現代儒學論衡 (Eine kritische Beurteilung gegenwärtiger konfuzianischer Gelehrsamkeit). Taibei: Yejiang chubanshe.

Lin Yü-sheng (1974–1975): „The Evolution of the Pre-Confucian Meaning of Jen and the Confucian Concept of Moral Autonomie". *Monumenta Serica* 31.1: 172–204.

Lippert, Wolfgang (1979): *Entstehung und Funktion einiger chinesischer marxistischer Termini. Der lexikalisch-begriffliche Aspekt der Rezeption des Marxismus in Japan und China.* Wiesbaden: Franz Steiner.

Liu Jianmei (2015): „The Spirit of Zhuangzi and Chinese Utopian Imagination". *Journal of Literature and Art Studies* 5.11: 970–984.

Liu, Lydia H. (1995): *Translingual Practice. Literature, National Culture, and Translated Modernity. China 1900–1937.* Stanford: Stanford University Press.

Lo Yuet-keung (2003): „Finding the Self in the Analects: A Philological Approach". In: *The Moral Circle and the Self. Chinese and Western Approaches*. Hrsg. von Chong Kim-chong et al. Chicago: Open Court, 249–268.

Loewe, Michael (Hrsg.) (1993): *Early Chinese Texts. A Bibliographical Guide*. Berkeley: The Society for the Study of Early China.

Loh, Christine (2010): *Underground Front: The Chinese Communist Party in Hong Kong*. Hong Kong: Hong Kong University Press.

Lowe Chun-Yip (2017): „Postmetaphysical Thinking and Subjectivity: On Lao Sze-kwang's History of Chinese Philosophy". *Oriens Extremus* 56: 235–262.

Loy Hui-chieh (2003): „Analects 13.3 and the Doctrine of ‚Correcting Names'". *Monumenta Serica* 51: 19–36.

Luhmann, Niklas (1995): „Kultur als historischer Begriff". *Gesellschaftsstruktur und Semantik*, Band 4. Hrsg. von Niklas Luhmann. Frankfurt a. M.: Suhrkamp.

Lui Tai Lok (Lü Dale 呂大樂) (2014): *Xianggang si dai ren* 香港四代人 (Vier Generationen von Hongkong [Bewohnern]). Xianggang: Jinyibu Duomeiti.

MacIntyre, Alasdair (2004): „Questions for Confucians. Reflections on the Essays in Comparative Study of Self, Autonomy, and Community". In: *Confucian Ethics. A Comparative Study of Self, Autonomy, and Community*. Hrsg. von Kwong-Loi Shun et al. Cambridge: Cambridge University Press, 203–218.

Makeham, John (1994): *Name and Actuality in Early Chinese Thoughts*. Albany: State University of New York Press.

Makeham, John (1996): „The Formation of Lunyu as a book". *Monumenta Serica* 44.1: 1–24.

Makeham, John (2003a): „The Retrospective Creation of New Confucianism". In: *New Confucianism. A Critical Examination*. Hrsg. von John Makeham. New York: Palgrave Macmillan, 25–53.

Makeham, John (Hrsg.) (2003b): *New Confucianism. A Critical Examination*. New York: Palgrave Macmillan.

Makeham, John (2018): „A Critical Overview of Some Contemporary Chinese Perspectives on the Composition and Date of Lunyu". In: *Confucius and the Analects Revisited*. Hrsg. von Michael Hunter et al. Leiden: Brill, 17–38.

Man, Eva Kit Wah (2020): *Cross-Cultural Reflections on Chinese Aesthetics, Gender, Embodiment and Learning*. Singapore: Springer Nature.

Mao Zedong 毛澤東 (1957): „Guanyu zhengque chuli renmin neibu maodun de wenti 關於正確處理人民內部矛盾的問題" (Über die richtige Behandlung von Widersprüchen im Volk). In: *Mao Zedong. Texte. 1956–1957. Schriften, Dokumente, Reden und Gespräche. Deutsche Bearbeitung und chinesische Originalfassung*. Band 2. Hrsg. von Helmut Martin. München: Carl Hanser, 406–426.

McDonald, Edward (2020): *Grammar West to East. The Investigation of Linguistic Meaning in European and Chinese Traditions*. Singapore: Springer.

Marchal, Kai (2004): „Ein Klassiker in einer neuen Welt: Yu Yingshi 余英時: ‚Zhu Xis geschichtliche Welt – Studien zur politischen Kultur der song-zeitlichen Gentry'". *Asiatische Studien* 58.4: 995–1011.

Mark, Chi-kwan (2004): *Hong Kong and the Cold War: Anglo-American Relations 1949–1957*. Oxford: Clarendon Press.

Martin, Helmut et al. (Hrsg.) (1979): *Mao Zedong. Texte. 1956–1957. Schriften, Dokumente, Reden und Gespräche. Deutsche Bearbeitung und chinesische Originalfassung*. Band 2. München: Carl Hanser.

Merkel-Hess, Kate (2016): *The Rural Modern: Reconstructing the Self and State in Republican China*. Chicago: University of Chicago Press.

Merkel, Rudolf Franz (1942): „Herder und Hegel über China". *Sinica* 17: 5–26.

Metzger, Thomas A. (1977): *Escape from Predicament. Neo-Confucianism and China's Evolving Political Culture*. New York: Columbia University Press.

Metzger, Thomas A. (1990): „Continuities between Modern and Premodern China: Some Neglected Methodological and Substantive Issues". In: *Ideas across Cultures. Essays on Chinese Thought in Honor of Benjamin I. Schwarz*. Hrsg. von Paul A. Cohen et al. Cambridge: Harvard University Press, 263–292.

Metzger, Thomas A. (2005): *A Cloud Across the Pacific. Essays on the Clash between Chinese and Western Political Theories Today*. Hong Kong: The Chinese University Press.

Metzger, Thomas A. (2008): „Limited Distrust of Reason as a Prerequisite of Cultural Convergence: Weighing Professor Lao Sze-kwang's Concept of the Divergence between ‚the Confucian Intellectual Tradition' and ‚Modern Culture'". *Zhongguo zhexue yu wenhua* 3: 17–61.

Miao, Ronald C. (1982): *Early Medieval Chinese Poetry. The Life and Verse of Wang Ts'an (A.D. 177–217)*. Wiesbaden: Franz Steiner.

Miller, Martin (1995): *Die Modernität der Tradition. Zum Kulturverständnis des Historikers Yu Yingshi*. Münster: Lit.

Mittag, Jürgen et al. (Hrsg.) (2014): *Theoretische Ansätze und Konzepte der Forschung über soziale Bewegungen in der Geschichtswissenschaft*. Essen: Klartext.

Moritz, Ralf (2003): *Konfuzius. Gespräche*. Stuttgart: Philipp Reclam jun.

Mou Zongsan 牟宗三 (1993): *Wu shi zi shu* 五十自述 (Autobiographie im Alter von 50 Jahren). Taibei: Ehu chubanshe.

Mühlhahn, Klaus (1997): „Nation, Markt und Moderne: Paradigmen der chinabezogenen Geschichtswissenschaft“. *asien afrika lateinamerika* 25: 639–650.

Müller, Martin (2002): *Die chinesischsprachige Hegel-Rezeption von 1902 bis 2000: eine Bibliographie*. Frankfurt a. M.: Peter Lang.

Ng, Alice N. H. (Hrsg.) (1994): *The Quest for Excellence. A History of the Chinese University of Hong Kong*. Hong Kong: The Chinese University Press.

Nienhauser, William H. (1986): *The Indiana Companion to Traditional Chinese Literature*. Bloomington: Indiana University Press.

Nietzsche, Friedrich (2004) [1887]: *Zur Genealogie der Moral. Eine Streitschrift*. Berlin: Akademie.

Nikkilä, Pertti (1992): *Early Confucianism and Inherited Thought in the Light of Some Key Terms of the Confucian Analects. II. The Terms in the Confucian Analects*. Helsinki: Finnish Oriental Society.

Nivison, David Shepherd (1999): „The Classical Philosophical Writings: Confucius“. In: *The Cambridge History of Ancient China*. Hrsg. von Michael Loewe et al. Cambridge: Cambridge University Press, 752–759.

Nussbaum, Martha (2003): „Golden Rule Arguments: A Missing Thought?“. In: *The Moral Circle and the Self: Chinese and Western Approaches*. Hrsg. von Kim-chong Chong et al. Chicago / La Salle: Carus Publishing, 3–16.

Nuyen, A. T. (2003): „Love and Respect in the Confucian Family“. In: *The Moral Circle and the Self: Chinese and Western Approaches*. Hrsg. von Kim-chong Chong et al. Chicago / La Salle: Carus Publishing, 93–105.

Nylan, Michael (2001): *The Five ‚Confucian‘ Classics*. New Haven / London: Yale University Press.

Osterhammel, Jürgen (1998): *Die Entzauberung Asiens. Europa und die asiatischen Reiche im 18. Jahrhundert*. München: C. H. Beck.

Oyen, Meredith (2014): „‚Thunder without Rain‘: ARCI, the Far East Refugee Program, and the U.S. Response to Hong Kong Refugees“. *Cold War Studies* 16.4: 189–221.

Parkhomenko, Roman (2005): *Cassirers politische Philosophie: Zwischen allgemeiner Kulturtheorie und Totalitarismus*. Karlsruhe: KIT Scientific Publishing.

Parsons, Talcott (1961): „An Outline of the Social System“. In: *Theory of Society. Foundations of Modern Sociological Theory*. Hrsg. von Talcott Parsons et al. New York: Free Press, 30–79.

Peart, Sandra J. (2011): „F. A. Hayek’s Sympathetic Agents“. In: *Hayek, Mill and the Liberal Tradition*. Hrsg. von Andrew Farrant. London: Routledge, 39–56.

Pressrelease: Professor Lao Yung-wei (Lao Sze-kwang), BA. http://www.cuhk.edu.hk/cpr/pressrelease/041209Lao_e.htm (20.10.2019).

Professor Lao Sze-kwang: http://www.cuhk.edu.hk/ugallery/en/story/lao_sze_kwang.html (20.10.2019).

Reckwitz, Andreas (2000): *Die Transformation der Kulturtheorien. Zur Entwicklung eines Theorieprogramms*. Weilerswist: Velbrück Wissenschaft.

Reiter, Andrea (2006): „Diaspora und Hybridität: der Exilant als Mittler“. In: *Diaspora – Exil als Krisenerfahrung*. Hrsg. von Armin Eidherr. Klagenfurt: Drava, 36–51.

Renz, Ursula (2002): *Die Rationalität der Kultur: Zur Kulturphilosophie und ihrer transzendentalen Begründung bei Cohen, Natorp und Cassirer*. Hamburg: Felix Meiner.

Ride, Edwin (1981): *BAAG: Hong Kong Resistance 1942–1945*. Oxford: Oxford University Press.

Riemenschnitter, Andrea et al. (Hrsg.) (2009): *Diasporic Histories: Cultural Archives of Chinese Transnationalism*. Hong Kong: Hong Kong University Press.

Ritter, Joachim et al. (Hrsg.) (1971–2007): *Historisches Wörterbuch der Philosophie*, 12 Bände. Basel und Stuttgart: Schwabe.

Roetz, Heiner (1984): *Mensch und Natur im alten China*. Frankfurt a. M.: Peter Lang.

Roetz, Heiner (1992): *Die chinesische Ethik der Achsenzeit: Eine Rekonstruktion unter dem Aspekt des Durchbruchs zu postkonventionalem Denken*. Frankfurt a. M.: Suhrkamp.

Roetz, Heiner (2002): „Nachwort. Albert Schweitzer über das chinesische Denken. Eine sinologische Anmerkung". In: *Geschichte des chinesischen Denkens*. Hrsg. von Bernard Kaempf und Johann Zürcher. München: Beck, 331–348.

Roetz, Heiner (2006): *Konfuzius*. München: Beck.

Roetz, Heiner (2009a): „Der konfuzianische Humanismus und sein Ursprung aus dem Geist der Traditionskritik". In: *Menschenbilder in China*. Hrsg. von Lena Henningsen et al. Wiesbaden: Harrassowitz, 33–66.

Roetz, Heiner (2009b): *Klassische chinesische Philosophie. Eine Einführung*. Frankfurt a. M.: Klostermann.

Roetz, Heiner (2011): „Transfer in Dispute. The Case of China". In: *Cultural Transfer in Dispute: Representations in Asia, Europe and the Arab World since the Middle Ages*. Hrsg. von Jörg Feuchter et al. Frankfurt: Campus, 263–281.

Roetz, Heiner (2013): „Die Aufklärung, Albert Schweitzer und Karl Jaspers. Zur vorübergehenden Entdeckung Chinas in den Zerreisskrisen der europäischen Zivilisation". *DCG Mitteilungensblatt* 56: 88–98.

Roetz, Heiner (2016): „Confucian Philosophical Traditions". In: *Philosophy. Sources, Perspectives, and Methodologies*. Hrsg. von Donald M. Bochert. Farmington Hills: Macmillan Reference USA, 191–207.

Rošker, Jana S. (2016): *The Rebirth of the Moral Self. The Second Generation of Modern Confucians and their Modernization Discourses*. Hong Kong: The Chinese University of Hong Kong Press.

Said, Edward (1990): „Reflections on Exile". In: *Out There. Marginalization and Contemporary Culture*. Hrsg. von Russell Ferguson et al. New York: The MIT Press, 357–366.

Sakai, Naoki (2015): „Die Verrückung des Westens und der Status der Geisteswissenschaften". In: *Transkulturalität. Klassische Texte*. Hrsg. von Andreas Langenohl et al. Bielefeld: Transcript, 300–315.

Schalow, Frank (2012): „Kant and the Question of Values". In: *Value. Sources and Readings on a Key Concept of the Globalized World*. Hrsg. von Ivo De Gennaro. Leiden: Brill, 131–147.

Schickel, Joachim (1971): „Hegels China – Chinas Hegel". In: *Aktualität und Folgen der Philosophie Hegels*. Hrsg. von Oskar Negt. Frankfurt a. M.: Suhrkamp, 187–198.

Schilling, Dennis (2011): „Emblem der Herrschaft: Die Zeichen des Yì jīng und ihre politische Deutung". *Oriens Extremus* 50: 47–74.

Schlick, Moritz (1936): „Meaning and Verification". *The Philosophical Review* 44: 338–367.

Schmidt, J. D. (2003): *Harmony Garden. The Life, Literary Criticism, and Poetry of Yuan Mei (1716–1798)*. London: Routledge Curzon.

Schmidt, Stephan (Hrsg. und Übers.) (2009): Huang Chun-Chieh. *Konfuzianismus: Kontinuität und Entwicklung. Studien zur chinesischen Geistesgeschichte*. Bielefeld: Transcript.

Schmidt, Stephan (2013): „Mou Zongsans Moralische Vision. Moderner Neu Konfuzianismus zwischen Theorie und Praxis". In: *Dimensionen der Selbstkultivierung. Beiträge des Forums für Asiatische Philosophie*. Hrsg. von Marcus Schmücker et al. Freiburg / München: Karl Alber, 277–309.

Schmücker, Marcus et al. (Hrsg.) (2013): *Dimensionen der Selbstkultivierung. Beiträge des Forums für Asiatische Philosophie*. Freiburg / München: Karl Alber.

Schnädelbach, Herbert (1994): „Kultur". In: *Philosophie: ein Grundkurs*, Band 2. Hrsg. von Herbert Schnädelbach. Reinbek: Rowohlt, 508–548.

Schnädelbach, Herbert (1996): „Plädoyer für eine kritische Kulturphilosophie". In: *Kulturphilosophie*. Hrsg. von Ralf Konersmann. Leipzig: Reclam, 307–326.

Schnädelbach, Herbert (2000): *Hegels praktische Philosophie. Ein Kommentar der Texte in der Reihenfolge ihrer Entstehung*. Frankfurt a. M.: Suhrkamp.

Schneider, Lawrence A. (1972): „Kulturkonservatismus im modernen China". In: *Chinas grosse Wandlung: Revolutionäre Bewegungen im 19. und 20. Jahrhundert*. Hrsg. von Peter J. Opitz. München: Oscar Beck, 113–145.

Schönrich, Gerhard (2013): „Kants Werttheorie? Versuch einer Rekonstruktion". *Kant-Studien* 104.3: 321–345.

Schweitzer, Albert (2002): *Geschichte des chinesischen Denkens. Werke aus dem Nachlass*. Hrsg. von Bernhard Kaempf et al., mit einem Nachwort von Heiner Roetz. München: Beck.

Shangwu Yinshuguang 商務印書館 (Hrsg.) (2002): *Xin Hua pinxie cidian*. 新華拼寫詞典. Beijing: Shangwu yinshuguang.

Shen, Vincent (2013): „Obituary of Lao Sze Kwang". *Journal of Chinese Philosophy* 40.1: 215–217.

Shen, Vincent (2014): „'Interculturality' in Lao Sze-Kwang's and Tong Lik-Kuen's Philosophies". *Dao: A Journal of Comparative Philosophy* 13.2: 267–272.

Shun Kwong-hoi (2004): „The Person in Confucian Thought". In: *Confucian Ethics. A Comparative Study of Self, Autonomy, and Community*. Hrsg. von David. B. Wong et al. Cambridge: Cambridge University Press, 183–199.

Siep, Ludwig (2010): *Aktualität und Grenzen der praktischen Philosophie Hegels*. München: Wilhelm Fink.

Simon, Rainald (2014): *Yijing. Buch der Wandlungen. Chinesisch/Deutsch*. Stuttgart: Philipp Reclam jun.

Simon, Rainald (2015): *Shijing. Das altchinesische Buch der Lieder. Chinesisch/Deutsch*. Stuttgart: Reclam.

Simmel, Georg (2016) [1903]: „Die Grossstädte und das Geistesleben". In: *Die Grossstadt. Vorträge und Aufsätze zur Städteausstellung*. Hrsg. von Karl-Maria Guth. Berlin: Hofenberg, 3–28.

Skeldon, Ronald (1994): *Reluctant Exiles?: Migration from Hong Kong and the New Overseas Chinese*. Armonk: M. E. Sharp.

Slingerland, Edward (2004): „Conceptions of the Self in the Zhuangzi". *Philosophy East & West* 54.3: 322–342.

Slingerland, Edward (2011): „Metaphor and Meaning in Early China". *Dao: A Journal of Comparative Philosophy* 10.1: 1–30.

Slingerland, Edward (2014): *Trying not to Try*. Edinburgh: Canongate.

Spence, Jonathan D. (1998): *The Chan's Great Continent. China in Western Minds*. New York / London: Norton.

Spivak, Gayatri Chakravorty (1985): „Criticism, Feminism and the Institution". *Thesis Eleven* 10/11: 175–187.

Stanford Encyclopedia of Philosophy: Qing Philosophy: https://plato.stanford.edu/entries/qing-philosophy/ (20.10.2019).

Steineck, Raji C. et al. (Hrsg.) (2018): *Concepts of Philosophy in Asia and the Islamic World*. Leiden: Brill.

Steinmetz, Willibald (2008): „40 Jahre Begriffsgeschichte – The State of the Art". In: *Sprache – Kognition – Kultur*. Hrsg. von Heidrun Kämpter. Berlin: Walter de Gruyter, 174–197.

Stekeler-Weithofer, Pirmin (2010): „Die Seele der menschlichen Gesellschaft. Staat und Kultur als Momente der Idee bei Hegel". In: *Staat und Kultur bei Hegel*. Hrsg. von Andreas Arndt et al. Berlin: Akademie.

Stock, Ady, Van den (2016): *The Horizon of Modernity. Subjectivity and Social Structure in New Confucian Philosophy*. Leiden: Brill.

Stumpfeldt, Hans (1990): „Konfuzius und der Konfuzianismus". In: *Konfuzianismus und die Modernisierung Chinas*. Hrsg. von Silke Krieger et al. Mainz: Hase & Koehler, 29–40.

Sun Shanhao 孫善豪 (1986): „Guanyu ‚Lao Sze-kwang shaozuo ji' de bianzuan 關於 [勞思光少作集] 的編纂" (Zur Zusammenstellung der ‚Sammlung von Frühwerken Lao Sze-kwangs'). In: *Ruxue jingshen yu shijie wenhua luxiang*. Hrsg. von Sun Shanhao et al. Taibei: Shibao wenhua chubanshe, 8–10.

Sung, Winnie (2018): „*Zhong* in the Analects with Insights into Loyalty". In: *Confucianism for a Changing World Cultural Order*. Hrsg. von Roger T. Ames et al. Honolulu: University of Hawai'i Press, 175–196.

Sybesma, Rint et al. (Hrsg.) (2017): *Encyclopedia of Chinese Language and Linguistics*, 5 Bände. Leiden: Brill.

Tam-Ka-Pok, Andrew (2021): „Limitations of Lao Sze-Kwang's ‚Trichotomy of the Self' in His Interprétation of Kierkegaard". *Kierkegaard Studies Yearbook* 26.1: 523–545.

Tang Junyi 唐君毅 (1991) [1953]: „Xueshu sixiang yu minsheng ziyou 學術思想與民生自由" (Gelehrsamkeit mit Bezug zum Volkswohl und Freiheit). In: *Tang Junyi quanji*, Band 10. Hrsg. von Tang Junyi. Taibei: Taiwan Xuesheng, 226–240.

Tang Junyi (1991) [1955]: *Renwen jingshen zhi chongjian* 人文精神之重建 (Die Rekonstruktion des humanistischen Geistes). In: *Tang Junyi quanji*, Band 5. Hrsg. von Tang Junyi. Taibei: Taiwan Xuesheng, 3–603.

Tang Chun-I Visiting Professorship: www.phil.arts.cuhk.edu.hk/web/news_and_events/tcivp-intro/ (20.10.2019).

Tang Xiaobing (1996): *Global Space and the Nationalist Discourse of Modernity: the Historical Thinking of Liang Qichao*. Stanford: Stanford University Press.

Taylor, Charles (1996): *Quellen des Selbst. Die Entstehung der neuzeitlichen Identität*. Übers. von Joachim Schulte. Frankfurt a. M.: Suhrkamp.

The Linguistic Society of Hong Kong: https://www.lshk.org/jyutping (20.10.2019).

Timmermann, Jens (Hrsg.): (1998): *Kritik der reinen Vernunft*. Immanuel Kant. Hamburg: Felix Meiner.

Tsang, Steve (1997): „Strategy for Survival: The Cold War and Hong Kong's Policy towards Kuomintang and Chinese Communist Activities in the 1950s". *The Journal of Imperial and Commonwealth History* 25.2: 294–317.

Tsang, Steve (2004): *A Modern History of Hong Kong*. London: I.B. Tauris.

Tsang, Steve (2006): *Cold War's Odd Couple: The Unintended Partnership between the Republic of China and the UK, 1950–1958*. London: I.B. Tauris.

Unger, Ulrich (2000): *Grundbegriffe der altchinesischen Philosophie*. Darmstadt: Wissenschaftliche Buchgesellschaft.

Van Ess, Hans (2003): *Konfuzianismus*. München: C. H. Beck.

Vogelsang, Kai (2010): „Beyond Confucius: A Socio-historical Reading of the ‚Lunyu'". *Oriens Extremus* 49: 29–61.

Vogelsang, Kai (2012): „Conceptual History: A Short Introduction". *Oriens Extremus* 51: 9–24.

Vordtriede, Werner (1969): „Vorläufige Gedanken zu einer Typologie der Exilliteratur". *Akzente. Zeitschrift für Literatur* 15: 556–575.

Wang, C. H. (1974): *The Bell and the Drum. Shih Ching as Formulaic Poetry in an Oral Tradition*. Berkeley: University of California Press.

Wang Dao (1967): „The Youngsun Magazine. A Brief History". *Rensheng* 73.32: 1.

Wang, Edward Q. (2008): „Beyond East and West: Antiquarianism, Evidental Learning, and Global Trends in Historical Study". *Journal of World History* 19.4: 489–519.

Wang Longsheng 王隆升 (Hrsg.) (2012): *Lao Sze-kwang Wei Zhai shi cun shujie xin bian* 勞思光韋齋詩存述解新編 (Kommentierte Gedichte von Lao Sze-kwang alias Wei Zhai: Neu kompiliert). Taibei: Wan juan lou.

Wang Xiaojue (2013): *Modernity with a Cold War Face: Reimagining the Nation in Chinese Literature Across the 1949 Divide*. Cambridge: Harvard University Press.

Wang Xingkui (2018): *Hegels Stellung zu China: Kunst, Religion und Philosophie: Kritik und Kommentar.* Dissertation LMU München: Elektronische Hochschulschriften.

Weber, Max (1988) [1920]: *Gesammelte Aufsätze zur Religionssoziologie I.* Tübingen: J. C. B. Mohr.

Weber, Ralf (2013): „Konfuzianische Selbstkultivierung bei Tu Weiming". In: *Dimensionen der Selbstkultivierung. Beiträge des Forums für Asiatische Philosphie.* Hrsg. von Marcus Schmücker et al. Freiburg / München: Karl Alber, 310–334.

Wefelmeyer, Fritz (1984): „Glück und Aporie des Kulturtheoretikers. Zu Johann Gottfried Herder und seiner Konzeption von Kultur". In: *Naturplan und Verfallskritik. Zu Begriff und Geschichte der Kultur.* Hrsg. von Helmut Brackert et al. Frankfurt a. M.: Suhrkamp, 94–121.

Wei Zhengtong 偉政通 (1991): *Zhongguo zhexue cidian* 中國哲學辭典. Taibei: Shuiniu tushu chubanshiye.

Welsch, Wolfgang (2017): *Transkulturalität. Realität – Geschichte – Aufgabe*. Wien: new academic press.

Wesolowski, Zbigniew (1997): *Lebens- und Kulturbegriff von Liang Shuming (1893–1988). Dargestellt anhand seines Werks Dong-Xi wenhua ji qi zhexue*. Sankt Augustin: Institut Monumenta Serica, Steyler.

Weston, Timothy B. (2004): *The Power of Position: Beijing University, Intellectuals and Chinese Political Culture, 1898–1929*. Berkeley: University of California Press.

Wilkinson, Endymion (2000): *Chinese History. A Manual*. Cambridge: Harvard University Asia Center.

Wille, Katrin (2013): „Moralische Kompetenzen des Weltbürgers. Drei Ebenen der praktischen Urteilskraft". In: *Kant und die Philosophie in weltbürgerlicher Absicht*. Hrsg. von Stefano Bacin et al. Berlin / Boston: Walter de Gruyter.

Williams, Raymond (1958): *Gesellschaftstheorie als Begriffsgeschichte. Studien zur historischen Semantik von „Natur"*. München: Rogner.

Wittfogel, Karl August (1931): *Wirtschaft und Gesellschaft Chinas: Versuch der wissenschaftlichen Analyse einer grossen asiatischen Agrargesellschaft*. Leipzig: Hirschfeld.

Wong Ting-Hong (2002): *Hegemonies Compared. State Formation and Chinese School Politics in Postwar Singapore and Hong Kong*. New York: Routledge Falmer.

Wong Wai-Ying (1998): „Confucian Ethics: Universalistic or Particularistic?". *Journal of Chinese Philosophy* 25.3: 361–374.

Wu Chan-liang (1998): „Neoromantischer Konfuzianismus und Anti-Rationalismus in China zur Zeit der Vierten-Mai-Bewegung". In: *Der Konfuzianismus: Ursprünge, Entwicklungen, Perspektiven*. Hrsg. von Ralf Moritz et al. Leipzig: Leipziger Universitätsverlag, 145–175.

Wu Jiang (2002): „What is Jingjie? Defining Confucian Spirituality in the Modern Chinese Intellectual Context". *Monumenta Serica* 50: 441–462.

Wu Youneng 吳有能 (1999): *Baijia churu xin wu ai: Lao Sze-kwang jiaoshou* 百家出入心無礙。勞思光教授 (Vielseitig und weltoffen. Professor Lao Sze-kwang). Taibei: Wen shi zhe chubanshe.

Wu Zhen 吳震 (Hrsg.) (2015): *Chaun xi lu* 傳習錄 (Aufzeichnungen zum Üben des Übermittelten). Xianggang: Zhonghua Shuju.

Xie Bingying 謝冰瑩 (1988): *Xin yi Si Shu duben* 新譯四書讀本 (Lesebuch der Vier Bücher: Neu übersetzt). Taibei: Sanmin shuju yinxing.

Xingzhengyuan wenhua jianshe weiyuanhui 行政院文化建設委員會 (Hrsg.) (2002): *Lao Sze-kwang sixiang yu Zhongguo zhexue shijiehua* 勞思光思想與中國哲學世界化 (Das Denken Lao Sze-kwangs zur Philosophie Chinas im globalen Kontext). Taibei: Huafan Daxue.

Xu Fuguan (2001) [1949]: „Lun ziyouzhuyi yu paisheng de ziyouzhuyi 論自由主義與派生的自由主義" (Über Liberalismus und derivativen Liberalismus). In: *Xu Fuguan zawen bu bian*, Band 1. Hrsg. von Li Hanji et al. Taibei: Zhongguo wen zhe yanjiusuo, 3–38.

Yang Tiancai 楊天才 et al. (Übers.) (2018): *Zhouyi* 周易 (Wandlungen der Zhou). *Shi San Jing: Quanben quan zhu quan yi*. Beijing: Zhonghua shuju.

Yao Xinzhong (2003): *Encyclopedia of Confucianism*, 2 Bände. London / New York: Routledge Curzon.

Yin Haiguang 殷海光 (1957): „Jinri de wenti shi shenme, jiu shi shenme 今日的問題是什麼, 就是什麼" (Das heutige Problem: Es ist, wie es ist). *Ziyou Zhongguo* 17.3: 2–3.

Yin Haiguang (Übers.) (1965): *Dao nuyi zhi lu* 到奴役之路 (Der Weg zur Knechtschaft). Xianggang: Wenyi Shuwu.

Young, Robert, J. C. (2012): „Cultural Translation as Hybridisation". *Trans-Humanities* 5.1: 155–175.

Yu Jiyuan (2001): „The Moral Self and the Prefect Self in Aristotle and Mencius". *Journal of Chinese Philosophy* 28.3: 234–256.

Yu Jiyuan (2013): „The Practicality of Ancient Virtue Ethics: Greece and China". In: *Confucianism and Virtue Ethics*. Hrsg. von Stephen Angle et al. New York: Routledge, 117–140.

Yu Shaochu 俞紹初 (Hrsg.) (1980): *Wang Can ji* 王粲集 (Gesammelte Werke von Wang Can). Beijing: Zhonghua Shuju Chubanshe.

Yu Ying-shih (Yu Yingshi 余英時) (2018): „‚Zuguo Zhoukan' yu ‚Hailan' 祖國週刊與海瀾" (‚Wochenheft China' und ‚Highland'). *Ming Bao Yuekan* 53.8: 17–20.

Yung Kai-chung, Kenneth (2015): „Cold War Currents and Chinese Émigré Intellectuals, 1949–1960". *Twentieth-Century China* 40.2: 146–165.

Yung Kai-chung, Kenneth (2021): *Chinese Émigré Intellectuals and Their Quest for Liberal Values in the Cold War, 1949–69*. Leiden: Brill.

Zarrow, Peter (2005): *China in War and Revolution, 1895–1949*. London: Routledge.

Zhang Dainian (2002): *Key Concepts of Chinese History*. Übers. von Edmund Ryden. New Haven: Yale University Press.

Zhang Dainian 張岱年 (2005): *Zhongguo guannian shi* 中國觀念史 [Eine Geschichte chinesischer Begriffe]. Zhengzhou: Zhengzhou guji.

Zhang Jinquan 張金泉 (Hrsg.) (2011): *Xin yi Zhang Zai wen xuan* 新譯張載文選 [Ausgewählte Schriften von Zhang Zai: neu übersetzt]. Taibei: Sanmin yinxing.

Zhang Junmai (gezeichnet: Dr. Carson Chang) 張君勱 / Tang Junyi (gezeichnet: Tang Chun-i) 唐君毅 / Xu Fuguan (gezeichnet: Shu Fu-Kwan) 徐復觀 / Mou Zongsan (gezeichnet: Mou Chun-san) 牟宗三 (1958): *Zhongguo wenhua yu shijie* 中國文化與世界 [Die chinesische Kultur und die Welt]. Hongkong: Mingzhu Pinglun. Als Artikel erschienen als: „Wei Zhongguo wenhua jinggao shijie renshi xuanyuan – women dui Zhongguo xueshu yanjiu ji Zhongguo wenhua yu shijiewenhua qiantu zhi gongtong renshi 為中國文化敬告世界人士宣言 – 我們對中國學術研究及中國文化與世界文化前途之共同認識" (Manifest über die chinesische Kultur als Botschaft an interessierte Persönlichkeiten weltweit – unsere übereinstimmende Einsicht zur akademischen Forschung zu China und zur Zukunft der chinesischen Kultur sowie einer Weltkultur). *Minzhu Pinglun* 9.1: 2–21.

Zhang Junmai (Carsun Chang) / Hsieh Yu-wei / Hsu Foo-kwan / Mou Chung-san / Tang Chun-i (1960): „A Manifesto on the Reappraisal of Chinese Culture. Our Joint Understanding of the Sinological Study Relating to World Cultural Outlook". *Chinese Culture. A Quarterly Review* 3.1: 1–71.

Zhang Qing (2008): „Zwei Formulierungen für einen Befund: Hu Shi über die chinesische Kultur". In: *Zwischen Selbstbestimmung und Selbstbehauptung. Ostasiatische Diskurse des 20. und 21. Jahrhunderts*. Hrsg. von Michael Lackner. Baden-Baden: Nomos, 290–310.

Zhongwen da cidian bianzuan weiyuan 中文大辭典編纂委員 (Hrsg.) (1977): *Zhongwen Da Cidian* 中文大辭典, 22 Bände. Taibei: Zhonghua wenhua yanjiusuo.

Zhou Yi 周奕 (2002): *Xianggang zuo pai douzheng shi* 香港左派鬥爭史 (Eine Geschichte der Kämpfe des linken Flügels in Hongkong). Xianggang: Liwen chubanshe.

Zimmermann, Basile (2018): „Trois regards sur la notion de ‚culture chinoise'". *Asiatische Studien* 72.1: 87–116.

Zufferey, Nicolas (2003): *To the Origins of Confucianism. The Ru in pre-Qin times and during the early Han dynasty*. Bern: Peter Lang.

Register

Abwägen der Gelehrsamkeit (Zeitschrift) 16–17
Affirmation, kritische 7
Aid Refugee Chinese Intellectuals 66
Arendt, Hannah 54
Asia Foundation 64–65
Asien 5, 62–64, 103
Aufklärung 9–10, 24, 117, 168, 186
Ausdruck 3–4, 5, 12–14, 26, 29–30, 36, 39, 48, 53–58, 60, 6774, 75, 78, 82, 84, 86, 88, 90, 92–96, 99–103, 106, 109–110, 118, 129, 132, 136, 140, 150, 153, 155, 157, 163, 165, 170–171, 173–174, 179, 182, 185, 188–189, 199

Babbitt, Irving 17, 96
Begriff 3–4, 5, 6, 7, 8, 10, 12–22, 24–30, 33–39, 42, 46–47, 50, 53–54, 57, 59, 63–64, 69, 71–72, 74–78, 80–85, 87, 92–95, 97–98, 100, 102–116, 119–120, 123, 125, 131–132, 134–135, 139–140, 144, 146, 148, 150–153, 156–157, 160–161, 173, 179, 195–197, 200
Benjamin, Walter 37–38
Bereich 8, 13, 18, 20, 29, 31, 33, 42–43, 46–48, 72, 82, 86–87, 89, 99–100, 103–105, 110, 118, 120, 125–126, 131–132, 134, 140, 142–143, 148–151, 153, 155–156, 158–161, 164, 177–178, 180, 182–187, 190, 195, 200
Bewegung für Neue Kultur 17, 20–21, 56
Bewusstsein 47, 69, 76, 80–82, 84, 90, 93–98, 101–104, 106, 109, 122–123, 125, 132–133, 141–142, 144–146, 149, 151, 154–157, 159–164, 166–168, 170, 172–177, 179–180, 182–183, 186, 195–196, 199
Buch der Lieder 15, 136–137
Buch der Riten 173
Buch der Urkunden 136, 140
Buch der Wandlungen 124, 137

Cassirer, Ernst 8, 10, 28, 31, 34, 37, 80, 97, 104, 111–112, 119–125, 169, 197
Chen Duxiu 14, 20
Chinesische Kampfliga für Freiheit und Demokratie 68
Chung Chi College 8, 42
consummatum 184, 186

Demokratie-Strömungen (Zeitschrift) 4
Demokratischer Kommentar (Zeitschrift) 67, 120
Dewey, John 18, 74
Die grosse Lehre 35, 172
Dritte Kraft 65

Eigennutz 143, 165
Emigration 48
Essentialisierung, strategische 18
Etikette 82, 138–142, 144–147, 153, 163–164
Exil 4, 8, 39–40, 42, 44, 46–50, 52–54, 56–57, 60–61, 69, 95, 185, 196
Externalisierung 8

Fairbank, John King 32
Familiensinn, utilitaristischer 61
Flüchtlingsmentalität 61
Formen, symbolische 29, 120–121, 123
Free China Review (Zeitschrift) 64
Free China University 66
Freies China 46, 64
Freiheit
- negative 110, 151
- positive 110, 161, 170
- transzendente 95, 150–151
Fünf menschliche Beziehungen 99

Garten der Erzählungen 14
Geist 8, 19, 22, 24, 30, 35, 78, 80, 83, 87–88, 94–95, 97–99, 103–107, 109–111, 124, 137, 145, 150–151, 153, 182
Gelehrsamkeit, konfuzianische 7, 11, 72, 161
Gerechtigkeit 140, 159
Gespräche 96, 98, 134, 138–141, 144, 146–149, 151–157, 159, 161–162, 165, 168–174, 195, 197
Gewissen 179
Glück 163, 184, 186–192, 198
Gott 80–82, 88, 98, 152, 165, 186, 191
Gu Yanwu 52–53

Han Yu 78
Hayek, Friedrich August von 8, 26, 30, 34, 37, 50, 96, 104, 111–119, 146, 169, 181, 190, 197–198

https://doi.org/10.1515/9783111063898-008

He Lin 41, 76
Hegel, Georg Wilhelm Friedrich 8, 12, 30, 36, 85, 97, 99, 104–112, 125, 130, 141, 146
Hengqu 100
Herder, Johann Gottfried 26, 98
Herz 94, 96, 177
Herzgeist 163, 166–167, 176, 180, 192
Himmel 94, 135–136, 164–165, 168
Hu Shi 11, 20–21, 41, 55, 64–65, 71, 92
Humanismus 17–18, 124–125, 152, 161
Hybridität 37–39, 47, 57, 170, 199

Idee 5, 16, 20, 22, 25–26, 38, 47–48, 68, 75, 84–85, 106–111, 116, 123, 129, 134, 149, 158, 161, 168, 179, 197–199
Ideologie 12, 19, 62, 82, 199
Imperialismus 58, 62–63, 74, 199
Individualismus 96, 113–114, 116, 118
- atomistischer 116
- falscher 114
- methodologischer 113
- richtiger 114
Interesse
- bei Kant 188–190
- bei Weber 84
Interkulturalität 27

Jaspers, Karl 9

Kalter Krieg 46, 48, 57–58, 60–63, 66, 71, 73
Kant, Immanuel 25, 81–82, 86, 98, 107, 141, 161, 168–169, 184–192, 196, 198, 200
Kantonesisch 11, 39, 52, 56
kategorischer Imperativ 186–187
Kindespietät 176
Kolonialismus 10, 40, 47, 60, 63, 70, 199
Kommunismus 10, 17, 63, 65, 74, 118, 199
Kommunistische Partei China 41, 48, 56–57, 59
Konfuzianismus 9, 11, 16–17, 19, 33–34, 87, 96, 102, 129, 131, 137–138, 144, 149–150, 156–158, 163, 168–170, 172–174, 182, 187, 191, 198–199
Konfuzius 7, 11, 98, 100, 134–144, 148, 151, 153–154, 156–157, 162–163, 168, 171
Konservatismus 16
Kontingenz 19, 93–94, 156
Konvergenz 18, 20, 61, 75, 79, 82, 110, 129, 131, 192, 199
Korea-Krieg 58–59
Kultur
- als innovativer Klassizismus 15
- als Neologismus 15
- als Typologien von Kulturen 21
- Bedeutung von Kultur 32, 88
- deterministische Sicht auf Kultur 31, 169
- Doppelinstanz der Kultur 31
Kulturbewegung 19, 22, 77–78, 83
Kulturfieber 3
Kulturkonservatismus 17, 68
Kulturphänomene 99, 103–104
Kulturphilosophie 7, 10, 29–30, 36, 47, 90, 104, 112, 119, 121

Ländliche Aufbaubewegung 74
Lao Chongguang 40
Lau Siu-kai 61, 69
Leben 4, 29, 51, 70, 75, 95, 101, 116, 118, 140, 145, 148–149, 151, 156, 188, 190
Leben (Zeitschrift) 67
Lebenskraft 100, 166–167, 173–174
Lehnwörter 14
Lehren vom Herzgeist und vom Wesen 131, 163, 166, 168, 171–175, 187, 189, 192
Lei Zhen 64
Lernen 100–101, 111, 148, 152–156, 160, 167, 177–178
li 理 6, 100, 109, 173, 176, 183
Liang Qichao 21–23, 184
Liang Shuming 3, 21, 74–76
Liberalismus 10, 26, 50, 64–65, 68, 111, 113, 119, 197, 199
Literatursprache, umgangssprachliche 17–18
Liu Shipei 181
Liu Xiang 15
lixing 理性 5, 85, 107, 108, 178, 187
Logischer Empirismus 90–91, 113
Logos 145–146, 148–149, 151, 154–156, 160–161, 183, 186
Loyalität 63, 143, 146, 152, 155, 176
Lü Zuqian 100

MacIntyre, Alasdair 195
Mao Zedong 58

Marx, Karl 92–93
Materialismus 117
Maxime 116, 150, 187, 191
Mensch, heiliger 178
Menzius 94, 96, 98–99, 134, 150, 154, 161–168, 169–175, 177, 180, 197
Metapher 13–14, 37, 46, 150
Mitte und Mass 35, 160, 172, 177
Mo Di 162
Moderner Konfuzianismus 23, 33, 43, 67, 105, 130, 168
Montesquieu, Charles de Secondat 9
Moral 76, 78, 88, 170, 191
Mou Zongsan 8, 41, 45, 68, 105, 185
Multikulturalität 27
Muster 15, 173

Nation 23, 46–47, 50, 64, 82
Nationale Essenz (Zeitschrift) 16
Nationale Volkspartei Chinas 41, 48–49, 56, 58, 60, 64–65, 68, 116
Nationalkultur 27, 46
Naturwissenschaft 28, 31, 87
Neologismus 15, 92, 109
Neurath, Otto 113
New Asia College 4, 64, 67–68
New Imperialism 62
Nietzsche, Friedrich 92–93
Nussbaum, Martha 143, 152

Ordnung
- evolutorische 114, 118
- Lebensordnung 138, 140, 145, 155
- Ordnungsgedanke 139, 141, 147

panasiatisch 62–63
Parkes Smith, Harry 40
Parsons, Talcott 31–32, 36, 94, 194
Patriotische Einheitsfront 52, 58–59, 64, 68
Pflicht 110, 112, 115, 122, 138, 140, 146–147, 151–153, 169–170, 187–188, 190
Philosophie
- orientative 33
Planwirtschaft 113, 117–118
Positivismus 31, 83, 113–114
Postulat 8, 95, 132, 156, 169
Preis 43, 92
Prinzip 6, 17, 23, 61, 75, 78, 96, 101, 103, 107–109, 114, 116–119, 140, 142, 144, 152, 168–169, 171–176, 187, 189–191
Publikationshaus Union 65–66

qi 氣 166, 173
Qian Mu 67

Rationalisierung 6, 129, 139, 155, 161, 170–172, 190
Rationalismus 112–113, 117–118, 190
Rationalität 5–6, 9, 33, 76, 85, 87, 111, 117–119, 123, 131, 155–156, 169, 184, 190, 196–197, 200
Recht 27, 32, 53, 61, 105–107, 110–112, 114–116, 140, 195, 200
Rechte 30, 100–101, 105–107, 110, 139–141
Rechtmässigkeit 139–149, 151–154, 156, 158–159, 161, 163–165, 167, 169, 177
refugee mentality 61, 69
Religion 9, 19, 28, 32, 76, 82, 84, 88, 96, 114, 120, 157–158, 191
ren 仁 115, 138, 142, 153, 163, 181–182
Reziprozität 143, 146, 152, 155
Ritual 33, 47, 81–82
ru 儒 135

Schriftsprache, klassische 6
Schweitzer, Albert 9
Selbst 24, 39, 95, 121, 132–134, 146, 150, 154, 156–157, 166, 169–171, 195
Selbstbewusstsein 80, 84, 96, 104, 109, 122, 144, 149, 182
Selbsterkenntnis 121–123, 126, 132, 167, 198
Selbstkultivierung 129, 133, 160, 167, 170, 188, 191, 197–198
Simmel, Georg 30, 54–55, 57
Sinorama (Zeitschrift) 64
Spontaneität 9
Stoa 182–183, 188
Studentenunruhen 1967 69
Subjekt 8–9, 10, 12, 18, 31, 47, 50, 54–55, 77, 83–89, 92–96, 98102–112, 115–116, 123, 126, 129, 131–132, 134, 144–147, 149–150, 157–161, 169, 172, 174, 177, 180, 182, 184, 187, 189–192, 195–197, 199–200
Subjektivität 34, 39, 93, 101, 107, 157–161, 171–172, 174, 184, 190–191, 195

- moralische 33, 144, 161
- transzendente 172
Substanz 78, 81, 100, 103, 107–108
summum 184
Sun Yat-sen 55
Sun Yixian 55
supremum 184, 186

Taiwan 4, 7, 27, 33–34, 41–45, 48–50, 54, 56, 58, 60, 64, 67–68, 71, 74, 96, 112–113, 116, 130
Tang Chun-I 42
Tang Junyi 45, 67–68, 71–72, 105, 115
Taylor, Charles 169–170
The Democratic Review (Zeitschrift) 67
The Free China Journal (Zeitschrift) 64
The Young Sun (Zeitschrift) 4
Tod 79–81, 97
Tradition 5, 8–9, 10, 17, 19–22, 30, 32, 46, 54, 63–64, 85, 88, 96, 98–99, 109, 116–117, 119, 121, 126, 129, 131, 135–137, 141–142, 146–147, 152–153, 164–165, 169–171
Transkulturalität 26–27, 40, 47
Tu Weiming 197
Tugend 101, 170, 181, 183, 188

Übersetzung
- als Äquivalenz 37
- als Rekonstruktion 36
- als residuale Differenz 37–38
Universität Hongkong 12, 35, 42, 45, 56, 66–67, 69
USA 45, 58, 65
Utilitarismus 21, 52, 84, 117

Veräusserlichung 8, 97, 109
Verfeinerung des Willens 146, 178, 183
Vernunft
- moralische 178
- praktische 98, 198
- theoretische 186
Verrat an der Heimat 69
Vier Ansatzstellen 150–151, 163–165
Vierter Mai-Diskurs 74, 92, 124
Volksrepublik China 6, 9, 33, 43–45, 48–49, 56, 58–60, 66, 68, 76, 195
Voltaire, François-Marie Arouet 9
Vorstellung 6–7, 8, 9, 12–15, 19, 21–22, 25–27, 30, 33–34, 44, 47, 50–51, 53, 55, 63, 72, 80–82, 84, 88–89, 92–95, 101, 103, 108–110, 131–136, 145–149, 151–152, 155–158, 160–162, 164, 167–172, 174–183, 186–188, 190–191, 195–196, 198–199, 208, 210

Wang Can 50
Wang Yangming 78, 157, 161–162, 167–168, 172, 175–184, 190, 197
Weber, Max 32, 83–84, 156, 193, 197
Weltkultur 20, 22, 36, 44, 74, 90, 108, 129, 131, 184–185, 187, 192
Wert 5, 18–19, 20, 26, 28–29, 32–33, 46, 50, 76, 81–82, 89, 92–97, 99–100, 104–108, 110–112, 119, 121, 123, 125–126, 142, 144, 149–151, 156–160, 164, 169, 172, 181, 183–185, 190–192, 195–197
Wertebewusstsein 82
Wertentscheidung 12, 28, 86–87, 96, 111, 115, 141
Wertsphären
- kulturelle 27, 29
Werturteil 28, 84, 88, 104, 123, 133, 163, 175, 177, 180, 183, 197
Wille
- bei Kant 25, 187
- bei Wang Yangming 177–178, 183, 190, 197
- freier 25, 87, 103–105, 107, 111, 126, 155, 157, 161, 189, 192
- rationaler 155, 177, 192
Wissen
- implizites 116
- ursprüngliches 157, 176–181
Wissenschaft
- und Lebensanschauung 75, 102
Wochenspiegel Chinas (Zeitschrift) 65, 113
Wohlwollen 115, 142, 144, 146–148, 155, 162–164, 176, 181–182, 190
Wolff, Christian 9

xin 心 94, 101, 109, 163, 166, 174, 176–177, 180
Xinhua-Nachrichtenagentur 59
Xu Fuguan 67–68, 71–72, 112, 115, 151

Yan Hui 153
Yang Zhu 162
yi 義 138–139, 163, 169

Yin Haiguang 37, 71, 115
Yu Yingshi 3, 113
Yuan Zicai 51–52

Zenon von Kition 182–183
Zhang Dainian 14, 164
Zhang Junmai 68
Zhang Zai 100–102
Zhou Enlai 59
Zhu Xi 35, 78, 100, 157, 160, 172–177, 179
Zhuangzi 95, 149–150
Zivilisation 15, 19–21, 25, 27, 77

www.ingramcontent.com/pod-product-compliance
Lightning Source LLC
LaVergne TN
LVHW042237300926
849161LV00003B/382